イルカ概論

日本近海産小型鯨類の生態と保全

粕谷俊雄
Toshio KASUYA

Biology and Conservation of Small Cetaceans around Japan

東京大学出版会

Biology and Conservation of Small Cetaceans around Japan
Toshio KASUYA
University of Tokyo Press, 2019
ISBN 978-4-13-060238-9

はじめに

本書は日本近海に生息する小型鯨類の動物相と多様な生活史を記述し，保全において留意すべき諸点を考察することを目的としている．ホッキョククジラ，シロイルカ，イッカクなどの迷入種を除き，日本近海には40種前後の鯨類が生息する．そこにはアカボウクジラ科の仲間で，まだ種名が定まっていないツチクジラに似た1種も含まれている．そのうちの約10種がヒゲクジラ類で，残りがハクジラ類である．ハクジラ類のなかでもマッコウクジラは経済的に重視され，ヒゲクジラ類とともに「大型鯨類」として早くから資源管理の対象とされてきたが，それ以外の種は「小型鯨類」として一括され，管理は永い間なおざりにされてきた．しかし，日本では11種の小型鯨類が漁獲対象とされ，年間1万頭以上の捕獲が許されており（2017年現在），そのなかには資源状態の悪化が懸念される種も含まれている．それ以外にも，沿岸や内湾に生息するためにわれわれの経済活動の影響を強く受けて，動向が危惧される種もある．

これら小型鯨類の生態について研究が進んでいるのは一部の種に限られているが，そこには生活史や社会構造が比較的単純な種から，一部の類人猿のそれに匹敵するほどに発達を遂げたものまで，多様な種が含まれている．鯨類の保全においては，必ずしも漁業利用が否定されるわけではないが，それぞれの種の生物学的特性に配慮することが大切であると私は信じている．本書では，このような理解にもとづいて，日本近海に産し，かつ科学的な知見が集積されている数種の小型鯨類を中心に，最新の生物学的知見と漁業統計にもとづいてそれらの生態を紹介し，管理において配慮すべき諸点を指摘することを試みる．

本書の構成はおおむね次のとおりである．

第1章では，鯨類の進化の歴史，現生鯨類の特徴，いわゆるクジラとイルカの区別，用語などを解説する．

第2章では，日本近海に産する小型鯨類について，地理的分布と海洋構造との関係を記述する．大型鯨類のなかには氷山の浮かぶ極海と熱帯の海とを往復する種もあるが，小型鯨類では生活が水温や水深に支配される傾向があり，分布域が地理的に限定されている種が多い．

第3章では，日本近海の小型鯨類が摂取してきた餌料種に関する知見を紹介する．彼らの食性は海域・季節・海況などに応じてある程度の可塑性を有することが理解される．

第4章では，数種の小型鯨類について個体群の存在やその可能性について論ずる．小型鯨類の種は，遺伝的にほぼ独立した複数の集団（個体群）を含むのが通例であり，それぞれの個体群は別個に管理する必要がある．

第5章では，日本近海の小型鯨類の生活の多様性を示す．まず，水中生活者として彼らが負っているさまざまな制約を記述する．そのような制約のなかで，彼らが生活史や社会構造において多様な分化を遂げていることを示し，保全において留意すべき諸点を指摘する．

第6章では，その動向が懸念される日本近海の数種の小型鯨類について，想定される個体群ごとに，過去の漁獲の歴史や漁業規制の現状を紹介し，資源の動向について私見を述べる．

第7章では，小型鯨類の生活と人類活動の関係，餌料をめぐる両者の軋轢などの事例を紹介し，将来の研究や保全のあり方を模索する．

本書では，小型鯨類を捕獲する日本の漁業の歴史や現状に関する記述は，主要な漁業対象種の現状を理解するのに必要な範囲に留めた．これらの分野に関心のある読者は粕谷（2011）あるいはその増補・改訂版である Kasuya (2017) を参照されたい．そこでは漁業に関するややくわしい記述に加えて，小型鯨類の生物学的データの解析を経て結論に至るまでのプロセスをも努めて紹介しているが，本書ではそのようにして得られた知見を横観的に記述することと，それらの意味するところの解釈に比重を置いている．

2018年7月30日

粕谷俊雄

目　　次

1　クジラとイルカ

コビレゴンドウはマイルカ科（Delphinidae）のなかのゴンドウクジラ属（*Globicephala*）の種である．和歌山県太地の漁港に水揚げされたその死体を調査していると，観光客から「これはイルカですか，それともクジラですか」と尋ねられて，答えに当惑することがあった．英語にもこれに似た区別があり，ドルフィン（Dolphin）とポーパス（Porpoise）が日本語のイルカに，ホエール（Whale）がクジラにほぼ相当する．ドルフィンはマイルカ科の多くの種を指し，ポーパスはネズミイルカ科の種を指すことが多いが，米国ではどちらもポーパスで済ませることもある．ちなみに，上にあげたコビレゴンドウは英語ではShort-finned pilot whaleと呼ばれている．

このようにイルカとクジラの区別は鯨類との交渉の歴史のなかでわれわれの祖先がはぐくんできたものであり，今でもわれわれの日常生活のなかに生きている．その区別は必ずしも今の動物分類学とは整合しない部分があるが，体が大きくて動きも緩やかな種をクジラ，体が小さくて動きが活発な種をイルカと認識してきたものであるらしい．ただし，イルカもクジラもひとつの動物群に属するという生物学的な認識は，山瀬春政（1760）の『鯨志』や大蔵永常（1826）の『除蝗録』に見られるように，日本でも18世紀ころにはすでに形成されていたのも事実である．ちなみに，現在の分類学の基礎となったリンネの『自然の体系　10版』の出版（1758年）もこのころのことで，同様の認識にもとづいている．

本章の以下の部分では，まず鯨類とはどのような動物なのか，またわれわれはイルカとクジラの区別をどう処理するのがよいかなどについて，鯨類の系統と進化に関する情報をもとに考えてみる．その後で，鯨類を漁業資源として管理する場面では，それらがどのように扱われているかを紹介する．なお，鯨類の進化学的な問題に関心のある読者は Thewissen（1998），村山（2008），Marx *et al.*（2016）などを参照されたい．

地質学では，恐竜が出現してから滅亡するまでの時代を中生代（2 億 4800 万年前-6500 万年前），その次の時代を新生代（6500 万年前-現在）とし，新生代をさらに第三紀（6500 万年前-180 万年前）と第四紀（180 万年前-現在）に分けている．第三紀は哺乳類が大発展をした時代であり，ヒマラヤやアンデスなどの巨大な山脈が形成された時代でもある．人類（*Homo* 属）は第三紀の末ころに出現して，第四紀に勢力を広げ，今多くの生物種を圧迫しつつある．

第三紀に入り哺乳類が大きく発展するなかで，陸上生活から水中生活に入ることを試みた系統がいくつも現れ，そしてあるものはすでに絶滅した．現生のグループに限っても，水中に進出した哺乳類には鯨類，海牛類（ジュゴンやマナティー），食肉目の鰭脚類（アザラシやアシカ）やイタチ科（ラッコやカワウソ）などがある．そのほかにヌートリアやカピバラ（ともに齧歯目），ホッキョクグマ（食肉目クマ科）なども水中生活への歩みを進めつつあるように見える．

これまでに知られている最古の鯨類の化石のひとつに，パキスタンとインド北西部の第三紀始新世（5500 万年前-3400 万年前）初期の地層から発見されたパキセタス属（*Pakicetus*）がある．彼らは当時隆起を始めていたヒマラヤの南麓に広がった温暖なテーチス海の北岸域で生活していた．テーチス海は北側をユーラシア大陸，南側をアフリカ・インド大陸で囲まれて東西に長く延びる浅海であった．今の地中海・黒海・カスピ海はその名残である．パキセタスは淡水域で摂餌していたことが炭素や酸素の安定同位体比の解析で推定されている（Thewissen, 1998）．同じ元素でも同位体は拡散や化学反応の速度にわずかな差があり，重い同位体は軽い同位体に比べて海水中に蓄積されやすく，捕食者の体内にも留まる傾向が強いのである．パキセタスは今のヤギくらいの大きさで四肢を備えて陸を歩くこともできたが，中耳を囲む骨は頭骨から遊離し貝殻状に膨らむ方向に進化を始めていた．これは水中聴覚への適応が始まっていたことの証拠とされている．水中への適応が進むにつれ，彼らの後ろ足はしだいに退化・消滅し，前足は鰭となり，尾の先端には水平方向に結合組織が伸びて尾鰭を形成し，水中で出産・育児をするよ

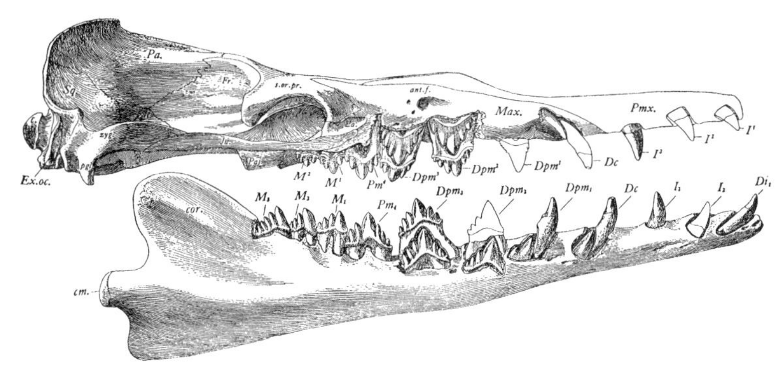

図 1.1　バシロザウルス科の一種 *Zygorhiza kochii* の歯．前方の 3 本が切歯（前歯），4 本目が犬歯，その後の 4 本が前臼歯，最後の 2 本（上顎）あるいは 3 本（下顎）が大臼歯．小臼歯と大臼歯を合わせて頰歯と呼ぶことがある．頰歯は鋸の刃のような形をしている．この個体では乳歯が永久歯に生え替わる段階にあり，下顎では犬歯から第 3 小臼歯までは乳歯とともに萌出を始めた永久歯が描かれている．第 4 小臼歯と大臼歯は永久歯である．Kellogg（1936）の Fig. 38 による．

うになり（5.1.1 項），世界中の海に分布を広げていった．これがムカシクジラ亜目（Archaeoceti）と呼ばれるグループであり，始新世に続く漸新世（3400 万年前-2400 万年前）の末ころには姿を消した．彼らの歴史の末期に現れたバシロザウルス科（Basilosauridae）では鼻孔は第 1 小臼歯のレベルまで後退し，上・下顎とも頰歯（小臼歯と大臼歯を合わせてこう呼ぶ）が扁平となり，その前後の縁には 3-5 個の突起ができて，あたかも鋸の刃のようになっている（図 1.1）．彼らはこのような歯を使ってプランクトンを濾しとって食べていたのであろうという説もある．これは南極海に生息するカニクイアザラシが同様な歯をもっており，その餌がナンキョクオキアミであることからの推測である．

ムカシクジラ類の衰退と入れ替わって，漸新世初期には今のヒゲクジラ亜目（Mysticeti）とハクジラ亜目（Odontoceti）の祖先が出現した．どちらのグループも初めのうちは門歯，犬歯，臼歯などの形の違いを残し（異歯性），その数も哺乳類の原型（切歯 3，犬歯 1，小臼歯 3，大臼歯 4）からあまり変化していなかったが，ヒゲクジラ類は後に歯を失い，代わりに鯨ひげを生じた．ヒゲクジラ類でもっとも古いグループのひとつにエティオセタス属（*Aetiocetus*）と呼ばれるグループがある．彼らは歯をもっていたのでムカシクジラ類に分類されたこともあるが，今では初期のヒゲクジラ類と考えられている．歯をもつという特徴を除けば，幅が広くて扁平な口蓋はヒゲクジラの特徴を示していた．初期のハクジラ類とヒゲクジラ類の違いは，鯨ひげの有無ではないのである．エティオセタスの歯はムカシクジラの歯のように枝分かれの痕跡を残しているが，歯と歯の間隔が大きいうえに，口蓋の大きさに比べて歯のサイズが小さいので，餌を食いちぎる機能も，プランクトンを濾過する機能もなかったように私には感じられる．彼らの口蓋には歯列に沿って分布した血管の痕跡が溝となって残っている．その配置から見て，彼らがすでに鯨ひげをもっていたという推測もなされている．今のヒゲクジラ類でも，胎児期には上下左右の歯茎のなかにそれぞれ数十個の歯の原基が形成される時期がある．これは今のヒゲクジラ類の祖先には歯数を増加させた段階があったことを示唆するものである．おそらく初期のヒゲクジラ類は歯を使ってプランクトンを濾しとっていたが，それよりも機能が優れる鯨ひげを発達させるにつれて，歯を失ったものと思われる．すなわち，ヒゲクジラ類は海水を濾過してプランクトンや群集性の小魚をまとめて捕食するために口腔容積を大きくした後，さらに歯の代わりに鯨ひげをつくりだし，捕食能力を究極まで進化させたグループである．

一方，ハクジラ類は今でも歯をもっている．初期のハクジラ類は異歯性の歯をもっていたが，しだいに犬歯や臼歯などの区別を失って同歯性となり，歯根も1本となり（単根歯），乳歯から永久歯に生え替わることもやめてしまった（一生歯，不換歯）．ハクジラ類は基本的には歯の生えた顎で餌をひとつずつとらえるという原始的で非能率的ともいえる摂餌方法を維持する一方，水中音を発してその反射音で餌を探知する音響探測（Echolocation）の能力を発達させた．現生のマイルカ類の海中での音響探測の能力は人間の空中での視力に近く，70 m の距離で直径 2.54 cm の球体を検出できるとされている（Au, 1993）．さらにその音響能力を仲間の認識や個体間の交信に応用することにより，仲間同士あるいは親子・兄弟で協力して生活する社会構造をさまざまな程度に発達させてきたらしい（Herzing and Johnson, 2015）．現生のハクジラ類には鼻道で音を発し，それをメロンと呼ばれる頭部の脂肪組織で集中して前方に放射する仕組みができている．また，中耳や内耳は音を受け取るための器官であるが，これを包む骨は頭骨から遊離して気嚢で包まれている．気嚢は多方向からくる雑音を遮断して，前方からの音を選択的に受信するのに適した仕組みを構成している．

かつては，鯨類は単独でクジラ目という動物分類学の1グループを構成するとして，その下にムカシクジラ類（絶滅），ハクジラ類，ヒゲクジラ類の3亜目を認めていた．しかし，20世紀末に発達した分子生物学によって，鯨類は現生の哺乳類のなかでは偶蹄類に近く，なかでもカバにもっとも近縁であることが知られてきた．また，ムカシクジラ類のなかでも原始的な仲間に属するパキセタス類などの後肢の距骨（くるぶしを構成する骨のひとつ）の形の特徴が，走ることに特化した偶蹄類のそれと共通していることもわかってきた．今では，ヤギやウシなどの偶蹄類とウマやサイなどの奇蹄類が分かれた後で，前者（偶蹄類のグループ）から鯨類が分かれたと考えられている．このようなわけで，鯨類はウシなどと一緒に「鯨・偶蹄目」というひとつの目にまとめるべきであるという提案がなされている．これが系統を重視する分類学者の美意識であるらしい．なお，ヒゲクジラ亜目とかハクジラ亜目という分類単位は今も生きており，両者を合わせて鯨類あるいはクジラ類と呼ぶことは差し支えない．

現生ハクジラ類のさまざまな系統の出現時期に関しては化石の情報に頼らざるをえないので，新しい化石が発見されると，その系統関係や出現時期が変更される可能性がある．表1.1に現生鯨類の分類を示した．それぞれの系統が出現する時期は，これまでに知られた限りではマッコウクジラ科がもっとも早く第三紀の漸新世の中期であり，それに続く第三紀中新世（2400万年前-500万年前）の初頭にはアカボウクジラ科が出現し，中新世中期にはカワイルカ類のなかのいくつかの科が出現している．コマッコウ科は中新世後期までしかさかのぼれていないが，これは古い化石の情報が乏しいのが原因であり，必ずしも遅れて起源したというわけではないらしい．

現生ハクジラ類から，上にあげたマッコウクジラ科，コマッコウ科，アカボウクジラ科，それと4種のカワイルカの仲間を除いた残りがマイルカ上科として一括されるグループである．そこにはイッカク科（イッカクとシロイルカの2種），マイルカ科（マイルカ，シャチ，コビレゴンドウなど），ネズミイルカ科（ネズミイルカやスナメリなど）が含まれる．これら3科はいずれもケントリオドン科（Kentriodontidae）と呼ばれるハクジラ類から派生

表 1.1　現生鯨類の分類．日本近海に通常は生息しない種・科に*印を付した．

亜目	科	例	種数[1]
ハクジラ亜目（10科75種前後）	マッコウクジラ科	マッコウクジラ	1
	コマッコウ科	コマッコウ，オガワコマッコウ	2
	アカボウクジラ科	ツチクジラ，アカボウクジラ	22
	*ラプラタカワイルカ科	*ラプラタカワイルカ	1
	*ヨウスコウカワイルカ科[2]	*ヨウスコウカワイルカ[3]	1
	*アマゾンカワイルカ科	*アマゾンカワイルカ	2
	*ガンジスカワイルカ科	*インドカワイルカ[4]	1
	*イッカク科	*イッカク，*シロイルカ	2
	マイルカ科	マイルカ，スジイルカ，ハンドウイルカ，コビレゴンドウ，シャチ，ヒレナガゴンドウ[5]	約36
	ネズミイルカ科	スナメリ，イシイルカ，ネズミイルカ	7
ヒゲクジラ亜目（4科14余種）	セミクジラ科	セミクジラ，*ホッキョククジラ	4
	*コセミクジラ科	*コセミクジラ	1
	ナガスクジラ科	ナガスクジラ，ザトウクジラ，ミンククジラ，ニタリクジラ類[6]	約8
	コククジラ科	コククジラ	1

1）オホーツク海・アリューシャン方面に生息するツチクジラ様の種で，種名の未確定の1種を含む（粕谷，2011：p. 512; Kitamura *et al*., 2013; Morin *et al*., 2016）．鯨類の種数は研究の進展で変化するし，科学者の間でも見解が異なる場合がある．2）本科はラプラタカワイルカ科にまとめることもある．また，カワイルカ類4科をまとめてひとつの科とした時代もある．3）本種はバイジーとも呼ばれ，揚子江とそれに隣接する富春江に生息したが，20世紀末に絶滅した．4）インダスカワイルカとガンジスカワイルカの2種に分類された時代がある．5）ヒレナガゴンドウは南北両半球の寒冷域に生息しているが，北太平洋では13世紀ころまでに絶滅した（鴨川市内・礼文島・アリューシャン方面に出土例）. 6）分類が未確定で，複数種が含まれると信じられている．

したと信じられている．ケントリオドン類はマッコウクジラ科やアカボウクジラ科などと同じく漸新世中期（2800万年前）に出現し，今のマイルカ上科を残して，中新世の末期（1000万年前）ころに消滅した．

このような知識のもとで，これからのわれわれはイルカという言葉をどのように用いるのがよいのだろうか．その認識は日本の文化の一部であるから，これまでのわれわれの社会の歴史と切り離したり，著しく飛躍したりすることはできないが，学問の進展に合わせて変化することは許されているように思う．そこで，科学的な議論の場においてはマイルカ上科の種に限りイルカ類と称し，必要に応じて科の名前を明示するのが妥当であろうというのが私の考えである．この基準にしたがえば，シャチやコビレゴンドウのような大型種もマイルカ科のメンバーであるからイルカと呼んで差し支えない．中新世に海洋で分布を広げた多様な小型鯨類の残党で，今では南米東岸の沿岸水域（ラプラタカワイルカ）あるいはアジアや南米の温暖な大河でかろうじて生き延びている特異な形態の数種がある．彼らはカワイルカ科として一括されたこともあるが，最近では4科4属5種に分類されている．そこにはヨウスコウカワイルカ（20世紀末に絶滅），インドカワイルカ1種（インダス河とガンジス・ブラマプトラ河水系），アマゾンカワイルカ属2種（オリノコ河とアマゾン河水系）とが含まれる．これらの種を一括する場合には，過去のいきさつにも配慮してカワイルカ類と呼ぶのが適当であろう．

現生鯨類の分類もけっして不変のものではなく，分類学者によるその時どきの科学的知見の評価によって変更されることがある．日本近海に生息するマイルカ属の種はマイルカ1種であるとされてきたが，今では南西日本以南の吻の長いハセイルカと，その北側に分布する吻の短いマイルカの2種があるとされている．また，1種とされてきたハンドウイルカも最近ではハンドウイルカとミナミハンドウイルカの2種に分けられている．1種のなかに2つの型が知られているが，その分類学的な扱いが確定していない種もある．そのひとつがイシイルカである．イシイルカには体側の斑紋の大きさが異なる2つの型があり，かつては別種とされたこともあるが，今では種内の体色変異と見られており，別亜種と見なす意見もある．本書ではこれをイシイルカ型とリクゼンイルカ型として区別している．また，日本の太平洋沿岸のコビレゴンドウには体の大きさと背部の鞍型斑を異にする2型が知られている．古くは「しおごとう」と「ないさごとう」と呼ばれてきたが，今日の漁業者はそれぞれをタッパナガとマゴンドウと呼んでおり，本書もそれにしたがっている．将来はこれらを別亜種として扱うことを主張する分類学者が現れるかもしれない．

小型鯨類という呼称は本書でも使われているが，これも生物学的な単位ではなく，漁業関係の分野の慣用語であり，現在の国際捕鯨取締条約（6.4.2項）と，そのもとで活動している国際捕鯨委員会（International Whaling Commission; IWC）の活動とも関係している．この条約は，捕鯨業（Whaling）を規制するという目的を前文において明記しており，捕鯨業とはクジラ（Whale）をとる漁業であるとの認識があることも理解される．しかし，この条約にいう Whale とはなにを指すかの定義がなされていないのである．

動物学でいう全鯨類を指すのか，いわゆるクジラを指すのか明らかではなく，今でも加盟国の間で議論が分かれている．おそらく，当時は大型鯨類の資源動向は注目されたが，イルカ類やアカボウクジラ類の保全にはだれも関心をもたなかったものと思われる．ところが，時代を経るにつれてイルカなどの小型種の動向についても関心が寄せられてきた．1972 年に IWC は科学委員会（Scientific Committee; SC）のもとに小型鯨類分科会（Sub-Committee on Small Cetaceans）を設置することを決定し，第 1 回の会合を 1974 年 4 月にモントリオールで開き，小型鯨類の生物学や漁業をレビューした（Mitchell, 1975a）．これが「小型鯨類」の始まりであるらしい．それまでの科学委員会では必要に応じて随時に分科会を設立していたが，小型鯨類分科会は常設分科会とされて今も続いている．ミンククジラは 1978 年からはここから外されて別の分科会の扱いとなって現在に至っている．

現在，小型鯨類として扱われているのはマッコウクジラを除く全ハクジラ類で，ヒゲクジラ類は含まれない．本書もそれにならっている．しかし，日本政府の扱いはやや異なるように思われる．たとえば，捕獲ないし混獲された鯨類の取扱いに関する水産庁長官の通達（13 水管第 1004 号，平成 16 年 10 月 12 日改定）では，小型鯨類を「歯鯨のうちまっこう鯨，とっくり鯨およびみなみとっくり鯨を除いたもの」と定義している（粕谷，2011：p. 613）．その理由について私は次のように想像している．IWC は 1977 年の会議で，北大西洋に生息するキタトックリクジラの資源状態が悪化しているとして，これを翌 1978 年漁期から捕獲禁止とした．「小型鯨類は条約にいう Whales に含まれず，IWC の管轄権がおよばない」という日本政府のスタンスからすれば，日本はこの決定に異議を唱えるべきであったが，それをしなかった．当事国のノルウェーが反対しなかったこともあろうが，北太平洋には生息しないということで気を抜いたのかもしれない．日本はこれが IWC の管轄権を小型鯨類に拡大するための突破口になることを恐れて，話のあとさきが逆になるが，上に述べたような対応をしているのであろうと想像される．IWC は 1982 年の会議において，1985/86 年南極海漁期，1986 年北半球漁期から全鯨種の商業捕獲をゼロとすることを決め，日本は 2 年遅れてこれを受け入れると同時に科学目的での捕獲を始めた．かりに，小型鯨類も Whale であると認めるならば，日本で行われているイルカ漁やツチクジラ漁にも商業捕鯨停止の規定が適用されるおそれがある.

2　生息環境

2.1　日本周辺の海洋構造

日本周辺の海洋環境は，黒潮系の暖流と親潮系の寒流の消長に加えて，風や日照などの影響で季節的に大きく変動する．なかでも，北海道西岸から対馬海峡付近までの日本海と，北海道南岸から銚子付近までの西部北太平洋の沿岸域で季節変動が著しい．

北太平洋の海洋構造を眺めてみよう．赤道の北側を東に流れつつ暖められた北赤道海流はフィリピンのルソン島付近で北に向きを変える．その流れは台湾東岸と南西諸島の東西を抜けて九州南岸に至り，四国と本州の南岸に沿って流れて銚子沖に至る．これが黒潮と呼ばれる暖流である．黒潮はこの後，日本沿岸を離れて東方に向かう．この部分は黒潮続流と呼ばれ，さらに東経160度付近に至ると北太平洋海流と呼ばれる．冷却されつつ北米大陸西岸に達した北太平洋海流は南北に分かれる．北に向かう流れがアラスカ海流で，反時計回りのアリューシャン海流となって，さらに冷却されつつ西進して千島列島に至って親潮の源流となる．北太平洋海流から分かれて南に向かうのがカリフォルニア海流で，これは北米大陸沿岸に沿って南下する寒流で，北赤道海流の始点に至り，暖められつつ東に向かい黒潮の源流となる．このように北太平洋には，時計回りと反時計回りの表層海水の大きな循環がある．

西部北太平洋の海流の細部に目を向けると，黒潮とそれに続く黒潮続流から離れて右に向かう流れがある．これが黒潮反流であり，南ないし南西に向かって沖縄・台湾付近で黒潮に合流するまでの時計回りの循環域は黒潮反流域と呼ばれる．ここは南北の太平洋域でもっとも温暖な海域の一部を構成しており，かつての寒冷期にはイルカ類を含む暖水性海洋生物の待避場所とし

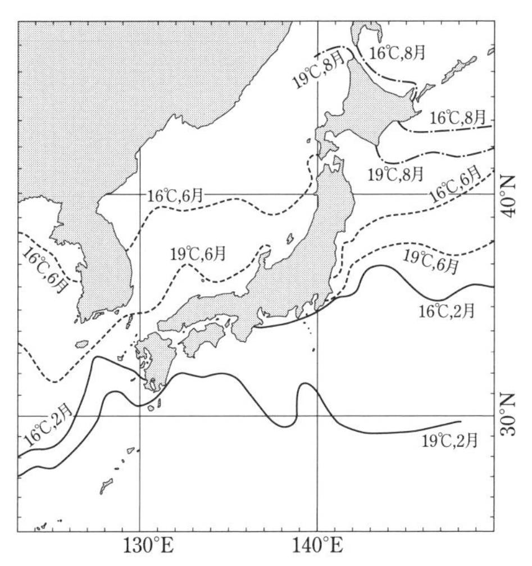

図 2.1　日本近海における表面海水温の季節変化．平均表面水温 16 度と 19 度の位置を，2 月（実線），6 月（点線），8 月（鎖線）について示す．粕谷（1980）の図 3 による．

て重要な役割を果たしてきたものと思われる．

さらに，沖縄島周辺の東シナ海では黒潮の一部が左に分流する．その大部分は対馬海峡を抜けて日本海に入る．これが対馬暖流である．対馬海峡を抜けた後，対馬暖流の一部は朝鮮半島東岸に向かうが，主要部分は本州西岸に沿って北上する．その一部は津軽海峡を抜けて津軽海流となって三陸沿岸を南下し，金華山・犬吠埼付近で消滅する．残りの流れは北海道西岸を北上し，宗谷海峡を抜け宗谷海流となり，網走沖に達して消滅する．日本海における対馬暖流は夏には顕著であるが，冬にはその勢力が弱まり表面水温からは存在が認識しにくい．

アラスカ方面からやってきた冷たいアリューシャン海流は，オホーツク海の冷水を取り込みつつ千島列島沿いに南下する．これが親潮である．その一部は三陸沖から亜寒帯海流となって黒潮続流の北側に沿って東方に向かうが，残りの部分は津軽暖流の東側を南下して金華山・犬吠埼付近にまで達して消滅する．親潮の勢力は冬には強く，夏には弱くなる．

上に述べたような暖流と寒流の季節的消長に加えて，冬の季節風による冷却や夏の太陽輻射の影響で表面水温が変化するので，日本近海，とくに北日本周辺の海洋環境は季節的に大きく変動する（図 2.1）．

2.2　表面海水温と小型鯨類の分布

鯨類は恒温動物であり，環境水温が上下しても，運動などで発熱量が増減しても，放熱量を調節して体温を35-36度に維持している．しかし，それぞれの種には快適と感じる水温範囲があり，体温調節能力に限界があるのも事実であるらしい．まず，鯨類はどのようにして体温調節をしているかを理解したうえで，日本近海のイルカの分布と表面海水温との関係を見ることにする．鯨類の分布に影響する海洋環境には多様なものがあると思われるが，表面海水温はそのなかでもっとも把握しやすい要素である．

陸上哺乳類の多くは被毛を備えて体温保持に役立てている．被毛の保温効果はそこに取り込まれた空気の断熱効果に依存するので，水中では維持・管理に手間がかかる．ラッコは哺乳類随一といわれる高密度の被毛をもっているが，海中ではさまざまな汚れが付着するので，それを除いて空気層を保持する必要があり，日常の活動時間の30%をそのために費やしているといわれる．どのような優れた被毛でも，そこに含まれる空気は大深度では圧縮されて断熱効果が低下してしまう．鯨類は泳ぎに適応したあげく手足がないに等しい体になったので，被毛の手入れはままならない．ラッコのように被毛による体温保持に執着する限り，哺乳類は遠洋・深海に進出することは不可能であったと思われる．被毛を放棄して，代わりに体表を覆う脂肪層で体温維持を図ったのが鯨類であるし，アザラシ類の一部の種にも同様の戦略が見られる．この鯨類の脂肪層は真皮層に脂肪が蓄積したもので，栄養貯蔵と体温調節の両方の機能をもち，脂皮（Blubber）と呼ばれている．これから鯨油をとることをおもな目的として捕鯨が行われた時代があった．脂皮の厚さは多くのイルカ類で1-3 cm，ナガスクジラで5-10 cmあり，セミクジラでは25 cmにも達する．脂肪は熱伝導度が低く保温性に優れている．脂肪含有量が80%の脂皮の熱伝導度は，脂肪含有量がゼロに近い脂皮の3分の1以下である（Berta *et al*., 2006: Fig. 9.6）．脂肪含有量が増すと脂皮の厚さも増加するので，保温上は熱伝導度の改善に加えて厚さの相乗効果も期待できる．鯨類の脂皮の厚さや含油量は季節や生殖状態によって変化する．夏に南極海で摂餌するヒゲクジラ類では秋に向かって脂皮の厚さや含油量が増加する．北大西洋のヒレナガゴンドウでも夏から秋にかけて脂皮の厚さが増加するとされているが（Lockyer, 1993b），日本沿岸のイルカ類についてはこれに類する研究がない．ヒゲクジラ類では泌乳個体で脂皮が薄く，妊娠個体では厚いことも広く知られている．これは授乳に備えて貯蔵された脂肪が泌乳により消費されることと関係している．

鯨類は厚い脂皮を着ているうえに汗腺をもたないので（水中では発汗による冷却は機能しない），激しい運動をするとオーバーヒートの危険がある．そのような場合には体表に向かう血流を増加させる．尾鰭・胸鰭・背鰭などが放熱器としての機能を受けもっており，そこには体表に向かう動脈と体内に戻る静脈が並走して熱交換をする構造がある．体温を保持したいときには，ここの血流を調節して静脈血が体の奥に戻る前に動脈血から熱を受け取って，放熱を調節するといわれている．このような動脈と静脈の熱交換システムは睾丸や子宮にもある．胎児は母体よりも代謝が旺盛で発熱が激しいので特別な冷却が必要であるらしい．また，睾丸はその機能を維持するためには体温よりも若干低温に保たなければならない．われわれはそれを空冷に頼っているが，鯨類は睾丸を体内に取り込んだため別の冷却方法が採用された．すなわち子宮や睾丸に入る動脈は，体表から戻った低温の静脈血と並走して，あらかじめ冷却されたうえで目的の臓器に到着するのである（Berta *et al.*, 2006: Section 9.3.3）．

鯨類の体温調節は脂皮の厚さや脂肪含有量に関係することを述べたが，体の大きさ自体も耐寒能力に影響する．なぜならば，おもな発熱器官は筋肉や内臓であり体重の主要部分を占めているが，大型個体ほど体重に対する体表面積の比率は低下するためである（2.3節）．大型鯨類のなかにはシロナガスクジラやザトウクジラなどのように極海と熱帯域の間を季節的に回遊して20度以上の水温差を経験する種類もあるが，イルカ類では同一個体がそのような広い水温範囲に生活する種は少ないらしい．その背景には体の大きさが関係しているものと思われる．多くのイルカはその体の構造と生理的な特性に応じて，種ごとにあるいは成長段階ごとに定まった快適温度範囲があるものと思われる．生息温度範囲が広いイルカの種としては，日本近海ではスナメリとタッパナガ（日本近海のコビレゴンドウの２つの地方型のひとつで，銚子–北海道沖に生息する大型タイプ：4.3.4項）があげられる．これらの種では脂皮層の脂肪含有量や厚さの季節変化は調べられていないが，飼育下

表 2.1　西部北太平洋において，それぞれの種が出現した
度階級ごとの出現比率（%）（粕谷，2011：表 10.1 より構

海水温度（以上，未満）	5-7	7-9	9-11	11-13	13-15
リクゼンイルカ型[1)]	2	9	15	6	9
イシイルカ型[1)]		1	16	14	35
ネズミイルカ					
スナメリ	1	4	5	2	7
セミイルカ				14	43
カマイルカ		2	7	28	22
シャチ			7	3	7
ハナゴンドウ				1	3
オキゴンドウ					
タッパナガ型[2)]			2	2	14
マゴンドウ型[2)]					3
ハンドウイルカ				3	6
スジイルカ					5
マダライルカ					

1）イシイルカには２つの体色型，イシイルカ型とリクゼンイル
海道南岸に分布するタッパナガと銚子以南に生活するマゴンド

のスナメリでは冬には摂餌量が大幅に増加することが知られている（2.3 節，3.4 節，表 3.3）．これは体温維持のためにエネルギー消費が増加するためである．

日本近海のイルカたちはどのような水温環境にいるのか．これを知るために，西部北太平洋を研究船で航海してイルカが出現した場所の表面海水温を記録した（表 2.1）．スナメリは水深 50 m を超える外洋にはほとんど出現しないが（4.3.1 項），ハンドウイルカやゴンドウクジラ属では 500-600 m の潜水記録があるし（Berta *et al*., 2006），アカボウクジラ科のツチクジラでは 1700 m の潜水が知られているように（Minamikawa *et al*., 2007），表面水温は小型鯨類が生活する水温環境の一部を代表するにすぎないことに留意する必要がある．しかし，この表でイルカの種ごとの出現水温を見て，それを図 2.1 の日本近海の水温分布に対比すれば，日本周辺のイルカ類のおおよその分布範囲を推測することが可能である．航海中に遭遇するイルカの種類やその頻度は海水温だけでなく，水深や沿岸/沖合などの海洋構造にも関係する．表 2.1 の基礎になった調査においては日本の太平洋沿岸域や瀬戸内海に多くの時間を割いているので，表に示された種組成が西部北太平洋のイルカ類の

ときの表面海水温度（℃）．種類ごとの総出現回数に対する温
成）．

15-17	17-19	19-21	21-23	23-25	25-28	28-31	総出現回数
49	9	2					47
22	13						161
50	25		25				12
5	4	10	13	14	29	6	642
14	14			14			7
15	13	11	2				54
7	21	17	31	3		3	29
3	6	37	19	13	16	2	147
6	21	12	18	9	18	15	33
13	19	14	5	17	14		63
	6	12	27	15	24	12	33
4	9	10	21	21	15	12	68
		35	5	40	10	5	20
		60	20	20			5

カ型がある．　2）日本近海のコビレゴンドウには，おもに銚子-北
ウの２つの地方型がある．

個体数を反映していることにはならない．また，温度階級ごとの調査量の違いも補正していないので，特定の種について水温別の相対密度を示しているものでもない．たとえば，この表からスナメリはハナゴンドウの４倍の生息数があると判断するのは正しくないし，19-21 度の水域におけるハナゴンドウの密度は 17-19 度域のそれの６倍であると判断するのも危険である．しかし，19-21 度域にはハナゴンドウが 54 回も出現したのに，イシイルカ（体側の白斑が小さいイシイルカ型とそれが大きいリクゼンイルカ型の両方を含む）は 19 度以上の水温には１回しか出現しなかったことから，イシイルカはこのような水温域は好まないと判断することは可能である．イシイルカが１回出現したからといって，彼らがその水温を好むと判断することも正しくない．たまたま暖かい水塊に取り込まれて，そこからの脱出を試みていたかもしれない．暖かい黒潮続流と冷たい親潮系の水が接する海域では，黒潮はしばしば蛇行して冷水塊を囲い込んだり，逆に冷水域に暖水塊が取り込まれたりする現象が起きている．なお，海水温の季節変動は大気のそれよりも若干遅れており，表面水温が最高値を示すのは北太平洋の北部では８月末から９月ころである．

イシイルカは典型的な寒冷性の種であり，表面水温で見る限り，その分布の上限は19度近辺にある（表2.1）．下限水温は，別の資料によれば夏のベーリング海ではおおよそ5度に，5月の太平洋沿岸では3-4度にあることが知られている（粕谷，2011：9.3.1項）．これに対して，スジイルカ，マダライルカ，ハナゴンドウ，オキゴンドウ，マゴンドウ（日本近海のコビレゴンドウの2つの地方型のひとつで，銚子以南に分布する小型タイプ：4.3.5項）などは暖海性であり，下限水温は16度前後にあるらしい．これらのイルカは海水温の季節変化に応じて，南北に移動しているものと推測されるが，暖海性の種については，分布の季節変化，とくに冬の分布を知るためのデータが不足している．水産庁の遠洋水産研究所は日本近海のイルカ類の分布調査を1980年代から精力的に続けてきたが，冬季の調査には力を入れられなかった．予算の年度末から年度初めにかけては調査航海を設定しにくいことと，鯨類の資源量推定には彼らの分布が北に寄っている夏の調査が望ましかったことがその背景にある．

2.3　水温以外の分布要因

海水温は季節的に変化する．それに応じて，日本近海の多くのイルカは分布域を南北に移動させているが，そのことは彼らの水温環境が一年中変化しないというわけではない．彼らが生活する水温環境は季節によって変化しているのである．情報量の多いイシイルカとマゴンドウ型コビレゴンドウについてこれを見よう．イシイルカは日本近海の寒冷性イルカの代表種である．その太平洋側における分布南限は，夏には北海道東岸沖にあり，冬には房総半島沖合にあって，季節的に分布範囲が南北に移動している．この海域におけるイシイルカの出現地点の表面水温は，5月には3-14度の水温範囲に，8-9月には12-24度にあった．彼らの最適水温がどこにあるかは別としても，イシイルカは夏にはやや高温域にすみ，冬にはやや低温域に生活することにより，季節的な移動距離を少なくしていると見ることができる．一方，マゴンドウについて見ると，分布の下限温度は1-3月には20度付近にあり，7-9月には24度付近にあった．上限水温に関してはデータが不十分であるが，彼らも水温の変化ほどには生息圏を移動せず，おそらく多少の寒さに耐えつつ一定の生活場所に留まる傾向を見せていることがわかる．イシイルカもマゴンドウも，彼らの体温調節機能が可能とする範囲内において，季節移動の地理的な移動範囲を小さくしている傾向が認められる．そのような生活をすることによりストレスも高まるであろうし，コストも増すに違いない．そのコストに見合うメリットはなにであろうか．それはすみ慣れた地理的環境であるとか，餌の供給が豊かであるとか，サメやシャチなどの天敵が少ないなどという利点かもしれない．彼らの生息域は環境水温と体温調節の能力だけで決定されるものではないことが理解されよう．

イルカのなかには海水温とは無関係に生活しているかに見える種もある．瀬戸内海のスナメリやタッパナガ型コビレゴンドウにその例があるし，イルカではないが，アカボウクジラ科の一種ツチクジラも一見表面水温とは無関係に生活している様子がその分布からうかがえる．しかし，なにがツチクジラの分布を規定しているのか，その真相はわからない（4.3.12 項）．

日本のスナメリは太平洋側では仙台湾以南，日本海側では富山湾以南に分布しており，水深が 50 m より浅いところを好み，国内には少なくとも 5 個の個体群が確認されている（4.3.1 項）．日本のスナメリと同種の個体は朝鮮半島の西岸を経て，台湾西岸や揚子江にまで分布し，もうひとつの兄弟種は台湾海峡からペルシャ湾にまで分布している．このような分布は本種が暖海起源であることを示している．日本のスナメリ個体群のひとつ，瀬戸内海系の個体群については，1970 年代に姫路水族館（当時）の呉羽和男氏と協力してフェリーボートを乗り継いで分布調査をしたことがある．表 2.1 に示したスナメリ出現地点の表面水温の大部分はこれによって得られたもので，周年をカバーしている．瀬戸内海は 4 つの海峡で外海とつながる半閉鎖海域であり，高い生産力で知られている．そこは外海との水の交換が限られているうえ，平均水深 31 m，最大水深 98 m と浅いために，暖まりやすく冷めやすい．表面水温は最低の 5 度台（3 月）から最高の 28 度台（9 月）まで幅広い季節変動を見せていた．瀬戸内海のスナメリは，このような環境変動のなかで生活しているのである．おそらく，日本近海のほかのスナメリ個体群の温度環境もこれと大きな違いはないように思われる．野生のスナメリの生理状態の季節変化はわからないが，鳥羽水族館で飼育された推定体重 56 kg の複数のスナメリについて 1 日 1 頭あたりの摂餌量を見ると，水槽水温の高い

5-9 月には 2-3 kg であったものが，寒い 12-3 月には 5 kg 前後とほぼ倍増することを片岡ら（1976）が報告している（3.4 節，表 3.3）．この程度の生活コストの上昇は，餌料の供給が豊かであれば生存に不利をもたらさないらしい．おそらく，瀬戸内海のスナメリはそこの高い生産力と，捕食者の少ない生活環境を利点として，幅広い水温変動にともなうストレスに耐えて生活しているものと思われる．スナメリ以外にも，ミナミハンドウイルカやタッパナガなど沿岸性の種ないし個体群は，このような幅広い環境温度の変化に耐えていると思われる．

コビレゴンドウは日本の太平洋側には普通の種であり，その理由は明らかではないが，日本海や東シナ海にはほとんど出現しない．日本の太平洋沿岸沿いに生息するコビレゴンドウには 2 つの地方型が知られている．ひとつはタッパナガと呼ばれ，道東の太平洋岸から銚子に至る沿岸域に生息し，ひとつの小さい個体群を構成している．もうひとつの型がマゴンドウで，銚子以南の沿岸域から沖合にかけて分布するが，そこには複数の個体群が含まれる可能性がある．タッパナガとマゴンドウの間にはさまざまな形態的な違いが知られているが（4.3.4 項），ここで注目したいのは体の大きさと低水温耐性との関係である．タッパナガはマゴンドウに比べて，体長は雄で 2 m，雌で 1 m ほど大きく，出産期が短く，しかも冬にある（マゴンドウでは出産は周年でピークが夏）．タッパナガとマゴンドウの成体の体長差は新生児の体長にも反映され，それぞれ 185 cm と 140 cm で，その差は 45 cm である．体の大きいタッパナガの生息圏は，北からくる親潮（寒流）と，南からくる黒潮（暖流）と，勢力は弱いが暖流の末流である津軽海流の 3 者が衝突する海域であり，彼らは周年そこに生活している．この海域は生産力が高く餌が豊富であるという利点をもつが，水温の季節変動が著しいという不利な状況を備えている．タッパナガはこのような環境を利用することに特化した個体群であるらしい．体軀が大きいことは耐寒能力を高める効果がある．体形が相似形であるならば，体重は体長の 3 乗に比例する．鯨体内で熱を発生するのはおもに筋肉と内臓であるから，これらもほぼ同様の傾向をもつと思われる．ところが，発生した熱の放散に直接関与するのは体表であり，その面積は体長の 2 乗に比例する．したがって，［体表面積］/［体重］の比は体長に反比例して低下する．このように計算すると，タッパナガの新生児の体重あたりの体表面積はマゴンドウのそれの約76%となり，低温環境に強いと予測される．タッパナガとマゴンドウでは体形に若干の違いがあるが，その程度の体形の違いは上の議論には影響しないし，さらに体形の違いは子どものときにはめだたないものでもある．

哺乳類の体の大きさと耐寒能力の関係について次のような経験則が導かれている．

$$Tl = Tb - 14.6W^{0.182} \quad \text{(Peters, 1983)}$$

ここで，Wは動物の体重（kg），Tbは体温，Tlは放熱コントロールだけで，つまり発熱量を特別に増加することなく体温維持が可能な限界環境温度である（温度は摂氏）．先に示した新生児の体長を体長（L, cm）と体重（W, kg）の関係式$W = 2.377 \times 10^{-5} L^{2.8873}$（Kasuya and Matsui, 1984）にあてはめると，新生児の体重はタッパナガで83.6 kg，マゴンドウで37.4 kgと算出される．鯨類の体温はおおよそ36度である．これらの値を上の式に入れると，限界環境温度はタッパナガ3.3度，マゴンドウ7.8度となる．タッパナガの新生児の限界温度は，彼らの生息域の冬の表面水温5度よりもわずかに低い程度である．しかし，マゴンドウの環境温度が8度まで低下することは，現在の分布に関する知識からは想定しにくい．かりに算出された限界温度の絶対値には信頼がおけないとしても，新生児の耐寒能力はタッパナガのほうがマゴンドウのそれよりも4-5度ほど勝っていることは事実であろう．このことは黒潮前線の北側の親潮との混合域に生活し，冬に出産するタッパナガにとって重要な意味をもつことが図2.1を見れば理解される．

試みに，コビレゴンドウの2つの型の雌の成体平均体長（マゴンドウ：3.86 m，タッパナガ：4.67 m）を上の式に入力して体重を求めると，590 kgと1211 kgとなる．これを上のPeters（1983）の式にあてはめると，限界温度はマゴンドウでマイナス10.6度，タッパナガでマイナス17.1度となる．このような低水温は海洋では起こりえない．Peters（1983）の式をこのような大型種にまであてはめることには問題があるかもしれないが，体の大きさが環境温度だけで定まるわけではない（5.1節）．タッパナガはなぜ冬に出産するのかは5.2.2項で考察する．

イルカ類の分布や季節移動などに関与する環境条件については不明の点が多い．それを知るためにはイルカの種ごとの分布の様子を理解して，環境条件との因果関係を解析する必要があるが，そのような研究は進展していない．スナメリが内湾や浅い沿岸域に定住していることはすでに述べた．ネズミイルカも大陸棚域をおもな生活圏としている点ではスナメリに似ているが，季節移動を行う点で異なっている．その南限は冬には新潟県・宮城県の沿岸にあり，夏には津軽海峡付近まで北上する（Taguchi *et al.*, 2010）．ただし，オホーツク海方面における彼らの分布北限は明らかではない．

ミナミハンドウイルカについては若手の研究者が背鰭の特徴を手がかりにして，個体識別を試みており，分布や移動に関するデータが集積されつつある．現在までに得られたデータを見る限り，彼らは中部日本以南に分布し，特定の沿岸や内湾を生活の場としていることがわかってきた．彼らはときおりほかの沿岸域に出かけたり，そこに移住したりする事例も報告されている．そのような非日常的な移動を除けば，彼らの日中の行動範囲はあまり広くないが，夜間に沖合に出て摂餌をするのかどうか解明が待たれる．

九州の天草半島北岸の通詞島周辺にはミナミハンドウイルカの群れが定住している．白木原夫妻はこれを長年観察し，個体数を 210–230 頭と推定している（Shirakihara and Shirakihara, 2012）．この個体群について海岸の高台から昼間に行った観察によれば，イルカの行動範囲は天草灘から島原湾にかけての 25 km ほどの海岸線の範囲内で，沖合への広がりは 10 km 以内であるとされ，しかも，これらの観察事例の 95% は，さらに狭い 5 km×10 km ほどの範囲に出現していた．現段階では，10 km×25 km の範囲にいるのは特定の日中の時間帯に限られるのか，それとも終日そこに留まっているのかは定かでない．観察時間あたりの出現頻度の日周変化を見たいものである．Inoue *et al.*（2017: Fig. 8）は，夕方 16 時以降に観察された群れの移動方向を図示している．そこに示された 17 例のうちの，12 例（71%）は西の橘湾の方向に向かっていた．このことは，彼らは夜間には橘湾ないしはその沖の東シナ海方面に移動して，そこで摂餌している可能性を示すものである．将来は無線標識を装着して夜間の行動圏を探ることが望まれる．ハワイ周辺のハシナガイルカでは，昼間は沿岸で休息して，夜間に沖に出て摂餌すると信じられている．

カマイルカは北太平洋の沖合にも普通に分布しているが，定置網にしばしば罹網することからわかるように沿岸にやってくる個体があるのも事実である（4.3.3項）．そのほかの多くのイルカ類は大陸棚の外側の外洋域を好んで生活している．スジイルカ，マダライルカ，ハナゴンドウ，オキゴンドウなどもそのような外洋域を好む種であり，太平洋側ではいずれも普通に見られる．日本海や東シナ海の夏の水温環境で見る限り，これら鯨種の生息が可能であるが，実際にはスジイルカ（4.3.8項）とマダライルカ（4.3.9項）はそこにはほとんど出現しない．その理由は不明である．

3　食性

3.1　食性研究の意義

2002年5月に国際捕鯨委員会（IWC）の年次総会が下関で開かれたころのこと，「鯨が増えると魚が減る」という意味の言葉を刻んだポスターが日本のあちらこちらに貼り出された．「鯨を捕れば魚が増える」ことを連想させて世論を捕鯨存続に誘導する意図がそこに感じられた．日本近海では16世紀から捕鯨が行われ（橋浦，1969），1820年ころからは欧米の帆船捕鯨船も来漁して（Francis, 1990），19世紀末までにはセミクジラやコククジラの資源が壊滅状態に至った．20世紀に入ると新しい捕鯨技術が導入されて，それまでは捕獲が困難だったナガスクジラ類の大量捕獲が始まったが，これらの種も乱獲による資源減少のため，1970年代には順次捕獲禁止になった（粕谷，2011：序章，7章）．ナガスクジラ類の資源が壊滅に向かった20世紀前半に日本近海の魚類資源は増加したであろうか．私には事実はその反対のように思われる．魚類資源の盛衰に鯨類は無関係であるという証拠もないが，片方を減らせば一方が増えるといえるほど単純ではないらしい．人類が魚類資源を大量に利用しており，それが魚の生息数に大きな影響をおよぼしていることは事実である．また，それが鯨類の生活にもなんらかの影響をおよぼしている可能性も十分に予測されることである．

IWCの科学委員会では2007年から海洋生態系における鯨類と魚類資源との関係に関する議論が行われたが，その過程で，両者を関係づけて議論するための海洋生態系のモデルはまだつくられていないという共通認識に至り，2007年から生態系モデルの構築に向けた努力が始まり，今も続いている．モデル構築の過程では，まず海洋生態系のなかのさまざまな過去の出来事を関連づける試みがなされ，最終的には組み立てた試作モデルに近年の生態情報を入力して未来を予測することが試みられるものと思われる．未来予測に成功すれば，その段階でモデルが完成となるわけであろう．しかし，予測の精度やどれだけ遠い未来を予測するかなどの要求次第で難易度は異なるし，モデル構築や将来予測に際して求められる生態系データも異なるに違いない．

海洋生態系における鯨類の位置を知るうえで，鯨類の食性に関する情報はきわめて重要な情報のひとつではあるが，それだけでは十分ではない．鯨類に関しては，消費する餌料の種類や消費量のほかに，鯨類自身の生息域・生息数・生活史などの知見が必要になる．また，鯨類と競合するほかの上位捕食者に関しても同様の情報が求められるであろうし，海洋構造の変動にも配慮する必要が生じるかもしれない．日本近海の小型鯨類に関してわれわれが手にしているこれらの情報は，ごく一部の鯨種に限られており，それも彼らがいつ，なにをどれほど食べていたかという断片的な情報が多く，季節的あるいは経年的な食性の変動に関する情報はさらに限られている．海洋生態系における小型鯨類の役割を解明するためには，これらの種に関してわれわれが得ている情報はきわめて不十分である．

3.2　口器の特徴と食物

現在の野生のイルカの食性研究の手法には２つの流れがある．ひとつは漁業で捕獲されたり，海岸に漂着したりした死体の消化管，とくに胃内容物を検査する方法である．魚の種類は耳石の形で，イカの種類はケラチン質のくちばし（顎板）の形で判別する．エビなどの甲殻類は外骨格の残骸で判別できる．もうひとつの流れはイルカの体の組織を採取して，窒素や炭素の安定同位体組成を調べる方法である．原子量の大きい，すなわち重い同位体は捕食者の体から排泄される速度がわずかに遅いので，食物連鎖の高位に位置する種ほど重い同位体の比率が高まるとされている．炭素や酸素の同位体比から初期の鯨類の祖先が淡水に生活していたと推定されたのも，重い同位体が海中に濃縮される傾向があることを利用したものである（1 章）．同位体比による解析では食物連鎖の高低は判別できるが，餌の種類を判定することまではできない．これまでの日本の科学者はおもに第一の方法でイルカ類の餌

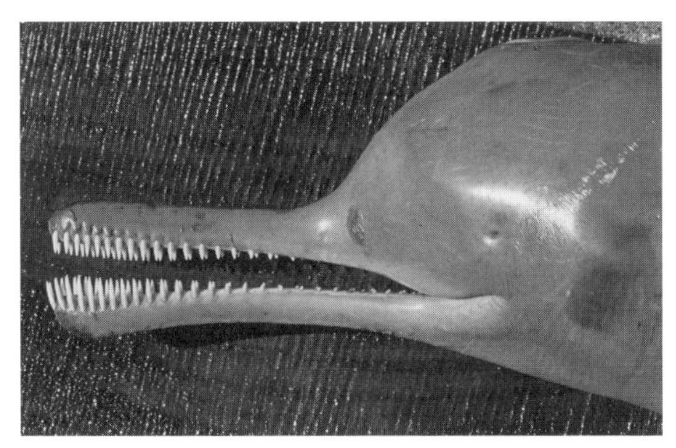

図 3.1　現バングラデシュ産インドカワイルカの横顔．眼裂はピンホールのように小さい．多数の鋭い歯を備えた口は，魚をつかむのに適している．Kasuya（1972b）の Plate III による．

を研究してきた．この方法には，得られる情報が特定の種類のイルカ，季節，地域などに限定されるという欠点がある．そのようにして得られた断片的な情報から見ても，イルカの餌料は季節や場所によって変化する場合があること，また海のなかの餌生物の豊凶に応じて，彼らは餌料を変更する場合があることなどが知られてきた．イルカは餌料の選択性においてある程度の融通性をもっているとしても，彼らの口器の構造に応じて，それなりの制約があるのは当然である．そこで，ここでは具体的な餌料種の記述に入る前に，ハクジラ類の口器や摂餌方法の特徴について検討しておく．

西脇昌治教授（東京大学海洋研究所）の調査隊は，1970 年 1 月に当時の東パキスタン（現バングラデシュ）でインドカワイルカを漁師から入手して，現地で短期間の馴致をした後で同年 2 月に 4 頭を日本に空輸した．鴨川シーワールドではそれを活フナで餌付けして最長 186 日間の飼育に成功した．餌のフナは鰭を切除して動きを鈍くして与えた．彼らは横泳ぎをしながら口を大きく開き頭を背腹に振りつつフナに接近し（水面に平行に頭を振ることになる），くちばしの先でフナをくわえて捕獲し，それをくわえ直しつつ後方に送って飲み込んだ．ハクジラ類には咀嚼に適した臼歯もないし，柔軟な頬もないので原則として咀嚼はしない．あえて水中で咀嚼を試みれば，餌は口外にこぼれてしまうだろう．頭を振るのは音響ビームでスキャンしつつ餌を探しているものと思われたが，その確認はない．インドカワイルカは上下左右の顎にそれぞれ30本前後の鋭い歯を備えている（図3.1）．上顎は細長い棒状で，下顎の骨格は縦棒が前方に長く伸びたY字状をしている．この縦棒部分は左右の下顎骨が縫合した部分であり，細長い上顎に対している．これは日本古来の「どじょう鋏」という漁具に似ている．Y字の二股の間には舌がおさまり，二股の後端は顎の関節となっている．水中の生物をくわえるのには具合よいこのような特徴はほかのカワイルカ類にもほぼ共通している．なお，インドカワイルカの眼裂はピンホールのように小さく，水晶体は痕跡的である．視力は明暗と光の方向は認識できるかもしれないが，餌を視認することはできないらしい．また，横泳ぎはインドカワイルカの特徴だという報告もあるが，彼らがつねに横泳ぎをしていると考えるには，証拠が不十分である．鯨類は尾鰭を背腹に振って前進するので，水底近くを泳ぐときとか，狭い水槽のなかに置かれたときなどには，横泳ぎをせざるをえない．十分な深さのある広いスペースを与えられて水底から離れて泳ぐときに，彼らがどのような泳ぎ方をするのか見たいものであるが，彼らが生息する河川は透明度が劣るので，観察がむずかしい．

鴨川シーワールドにおける上の観察だけではインドカワイルカが餌を捕獲した後，それを飲み込むまでの動作を理解したことにはならない．イヌは食いちぎった餌を飲み込む際に頭を上げて，重力を利用して喉に落とし込むこともするが，インドカワイルカがそれをするには水面に浮上しなければならない．そこで必要になるのが次に述べる吸引摂餌（Suction Feeding）であり，口角付近にまで餌を運んだ後，口腔に陰圧を発生させて，吸い込むようにして喉に送る．

吸引摂餌においては，インドカワイルカで見たように餌をくわえた後で口中に陰圧を発生させて喉に送ることもあろうし，鯨種によっては口先に近づいた餌をストローで飲み込むようにして捕まえることもある（伊藤，2008；Marshall, 2009）．ピンセットのような形をしたカワイルカ類の口は餌を捕まえるには具合よくできているが，それだけでは吸引摂餌はできない．捕まえた餌を口角近くまで順送りにもってくれば，そこから後方は上下の唇が接して，喉まで続く管状の構造があるので，吸引によって食道の入口まで餌を取り込むことができる．吸引摂餌の能力を鯨類で実験的に確かめた例はネズミイルカやハンドウイルカなどに限られているが，その仕組みはすべてのハクジラ類の，そしておそらくはヒゲクジラ類でも機能しているものと思われる．吸引摂餌に際しては，鯨類は舌骨とそれに連動する舌をピストンのように後退させて，口腔の容積を大きくして陰圧を発生させるのである（Cozzi *et al.*, 2017）．その仕組みは天板の蝶番で脚部を開閉できる脚立を想像すると理解しやすい．蝶番の軸を水平にして天板を前方に向けると，脚が後方を向く．背側の脚の後端を左右の上顎関節の後方に位置する頭骨（側後頭骨）に軟骨で接続する．もう一方の脚は腹側に位置するので，これを筋肉を介して胸骨に連結する．この筋肉を収縮させると，天板はそこに固定された舌とともに後下方向に引っ張られて，口腔容積を広げる働きをする．試みに指を口に入れ，指先を舌の中央部にあててストローで水を吸う動作を試みるとよい．舌骨の動きと陰圧の発生の関係が理解できる．

マッコウクジラの頭骨は大きいが，それは巨大な脳油器官を載せるのに特化したためであり，口蓋に相当する部分は狭くて長く，下顎も細長い棒状で，カワイルカ類の下顎に似ている．機能歯は下顎に限られ，その萌出過程に性差は見られず，雌雄とも生後5歳を過ぎたころに歯列の前端から萌出が始まり，しだいに後方に進行し，15歳ころにほぼ完成する（大隅，1963）．歯のない若いマッコウクジラがイカなどを捕食するには吸引摂餌なしでは考え難い．おそらくインドカワイルカのようにして捕まえたイカ類を口角付近まで送ってきて，吸引によって喉に送りつつ舌でしごいて海水を絞り，飲み込むのではないだろうか．海水の塩分は鯨類の体液よりも濃いので，彼らはつねに水分を体外に失う状況に置かれている．鯨類には海水を飲んで塩分の濃い尿を排泄する能力があるが（Berta *et al.*, 2006: Section 9.5），水分は脂肪の代謝でも生産できるので，不必要に多量の海水を取り込むことは避けるのが合理的である．

アカボウクジラ科の多くの種は主餌料をイカ類に依存している．例外はツチクジラくらいであろうか．アカボウクジラ科は英語で Beaked Whales と呼ばれるように，特徴的な細長い上顎をもち，下顎は細長いV字型をしている．つまりカワイルカ類やマッコウクジラの下顎と違って，下顎縫合が短い．この特徴はマイルカ科やネズミイルカ科に共通しているが，それだけで餌のとり方が規定されるわけではない．彼らの摂餌の特徴は巨大な歯が餌をとるのに使われないことである．例外的な1種（タスマニアクチバシクジ

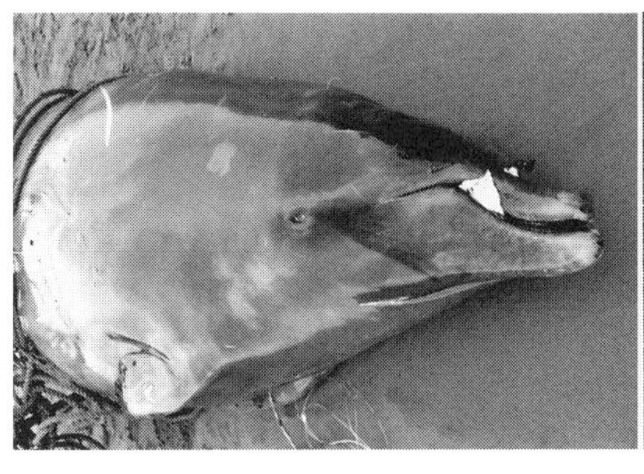
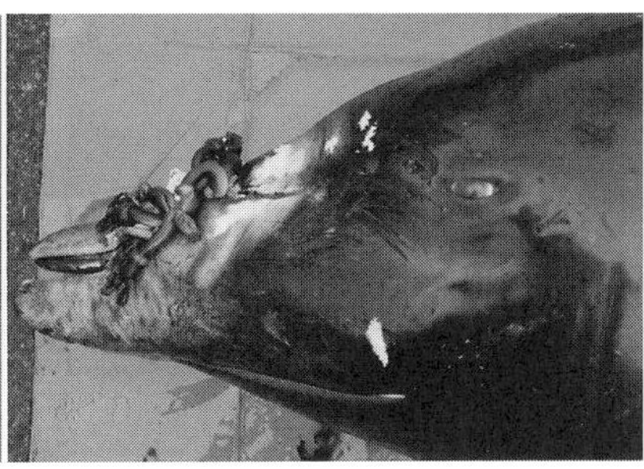

図 3.2　成熟したオウギハクジラの頭部．歯は下顎に 1 対あり，萌出するのは成熟雄に限られる．萌出しても上顎とは咬合せず，餌をつかむことには役立たないらしい．右の個体では歯の先端を除き外側の全面にエボシガイが着生しており，捕食したイカや魚ですれていないことがわかる．写真提供（2 葉）：山田格．

ラ）を除けば，アカボウクジラ科の種では上顎には歯がなく，下顎に 1 対の歯があるのみで（ツチクジラではこれに加えて 1–2 対の小さい歯がある），それらは上顎と嚙み合わないうえに，萌出するのは性成熟のころであるし，雌では生涯に萌出しない種もある（図 3.2）．ヒモハクジラの雄のように，萌出した歯が上顎の背面で交差していて大口を開けられない構造になっている種さえある．このような種では，歯は摂餌にはほとんど役立たないに違いない．そこに機能を求めるならば，同種個体との闘争あるいは社交的なコンタクトなどではないだろうか．このような口では吸引摂餌が不可欠である．うどんをすするようにイカなどを吸い込んで捕まえるに違いない．なお，タスマニアクチバシクジラは上下左右の顎に十数本から二十数本の小さい歯をもつが，機能歯は下顎前端の 1 対に限られている．これは多くのアカボウクジラ類が下顎歯の数を減じた過程を示しているものと思われる．マッコウクジラが下顎に多くの機能歯を残しているのと対比される．

マイルカ上科の口器の特徴は口蓋が概して扁平で幅広く（マイルカ属のような狭くなった例外もある），口蓋に対する下顎骨は縫合が短く V 字状をなすことである．そのなかのひとつネズミイルカ科の種では歯の直径が 1–2 mm と小さく，長さも 1 cm 足らずと短い．その歯は往々にして摩耗しているので，獲物をくわえとるにはあまり有効ではない．彼らの広い口蓋は吸引摂餌には向いていると想像されるし，そのことは実験的にも確かめられている（Berta *et al.*, 2006）．イッカク科の種も同様であろう．

マイルカ科の種では歯は釘状の単根歯で，基本構造はどれも同じであるが，口腔の形・歯のサイズ・数は種によって大きく異なる．彼らの餌料に共通するのはイカ類ではあるが，イカ以外の魚類の組成には種によって差があり，口器の違いを反映している要素が認められる．マイルカ科のなかでも雑食性が強く，状況に応じてなんでも食べているかに思われるのがハンドウイルカ属のグループである．彼らのくちばし状の上顎は太くて厚みがある．歯は比較的太く直径が7-8 mmあり，上下左右にそれぞれ二十数本ある．カマイルカ属の口器もこれに近い．

マイルカ属やスジイルカ属の口器にはハンドウイルカなどに比べて細い鋭い歯を多数備える方向への特化が見られる．彼らの歯は直径3 mm，全長15 mm程度で，上下左右にそれぞれ数十本を備える．これをおさめる上顎はやや細長いくちばしとなっており，下顎もそれに合わせて長く伸びており，外見的にはインドカワイルカの口器に似た特徴を見せているが，その基本構造は下顎縫合が短く，上顎はより扁平であるという点でカワイルカ類とは異なっている．イカ類やハダカイワシ類などの小型魚類をついばんで捕食するものと思われる．

上にあげたマイルカ科の諸属と対照的なのがカズハゴンドウ，ユメゴンドウ，コビレゴンドウ，ハナゴンドウなどの系列である．この系列には上顎が短く・幅広くなる傾向が見られ，それにともなって歯数が減少しており，ハナゴンドウでは下顎に数対の歯を残すのみである．このグループは歯数に減少傾向が見られるという点ではネズミイルカ科と共通するが，歯そのものは依然としてある程度の大きさを維持している．コビレゴンドウの歯は最大で直径が12 mm，全長40-45 mmであり，5-6 mの体長を考慮しても，ネズミイルカ類の歯よりも大きい．ハナゴンドウとコビレゴンドウの餌料はほとんどイカ類に限られており，歯数の減少傾向とイカ食への依存の間に関連がうかがわれる．

オキゴンドウとシャチも短く幅広いくちばしをもち，歯の数も減じている点ではコビレゴンドウに似るが，それは歯数だけの表面的なものである．彼らは歯のサイズを大きくするという方向に特化しているらしい．オキゴンドウの歯は直径2 cm，全長7 cm前後，シャチでは直径3 cm，全長11 cm程度で，上下左右にそれぞれ10本程度を備えている（図3.3）．彼らはこのよ

図 3.3　シャチの口，ザトウクジラの下顎から唇を嚙みとることもある強大な顎と歯．歯根の長さは萌出部の 2 倍以上ある．写真提供：鴨川シーワールド．

うな頑丈な歯を備えた顎でマグロやサケなどの大型魚類を捕食する．シャチのなかにはイルカ・アザラシ類を襲い，ときには集団でヒゲクジラ類を襲って一口ずつ食いちぎることもする．

3.3　なにを食べるか

小型鯨類のそれぞれの種が消費する餌料は多岐にわたっており，それらのリストを提示することは煩雑であるし，全体像を見失うおそれもある．以下ではこれまでに知られている彼らの餌料の特徴と多様性を私なりに整理してみる．なお，日本近海の鯨類の餌料については大泉（2008）のレビューがある．そこから原典にさかのぼることも可能であり，鯨類の餌料について詳細を学びたい者の入門書となる．

3.3.1　違う種でも似た食性

小型鯨類は海域・季節・時代によって消費する餌料が異なる場合がある．また，研究者の得意分野や胃内容物の査定手法によっても，結果に癖が出ることがある．このため，食性が似ていることを確認するには情報源を選ぶ必要がある．ここでは鳥羽山（1974）の学位研究によるスジイルカとマダライルカの食性を紹介する．スジイルカは体長 2.3 m 前後，マダライルカは 2 m 前後に達する群集性のイルカで，生活史も似ている（Kasuya, 1976）．口器はくちばし状をなし，上下左右の顎にはそれぞれ 39–55 本（スジイルカ）な

表 3.1　相模湾で 1963-1968 年の冬季（10-1 月）に捕獲されたスジイルカとマダライルカの胃内容物の比較．耳石数には左右両側を，口器の顎板数には上下顎を含む．大泉（2008）に引用された鳥羽山（1974）の研究による．

イルカの種	スジイルカ（51 頭）	マダライルカ（8 頭）	両種共通項目
魚類	13 科（耳石総数 4 万 2988）	10 科（耳石総数 9476）	合計 13 科中 10 科
うち，ハダカイワシ科	スイトウハダカ　24.5% カタハダカ　15.8% マメハダカ　10.5%	スイトウハダカ　40.3% ハラハダカ　15.8% ゴコウハダカ　13.7%	
頭足類	8 科　（顎板総数 5829） うち，ホタルイカモドキ科 80.8%	4 科　（顎板総数 476） うち，ホタルイカモドキ科 64.5%	合計 8 科中 4 科
甲殻類	3 科　251 尾	（記述なし）	

いし 34-48 本（マダライルカ）の細かく鋭い歯を備えている（Reeves *et al.*, 2002）．

表 3.1 は大泉（2008）に紹介されている鳥羽山（1974）の研究を私なりに整理したものである．彼が用いた試料は，伊豆のイルカ追い込み漁業者が 1963-1968 年の 10-1 月に相模湾から追い込んで捕獲した個体である．餌料種の査定は魚類は耳石により，頭足類は口器のくちばし（顎板）によっているが，これらの部位が胃に滞留する時間は同じではなく，顎板のほうが長く滞留するらしい（大泉，2008）．このため，耳石と顎板の数から魚類とイカの摂餌個体数の違いを云々することはできない．エビなどの甲殻類の滞留時間も魚類や軟体類とは異なるに違いない．この研究では追い込まれてから殺されるまでの経過時間がスジイルカとマダライルカの標本でどのように異なるか，またこれらの標本が何回の追い込みからとられたかも明らかではない．マダライルカの胃内容物組成がスジイルカのそれに比べて単純であるが，その理由のひとつは標本数が小さいことがあげられる（おそらく追い込み回数も少ないと思われる）．

これら 2 種のイルカの胃内容物には魚類がもっとも多く，頭足類がこれに次ぐという共通点がある（表 3.1）．まず，魚類に関して注目されるのは，マダライルカが捕食していたすべての科はスジイルカの胃内容物と重なることである．魚類のなかでハダカイワシ科が最重要度を占めている点はスジイルカとマダライルカに共通しており，耳石総数に占めるハダカイワシ科の耳石数はスジイルカでは少なくとも2万1828個以上（全魚類耳石の50.8%以上）であり，マダライルカでは8403個（全魚類耳石の88.7%）である．また，ハダカイワシ科のなかの種組成を見ても1位種がスイトウハダカで両イルカ種に共通している．

頭足類についても同様の現象が観察され，マダライルカから検出された4科はすべてスジイルカからも検出され，これらに加えてスジイルカからは4科，すなわち合計8科が検出されている．これら頭足類のなかではホタルイカモドキ科の顎板が過半を占め，スジイルカで総顎板数の80.8%，マダライルカで64.5%を占めていた．スジイルカの胃からは3科の甲殻類が出現しており，なかでもサクラエビ科が最多を占めた．

相模湾で冬季に捕獲されたスジイルカとマダライルカの胃内容物に含まれる魚類と頭足類の痕跡を比較したところ，両種はよく似た餌料組成を示した．このことは，これら2種のイルカは一定の摂餌環境のもとでは餌料の競合が起こることを示している．しかしながら，このような摂餌環境が，それぞれのイルカ種の生活史のなかで，どの程度の頻度で起こるのかは明らかではない．スジイルカとマダライルカの洋上における分布には若干の違いがあるので，そのような競合は彼らの生活圏のすべてにおいて発生していると見るべきではない．

1982年の秋には三陸沖のタッパナガ漁場に一群のマゴンドウ（コビレゴンドウの地方型で黒潮以南に分布）が出現して小型捕鯨船により捕獲された．そのなかの6頭の胃内容物が，同時に捕獲されたタッパナガ（コビレゴンドウのもうひとつの地方型で銚子から北海道南岸にかけて分布）の食性とともに同じ研究者によって解析された（Kubodera and Miyazaki, 1993）．これらのマゴンドウは通常の分布域をやや外れた個体であるが，その胃内容物は同年・同漁場で捕獲されたタッパナガ（3.3.2項）のそれと同じく6科の頭足類からなり，3種の優占種も共通していた．

3.3.2　季節で変わる食性

小型鯨類の特定の種について，食性を周年にわたって追跡した例は少ない．そのひとつがラプラタカワイルカである．本種はブラジルの南緯18度付近からアルゼンチンの南緯41度付近までの沿岸水域に周年生活する．その分布は岸寄りに濃く，沖合の限界は水深 30-50 m にある（Crespo, 2009）．この海域ではサメ類の捕獲を目的とする底刺し網漁が第二次世界大戦のころから行われており，そこで混獲されるラプラタカワイルカの胃内容物を調べて餌料種のリストがつくられた（Brownell, 1989）．標本はブラジル南部のリオ・グランデとウルグアイ国内とで，おおよそ南北に 300 km 離れた 2 ヵ所で得られた．リオグランデからは 9 科 17 種が，ウルグアイからは 12 科 19 種が餌料として検出され，両所に出現した魚種を合計すると 14 科 24 種に上った．共通種は半数の 7 科 12 種で，固有種はリオグランデで 4 科 5 種，ウルグアイで 6 科 7 種であった．これら魚類のほかにイカ類 1 種，エビ類 3 種が共通種として出現したが，いずれも大きな比重を占めてはいなかった．標本数が増えれば共通種が増える可能性がある．

ラプラタカワイルカはきわめて多様な魚類を捕食していることが理解される．特定の海域に周年留まるためには，その海域で入手できる資源を選り好みせずに利用せざるをえないものと見られる．ここで注目したいのは彼らの餌料の季節変化である．すなわち，冬から夏にかけてはニベ科の *Cynoscion striatus* が主要餌料であったが，秋にはタチウオ科の *Trichiurus leptulus* を主要餌料としていた．季節ごとに手に入りやすい魚種を食べていること，あるいはそうせざるをえないことを示している．南米大陸東岸では南からフォークランド海流が北上し，南からはブラジル海流が南下している．ウルグアイ沿岸は両海流の接触域にあたり，そこには亜熱帯収束帯が形成される．日本近海の小型鯨類の分布を見てきた私には，両海流域にまたがって分布するラプラタカワイルカにはウルグアイ沖を境にして南北に異なる個体群があっても不思議はないように思われるが，国際自然保護連合（International Union for Conservation of Nature and Natural Resources; IUCN）の Red List によれば，それを支持する情報も蓄積されつつあるらしい．

ウルグアイ沖のラプラタカワイルカに似て，沿岸性でかつ季節変化が著しい海洋条件のもとに生息する日本の小型鯨類としてはスナメリとタッパナガがあげられる．タッパナガについては 1982 年と 1983 年の 11 月に三陸沖で小型捕鯨船が捕獲した個体について胃内容物が調査された（Kubodera and Miyazaki, 1993）．1982 年に捕獲された 8 頭のタッパナガの餌料は多様な頭足類よりなり，アカイカ科，テカギイカ科，ヤツデイカ科，ユウレイイカ科，ツメイカ科，ゴマフイカ科の6科を含んでいた．もっとも多かったのがアカイカ科であり，そのなかではスルメイカが1位で，アカイカ，スジイカの順に続いていた．三陸方面におけるスルメイカとアカイカの漁獲のピークは8-10月にあり，11月には南下回遊に入るためか水揚げはピーク時の30%以下に低下する．冬に生まれたタッパナガの仔が固形食をとり始める時期はこのピークに一致している（5.2.2項）．翌1983年に捕獲された11頭のタッパナガからはユウレイイカ科を除く5科のイカ類が見いだされた点は前年に共通するが，前年と異なりミズダコなどのタコ類が餌料の主体をなしていたことと，若干のサンマとサケガシラが出現した点が注目される．おそらく，スルメイカなどのピークが去り，北方から来遊したミズダコやサンマに餌料を移しつつあったものと推定される．秋から冬に向かって彼らの餌料が大きく変化する可能性を示すものであり，今後の解明が期待される．沖縄近海のマゴンドウに関しては井上（1996：未見）の研究を紹介した大泉（2008）によれば，ホタルイカモドキ（ホタルイカモドキ科）を主体として，アカイカ科（3種），ヤツデイカ科（1種），若干のタコ類と3個体の魚類が出現しているが，海域や季節による餌料の違いを明らかにするには至っていない．

スナメリもラプラタカワイルカと同様に沿岸に定住する種であり，餌料の季節変化が注目されるところである．本種に関しては九州西岸の2個体群に関する情報が得られている（Shirakihara *et al.*, 2008）．有明海・橘湾と大村湾から合わせて78頭の標本が得られたが，空胃ないしはミルクだけで固形食をとっていない個体を除くと，資料数はそれぞれ59頭と9頭となる．有明海・橘湾標本においては88.1%の個体から魚類が，91.5%の個体から頭足類が，28.8%の個体から甲殻類が検出され，彼らが主として魚類と頭足類に依存していることがわかる．属まで同定された3例を1種と数えると魚類24種が確認され，そのうち，1歳未満の仔イルカ20頭からは8種，未成熟個体21頭からは12種，成熟個体18頭からは12種が認められ，スナメリの生育段階で餌料の多様性が異なるという証拠は得られなかった（餌料種の多様性は標本の頭数や季節範囲にも支配されるし，幼児は特定の季節に出現する傾向がある）．これら魚類のうち，摂食していたスナメリの頭数から見ても食われた魚の被食尾数から見ても突出していたのが次の5種であり，それらが同定不能魚を含めた全出現魚類（1019尾）に占める割合はニシン科のマイワシ（12%），サッパ（9%），コノシロ（15%），カタクチイワシ科のカタクチイワシ（15%），ニベ科のシログチ（3%）であった．これだけで被食魚類の総数の約55%を占めていた．このほかに「ハゼ科」あるいは「テンジクダイ科」と同定された魚の尾数が，それぞれ28%および7%と無視できない数を占めていた．検出された頭足類（2156個体）の組成はマダコ科（24%），コウイカ科/ダンゴイカ科（49%），ヤリイカ科（21%），種不明イカ類（6%）であった．甲殻類は上に述べた捕食頭数から見ても被食個体数（91尾，魚類・頭足類を含む全被食個体の2.8%）から見ても重要性は低いが，その主体はエビ類（89%）であった．

季節的な餌料の変化については，上にあげた2科5種の魚類と，頭足類3群，エビ類について春夏（3–8月）と秋冬（9–2月）で比べたところ，餌料に占める頭足類の比重に違いが認められた．すなわち春夏には100%の個体が頭足類を捕食しており，餌料個体数に占める頭足類の割合は76.5%であったが，秋冬にはそれぞれ88.4%と60.4%に低下し，その分だけ魚類の重要性が増加していた．

上の研究では季節による摂餌量の変化は検出されなかったと記されているが（Shirakihara *et al.*, 2008），この研究でなされた季節区分はその目的にはふさわしくないかもしれない．この海域の海水温は8月が最高で，2月が最低であるとされているので，それらを中心にして，たとえば6–11月と12–5月の2グループに分けて解析したならば，摂餌量の季節変化が検出できたかもしれないと私は考えている．なお，飼育下のスナメリでは冬季に摂餌量が増加するという報告がある（3.4節）.

3.3.3　所変われば餌も変わる

これに関しては，スナメリとツチクジラの例が参考になる．スナメリの例は前項（3.3.2項）で引用したShirakihara *et al.*（2008）の研究の一部である．そこでは大村湾の7頭と有明海・橘湾の8頭の胃内容物を用いて，前項で餌料の季節変化の検討に供した12の主要な餌料項目について比較した．年齢範囲は満1歳以上とし季節は3–8月にそろえてある．

被食個体数で見ると有明海・橘湾では頭足類が81.0%を占めていたが，大村湾では逆転して魚類が90.5%を占めていた．魚類ではハゼ科魚類が餌料項目の90%を占め，ほかにコノシロとテンジクダイ科の種が出現した．有明海・橘湾で見られたマイワシ，サッパ，カタクチイワシ，ニベ，マダコ科，コウイカ科/ダンゴイカ科は大村湾のスナメリには出現しなかった．大村湾のスナメリの食性の特徴は頭足類の比重が低く魚類に偏っていることと，魚類に関しても種組成が単純なことである．有明海・橘湾のスナメリの餌料組成が多岐にわたる背景として，著者らは漁業統計をもとに，有明海は橘湾と大村湾に比べて海洋動物相が豊富であることを指摘している．なお，ハゼ科魚類はいずれの海域においても漁獲対象とはなっていないのに，大村湾のスナメリからは多量のハゼ科魚類が検出されたことは特筆に値する．彼らの餌料の選択性を示すものかもしれない．

ツチクジラについては，房総沖とオホーツク海南部で日本の小型捕鯨船が捕獲した個体の胃内容物の解析が Walker *et al.* (2002) と Ohizumi *et al.* (2003) により行われた．両研究の結果には若干の違いもあるが，全体的にはよく似た結果を提供している．以下では試料数の多い Walker *et al.* (2002) にもとづいて，地理的な餌料の違いを解析する（表3.2）．房総沖標本は107頭で，1985-1991年の間の5漁期の7-8月に伊豆大島から銚子沖に至る沿岸海域で，またオホーツク海標本は20頭で，1988-1989年の2漁期の8-9月に網走沖ないしは根室海峡北部で捕獲されたものである．両海域とも深い海が岸近くに迫っているという特徴がある．種の査定は，魚類は耳石で頭足類は顎板で行った．耳石や顎板から推定された餌料の個体数を両海域で比較すると，房総沖のツチクジラでは魚類が主体をなし頭足類は従であったが，オホーツク海では逆に頭足類が主で魚類は従であった．しかし，一方だけを捕食していた個体は少なく，房総沖でもオホーツク海でも約90%の個体は魚類と頭足類の両方を捕食していた．これらの餌料の平均サイズを餌料種ごとに求めると，魚類では11-51 cm（140 g-1.3 kg），頭足類では18-32 cm（203-331 g）の範囲にあった．

まず，餌のなかの魚類相を両海域間で比較してみよう．房総沖で捕食されていた魚類は7科14種8078個体で，そのうちのおもなものはチゴダラ科のイトヒキダラ（53.2%），ソコダラ科のカラフトソコダラ（18.2%）とヒモダラ（16.7%）で，この3種で全魚類の尾数の88.1%を占めていた．いずれも深海性の底生魚である．これに対してオホーツク海南部で捕食されていた魚

表 3.2　日本の小型捕鯨業で捕獲されたツチクジラの餌料を房総沖太平洋（1985-1991 年，7-8 月）とオホーツク海南部（1988，1989 両年，8-9 月）で比較する．%は総個体数に占める割合．Walker *et al.*（2002）のデータにもとづく粕谷（2011：表 13.3）より構成．

海域・試料数		房総沖太平洋 107 頭	オホーツク海南部 20 頭	海域共通の科・種
魚類		7 科 14 種（総個体数 8078）	4 科 7 種（総個体数 315）	2 科 4 種
うち，	ソコダラ科	7 種 45.6%	3 種 44.4%	3 種
	チゴダラ科	2 種 53.8%	1 種 26.3%	1 種
	その他	5 科 5 種 0.6%	2 科 3 種 29.3%	なし
頭足類		14 科 32 種（総個体数 1782）	4 科 11 種（総個体数 2117）	4 科 10 種
うち，	テカギイカ科	9 種 43.2%	6 種 87.1%	5 種
	サメハダホウズキイカ科	6 種 27.3%	3 種 12.5%	3 種
	クラゲイカ科	2 種 1.6%	1 種 0.0%	1 種
	マダコ科	1 種 0.3%	1 種 0.4%	1 種
	その他	10 科 14 種 27.6%	なし	なし

類は 4 科 7 種 315 個体で，おもな種はチゴダラ科のイトヒキダラ（26.3%），ソコダラ科のカラフトソコダラ（23.5%）とムネダラ（19.7%），ゲンゲ科のカムチャツカゲンゲ（14.6%），タラ科のスケトウダラ（14.0%）であった．これら 5 種で全魚類の 98.1% を占めていた．なお，これら 5 種のうち漁業的な重要種はオホーツク海に出現したスケトウダラ（14.0%）のみである．

次にツチクジラに捕食されていた頭足類を両海域で比較してみる．房総沖では頭足類の比重は魚類に比べて低いが，種類は多く 14 科 32 種 1782 個体が出現した．おもな種は 5 種，サメハダホウズキイカ科のキタノクジャクイカ（21.8%），テカギイカ科のニセテカギイカ（19.3%）とベリイテカギイカ（5.8%），ムチイカ科のオキノムチイカ属の 1 種（cf. *Mastigoteuthis dentate*）（12.2%），ホタルイカモドキ科のホタルイカモドキ（7.4%）であり，これら 5 種を合わせても全頭足類の個体数の 66.5% にすぎない．房総沖のツチクジラにとって頭足類の重要性は魚類より低く，その餌料組成は分散していることがわかる．一方，オホーツク海南部のツチクジラの餌料は魚類よりも頭足類に比重があり，4 科 11 種 2117 個体を捕食していた．そのなかのおもなものはテカギイカ科のドスイカ（36.4%），ササキテカギイカ

(16.8%)，ニセテカギイカ（16.1%)，ベリイテカギイカ（11.5%）の4種であり，これら4種で全頭足類の80.8%に上る．これらの頭足類のなかで漁業的に重要なものはスルメイカ（3.2%）とミズダコ（0.3%）のみであり，両種は房総沖でも捕食されていた．

ツチクジラの餌料を房総沖とオホーツク海とで比べると，餌料のなかの魚類相はオホーツク海のほうが分散しているとの印象を与える．両海域に共通して出現した魚類餌料はチゴダラ科の1種とソコダラ科の3種であり，そのなかでイトヒキダラとカラフトソコダラはどちらの海域でも1，2位を占めており，この2種で全魚類の71.4%（房総沖）と49.8%（オホーツク海）を占めていた．両海域に共通して出現した頭足類は4科10種であり，頭足類の上位4種のうち，共通するのはニセテカギイカとベリイテカギイカの2種であり，これら2種が頭足類に占める比率は25.1%（房総沖）と27.6%（オホーツク海）であった．

このように重要種が両海域に共通して現れることは，ツチクジラの餌料の好みには両海域で違いがないことを示し，観察された胃内容物の違いは，それぞれの海域における海洋生物相の違いを反映したものであると思われる．房総沖で捕獲されたツチクジラの胃からしばしば小石，ときにはこぶし大の石も出現することと，前頭部には硬い物体でひっかいたような傷が多いこととは，彼らは海底で摂餌することがあることを示唆している．

Walker *et al.* (2002) は捕鯨漁場よりもやや北に偏る北緯38度付近で行われたトロール網による底生魚類相に関する調査結果を引用している．それによると，ツチクジラがもっとも多食するイトヒキダラは水深600–1000 m に，3位のヒモダラは1000–1500 m に分布し，ともに底生魚であることが示されている．2位のカラフトソコダラの生息水層がこのトロール調査では明らかでないのは残念であるが，夏の房総沖におけるツチクジラ出現が水深1000–3000 m の海面に多いことをある程度は説明している．なお，その理由は明らかではないが，このトロール調査ではスケトウダラが水深100–300 m に，マダラが水深100–400 m にそれぞれ濃密に分布していたにもかかわらず，ツチクジラはこれらを捕食していなかった．

房総沖でツチクジラに深度記録器をつけて調べた研究がある（Minamikawa *et al.*, 2007)．それによると，房総沖のツチクジラは水深1400–1700 m

の範囲に，平均45分間，ときには1時間も滞在する大潜水を行い，その後，水深200-700 m，20-30分の中潜水を5-7回繰り返し（一連の中潜水の全期間は2-3時間におよぶ），その後で80-200分の長い休息をとることがわかった．記録計の装着と回収の位置から見て，これらの潜水は水深1000-3000 mの海域においてなされたものであると推定されている．彼らはまず大潜水で餌生物の垂直分布に関する情報を得て，それに続く中潜水では最適の深度で本格的な摂餌を行うのであろうと私は想像している．

3.3.4　時が移れば餌も変わる

日本近海の漁業資源はけっして安定しているわけではない．古い例では北海道のニシンがある．その漁獲量は19世紀末にピークを記録したあと漸減し，産卵群の乱獲によって1950年代には消滅してしまった．北太平洋では1820年代からマッコウクジラやセミクジラ類の捕獲が，20世紀に入ってからはナガスクジラ類の捕獲が拡大した．その結果，1930年代から1970年代にかけて多くの大型鯨種で資源減少が顕著となり，順次に捕獲が禁止されていった（3.1節）．このような大型鯨類の減少によって，それを餌料としていたシャチの生活が影響を受けたのではないかという懸念も出されている（Springer *et al.*, 2003）．

マイワシ資源が数十年単位で増減する現象は古くから知られており，同様の現象が複数魚種で起こる場合には魚種交代と呼ばれる．最近の魚種交代の例にマイワシとサバ類がある．サバ類の漁獲量は1970年代に多かったが，1980年以降に低下した．それに代わってマイワシの漁獲が1980年代から増加し，これも1990年代には急減した後，2010年ころから両種ともやや増加の兆候を見せてきた．このような資源量変動には環境要因の変動も無視できないとされているが，豊漁期に投入された過大な漁獲努力量が不漁期に入ってからも稼働を続けることが「首吊り人の足を引っ張る」ように働いて，資源崩壊を助けてきた可能性も否定できない．

日本近海の鯨類における餌料の経年変化については，春から秋にかけて小型捕鯨業で漁獲されてきたミンククジラの胃内容物で解析されている（Kasamatsu and Tanaka, 1992）．これは捕鯨業者が解体時に観察して水産庁に報告した餌料の記録にもとづくものである．そこには主要な餌料種のみが記録されている点で，科学者のデータとはやや異質である．この研究は海域別に行われているが，本州の太平洋沿岸で捕獲されたミンククジラについて見ると，1950年代にはスケトウダラとオキアミが多く捕食され，1960年代半ばから1970年代半ばにかけてサバが主体となり，1975年以降はイワシ類が増加し，1980年以降はほとんどがイワシ類になった．この餌料種の変動には上に述べたサバ類とマイワシの魚種交代の反映が見られる．

次に，日本近海のイシイルカの餌料交代について紹介する．イシイルカについては1980年代にベーリング海から北部北太平洋の東経海域において多くの調査が行われ（4.3.2項），食性についても研究成果が出されているが，ここではなるべく日本近海のイシイルカに限定し，餌料交代に視点を置き，もっぱら検出された餌料動物の個体数にもとづいて記述する．1949-1952年に宮城県から北海道沖に至る海域で3-6月に捕獲されたイシイルカ（主としてリクゼンイルカ型）の主要な餌料はハダカイワシ科の種であり，ほかにハダカエソ科やマサバが含まれていた．また，頭足類ではスルメイカやホタルイカが捕食されていた（Wilke *et al.*, 1953; Wilke and Nicholson, 1958）．この研究から三十数年を経て，Walker（1996）は1988年の7-8月にオホーツク海南部で捕獲されたイシイルカ型個体73頭の胃内容物を解析し，2916個体，9科13種の魚類を検出した．この時期は日本近海のマイワシ資源が豊かなときにあたっており，最多はニシン科（マイワシ1種のみ）で全魚類の90.1%を占め，ほかにタラ科（スケトウダラ1種のみ），ゲンゲ科，カタクチイワシ科などが出現した．頭足類は733個体，3科6種が出現したなかで，テカギイカ科が全頭足類の96.5%で1位を占め，そのなかでもドスイカが多かった（頭足類の86.9%）．すなわち，当時のオホーツク海におけるイシイルカの餌料は個体数ではマイワシ，ドスイカ，スケトウダラの順であり，カロリー評価でも順位は同じであるとされた．この研究とほぼ時を同じくして，Ohizumi *et al.*（2000）は1988年6月にオホーツク海南部で33頭のイシイルカ型を，1989年5月の北海道沖日本海で9頭のイシイルカ型を得て胃内容物を調べた．それによると6月のオホーツク海南部ではカロリーではマイワシが1位を占めていたが，重量ではドスイカが第一でマイワシがこれに続いたという点で，同年にWalker（1996）が得た結論とはわずかな相違があった．翌年5月の日本海北部の標本ではマイワシが重量で1位となり，これにスケトウダラが続いていた（大泉，2008）．これらの研究から，1980年代後半には日本海・オホーツク海方面のイシイルカの餌料にはマイワシが重要な位置を占めていたことは明らかである．なお，オホーツク海南部の餌料組成に関しては2つの研究結果にわずかな違いが認められたが，これが季節の違いによるのか否かは定かではない．

これらの研究から6-7年ほど遅れて，1994，1995両年にオホーツク海南部と日本海北部でイシイルカの胃内容物を調べたところ，餌料組成の一部が大きく変わっていた（Ohizumi *et al.*, 2000）．両海域に共通する変化は餌料のなかにマイワシが出現しなかったことである．オホーツク海ではカタクチイワシとドスイカが主体となり，日本海ではスケトウダラが主体をなしていた．この変化は日本近海におけるマイワシ資源の壊滅を反映していると解釈されている．

このような餌料種の交代にともなってイシイルカの摂餌行動にも変化が見られた．1982年に北太平洋沖合で得られたイシイルカの胃内容物にはハダカイワシ科が優占していた（粕谷，2011：9.5.2項）．また，1986，1987両年に，Amano *et al.*（1998）は同じく北太平洋沖合でイシイルカの行動を観察して，摂餌にともなうと思われる行動が日の出ころにもっとも頻繁で（夜間は観察できない），日中には低下することを見いだし，彼らの摂餌は主として夜間に行われること，それは夜間に浮上するハダカイワシなどの魚類の行動に合わせたものであると推論した．これに似た推論がマイルカについてもなされている．すなわち，マイルカの潜水深度が音波散乱層（Deep Scattering Layer; DSL）の日周変動に追従しているという観察にもとづいて，マイルカはDSLにいるハダカイワシを摂餌しているのであろうという推論がされている（Evans, 1974）．その後，1988年になると，オホーツク海のイシイルカにおいて日中に高い頻度で摂餌行動が観察されたが，これは当時豊富であった表層性のマイワシを捕食するのに合わせて行動が変化したのであると解釈された（Amano *et al.*, 1998）．さらに，Ohizumi *et al.*（2000）は1990年代になるとマイワシ資源が壊滅したため，日本周辺のイシイルカはより大深度での摂餌を余儀なくされているとし，餌料生物の供給量の変動のみならず，餌料種の変化にともなう摂餌経済の変化にも注目している．

3.3.5 食性は文化でもある

北米大陸西岸にはわずかに形態を異にする2つのタイプのシャチが知られている（水口，2015）．ここで問題にするのは彼らの食性の違いである．ひとつは大きな群れで沿岸に生活して，遡上してくるサケを捕食するのに対して，他方は比較的小さい群れで沖合に生活し，アザラシやイルカなどの哺乳類を餌にしている（Ford, 2009）．これらのシャチの群れの大きさを制約している要因に食性があるらしいこと（5.4.1項），サケの群れを探索する際には経験を積んだ老齢雌のリーダーシップが重要な役割を果たしていることが指摘されている（5.4.4項）．

日本近海のシャチの食性に関して科学者が記録した情報が少ないなかで，2005年2月に根室海峡の羅臼町で氷に閉じ込められて死亡した1群9頭のシャチの食性が注目される．このなかの成熟個体6頭の胃から検出された餌料の残滓には，多くの魚類や頭足類も出現したが，少なくともゴマフアザラシ，クラカケアザラシ，ウミガラス，およびアカイカ（全イカ類の26%）を筆頭とする7種のイカはシャチに直接に捕食されたものと推定され，この食性は北米西岸の沖合に生息するシャチのそれに近いと判断されている（Yamada *et al.*, 2007; 矢田部，2015）．同様の食性をもつシャチは千島列島周辺からも報告されている（Shulezhko *et al.*, 2018）．

これと対照的なのが太地沖で1979年2月に追い込み漁で捕獲され，太地町立「くじらの博物館」で餌付けを試みたシャチの反応である．ちなみに，ニホンアシカが絶滅した現在は，太地沖を含む銚子以南の海域にはアザラシ類は生息しないので，これらのシャチがアザラシ類を捕食していたとは考え難い．飼育されたのは6.95 mと5.20 mの雄各1頭と6.35-6.50 mの雌3頭で，これを隣接して設置された3基の生け簀に分養した．生きた大サバ，生きたハマチ，冷凍小サバ，ニシン，サンマ，ハンドウイルカの切り身などで餌付けを試みたところ，追い込み9日目に小型の雄（5.2 m）が小サバを食べ始めた．しかし，ほかの個体はサバを噛み砕くことはしても飲み込むには至らない状態が長く続き，健康状態が危惧されてきた．そこで追い込み24日目に7 kgの頭付きのビンナガマグロを2枚におろして与えると，躊躇せずに噛みつき，翌日には雌雄とも嚥下が確認できた（太地町立くじらの博物館，1982）．シャチの口器の構造がマグロに特化していたのでサバは食えなかったと考えるべきではない．彼らはマグロを常食としてきたのでほかの魚種を食べることを知らなかったものと判断すべきであろう．幼い個体がサバで餌付いたのはそのような食習慣がまだ固定されていなかったためであろう．おそらく，シャチの子どもは母親を含む群れのメンバーとの生活を通じて食べものを学習して，しだいに食性が固定されるものと推定される．米国西岸でアザラシなどを捕食する集団から水族館に入れられたシャチが魚食を拒んだという，太地のシャチと似た例が知られている（Whitehead and Rendell, 2015）．太地で飼育されたシャチがサバとマグロをどのようにして区別するのか興味あるところではあるが，この点は明らかではない．イルカ類には嗅神経はないが味覚があるし，口内には疑似嗅覚と呼ばれる鋭敏な化学感覚がある可能性も指摘されている（Kuznetzov, 1990）．

遺伝によらずに学習によって集団内に維持されている行動や情報，これを動物行動学では文化と呼ぶ．上にあげたシャチの食性はその一例である．少なくともシャチにおいては食べものの選択と捕食技術は文化として世代間に引き継がれていると考えられる．Whitehead and Rendell（2015）は摂餌方法を含めてさまざまな集団行動に文化で説明できる要素が鯨類にあることを指摘して，文化の存在は彼らの生活を利する場合もあるが，古い文化に執着することにより新しい状況への対処が遅れるという不利な面があると指摘している．しかし，新しい状況に対処する必要が生じた場合に，それを遺伝的な改変によって達成するのと，経験を蓄積してそれを個体間で共有すること（すなわち文化）でなす場合を比較するならば，後者のほうがはるかに速やかであることは疑いない．これはわれわれ人類の生活が過去数千年の間にいかに速やかに変化してきたかを見れば明らかであり，文化をもつことは種ないしは個体群の存続の可能性を高めることに貢献すると考えられる．

3.4　どれほど食べるか

飼育されているイルカ類が1日に食べる餌の量が若干の種で測定されている（表3.3）．それによれば，体重比ではイシイルカが最高で15 kg（体重の12.5%）を食し，カマイルカがこれに次ぎ8.5 kg（7.8%），これにスナメリ

表 3.3　飼育下におけるイルカ類の1日あたりの摂餌量.

鯨種	体長 (cm)	体重 (kg)	頭数	水温 (℃)	摂餌量/頭/日		出典
					重量	体重比	
スナメリ	約160	約56		夏	2-3 kg	3.6-5.4%	片岡ら，1976
	約160	約56		冬	5 kg	8.9%	
ハンドウイルカ	236		1	通年		6.08%	鳥羽山・清水，1973
	290-310		5	11.5		4.5%	
				24.3		3.0%	
ハンドウイルカ		143	5		6 kg	4.2%	Ridgway and Johnston, 1966; Sergeant, 1969
カマイルカ		109	5		8.5 kg	7.8%	
イシイルカ	200	120	5		15 kg	12.5%	

が続き2-5 kg（3.6-8.9%），もっとも摂餌量が少ないのがハンドウイルカの成体で体重の4-6%であった．ここで注目すべきは，幼体は成体よりも体重比の摂餌量が多いことと（ハンドウイルカの例），環境水温が低下すると摂餌量が50%程度増加することである（スナメリとハンドウイルカの例）．

水族館で飼育される鯨種は限られているので，摂餌量を理論的に推定する試みもなされてきた．米海軍の研究所で飼育されたイシイルカ，カマイルカ，ハンドウイルカの各5頭の摂餌量の解析にもとづくもので（Ridgway and Johnston, 1966），それによると体重を維持するのに必要な1日あたりの餌の量は，それぞれ15 kg，8.5 kg，6 kgであった．彼らの体重はハンドウイルカが最大であり，イシイルカとカマイルカはそれより小型で両種とも体重は同じくらいであったが，なぜか摂餌量は体重と相関しなかった．これについて彼らは体重あたりの血液量（各143，108，71 ml/kg），心臓重量の体重比（各1.31，0.85，0.54%），ヘモグロビン濃度（各20.3，17.0，14.4 g/100 ml）などが餌の消費量と相関することを認めて，摂餌量の違いは活動量の違いに起因すると結論した．これらの個体の脂皮の厚さはイシイルカ1 cm，カマイルカ2 cm，ハンドウイルカ3 cmであった．活動量が大きく，摂餌量が多い種ほど脂皮という体温保持機構への投資が少ないことが示された．Sergeant（1969）はこの資料を再解析して，1日あたりの餌料の体重比はイシイルカ11.4%（原著のデータからは12.5%と算出される），カマイルカ7.8%，ハンドウイルカ4.2%とした．スナメリはイシイルカに比べて活動性が劣ると見られることを考慮すれば，これらの値は鳥羽水族館で得られたスナメリの結果と矛盾しない．

上の情報をもとにして，ほかの野生のイルカ種の摂餌量を推定することが試みられた．Sergeant (1969) は上の3種において[心臓重量/体重]と[摂餌量/体重/日]の間に次のような比例関係を認めた．

$$[\text{心臓重量}/\text{体重}] \doteqdot 0.11 \times [\text{摂餌量}/\text{体重}/\text{日}] \qquad (1)$$

しかし，[心臓重量/体重]は同種のイルカでも成長段階で異なるはずである．体重 (B, kg) と心臓重量 (H, kg) との間に次の関係があることを Ridgway and Kohn (1995) が見いだした．

$$\log H = -A + 0.808 \log B \qquad (2)$$

A は種ごとに定まった定数で，イシイルカ 1.614，カマイルカ 1.729，ハンドウイルカ 1.927 となる．これは心臓重量が体重の 0.808 乗に比例する，つまり成長につれて体重に占める心臓重量が低下することを示している．そこで，上の (1) と (2) の関係を使ってイシイルカとハンドウイルカ（日本の太平洋沿岸産）について成長段階ごとの心臓重量と摂餌量を計算してみた．対象はいずれも雌である（表3.4）．この計算には雌が育児に要するエネルギーは算入されていない．体重 163 kg の1頭のハンドウイルカの例では，その泌乳量は分娩後しだいに低下したが，最盛期には1日あたりの授乳量はおそらく 4.3-15.7 リットルで，真実はその下限に近いと推定されている．また，この雌は授乳期間中には1日あたり 13.5 kg（体重の 8.3%）の魚を食べたが，授乳を終えた3年後には 8.5 kg (5.2%) に低下したといわれる (Cockroft and Ross, 1990)．体重の 5.2% という値は，表3.3に示した例とほぼ一致する．ハンドウイルカのミルクの組成は脂肪 14%，タンパク質 12-18% である．糖分は鯨類の乳汁には少ないので無視すると，その水分含有量は 68-74% となる．食品分析表で水産物の可食部（生）の水分含有量を見るとマイワシ 64%，ニシンと数の子 66%，アカイカ 79% である．イルカの乳は彼らの餌をそのまますりつぶした程度に濃厚である．

Lockyer (1981a, 1981b) は飼育下の鯨類の生理情報やさまざまな解剖所見から，大型鯨類についてエネルギーモデルを構築し，その摂餌量を推定している．それによれば，成長を完了した体長 10.9 m，体重 13.5 トンの雌のマッコウクジラの場合，妊娠も泌乳もしていない場合には1日あたり 420 kg，すなわち体重の 3.1% の摂餌をすると推定されるが，妊娠後期には

表 3.4　アリューシャン周辺のイシイルカと日本の太平洋沿岸のハンドウイルカの雌について，式（1）と（2）を用いて算出した心臓重量と摂餌量.

成長段階	項目	イシイルカ[1]	ハンドウイルカ[2]
新生児	平均体長	100 cm	128 cm
	平均体重	20 kg	22 kg
	心臓重量	274 g	144 g
	心臓重量/体重	1.37%	0.65%
	摂餌量	(2.5 kg/日)	(1.3 kg/日)
	摂餌量/体重/日	(12.5%)	(5.9%)
生後1年	平均体長	150 cm	210 cm
	平均体重	63 kg	107 kg
	心臓重量	692 g	516 g
	心臓重量/体重	1.10%	0.48%
	摂餌量	6.3 kg/日	4.7 kg/日
	摂餌量/体重/日	10.0%	4.4%
性成熟時	平均体長	180 cm（4 歳）	280 cm（9 歳）
	平均体重	90 kg	270 kg
	心臓重量	923 g	1090 g
	心臓重量/体重	1.03%	0.40%
	摂餌量	8.4 kg/日	9.9 kg/日
	摂餌量/体重/日	9.3%	3.7%
成長停止時	平均体長	185 cm（10 歳）	288 cm（15 歳）
	平均体重	120 kg	296 kg
	心臓重量	1164 g	1174 g
	心臓重量/体重	0.97%	0.40%
	摂餌量	10.5 kg/日	10.7 kg/日
	摂餌量/体重/日	8.8%	3.6%

1）体長と体重は Ferrero and Walker（1999）による．2）体重は Bryden（1986: p. 215）の式 $\log L = 1.692 + 0.3105 \log W$ による．

必要エネルギーはその 5% 増となり，授乳期には 20 kg/ 日のミルクを生産するために摂餌量は 32% 増になるとされている．イルカ類の乳児は生後半年前後で固形食をとり始める．イシイルカやスナメリでは 1 年以内に離乳が完成するらしいが，スジイルカやハンドウイルカでは授乳が 2–3 年続くことがあり，コビレゴンドウでは 4–5 年ないしそれ以上の授乳をすることもある．ただし，母乳が栄養源として主要な要素を占めるのは生後 1 年程度であり，その後は泌乳量も低下するらしい．1 年以上の授乳は栄養上の必要を満たす効果より，親子関係を維持するために機能しているか，あるいは親子関係が継続していることの結果であろうと考えられている（5.2.3項）.

飼育下のイルカの摂餌量がほんとうに野外の個体にあてはまるのだろうかという疑問が提出された. Ohizumi and Miyazaki (1998) は漁業で捕獲されたイシイルカの胃内容物の重量を測定したところ, 最大値は体重の1.68%であり, 満腹状態の個体は早朝の捕獲に多いことから, 当時の摂餌時間帯について, 主として夜間であると推測した（3.3.4項）. 飼育下のイルカでは満腹から空胃に至るのに8時間を要するとの情報をもとに, イシイルカは1日に3回満腹すると仮定し, 野生個体の1日あたりの摂餌量は体重の約5%であり, 上に引用された15%は野生個体にはあてはまらないとの結論を得たのである. もしもこれを受け入れて, かつ上に引用したエネルギー消費量の種間差を受け入れるならば, 野生のハンドウイルカの日々の摂餌量は体重の2%以下であると推定せざるをえない. このような量で, 彼らが健康を維持できるか否かを考える必要がある.

胃内容物の計量値をもとに鯨類の摂餌量を推定する試みの問題点をいくつかあげてみたい. 第一の問題は8時間間隔で1日3回の満腹スケジュールが可能かという疑問である. 牧場で草を食うのとは違うから, イルカは一度満腹してから8時間が経過して空胃になったときに, 餌を見つけて満腹する機会が得られるとは限らないであろう. 主として夜間に摂餌するという観察も, この1日3回の満腹スケジュールを困難にしている. したがって, この満腹スケジュールの仮定と胃内容物重量のデータとから得られた値は,「これ以上は食べないはずだ」という推定上限値を与えると解釈される. 第二の問題はイルカ類の摂餌生態の解釈である. 鯨類の胃は数室に分かれている（図3.4, 表3.5）. 分類群によって胃の分室の状況は異なるが, マイルカ上科の胃は, アマゾンカワイルカとほぼ同様に前胃・主胃・連結管・幽門胃の4室に分かれ, それらの容積は前胃が最大で主胃がこれに次ぐ. 連結管はマイルカ上科では主胃と幽門胃をつなぐ管状の小部分にすぎないが, アカボウクジラ類では数室に分かれている. 前胃は食道と同様の上皮で覆われ消化腺を欠き, 食べものを一時的に溜めておくためのものであり, おもな消化活動は主胃以下で行われる. かりに空腹なイルカがマイワシとかハダカイワシの群れに遭遇し, これを攻撃する場合を想定してみよう. 魚はまず主胃に取り込まれ, ただちに消化が始まると思われる. 主胃が満たされた後は, 魚はひとま

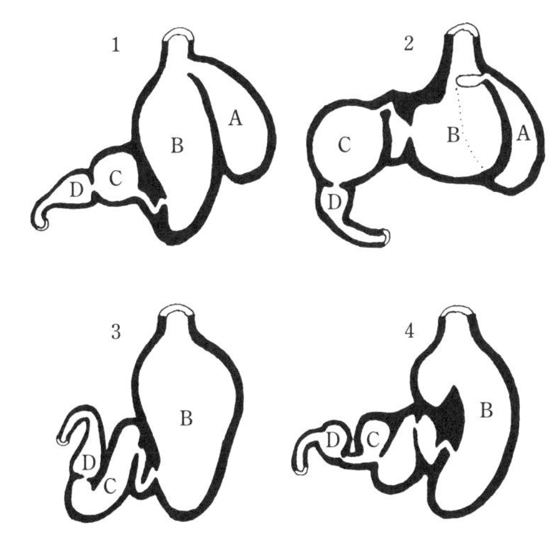

図3.4　小型鯨類の胃の模式図．1：マイルカ上科およびアマゾンカワイルカ，2：インドカワイルカ，3：ラプラタカワイルカ，4：ヨウスコウカワイルカ．胃の構造は，A：前胃，B：主胃，C：幽門胃，D：十二指腸膨大部．主胃と幽門胃をつなぐ部分が連結管．食道と前胃（A）は角化した上皮に覆われ，消化腺を欠く．粕谷（1997b）の図4による．

ず前胃に蓄えられる．そこでは主胃から逆流する消化液で多少の消化は行われるが，本格的な消化は主胃に送り込まれてから進行する．このような状況にあるイルカが，次の魚群に遭遇したときに，胃に餌が残っているからといって，摂餌を断念するとは思われない．前胃にスペースがある限り，主胃では消化が続いていても，機会があれば彼らは摂餌するであろう．これこそ前胃に期待される機能である．このような摂餌行動をする動物においては，胃の容量やある瞬間の胃内容物の重量をもとにして，彼らの摂餌量を推定することは不可能であろうというのが私の理解である．

その方法や結果には疑問が残るとしても，なんらかの方法で摂餌量が推定される種は限られている．それ以外の種について摂餌量を推定するにはどうするか．そのためのひとつの逃げ道は，特定の種の平均体重を推定して，それをBrody（1968）による鯨類全般の心臓重量（H, kg）と体重（B, kg）の関係式

$$H=0.00588\,B^{0.984} \qquad (3)$$

にあてはめて心臓重量を推定すれば，それと式（1）から平均的な個体の摂餌量が得られる．これに生息頭数を乗じれば，個体群としての餌の消費量を

表 3.5　鯨類の消化管の比較（図 3.4 参照）．Mead（2009）による．

分類群	前胃	主胃	連結管	幽門胃	盲腸
セミクジラ科	1	1	1	1	0
ナガスクジラ科	1	1	1	1	1
マッコウクジラ上科	1	1	?	1	0
アカボウクジラ科	0	1-数室	2-11 室	1	0
マイルカ上科	1	1-2 室	1	1	0
アマゾンカワイルカ	1	1	1	1	0
インドカワイルカ	1	2 室	1	1	1
ラプラタカワイルカ	0	1	1	1	0
ヨウスコウカワイルカ	0	3 室	0	2 室	0

推定することができるかもしれない．この方式は鯨類についてごく大雑把に見れば，心臓重量は体重（正しくは体重の 0.984 乗）にほぼ比例するというものであり，前述の式（2）と整合しない．この方法の問題点は，上の式（2）で示された鯨種間の活動性の違いを無視していることである．私がざっと比較したところでは，表 3.4 では体重 120 kg のイシイルカは 1 日あたりの体重の 8.8% を摂餌するとしているのに対して，（3）式を用いた推定では体重の 4.9% となり，体重 300 kg のハンドウイルカでは表 3.4 の 3.6% に対して体重の 4.9% となる．いずれも飼育下で得られた結果とも一致はよくない．このような違いの原因は活動性の違いが心臓重量に表れることを無視したことにある．

これでわかるように，小型鯨類が消費する餌の量を個体ごとに推定する手法は確立されていないのが現状である．もしもこれを鯨種ごとにあるいは個体群ごとに引き延ばそうとするならば，生息数やその年齢組成が必要となるし，年間を通した値が必要となれば季節的な餌料組成や摂餌量の変化も評価する必要が出てくる．先に述べた生態系モデルに小型鯨類の要素を組み込むためにはこのような情報が求められる可能性がある．

4　個体群と回遊

4.1　個体群とは

個体群は種や亜種と同等ないしはその下位にある単位であるが，分類学とはやや異質な概念である．分類学では分岐のプロセスと隔たりの大きさなどの進化学的な経緯に注目するが，個体群は繁殖に際しての交流の有無や，個体数変動の独立性などの現状に注目する．個体群は，漁業資源の管理では系統群とか系群とも呼ばれ，「資源」や「資源量」と同義に使われることもある．英語ではStock，Population，Subpopulationなどと呼ばれており，捕鯨や鯨類学の分野では初めの2つが普通に用いられ，国際自然保護連合（IUCN）などの自然保護関係ではSubpopulationが用いられることが多いが，これらは同じものである．ひとつの種をPopulationと表現すれば，個体群はその下位にあるのでSubpopulationと呼ばれることになる．

生息域が狭い動物種の場合には，その種のすべての構成員が完全に混合し合い，遺伝的にも自由な交流が行われる場合があるかもしれない．その場合には，その種は単一の個体群より構成されると見なされる．しかし，ひとつの種が繁殖に際して，たがいにほとんど交流しない複数の集団を含む場合もめずらしくない．そのような場合には，ひとつの集団の個体数が増減し，あるいは消滅に向かうことがあっても，それに影響を与えるほどの補充がほかの集団から得られるとは期待されないので，それぞれの集団がひとつの個体群として扱われる．異なる個体群が生活史のすべてにおいて生息場所や利用する資源を異にする場合もあるし，そうでない場合もある．後者においては，繁殖場や繁殖季節が異なるのが普通であるが，繁殖期以外の生活の場とか繁殖に参加しない個体は生息域をほかの同種個体群と共有する場合がある．このような場合には，関係する個体群は同じ資源を利用している要素があるので，遺伝的には独立であるとしても，個体数変動が完全に独立であると断定することはできない．南極海の摂餌場におけるクロミンククジラにこのような例が見られる．彼らの繁殖場は低緯度海域にあると推定されているが，異なる繁殖場からきたクロミンククジラ，つまり異なる個体群のメンバーが南極海の摂餌場では混合していると推定されている．これは，ミトコンドリア DNA の組成が東西に連続的に変化するとか，核 DNA のヘテロ接合体の頻度が低いことなどからの推定である．

同一種のなかの 2 つの個体群の間では，それらが利用する資源，すなわち無機環境や餌生物の種類やその個体群もある程度は異なるのが普通である．自然保護や漁業資源の管理においては，その生物の種内変異の多様性だけでなく，その生物種の多様な生きざま，すなわちその種とそれが利用する自然環境との相互関係の多様性をも温存することが求められる．このような対応は漁業資源として生物生産を最大限に利用する方策にも通ずるものである．かりに，対象生物種の分布域のなかの一部地域を選んで，そこに彼らの安住の地を残すという管理策をとるならば，それは「種の保存」だけを目指すものであり，生物の多様性を保存するという目標にもとるし，生産を最大にするという見地からも好ましいことではない．

鯨類の個体群を認識するためにさまざまな手法が用いられてきた．生活圏や繁殖場が地理的に不連続な場合には，それらを別個体群として扱うことに関係者の合意を得るのは容易である．標識を装着した個体の移動，外部形態の違い，血液型や酵素型などの出現頻度の地理的な違いを用いて，異なる個体群が存在することを認識する試みがなされてきた．最近ではこれらの表現型の分析に代えて，ミトコンドリアや核内の DNA の個体変異の出現頻度を指標に用いることも行われている．そのための試料は動物を殺さずに体表の組織をとってもよいし，噴気や糞のなかの組織片でもその目的が達せられることもある．なお，核 DNA と違って，ミトコンドリア DNA は母系遺伝をするという特徴があるので，かりに雄が隣の個体群を一時的に訪れて子どもを残したとしても，そのような遺伝的交流の痕跡は子どもの核 DNA には記録されるが，ミトコンドリア DNA には残らない．このようなさまざまな手法によって，異なる個体群の存在が認められた場合に，それら個体群の分布の境界がどこにあるかがしばしば問題となり，その解明にはさらに多くの努力が必要となるのが通例である．北太平洋のイシイルカの諸個体群がその好例である（4. 3.2 項）．

かりに，2 つの標本群の間に差が認められない場合に，それだけでは 2 つの標本群が単一の個体群に属することの証明にならないことにも留意する必要がある．個体群が分離してからの経過年数が短いために十分な違いが蓄積されていないとか，分離後も個体数の増減に影響を与えないほどの低レベルの交流が続いた場合などには DNA の構成に差が見いだされない場合がある．このような場合にはさまざまな情報を用いて合理的な判断をすることが求められるし，それが困難な場合には資源にとってより安全な個体群構造を仮定することが望ましい．北太平洋に産するイシイルカは体色の違いでイシイルカ型とリクゼンイルカ型が認識されており，2 つの型は地理的にもすみわけているが，リクゼンイルカ型（単一個体群よりなる）の個体とイシイルカ型（複数個体群を含む）の個体とを DNA で識別することはまだできていない．現在のところイシイルカの 2 つの体色型の発現を支配する遺伝的な仕組みも解明されていない．DNA に過重な期待を寄せることなく，広い視野で生態を理解すべきであろう．

上に述べた事例以外にも，個々の個体群を識別し，それらを独立した単位として管理することに戸惑うケースが発生する場合がある．それは複合個体群（Metapopulation）が想定される場合である．生物種によっては生存に適した生息環境がパッチ状に散在していて，個々の生息環境の収容力が小さくて，安定した個体数を長期的に維持することが困難な例があるかもしれない．そのような場合に，もしも近隣の生息地との間で限定的な交流が行われるならば，個々のパッチの集合体としての総個体数は安定的に保たれる可能性がある．これは砂漠のなかに点在する植物の群落などを想定すると理解しやすいかもしれないが，鯨類でもそれらしい例がある．それについてはミナミハンドウイルカの項（4.3.6 項）で述べる．

4.2　回遊と季節移動

鯨類の個体群構造を回遊と切り離して理解することは困難である．回遊という言葉はきわめて広い意味で使われることがあり，本書も例外ではない．環境温度が季節的に変化するにつれて，生息域が南北に移るのを回遊と呼ぶことがある．また，南西日本の浜辺で生まれたアカウミガメが広大な北太平洋を時計回りに移動して数年後に成熟して日本近海に戻るまでの動きも，日本の川で生まれたシロザケの稚魚が海に出てから数年後に，自分が生まれた川に産卵のために戻るのも回遊と呼ばれている．しかし，行動学者のなかには回遊という言葉を，これらとは異なる方法で定義する人々もいる．そのような定義によれば，真の回遊とは個体群ごとに定まったコースをたどってほぼ一斉に行われ（全員が参加する必要はない），その途上では移動以外の日常的な活動，たとえば摂餌とか交尾などが抑制されたものを指すとのことである．ある種の鳥とかコククジラの季節的な移動は，そのような厳密な意味での回遊（Migration）に相当するかもしれないが，日本近海の小型鯨類においては，そのような典型的な回遊を行う種は知られていない．

個体群の認識は回遊の理解と切り離せないのはなぜか，あるいは鯨類では個体群構造と回遊がどのように関係しているのかなどを理解するために，まずコククジラとザトウクジラの例を紹介する．かつてコククジラは北大西洋にも生息し漁獲もされていたが，18世紀初めころに絶滅した（Lindquist, 2000）．近年，北太平洋のコククジラが大西洋に迷い出た例もあるので，海洋の温暖化により北極海の横断が容易になれば，北大西洋にコククジラの個体群が再建されるときがくるかもしれないが，現在のコククジラの通常の生息範囲は北太平洋に限られている．夏にチュコト半島とアラスカ半島の沿岸の浅海，つまり北極海と北部ベーリング海の沿岸で摂餌した個体は，冬にはカリフォルニア半島沿岸に回遊してそこで越冬しながら繁殖をする．これが東側個体群と呼ばれてきたものである．この個体群は1846年から大量捕獲が始まり，20世紀初頭には絶滅を疑われたが，その後の保護によって，現在は2万頭前後に回復している．

一方，北太平洋の西側（アジア側）にも本種が生息しており，16世紀ころから日本の古式捕鯨で捕獲され，1820年代からは欧米の帆船捕鯨船やロシアの捕鯨船も加わって資源は減少を続けたらしい．1910年に鯨類標本を採集するために来日した米国人アンドリュースは，北米側では絶滅したと思われていた本種がまだ残っていて，韓国沿岸で日本の捕鯨船が捕獲しているのを知り驚いている（Andrews, 1914, 1916）．その漁期は11–1月の南下時と3–5月の北上時であった．この韓国漁場も1935年ころには壊滅し，アジア側のコククジラは絶滅したと思われていたが，1970年代にカラフト沿岸で少数が生き残っているのが発見された．それを受けて，米国とロシアの研究者が個体識別による生態研究を始め，カラフト東岸とカムチャツカ半島西岸の個体を合わせて百数十頭が生存すると推定されている（Jones and Swartz, 2009）．その後，数多くの死亡事故や目視例によって，この個体群は日本の東西岸と中国沿岸を回遊時に通過することが知られ，その越冬・繁殖場は未確認ではあるが，中国・ベトナム国境付近の沿岸域にあるものと推測されている．これが西側個体群と呼ばれてきたものである．

最近の韓国沿岸では本種の出現が見られない理由は明らかではないが，ことによると沿海州から朝鮮半島沿岸に至る回遊路が彼らの記憶から失われたのかもしれない．このように，北太平洋の東岸と西岸でコククジラの分布が不連続であり，過去の個体群の動態も異なるし，DNAの組成にも違いがあることから，北太平洋には西岸と東岸の2つの個体群があると信じられてきた．このような状況のもとで，2010年の秋にカラフト東岸で発信機をつけられた1頭のコククジラは，南に行くとの期待に反して東に向かい，オホーツク海とベーリング海を横断してアラスカに至り，さらに南下してカリフォルニア半島において東側個体群と合流してしまった．もしも，このような事例が日常的に発生しているのであれば，北太平洋のコククジラには3個の個体群，すなわち東側個体群と西側個体群に加えてオホーツク海–カリフォルニア半島個体群があるとせざるをえない．さらに想像をたくましくすれば，北極海で摂餌して中国・ベトナム方面で越冬・繁殖する第四の個体群を予測することも不可能ではない．

じつは，このコククジラに似た事例はザトウクジラでは早くから知られていた（Calambokidis *et al.*, 2001）．北太平洋のザトウクジラの越冬・繁殖場としては①ルソン島北部，②沖縄の座間味，③小笠原諸島，④ハワイ諸島，⑤メキシコ沿岸，⑥コスタリカ沿岸の6ヵ所が，また夏の摂餌場としては㋐オホーツク海，㋑カムチャツカ半島–アリューシャン列島，㋒アラスカ湾西部，㋓アラスカ湾東部，㋔オレゴン沖が数えられている（図4.1）．ザトウクジラは個体ごとに自分の摂餌場と越冬場をもっている．たとえば④ハワイ

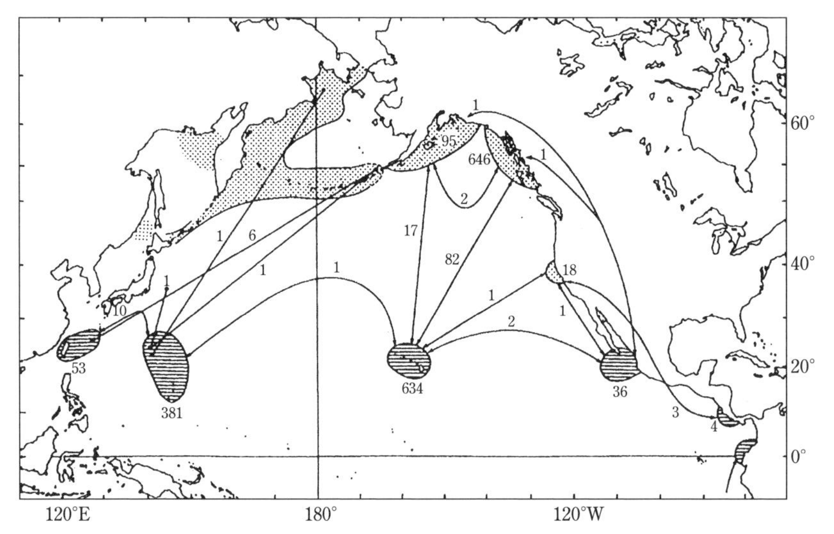

図 4.1　北太平洋におけるザトウクジラの回遊．摂餌海域（点を打った海域）と越冬・繁殖海域（横線の海域）のそばの数字は写真識別された個体数．両海域の輪郭線を矢印で結ぶ線とそのそばの数字は往復が確認された個体数．2点を結ぶ直線は体内打ち込み式の標識銛の標識地点と捕獲地点（沖縄-アリューシャン列島に6頭，小笠原-ナワリン岬沖に1頭，小笠原-アリューシャン列島に1頭，小笠原-三陸沖に1頭）．最近はルソン島北部にも越冬場が見つかっている．エクアドル沿岸には南半球で摂餌するザトウクジラが来遊し越冬する．粕谷（1996）の図1による．

で越冬した個体は，夏にはそれぞれが分かれて㋒，㋓，㋔などの自分の行きつけの摂餌場に行く，乳飲み仔は母親に連れられて摂餌場に行き，多くはそこで離乳して，冬には自分が生まれた越冬場に戻る．したがって，④ハワイの繁殖場には複数の摂餌場から越冬にやってくるし，㋒アラスカ湾西部の摂餌場には②座間味，③小笠原，④ハワイなどで越冬した個体がやってくる．彼らは自分の生まれた繁殖場や母親に教わった摂餌場に忠実であり，異なる場所に回遊する例はまれであるらしい．すなわち，ザトウクジラの個体群には摂餌場と越冬場の組み合わせごとに母系の個体群が想定されるのである．ひとつの摂餌場ないしは越冬場での漁獲は，複数の越冬場ないし繁殖場に影響がおよぶので，管理上複雑な問題が発生する．南半球に生息するクロミンククジラの個体群の研究については先に触れたが，そこにもザトウクジラのような複雑な個体群構造があるかもしれない．

ヒゲクジラ類には上に述べたような大きな回遊をする種が多いが，そこにはいくつかの利益が考えられる．第一は特定の季節や海域に限られている豊富な餌生物を利用することである．高緯度海域には夏に餌生物が大量に発生して，好適な摂餌環境を提供するが，冬には海水温が下がるし餌料も乏しくなるので，そこに留まるのは無益であろう．第二に生まれてくる子どものためには暖かい海のほうが好ましい．回遊をすることの第三の利点は，寄生虫や捕食者を置き去りにして振り切る効果である．捕食者はクジラについて一緒に回遊するのでなければ餌料を季節的に切り替えざるをえず，個体数の増加にも制約となると思われる．クジラが回遊をしないで摂餌海域に一年中留まるならば，捕食者にとっては幸せであろうが，食われるクジラにとっては被害が大きくなると予測される．

彼ら鯨類が回遊のために費やす移動エネルギーは，平常時のそれに比べてさほど多くはないかもしれない．鯨体の比重は肥満度にもよるが，セミクジラやホッキョククジラは海水よりもわずかに軽く，口を半開しつつゆっくりと海面を泳ぎ，あたかもプランクトンネットを曳くようにして摂餌するので，前進することと摂餌とはほとんど同義である（餌がそこにあるならば）．水深 2200 m まで潜水するマッコウクジラも体の比重は海水とほぼ等しい (Rice, 1989)．イルカ類を含むその他の鯨種は海水よりもやや重い体をしているので，睡眠中といえども呼吸をするためにゆっくりと泳ぎ続ける必要がある．いいかえれば，回遊してもしなくても，どこにいても生きている限り泳ぎ続けなければならない．なお，捕鯨で働く人の言によれば，クジラの死体を海面に浮かせておくと，波の動きで尾鰭が上下にあおられて低速で前進するそうであるから，うまく波を使えばクジラは移動のエネルギーを節約できるかもしれない．コククジラの回遊速度は南下時に 7-9 km/時，北上時に 4.5 km/時であり，ヒトの歩く速度と同程度かそれよりやや速い速度である．このようなわけで，鯨類の回遊に要する移動エネルギーは，日常生活におけるエネルギーに比べて著しく大きいとは考えられない．

ザトウクジラやコククジラにおいて，彼らの回遊が解明された背景には，外部特徴による個体識別が容易であることと，かつての捕鯨の影響で生息数が少なくなっているという利点があった．日本近海の小型鯨類については，個体レベルで季節移動が調べられている例はほとんどないし，個体群レベルにおいてさえも季節移動が解析されている種は多くはない．種としての分布範囲が季節的に変化する様子をもとに，かろうじて回遊の存在が認識されているにすぎない．彼らの季節移動は，好ましくない温度環境を避けつつ南北に生息場所を移すもので，移動中には摂餌はもちろん交尾も出産も行われている例が多い．これは前に述べた厳密な意味での回遊ではない．次節では，日本近海の小型鯨類について，個体群構造と季節移動に関する知見を紹介する．

4.3　分布と個体群構造

4.3.1　スナメリ——浅い海が好き

日本のスナメリの通常の分布域は，太平洋側では仙台湾以南，西九州の橘湾（東シナ海）までである．日本海側では響灘周辺から富山湾にまで記録があるが，山陰–富山湾方面には記録が少なく定住個体というよりも迷入個体かもしれない．この範囲内でも彼らの生息域は内湾や水深 50 m 以浅の沿岸に限られ，かつ空白域でいくつかに分断されていて，いくつもの個体群があることが示唆される（図 4.2）．北限の仙台湾にも周年出現するし，瀬戸内海でも，また最西端の大村湾や橘湾などの生息地でも周年出現し，そこで観察された個体密度の季節変化は測定精度の限界内であり，季節移動は確認できていない．ただし，個々の生息地のなかにおいては濃密域が季節的に多少の変化を見せることがあり，これは季節的な餌の分布を反映しているものとされている．

日本のスナメリの個体群に関しては吉田英可氏や白木原夫妻のグループが中心となって研究を進めてきた．そこでは頭骨の計測値の解析とミトコンドリア DNA の解析の 2 つの手法が使われ，生息地ごとに異なる個体群があり，その数は少なくとも 5 個を数えることが知られている．すなわち，①大村湾，②有明海・橘湾，③響灘から瀬戸内海・大阪湾を経て紀伊水道まで，④伊勢湾・三河湾，⑤東京湾から仙台湾までの海域である．おそらく試料不足のためであろうか，この研究では⑤東京湾から仙台湾に至る海域の標本はまとめて解析されているが，この範囲のスナメリが単一の個体群を構成するか否か

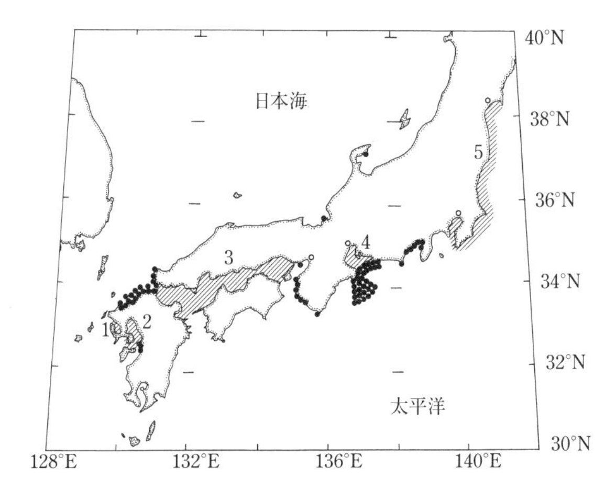

図 4.2　日本近海のスナメリの主要な分布域．斜線は航空機から分布と生息頭数の調査が行われた海面（ただし，東京湾内の生息数は推定されていない）．黒丸はその隣接海面で発生した漂着記録（沖合への分布の広がりを示すものではない）．北九州から山口県に至る響灘では科学者による調査が進行しつつある．Kasuya *et al.*（2002）の Fig.1 を翻訳した粕谷（2011）の図 8.2 による．

の検討は今後の課題であると私は考えている．これらの結論が導かれた過程を Yoshida（2002）によって次に説明する．

日本沿岸各地から得られたスナメリ 146 頭の頭骨を用いて，頭骨長に対する各部位の比率を算出し，それを 2 つの産地ごとに比較したところ，頭骨の幅に関する 6 測点において地理的な違いが認められた．すなわち，④伊勢湾・三河湾の個体は，ほかの海域の個体に比べて頭骨幅が狭いことが示された．次に，成長が止まった個体だけを選び出し，これら 6 点の測定値を用いて正準判別分析を行い，2 つの正準変数を組み合わせて二次元展開をして標本の出自を判別することを試みた（表 4.1）．その結果は次のように要約される．まず，④伊勢湾・三河湾については標本数が 3 頭と少ないが，ほかの標本群との形態上の差が大きく，地理的にも分布域が隔たっているので，これを 1 個の個体群と見なすことができる．②有明海・橘湾標本群と③瀬戸内海標本群は完全に分離され，どちらも試料数が大きく，地理的にも空白域で隔てられているので，これらも別の個体群と見なすことができる．①大村湾，③瀬戸内海，⑤東京湾-仙台湾の 3 標本群は頭骨の形態では分離が不完全で

表 4.1　日本のスナメリ頭骨の計測位置の正準判別分析の結果（カッコ内は標本数）．++：全個体が分離，+：部分的に分離（一部個体が重複）．Yoshida（2002）の Fig. 3 から構成．

海域	①大村湾（4）	②有明海・橘湾（20）	③瀬戸内海（10）	④伊勢湾・三河湾（3）	⑤東京湾-仙台湾（3）
①大村湾		++	+	++	+
②有明海・橘湾	++		++	++	+
③瀬戸内海	+	++		++	+
④伊勢湾・三河湾	++	++	++		++
⑤東京湾-仙台湾	+	+	+	++	

あるが，生息域が離れていることに注目して個体群は異なると判断される．なお，①大村湾標本と②有明海・橘湾標本とは解析に用いられた頭骨に関する限り完全に区別されたが，①大村湾の標本数が増せば，②有明海・橘湾の標本と重複が現れる可能性がある．ただし，大村湾のスナメリは閉鎖的な内湾に隔離された小個体群を構成しており，現時点では外海との交流はないように思われる．

頭骨の解析に続いて，吉田らはスナメリのミトコンドリア DNA を分析した．用いた標本は合計 174 頭で，10 個の変異型が検出された．頭骨の解析に用いた地理区分にしたがって DNA の変異型の出現頻度の違いを統計的に検定したところ，ただひとつの例外を除き，残りのすべての組み合わせで有意な違いと認められた（表 4.2）．違いが有意でなかったのは①大村湾（1 変異型/8 頭）と②瀬戸内海標本群（2 変異型/30 頭）であり，標本数が増せば違いが有意となる可能性がある．生息圏が接近しており，頭骨の形態からは判断を保留した①大村湾（1 変異型/8 頭）と②有明海・橘湾（6 変異型/65 頭）の両標本群の間で DNA には違いが認められたことは興味深い．

これらの研究結果は日本のスナメリには少なくとも 5 個の個体群があることを示すものである．これに関して，私は次のいくつかの点で興味を感じた．ひとつは変異型の出現数が北方の個体群ほど少ないらしいことである．移住者を送り出した個体群（本家）と移住によって新たに設立された個体群（分家）の間の DNA 組成の違いを支配する要因は 2 つある．ひとつは草分け効果（Founder Effect）といわれる．分家して新天地に進出した草分け集団の個体数はもとの場所に残る本家集団の個体数よりも小さいであろうから，そ

表 4.2 日本のスナメリのミトコンドリア DNA の変異型の出現頻度（頭数）とその地域差．Yoshida *et al.* (2001) の Table 1 より構成．

変異型	A	B	C	D	E	F	G	H, I, J	変異型数	標本数
①大村湾				8					1	8
②橘湾・有明海				9		46	6	4	6	65
③瀬戸内海				27	3				2	30
④伊勢湾・三河湾		4	52						2	56
⑤東京湾-仙台湾	7	7							2	14

こにはまれな変異型が含まれる確率が低く，組成が単純化している可能性が高い．もうひとつは偶然の遺伝的浮動である．まれな変異型は消滅する確率が大きく，個体群が小さいほどそのような消滅が発生する確率が大きい．人間の社会でも跡取りがいないために苗字が消滅することがあるが，その消滅確率は，めずらしい姓ほど，また村の人口が小さいほど大きい．地球上には幾度かの寒冷期と温暖期があったといわれる．おおよその傾向としては今から1万年ほど前に最後の氷河期が終わり，日本近海は温暖化に向かい，その後も若干の寒暖変動があった．詳細は不明であるが，このような気候変動に合わせて，日本のスナメリは徐々に北方に分布を拡大したのではないだろうか．その移住の過程で北方個体群ほど遺伝変異が単純化した可能性がある．大村湾で変異型が少ないのはひとつには標本数が少ないことのほかに，狭い湾内に小さい個体群が長い間維持されてきたことが影響していると思われる．紀伊半島をはさんでその東西で共通の変異型が見いだされていないことは，日本のスナメリの分布拡大の経過を推測するうえできわめて重要な要素であると思われるが，その解釈はまだ得られていない．

日本近海のスナメリ個体群の判別において未解決の課題のひとつは，吉田らも指摘しているとおり，⑤東京湾-仙台湾としてまとめられた14頭の標本がはたしてひとつの個体群を代表するかという疑問である．仙台湾産の標本（6頭と思われる）はすべてミトコンドリア DNA が A 型であり，東京湾産の7頭は B 型であった．残る A 型の1頭は茨城県博物館の標本であるらしい．外房から福島県までのどこかに，A 型と B 型の分布境界があるかもしれない．飛行機を用いた分布調査において，茨城県北部から福島県南部にかけての沿岸域にスナメリ密度の低い海域があるとされている（Amano *et al.*, 2003）．東京湾のスナメリの帰属も含めて，今後の調査が望まれる．

なお，有明海・橘湾の個体群だけは，日本のほかの海域のスナメリとはおもな繁殖期のピークが約6ヵ月ずれている（5.2.2項）．繁殖期の違いも個体群の指標のひとつである．海水温の季節変動が大きい瀬戸内海にスナメリが定着している背景については2.3節で触れた．

4.3.2　イシイルカ――体色と繁殖場が糸口

日本近海のイルカ類のなかで，明瞭な季節移動が知られているのはイシイルカだけである．これとて夏と冬の生息域がほとんど重ならないというだけのことで，厳密な意味での回遊と呼ぶには値しない（4.2節）．イシイルカは北太平洋の固有種で，北部北太平洋とその周辺海域に広く分布する．体側にある大きな白斑と跳躍したときに両脇に高く上がるカーテン状とか鶏冠状と形容される水しぶきで，遠方からも容易に識別できる．日本近海に出現する本種は，体側の白斑の大きさで2つの型に大別される．2つの体色型は別種とされたこともあるが，今では同種のなかの変異とされている．そのひとつはリクゼンイルカ型で，白斑が大きく，肛門付近から胸鰭の付け根付近にまで伸びている．この型だけでひとつの個体群を構成しており，北日本の太平洋沿岸で越冬し，夏には南千島を抜けて中部オホーツク海にまで移動する．もうひとつの型はイシイルカ型と呼ばれ，白斑が小さく，肛門付近から背鰭付近に伸びて終わる．イシイルカ型は北部北太平洋に広く分布し，いくつかの個体群を含むとされている．体側の白斑の遺伝様式は明らかになっておらず，それぞれの体色型に固有なDNAの特徴を見いだそうとする試みも成功していない（Hayano *et al.*, 2003）．以下に紹介するイシイルカ個体群の知見は主として粕谷（2011）の総説による．

日本の漁業者は北日本周辺の海域でイシイルカやミンククジラをさかんに捕獲しており，資源管理のためにそれらの生息数を知る必要が生じ，遠洋水産研究所の宮下富夫氏らは1980年代後半に目視調査船を運航して北海道沿岸，オホーツク海，千島列島周辺の太平洋で鯨類の分布調査を行った．その過程で西部北太平洋におけるイシイルカの夏の分布に関して多くの知見が得られた（図4.3，図4.4）．太平洋側ではイシイルカは冬には銚子沖にまで南下するが，そこにはリクゼンイルカ型が多い．三陸沿岸で冬に操業するイルカ突きん棒漁業はイシイルカ（地方名：カミヨ）を対象にしているが，そこ

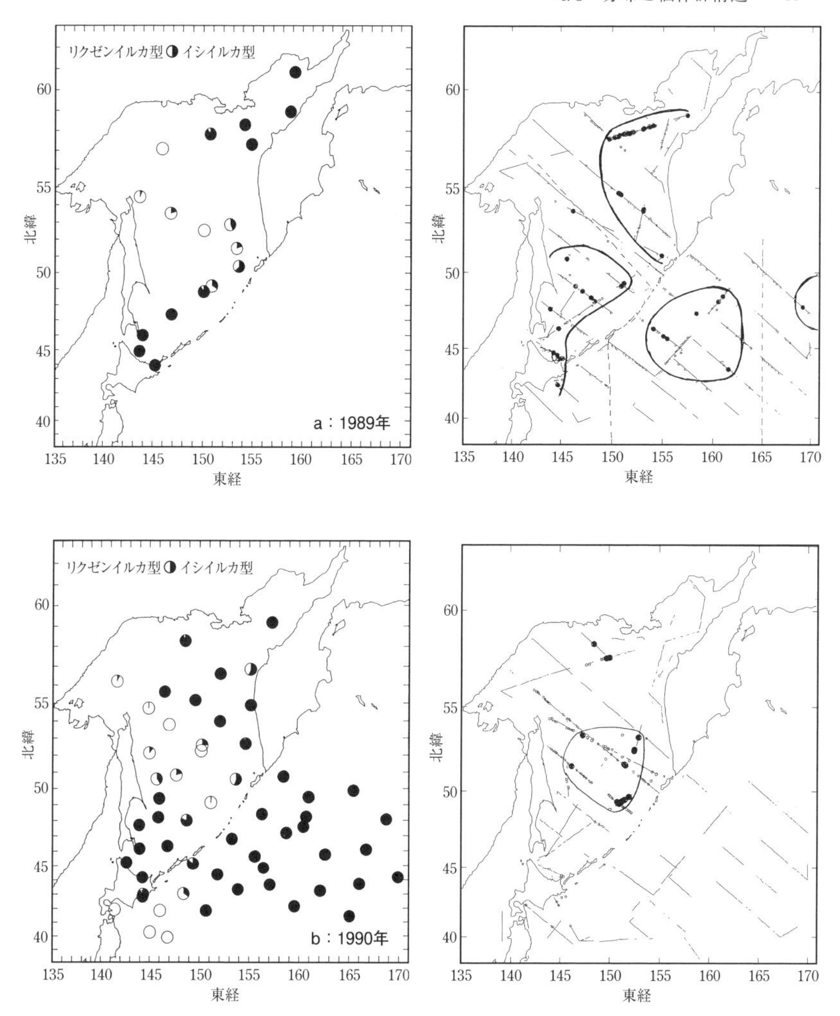

図 4.3　イシイルカの体色型によるすみわけ．イシイルカ型（黒）とリクゼンイルカ型（白）の毎日の出現頭数比を調査船の正午位置に示す．基礎になった調査は遠洋水産研究所の鯨類目視調査航海（8–9月）によるもので，図 4.4 と共通である．Miyashita（1991）の Fig. 4 をもとに作成した粕谷（2011）の図 9.1 による．

図 4.4　イシイルカ型（上）とリクゼンイルカ型（下）の親子連れ（大きい丸印）とそれ以外の群れ（小さい丸印）の出現位置．調査航跡を細い実線で示す．基礎になった調査航海は遠洋水産研究所による鯨類目視調査航海（8–9月）で，図 4.3 と共通である．Miyashita（1991）の Fig. 5, Fig.8 をもとに作成した粕谷（2011）の図 9.2 による．

表 4.3　兵庫県城崎港村に水揚げされたイルカ突きん棒漁による漁獲物の頭数組成（1942, 1943 年）. 野口（1946）より構成.

月	2	3	4	5	6	合計
イシイルカ	2	302	1381	176	0	1861
カマイルカ	1	1	8	43	14	67

で捕獲される個体の 95% はリクゼンイルカ型で, イシイルカ型は 5% 程度である. 三陸方面の漁師は後者をハンクロと呼んでいる. リクゼンイルカ型の夏の分布は青森県のはるか沖合の東経 145 度付近に偏り, その南限は北緯 40 度付近にあった. 彼らは津軽海流の影響が強い沿岸寄りを避けているのかもしれない. 夏のリクゼンイルカ型はそこから道東沖合・南千島を経てオホーツク海の中部にかけて出現した. 日本海にはイシイルカ型だけが分布しており, 冬の南限はここでも北緯 35 度付近, すなわち島根県の浜田と朝鮮半島の蔚山を結ぶ線あたりにある.

兵庫県但馬地方でイルカの突きん棒漁業が 1941 年から 1944 年にかけて行われた. 皮革は軍需資材であり, 当時はその代替原料としてイルカやサメの皮が注目され, 捕獲が奨励されたのである（粕谷, 2011：2.2 節）. 1942, 1943 両年のイルカの種別の水揚げ統計（表 4.3）を見ると, この漁は 2 月中旬にイシイルカで始まり, 4 月にピークを記録し, 5 月中・下旬までその捕獲が続いた. 一方, カマイルカの捕獲は少し遅れて 4 月に始まり, 5 月にピークを記録し 6 月まで捕獲が続いた. 7 月以降は突きん棒漁業が行われなかったが, これは漁業者がほかの有利な漁業に移行したためと思われる. 日本海のイシイルカは春に北上を開始して, しんがりは 5 月末までに兵庫県沖を通過することがわかる. 夏にはイシイルカは日本海からほとんど姿を消すことが遠洋水産研究所の調査航海で知られたが, 彼らはどこで夏を過ごすのか, これも体色斑の地理的な違いから解明された. 1980 年代に天野雅男氏らはイルカ突きん棒漁船に便乗して漁獲物を調査するなかで, 同じイシイルカ型でも, 日本海の個体と西部北太平洋の沖合の個体とでは白斑の大きさに違いがあることを見いだした. すなわち, 日本海産のイシイルカ型は白斑がやや小さく, 太平洋沖合のイシイルカ型に比べて平均 10 cm ほど後方で終わっていたのである. これを指標にしたところ, 夏にオホーツク海南部に出現するイシイルカ型の個体は日本海起源と判定された（Amano and Hayano,

2007）．また，冬季に三陸沿岸においてリクゼンイルカ型に混ざって捕獲されたイシイルカ型の個体には，日本海系と太平洋沖合系の両方の個体がほぼ同比率で含まれていることがわかった．なお，この研究にはオホーツク海北部を繁殖場とするイシイルカ型の個体群（図 4.4，本項後述）が含まれておらず，その日本近海への来遊は不明である．

夏の日本海ではイシイルカがほぼ姿を消し，カマイルカのような中間種や暖海性のハンドウイルカやオキゴンドウが入ってくる．日本海で越冬したイシイルカの一部は宗谷海峡を通過して，残りの個体は津軽海峡から北海道南岸を通って南千島を抜け，どちらもオホーツク海南部に入って夏を過ごすと信じられている．天野らが 1988 年に便乗したイシイルカ突きん棒漁船は岩手県大槌の船であった（Amano and Kuramochi, 1992）．この漁船が 5 月下旬から 6 月下旬にかけて渡島半島から宗谷海峡を経てオホーツク海に移動しつつ操業するなかで，彼らは多数の親子連れを観察し，これを根拠に日本海のイシイルカは北上回遊の途上の 5-6 月に日本海北部で出産すると推定した．さらに，この航海の後半の 6 月にはオホーツク海南部で排卵直後の雌を多く記録している．これに続く 7-8 月のデータは 1987，1988 両年にわれわれが網走沖で得たものがある（Yoshioka *et al.*, 1990; 粕谷，2011：表 9.6）．それはオホーツク海南部でイシイルカ操業をした網走の小型捕鯨船に便乗して得たもので，そこでは高い比率で排卵直後（7 月のみ）と妊娠初期（7-8 月）の雌が出現した．これらのデータは，日本海系のイシイルカの出産期は 5-6 月にあり，交尾期はそれに続いて 6-7 月にあることを示している．遠洋水産研究所の宮下らのグループは，親子連れの夏の分布状況から，この日本海で越冬するイシイルカ型個体群の育児海域がオホーツク海南部にあることを認めている（図 4.4）．子連れの雌は漁船を避ける傾向があるため，泌乳中の雌は漁獲されにくいが，親子連れを洋上で視認することは容易である．

オホーツク海では冬季の鯨類目視調査は行われていないが，この海は冬には海面の大部分が流氷に覆われるので，そこのイシイルカは秋には南下を始めるものと推定される．その南下ルートの直接の確認はなされていないが，おそらく北上時と同じく 2 つのルートをとると思われる．ひとつは宗谷海峡ルートで，分布の連続性から見ても妥当である．もうひとつのルートは南千島を抜けて北海道南岸を経て津軽海峡に至るルートである．これについては愛媛大学のグループがDDE（DDTとその分解生産物の総称）やPCBの体内蓄積度を使って推論した（Subramanian *et al*., 1986）．これらの化合物は食物を通して体に入り脂肪組織に蓄積される．その濃度はある年齢までは加齢にともなって増加する一方，出産や泌乳によって低下もする．そこで海域の特性を見るために，濃度そのものでなくPCB/DDEの比を解析した．すると，三陸沖のリクゼンイルカ型や北太平洋沖合のイシイルカ型ではPCB/DDE比が0.91-0.96と高い値を示したが，夏に北海道南岸で捕獲された3頭のイシイルカ型も日本海産の個体（イシイルカ型）と同じく，その値が0.39と小さかったのである．日本海は中国沿岸の汚染の影響でDDT濃度が高いという既存の知見から見て，これら両海域のイシイルカは摂餌海域を共有する可能性が大きいと判断された．リクゼンイルカ型が三陸・北海道沖から消えた後の夏季7-9月に津軽海峡から根室海峡にかけての北海道南岸沿いにはイシイルカ型が卓越するが，これらイシイルカ型は日本海系統であることを示唆するものである．体側の白斑の大きさを解析することができれば，この結論はさらに補強されるものと思われる．

リクゼンイルカ型の越冬海域は，銚子以北の沿岸域にある．北は少なくとも青森県沖までは分布が確認されているが，その北限は確認されていない．しかし，イシイルカという種の生息下限水温が5度であり（表2.1），その水温は冬には襟裳岬から釧路沖にあるので，このあたりがリクゼンイルカ型を含む本種の冬の北限と推測される．一方，夏にはリクゼンイルカ型の南限は青森県沖の北緯40度付近にあり（本項前述），ここから南千島を経て中部オホーツク海にまで広く分布する．この海域のなかで，8-9月に親子連れ（リクゼンイルカ型）が出現するのは樺太の東の中部オホーツク海に限られている（図4.4）．これは日本海系のイシイルカ型個体群の親子連れが出現する海域の北側に隣接する海域である．イシイルカの雌は出産の後1.5ヵ月ほどして発情し，授乳中に次の妊娠が始まるので，この海域は育児海域であると同時に交尾海域でもあり，一般に繁殖海域と呼ばれている．

日本海で越冬するイシイルカ型個体群と三陸沿岸で越冬するリクゼンイルカ型個体群とは，繁殖海域がこのように隣り合ってはいるが，2つの個体群の間には繁殖期に若干の違いが見いだされている．日本海のイシイルカ型の出産期が5-6月にあり，排卵・交尾の盛期はそれから1ヵ月あまり後の6-7

月の2月ほどの期間にある（本項前述）．これに対して，リクゼンイルカ型個体群については，冬に三陸沿岸で行われた突きん棒漁の漁獲物調査から，出産期が8-9月にあるらしいとされている（5.2.2項）．つまり，リクゼンイルカ型個体群の繁殖期は日本海系のイシイルカ型のそれよりも2ヵ月ほど遅れており，かりに重なりがあるとしてもわずかであるらしい．繁殖場が南北に分かれていることと繁殖期の違いは，両個体群の間の交雑の機会を少なくする効果をもつと推測される．

オホーツク海の鯨類の目視調査の過程で，夏のイシイルカの分布について，もうひとつの興味ある発見がなされた．それはリクゼンイルカ型の個体の生活圏の北側，すなわちオホーツク海北部にはイシイルカ型個体が分布し，そこにも親子連れが出現する繁殖海域があることがわかったのである（図4.4）．すなわち，夏のオホーツク海には南から順に，日本海で越冬するイシイルカ型，三陸沿岸で越冬するリクゼンイルカ型，おそらく西部北太平洋のどこかで越冬するであろうイシイルカ型のそれぞれに由来する3個の繁殖海域があることが知られたのである．オホーツク海北部のイシイルカ型の個体群については，その越冬海域を含めて研究が進んでいない．

北太平洋の沖合にはリクゼンイルカ型は分布せず，そこのイシイルカはすべてイシイルカ型であることが知られている．その個体群構造の解明には日本のサケ・マス流し網漁業が絡んでいた．この漁業は1914年に試験操業が行われて以来，さまざまな国際規制を受けつつ北太平洋の公海上で続けられてきたが，海産哺乳類・海鳥・ウミガメなどを混獲することが問題となり，1989年には公海大規模流し網漁業を停止すべしとの国連決議がなされた．これを受けて日本は1991年の操業を最後としてこの漁業を停止して今に至っている（粕谷，2011：0.3.2項，9.7.2項）．それより前の1960年代に長崎大学の水江一弘教授らは，サケ・マス流し網漁の母船に乗船して得たデータにもとづき，この漁業が年間1万-2万頭のイシイルカを混獲していると推定した．日本のサケ・マス流し網漁業は米国の許可を得てその排他的経済水域（Exclusive Economic Zone; EEZ）内でも操業していたが，1977年に米国の海産哺乳類保護法が改正されて米国のEEZに適用範囲が拡大されると，日本のサケ・マス漁業によるイシイルカ資源の被害が注目されることになった．日本の漁船に操業許可を出すためには，米国政府はイシイルカ資源がその混獲に耐えうることを証明する必要が生じたのである．その作業には個体群の識別，個体群ごとの生息頭数・混獲頭数・繁殖力などの情報が必要とされ，国際的な共同調査が始まった．当初，日本政府・業界は北太平洋のイシイルカ型は単一の個体群を構成すると主張した．その論拠はイシイルカ型が複数の個体群を含むという証拠はないという消極的なもので，単一の個体群よりなるとの積極的な証拠があるわけではなかった．混獲を受けるイルカの個体群が大きければ，混獲による影響は小さく評価されて漁業側には有利になるが，その仮定がまちがっていた場合にはサケ・マス漁場に生活するイシイルカ個体群が受ける打撃は過小評価されることになる．

この国際共同調査が始まった当初は，水産庁は日本側にはイルカの研究者がいないとの理由で[1)]，日本側研究者を参加させず，米国研究者に研究の場を提供することとした．米国研究者は流し網漁の母船に乗船して，混獲されたイルカの死体から研究材料を集めて，個体群や成長・繁殖などに関する解析をしていた．その後，日本側の研究者も参加して議論する過程で，流し網母船で得たイシイルカのデータには偏りがあるらしいとの理由で，調査船を出して流し網とは独立の情報を手に入れることを私ども日本の科学者が提案した．それを受けて，水産庁の用船で北太平洋のイシイルカ調査航海が始まった．最初の航海は私が乗船して1982年8-9月の盛夏にアリューシャン列島周辺の米国EEZの南側の東経海域を調査した（米国EEZ内への入域許可が得られなかった）．この時期はイシイルカの出産・交尾期にあたる．イシイルカはほぼ北緯40度以北の広い範囲に連続的に出現したが，幼い仔を連れた母親はEEZに接する狭い海域に限られて出現した．これに続く2回の航海のデータを合わせると，親子連れの出現海域（繁殖海域）はカムチャツカ半島南方，西部アリューシャン列島南方，ベーリング海中央域の3個が確認された（Kasuya and Ogi, 1987）．その後の調査航海で得られた成果も合わせると，イシイルカ型の繁殖海域として，オホーツク海に2個，北太平洋とベーリング海に5個，合計7個が確認され，それぞれがひとつの個体群を

1）当時の日本の大学には数人のイルカ研究者がおり，イシイルカに関連した論文も出されていた．当初，水産庁はなんらかの理由で彼らをこの問題に引き込むことを避けたらしい．1979年には米政府は独自に日本の研究者を招いてシアトルで検討会を開いた．これを受けて水産庁は1980年から大学のイルカ研究者を国際共同研究に参画させた．

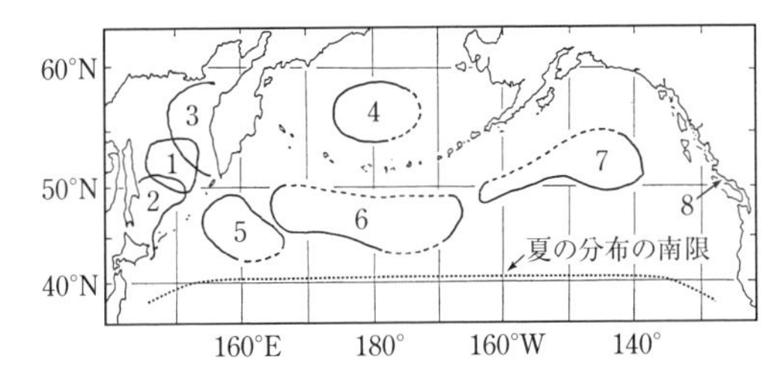

図 4.5 イシイルカの親子連れの出現海域．点線部分は範囲が未確認．1：リクゼンイルカ型個体群（三陸沖で越冬），2：イシイルカ型個体群（日本海で越冬），3-8：イシイルカ型個体群を代表するが，それらの越冬海域は未確認．ベーリング海と北太平洋の米国とロシアの 200 カイリ水域（EEZ）は未調査．水産庁の鯨類目視調査航海（8-9 月）によるデータ．吉岡・粕谷（1991）の図 II-4・2 にもとづく粕谷（2011）の図 9.10 による．

代表すると推定された（図 4.5）．ただし，これらの研究には 2 つの欠点があった．第一は米国とロシアの EEZ が調べられていないことであり，第二は図 4.5 の 4 から 8 までの 5 個の繁殖海域を使用する個体群の分布境界がわからないことであった．これらの繁殖海域で生まれて親離れした子どもたちの生活圏は，目視調査では確認しようがなかった．オホーツク海においては，南北のイシイルカ型の分布域の中間にリクゼンイルカ型がはさまっていたので 3 個の個体群の境界が認識できたが，沖合の太平洋やベーリング海ではどこもイシイルカ型だけなので個体群の境がわからなかったのである．

生化学的な手法でイシイルカの個体群の解明に挑戦したのが米国の Escorza-Trevino and Dizon（2000）である．日米協力によってそれまでに蓄積されていた標本と彼らが独自に集めた試料を用いて，イシイルカのミトコンドリア DNA を分析した．夏の北太平洋とその周辺海域で得られたイシイルカ型個体の標本を次の 7 群に分けて解析した：①ベーリング海西部，②ベーリング海東部，③中部アリューシャン列島周辺，④カムチャツカ半島南，⑤アリューシャン列島南方，⑥米国沿岸，⑦オホーツク海（南部と北部を区別せず）．このなかで①と②の違いは有意と判断しかねるレベルであったが（$p = 0.050$），その他のすべての組み合わせで組成が有意に異なるという結果が得られた．上の標本群のなかで，④と⑤はそれぞれカムチャツカ半島南方と西部アリューシャン列島南方の繁殖群（図 4.5 の 5 と 6）に対応すると思われるが，それ以外の標本群を繁殖群と対比させることは現段階では困難

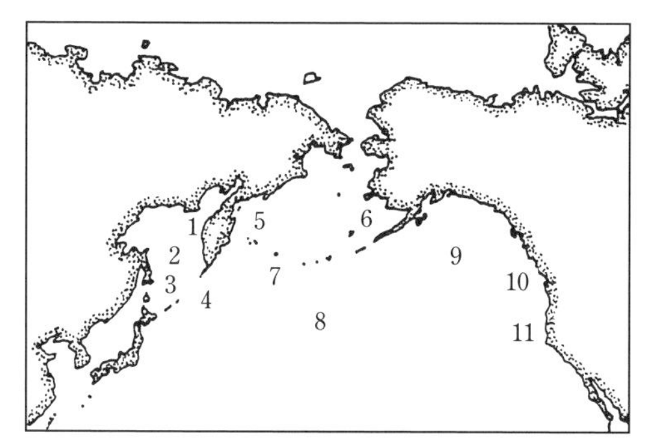

図 4.6　2001 年の IWC の科学委員会で合意された 11 個のイシイルカ個体群．数字はそれぞれの個体群のおおよその夏の位置を示すが，1–3 以外は分布境界は不明である．また，繁殖場（図 4.5）との対比にも未解明の部分が多いことに留意する必要がある．Anon.（2002）の Fig. 1 にもとづく粕谷（2011）の図 9.12 による．

である．この研究には日本の目視調査船が入れなかったベーリング海の東西域から標本が得られている反面，日本の調査船が繁殖海域を確認したベーリング海中央部の標本が欠けている．また，アリューシャン列島周辺の米国の EEZ 内での DNA データを彼らは解析できたが，われわれはそこでは目視による観察ができていない．このようなデータの不一致ないし欠落が，親子連れと DNA 解析のデータを突き合わせて，北太平洋とベーリング海における本種の個体群構造に関して合理的な仮説を構築することの障害となっている．この問題を解消するためには，繁殖海域で親子連れから生検標本を得て解析することが望ましいが，親子連れは船を避ける傾向が強く，標本をとることのむずかしさが研究の障害になると予測される．

国際捕鯨委員会（IWC）の科学委員会ではミトコンドリア DNA の解析結果と，繁殖場の知見とを組み合わせて，北太平洋とその周辺のイシイルカ個体群の夏の分布を図 4.6 のように想定している．ここで注目すべきは，第一に個体群の周年の分布範囲とその境界がある程度判明しているのは，日本海–南オホーツク海系のイシイルカ型個体群と，三陸–中部オホーツク海系のリクゼンイルカ型個体群に限られており，その他の個体群に関しては越冬海域も分布境界も不明なことである．第二に彼らの移動の障害になるような明瞭な海洋構造が見あたらない場合でも，イシイルカには地理的な交流を妨げるなにかの要因があって，複数の個体群が形成されているという事実である．

このことはほかのイルカ類の生態研究においても留意する必要がある.

4.3.3　カマイルカ――列島の東西を南北に移動

カマイルカは北太平洋の固有種である. 中部北太平洋の外洋域では水温構造が単純で等水温線がほぼ東西に延び, イルカ類の南北のすみわけが明瞭である. そこではカマイルカは寒冷種イシイルカと温暖種スジイルカなどにはさまれた海域に帯状に分布している. その分布域は季節的に南北に移動しているものと推定されるが, 8-9月のその生息帯はセミイルカとほぼ同じで, 北緯41-47度, 表面海水温11-24度の海域にあった (Miyashita, 1993b; 宮下, 1994). ここで観察された沖合カマイルカの生息帯は西方にも延びているが, 東経145-150度に密度が薄いところがある. そこを境にして沖合 (東側) の個体と日本側 (西側) の個体とは個体群を異にすることがミトコンドリアと核DNAの解析によって明らかにされている (Hayano *et al.*, 2004). この研究によって, 日本沿岸のカマイルカが沖合の同種とは異なる個体群に属することがわかったが, 日本列島周辺のカマイルカの個体群構造の解明は残された課題である.

宮下 (1986) は1982-1985年に遠洋水産研究所が行った9回の鯨類目視調査で得られたデータを用いてカマイルカの出現状況をまとめている (図4.7). ここで用いられている調査航海の量は図4.11に使われたものの約半分ではあるが, 調査海域には著しい違いはなく, 西部北太平洋 (東経海域) から東部日本海とその周辺海域をカバーしている. これを見ると日本近海のカマイルカの分布は沖合海域に広がることなく, 沿岸域に限定されており, そのおもな生活圏は大陸棚とその周辺海域であると理解される. その分布範囲の季節変化を見ると, 2-3月には五島列島から日本海の島根県沿岸の北緯36度付近にまで出現し, 6月には渡島半島沖, 7月には小樽-宗谷海峡周辺を経て, 8月から10月には北海道のオホーツク海沿岸まで北上することがわかる. 津軽海峡では河村ら (1983) が青函連絡船からイルカの分布を観察し, カマイルカは4-7月に出現し, ピークが6月にあることを報告している. これらの情報だけでは, 日本海のカマイルカが, 津軽海峡を抜けて太平洋側に進出するか否かは判断できない. しかし, 日本海のイシイルカが津軽海峡を抜けて道南・道東方面に来遊することが知られているので, カマイルカも同

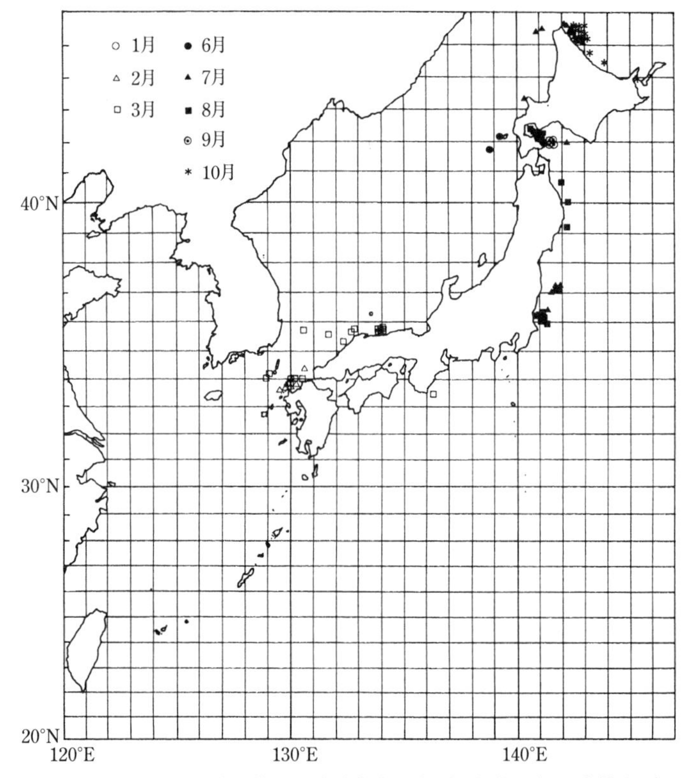

図 4.7　カマイルカの月別の発見位置．遠洋水産研究所の鯨類目視調査航海（1982-1985 年）によるデータ．調査範囲は図 4.11 と大きく異ならないが，調査量はおおよそその半分である．宮下（1986）の図 III-3-1-b による．

様の回遊ルートをとる可能性を念頭に置く必要がある．

上に述べたカマイルカの季節分布は漁業関係の情報からも支持される．すなわち，壱岐周辺におけるブリ一本釣りに対するイルカの操業妨害を除去する名目で，長崎県の漁業者は県や国の補助金を得て，大量のイルカ類を手あたり次第に追い込んで捕殺した．1972-1995 年の冬季（2-3 月）に勝本漁協が追い込み捕獲したイルカの組成は，カマイルカ 1：ハンドウイルカ 1.1：オキゴンドウ 0.3：ハナゴンドウ 0.1 であったが（7.1 節），その季節の東シナ海におけるイルカ類の生息頭数を見ると，カマイルカの比率がさらに高くカマイルカ 1：ハンドウイルカ 0.4：オキゴンドウ 0.04 であった（表 6.9）．

当時は鯨種にかかわらず捕獲に対して助成金が支払われたが，カマイルカは逃げ巧者なため初めのうちは追い込みに失敗することが多く，捕獲の比率が低かったのである．第二次世界大戦中には兵庫県沖ではイルカ突きん棒漁が行われた（4. 3.2 項）．イシイルカの漁は 2 月中旬に始まり，4 月にピークがあり，5 月まで続いた．一方，カマイルカの漁は 4 月に始まり，5 月にピークを見て，6 月まで続いた（表 4.3）．5 月の捕獲組成はカマイルカ 1：イシイルカ 4.1 であった．カマイルカが城崎沖を通過するピークが 5 月にあり，その数はイシイルカの数分の 1 にすぎないことを示唆している．城崎の西に位置する若狭湾では定置網漁業がさかんである．そこでは冬を中心として 12 月から 5 月までカマイルカが混獲されており，そのピークは 4 月にあった（石川，1994）．これらの事実は，若干のカマイルカは若狭湾方面で越冬するとしても，その主体は壱岐–山口県周辺で越冬し，春になると本州沿岸沿いに北上を開始し，夏にはオホーツク海に至ることを示すものである．

太平洋沿岸では 6 月から 9 月に銚子から噴火湾にかけてカマイルカが出現している（図 4.7）．ただし，夏に噴火湾周辺に出現する個体の帰属については不明な点があることは上に述べた．太平洋側における冬季の発見は 3 月の紀州沖の 1 例に限られている．これはこの海域では冬の調査航海がなされなかったことに原因がある．これを補うために，前述の石川（1994）の資料から定置網に入網した記録を拾い出してみた．このようなデータは定置網操業の有無にも左右されるが，混獲事例が多いのは千葉県・神奈川県沿岸と三重県・和歌山県沿岸であり，四国と宮崎・鹿児島県沿岸にはその記録がない．これら混獲例のうち，千葉県・神奈川県では 9 頭の記録が 3–6 月に集中し，11 月と 12 月にも各 1 頭が記録されている．その南に位置する三重県・和歌山県では 12–4 月に 14 頭の混獲記録がある．これらの事実は太平洋側のカマイルカは三重県・和歌山県方面で越冬して，春先には神奈川・千葉両県の沿岸を経て北上することを示すものである．

三重・和歌山県方面の沿岸水域で越冬したカマイルカが北上して，夏には北海道南岸に達する例があることを示す情報が得られている．2011 年 7–9 月に函館から根室海峡の南側入口の標津に至る北海道の太平洋岸に漂着したカマイルカ 7 頭の筋肉を分析したところ，全個体から ^{134}Cs と ^{137}Cs の合計で 5.4–23.3 Bq/kg（平均 13.9）が検出された．これは同年 3 月の福島第一原発の事故で汚染された餌を北上の途中で食べたことに起因すると解釈されている（Nakamura *et al.*, 2015）．ただし，日本海・オホーツク海方面の標本がないため，これら海域との交流の有無は判断できない．このような放射性セシウムは，同年に同海域で入手されたネズミイルカ5頭（羅臼産2頭を含む）のうちの4頭（3.2-16.8Bq/kg），ミンククジラ1頭（34.1Bq/kg），ザトウクジラ1頭（4.5Bq/kg）からも検出されており，彼らの季節移動を示すとされている．イシイルカについては2011年に同海域に漂着した4頭（すべてイシイルカ型）のうちの2頭から低レベル（<4.2 Bq/kg）の放射性セシウムが検出されたが，これは本種の回遊に関する従来の知見（4.3.2項）と矛盾しない．なお，翌2012年6-7月に同海域で得られた4頭のカマイルカの汚染濃度はいずれも検出レベル（両核種とも1Bq/kg）以下で，ほかの多くの鯨種についても同様であり，放射性セシウムが検出されたのはミンククジラ（4.7Bq/kg）とネズミイルカ（1.1Bq/kg）各1頭にすぎなかった．これは放射能の体外排出や自然減衰では説明できないが，放射能の流出が減少したことと回遊コースにある程度の年変動を仮定することで説明できるかもしれない．

日本列島周辺のカマイルカには北九州沿岸で越冬する個体と，三重県・和歌山県沿岸で越冬する個体があることが知られる．それらが異なる個体群を構成する可能性が高いと私は考えている．想定されるこれら2つの個体群が夏に青森県から北海道にかけての太平洋岸でどのように分布しているのかについては今後の研究に待つのみである．

4.3.4　タッパナガ——豊かな三陸の海に定着

ゴンドウクジラ属（*Globicephala*）にはヒレナガゴンドウとコビレゴンドウの2種の現生種が含まれる．両種は頭骨の形態（図4.8）や，胸鰭（捕鯨業者はこれをタッパと呼ぶ）の長さに違いがある．成体の胸鰭の長さを両種で比べると，ヒレナガゴンドウでは体長の16-29%であるのに対して，コビレゴンドウでは15-19%とやや短い．ヒレナガゴンドウは12-13世紀ころまでは北太平洋にも生息した．このことは，館山の平久里川の河床から出た半化石（6400-6300年前の縄文時代），東部アリューシャン列島のウナラスカ島の人類遺跡（3500-2500年前），あるいは礼文島のオホーツク文化に属す

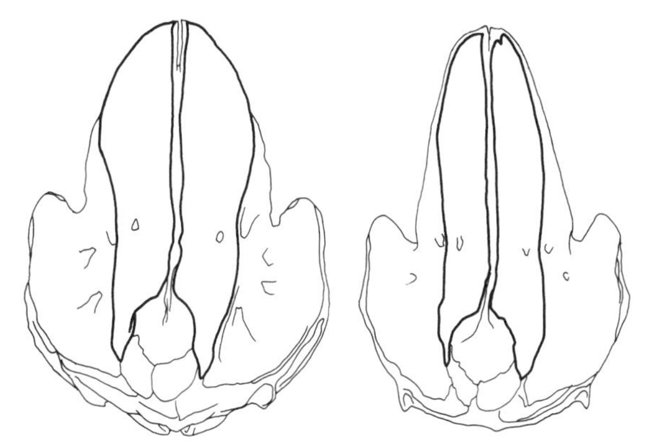

図 4.8　コビレゴンドウ（左）とヒレナガゴンドウ（右）の頭骨背面の比較．コビレゴンドウでは顎間骨（輪郭を太線で示す）が上顎の広い部分を覆っている点がヒレナガゴンドウと異なる．粕谷（1995）の図 1 にもとづく粕谷（2011）の図 12.1 による．

る 2 つの遺跡から出土した骨で知られている（粕谷，2011：12.1.1 項）．礼文島の香深井 A 遺跡では，その最下層（8 世紀）から最上層（12 世紀）にかけて 19 頭分のゴンドウクジラ属の骨が出土し，5 頭が頭骨の形態でヒレナガゴンドウと同定された．また，同島の元地遺跡（11-13 世紀）からもヒレナガゴンドウの頭骨がひとつ出土している．これら北太平洋のヒレナガゴンドウがいつ，どこからやってきたのか興味深い．かつての縄文時代の温暖期に北極海経由で北大西洋の個体群とコンタクトがあったのか，それとも約 1 万年前に終わった氷河期に東部太平洋の冷水域で赤道を越えて南太平洋の個体群と交流があったのか．これらの疑問を解明するための遺伝的な解析が待たれる．北太平洋産ヒレナガゴンドウの最後の 1 頭がどのように死んだかは知る由もないが，その絶滅に至るまでの個体数減少の過程には人類の貢献があったことは確かであろう．

日本近海に現生するゴンドウクジラ属の頭骨や外部形態はコビレゴンドウの特徴を示し，北太平洋に現存するゴンドウクジラ属の種はコビレゴンドウ 1 種のみであると研究者は理解していた．ところが，日本の捕鯨業者は日本近海の「ゴンドウクジラ」にはタッパナガとマゴンドウがあると主張していた（粕谷，2011：12.3 節）．1982 年に三陸方面でコビレゴンドウの漁が再開されたのを機に，その漁獲物を太地方面のコビレゴンドウと比べた結果，漁

図 4.9　コビレゴンドウの2つの地方型，タッパナガ（上段のA，B）とマゴンドウ（下段のC，D）で背鰭後方の鞍型斑を比較する．タッパナガでは鞍型斑とその後縁の輪郭が明瞭であるが，マゴンドウでは全体に不明瞭である．なお，ヒレナガゴンドウのなかにも鞍型斑の有無に地理的変異があるので注意を要する．Kasuya *et al.*（1988）のFig. 1による．

業者の主張が支持された（Kasuya *et al.*, 1988）．タッパナガはマゴンドウよりも1mほど大きく（2.3節），背鰭の後ろに明瞭な鞍型斑があるが（図4.9），マゴンドウでは鞍型斑は不明瞭であり，わずかに淡色で周囲との境も不明瞭なことで区別される．この特徴は生後1.5年程度で発現するので，洋上でコビレゴンドウの群れに出会っても判別は容易である．江戸時代に紀州産の鯨類を記述した山瀬（1760）は，そこでタッパナガとマゴンドウを「しほごとう」（現代仮名づかいでは「しおごとう」と表記）と「ないさごとう」として区別している．14世紀から19世紀初めまでは小氷期と呼ばれているが，18世紀はとくに寒冷だったらしい（Mikami, 1996）．このころには紀州沖にタッパナガが出現することがあったのかもしれない．

図4.10にタッパナガの群れの季節ごとの発見位置を示した．1-3月には調査海域や調査量が限られている．これは冬の悪天候と会計年度の切れ目で航海が制約されるためである．タッパナガは沖合域には出現せず，その分布は東経150度以西の沿岸域で北海道南岸から千葉県沖までに限られていて，その南側にはマゴンドウが出現する．タッパナガの生息域は，冬にリクゼン

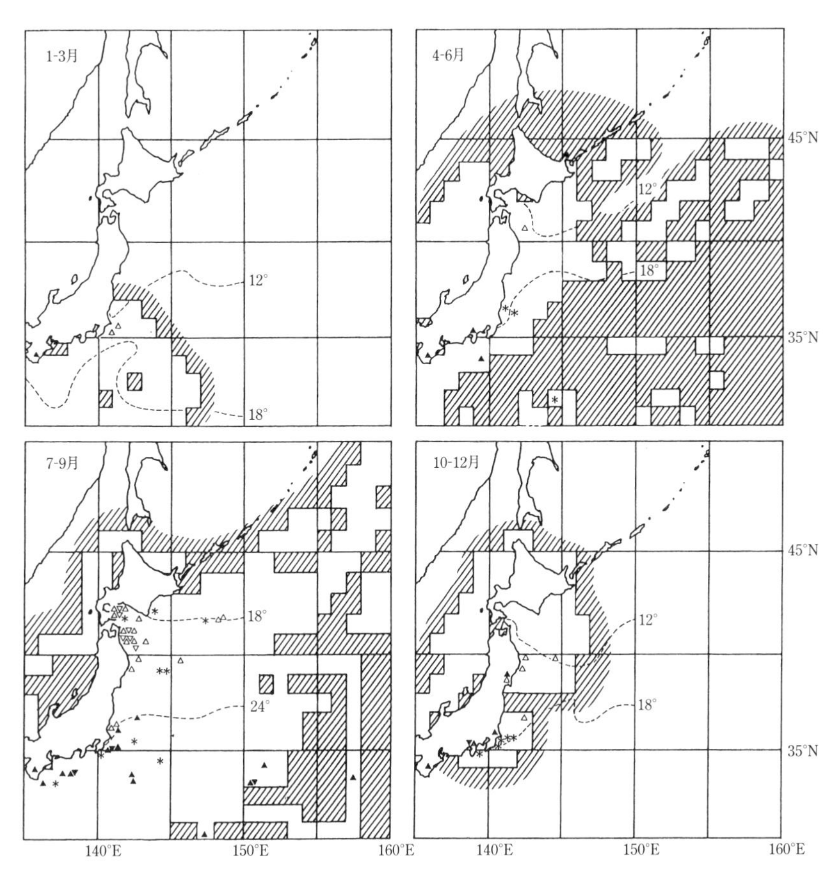

図 4.10 コビレゴンドウの2つの地方型，マゴンドウとタッパナガの出現位置（データは 1982-1986 年）．白三角がタッパナガ，黒三角がマゴンドウ，星印が型不明を示す（マークひとつが1群）．点線はそれぞれの季節における平均表面海水温．斜線域は未調査域．日本海にはコビレゴンドウはまれである．Kasuya *et al.* (1988) の Fig. 2 にもとづく粕谷 (2011) の図 12.5 による．

イルカ型のイシイルカが卓越する海域である．冬の 1-3 月の襟裳岬周辺における表面海水温は5度前後であり，その東方の根室沖では 2-3 度にまで低下する．三陸・北海道沖では表面水温9度未満の海域でリクゼンイルカ型の発見記録がある（すなわち調査航海が行われている）にもかかわらず，表 2.1 のデータではその温度範囲にタッパナガの記録はない．しかし，岩手県沖で冬にイシイルカの突きん棒漁をしている漁業者によれば，その操業中にゴンドウクジラを見ることがあるとのことから，冬でもタッパナガは三陸沖に留まることは事実らしい．これまでに得られた情報からタッパナガについて次のような解釈が可能である．すなわち，タッパナガはコビレゴンドウという種のなかの1個体群を構成する．その生息範囲は銚子付近から襟裳岬まで，沖合560 km以内（東経150度以西）の沿岸域である．この範囲内における季節移動に関しては情報が乏しいが，彼らは黒潮と親潮の混合域の豊かな海洋生産に依存しつつ，大きな季節移動をすることなく生活している．

動物学の一分野に分類学がある．そこでは研究者は複数の個体群から採取した標本を比較して，その隔たりの程度を調べて個体群相互の進化学的な関係を明らかにしようとする．その指標としては成長・繁殖のような生態情報，体形・体色・骨格のような形態情報，あるいはDNAや酵素の多型のような遺伝情報などさまざまな特徴が使われる．それによって明らかにされた個体群の間の差異を評価した結論を表現するためのものさしとして，彼らは亜種・種・属などの分類階級を考え出した．しかし，この分類階級自体は人間が勝手に考え出したものであるから，現実の個体群の分化の程度にうまく合致するとは限らない．生物の進化の速度は，それが置かれた環境だけでなく，生物自体の特性によっても異なる可能性がある．したがって，個体群の間の隔たりの計測においても，一部の遺伝学的手法を除けば客観的な評価が困難であるから，用いる形質や研究者の主観によって，分類に関する結論が異なるのは不思議ではない．

タッパナガとマゴンドウの違いについては，日本の研究者がさまざまな研究成果を発表してきた．頭骨吻部の顎間骨の形や胸鰭の長さで見る限り，どちらもコビレゴンドウに属するが，背鰭の後ろの鞍型斑（本項前述）や体の大きさの違い（表5.15）のほかに，背鰭やメロン（鼻孔の前方に位置する脂肪組織）の形に表れる二次性徴に違いがあり，それらは体の小さいマゴンドウに顕著に表れることが知られている．ちなみにコビレゴンドウの雄では雌に比べて背鰭が幅広くて丸みがあり，メロンが大きく張り出しているという特徴がある．

鯨体のさまざまな部位のなかでも頭骨は多くの分類学者が注目するところであり，タッパナガとマゴンドウについても頭骨の形態が解析されている

(Miyazaki and Amano, 1994). 彼らが見いだした頭骨の形態の違いの多くは頭骨の大きさに関連するものであり，各部位の比率（プロポーション）には有意な違いが見いだされなかった．頭骨の形態や体の大きさは進化学的な距離を表現する客観的な尺度とはなりにくいので，かりにタッパナガとマゴンドウの頭骨の測定値に有意な違いが見いだされたとしても，それだけを根拠にして2つの個体群の分類学的関係を論ずることはむずかしい．あえて骨学情報にもとづいて分類学を論ずるのであれば，種内あるいは属内でその形態的な指標がどの程度の多様性をもっているかを見る必要がある．たとえば，コビレゴンドウの標本を世界各地から集めて解析を行い，地理的にどのような分化が起きているかを見れば，タッパナガとマゴンドウの間の相対的な違いを評価することが可能となるかもしれない．このときにヒレナガゴンドウの標本も解析に含めれば，さらに説得力が増すに違いない．

北太平洋のコビレゴンドウについて鞍型斑に関する情報を出版物から集めてみたことがある（粕谷，2011：表12.4）．それによると台湾，沖縄-銚子，ハワイの個体では鞍型斑が不明瞭，すなわちマゴンドウ型であり，カリフォルニア半島からシアトルまでの北米大陸西岸の個体はタッパナガに似た明瞭な鞍型斑をもつことがわかった．また，バンクーバー沖で漂着した1頭の雌は，鞍型斑は記述されていないが，体長は452 cmでマゴンドウより大きくタッパナガには可能なサイズであった．このようなデータをもとに，私は北太平洋のコビレゴンドウの進化について，次のような仮説を立てた（粕谷，2011：12.3.7項）．すなわち，黒潮反流域を含む西部熱帯太平洋はかつての寒冷期にも温暖な環境を維持して，暖海性のコビレゴンドウに待避地を提供したと思われる．その後の温暖期には彼らは分布を東方に広げて北米大陸沿岸に到達し，その一部はアラスカ海流に乗ってバンクーバー沖に達し，さらにアリューシャン海流沿いに西進して三陸沖に到達したという仮説である．黒潮反流域の待避地に留まった個体は，おそらく体の特徴を大きく変えることなく，今のマゴンドウとなった．一方，反時計回りに分布を広げた個体は寒冷に適応する過程で体の大型化を達成したうえ（2.3節），環境条件に合わせて繁殖期も変化させたのであろう（5.2.2項）．これらの出来事がいつの時代に起こったかはわからないし，待避地から東方に分布を広げ，さらに反時計回りに分布を拡大する機会は複数回あったかもしれない．もしも，この仮説が正しければ，北太平洋各地のコビレゴンドウの個体群間の遺伝的な隔たりのなかで，日本近海のマゴンドウと三陸沖合のタッパナガとの間の遺伝的な隔たりがもっとも大きいはずである．

最近，中・東部太平洋に分布するコビレゴンドウについて2件の興味ある研究成果が得られている．ひとつは Van Cise *et al.* (2016) によるミトコンドリア DNA の解析であり，もうひとつは Chivers *et al.* (in press) による航空写真をもとに体長を推定した研究である．それらの結果は次のように要約される．

① オレゴン州からカリフォルニア半島南端に至る沿岸域にはタッパナガ型が分布する（おおよそ 20°N-45°N）.

② パナマからペルーに至る東部熱帯太平洋にはタッパナガ型が分布する（おおよそ 10°N-10°S，115°W 以東）.

③ 20°N-10°N に分布の空白域がある．

④ ハワイ近海に分布するのはマゴンドウ型であるが，日本近海の個体とは DNA の特徴が異なる．

北米大陸西岸の沖合には広大な冷水域が赤道付近にまで広がっているので，上の情報とマゴンドウ型とタッパナガ型との共通祖先が東進して寒冷適応してタッパナガが形成されたという私の仮説には矛盾はなく，上の①と④は鞍型斑の出現情報（本項前述）とも整合する．興味深いのは，その一部が赤道を越えて南半球に進出しているらしいことである（ヒレナガゴンドウの南北交流の可能性については本項で前述した）．Van Cise *et al.* (2016) は，マゴンドウとタッパナガの呼称として Naisa（ナイサ）と Shiho（シホあるいはシオ）を使うことを提案している．この2つを最初に識別した山瀬（1760）にしたがったものである．ちなみに，私は英語表記の場合には両者を Southern Form と Northern Form として区別してきたが，上に述べた最近の分布に関する知識から見ると不適当であるとされている．日本名のマゴンドウとタッパナガは近年の日本の捕鯨業者が用いていた名称である．

次にマゴンドウとタッパナガの分類学的な議論を紹介しよう．酵素の多型を用いた研究によれば，マゴンドウとタッパナガの遺伝的な隔たりはスジイルカとマダライルカ，あるいはイワシクジラとニタリクジラなどの種間の隔たりに比べて1ないし2桁小さいとされている（Wada, 1988）．また，ミトコンドリアDNAの解析ではタッパナガとマゴンドウとの間の差は，マゴンドウとヒレナガゴンドウの種間の隔たりの半分以下であった（影，1999）．これらの知見はマゴンドウとヒレナガゴンドウは同一種内の地理的変異であるとの判断を支持するものであるが，両者がどのようなプロセスで分化してきたかを明らかにするものではない．

Oremus *et al.*（2009）は，日本近海のマゴンドウとタッパナガも含め，ほぼ全世界をカバーする海域からコビレゴンドウとヒレナガゴンドウの標本を集めてミトコンドリアDNAを比較した．その結果，ヒレナガゴンドウとコビレゴンドウは明瞭に2つのグループに分けられ，日本近海で捕獲されて外部形態でマゴンドウあるいはタッパナガと判定された個体はどちらもコビレゴンドウのグループに入れられた．このことは現生のゴンドウクジラ属には2種が含まれるというこれまでの認識を支持するものである．コビレゴンドウのグループは，さらに2-3個の不明瞭な小グループに分離され，タッパナガとマゴンドウは異なる小グループに属することもわかった．これは両者が進化学的に若干隔たっていることを示すものであり，分類学者はこれを別亜種と分類することを提案するかもしれない．亜種か否かを議論するのは分類学者の勝手であるが，私は北太平洋のコビレゴンドウが今の地理的変異を獲得したプロセスを解明することに興味を感じる．Van Cise *et al.*（2016）は，ハワイ近海の個体と日本のマゴンドウはDNA型に共通性があるものの差が認められること，また，南太平洋・東南アジア・インド洋・西部北大西洋の諸集団はたがいに類似性を示すものの，日本のマゴンドウ型とは違いが大きいとしている．コビレゴンドウについて地理的な集団間の違いや個体群分化のプロセスが将来明らかにされることを期待する．

4.3.5 マゴンドウ――暖かい南の海が好き

コビレゴンドウは日本近海では主として太平洋側に生息する．オホーツク海と東シナ海の中・北部には近年の確実な出現記録がない．日本海における*Globicephala*属の確実な記録は，私の知る限りでは1例のみである．それは1978年8月に私と呉羽和男氏とが東京大学海洋研究所の白鳳丸に乗船して鯨類の分布調査をしたときに，大和堆上でゆっくりと泳ぐ一群を遠方から目視し，その特徴的な幅広い背鰭を双眼鏡で確認したものである．日本の小型捕鯨船から水産庁に提出された報告によれば，1949-1952年に渡島半島の西岸沖で少数のゴンドウクジラが捕獲されている（図6.1）．しかし，この現場は科学者によって確認されておらず，オキゴンドウとの区別を含めて別途の確認が望まれる．

マゴンドウは日本近海産のコビレゴンドウの地方型のひとつであり，以下の各項で触れる6種のイルカ類と同じく暖海性のイルカであり，古くは「ないさごとう」と呼ばれた（4.3.4項）．これらの種に関しては夏の分布について若干の知見があるが，それ以外の季節に関しては，生息範囲や回遊など個体群の分離に資する情報は乏しい．マゴンドウについても，盛夏（8-9月）における分布北限は北緯37度付近にあることが知られるのみで（図4.11），冬季の分布については情報が乏しい．

遠洋水産研究所が行った目視調査によれば，西部北太平洋の盛夏におけるマゴンドウの北限（北緯37度）は，タッパナガの夏の分布南限（茨城県沿岸の北緯36度付近）と緯度的にはわずかに重複するが，そこではタッパナガは沿岸の冷水域に，マゴンドウは沖合の黒潮続流の流域に分布しており，両者の分布は地理的には重複しない（図4.10）．鮎川沖の小型捕鯨船が1982年の秋に一度だけマゴンドウを捕獲したことがあり，科学者もこれを確認している．捕鯨船の船主の話によれば，そのときの砲手は大きく立派な背鰭をもった雄を捕獲したので，大物だと勇んで鮎川港に曳航して解体場で体長を測ったところ，意外に小さいのに驚いたということである．このような捕獲の事例は前にも後にも鮎川にはないということであった．この事実はマゴンドウがタッパナガの生息圏に侵入するのは例外的な事例であることを示している．遠洋水産研究所の目視調査で確認されたマゴンドウの南限は北緯25度付近にあったが，調査努力量が少ないのでそれが真であるとは断定できない．台湾の研究者によれば，台湾東岸には南東方向から深い海が迫っており，そこの水深1000 m以上の海域にはコビレゴンドウが出現するとのことである（王・楊，2007）．台湾近海のコビレゴンドウは，背鰭の後方の鞍型斑が不明瞭で，明らかにマゴンドウ型である（4.3.4項）．

西部北太平洋のマゴンドウ型の分布がどれほど沖合に延びているのか．これも遠洋水産研究所の調査成果に頼るしかない．盛夏の8-9月のデータを使って，緯度・経度1度升目ごとに航走100カイリ（185.2 km）あたりのマ

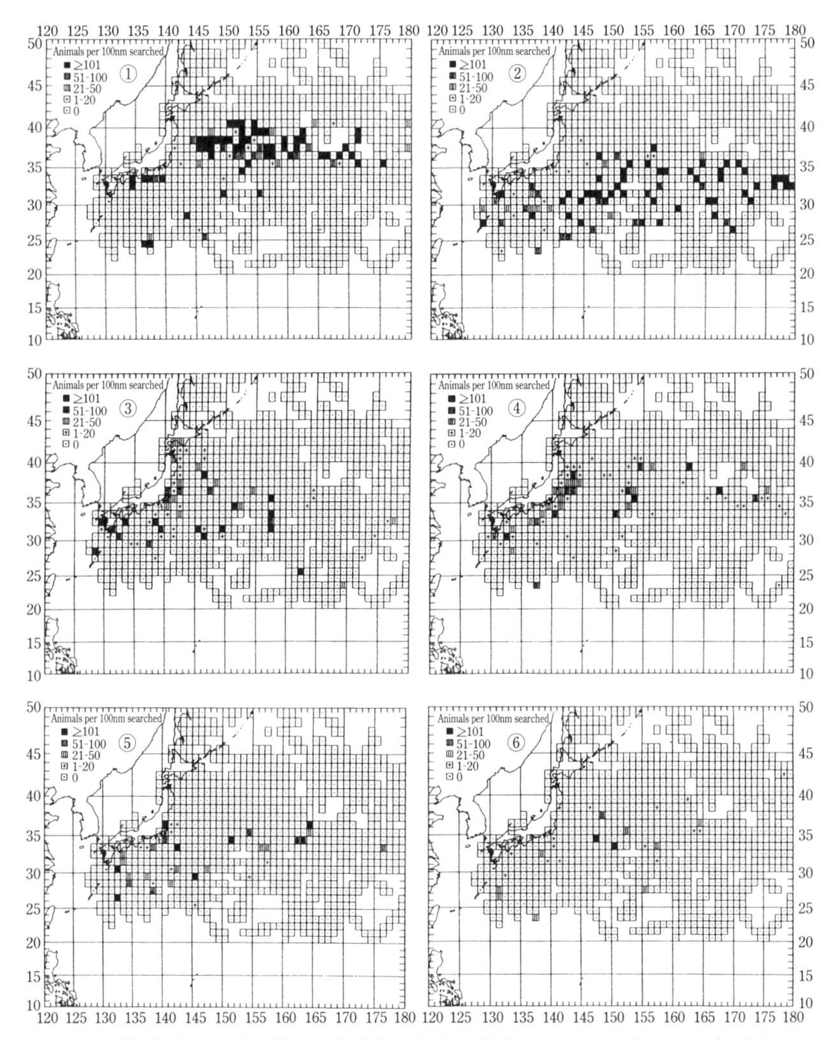

図 4.11　暖海性イルカ類 6 種の密度分布．密度は探索 100 カイリ（185.2 km）あたりの発見頭数で示す．①スジイルカ，②マダライルカ，③ハンドウイルカ，④ハナゴンドウ，⑤マゴンドウ（コビレゴンドウの一地方型），⑥オキゴンドウ．遠洋水産研究所の鯨類目視調査航海（1983-1991 年，8-9 月）によるデータ．Miyashita（1993a）の Figs. 29-34 より構成．

ゴンドウの発見頭数を算出したのが図4.11である．コビレゴンドウは15-50頭の群れで行動しているので，このようにして算出された発見密度はばらつきが大きく，傾向がつかみにくいが，東経165度より東方には本種はほとんど出現しない．このことは西経160度付近のハワイ近海から知られているマゴンドウ型は日本のマゴンドウとは別の個体群に属するというDNAの解析（4.3.4項）と整合する．

日本近海の東経165度以西の北太平洋海域でもマゴンドウの分布密度は均一ではない．もっとも密度の濃いのが屋久島付近から四国・本州の南岸を経て房総半島に至る距岸200-300 km以内の海域である．この沿岸濃密域からさらに200-300 km隔たった沖合にも，密度はやや薄いもののマゴンドウが出現する海域がある．これら2つの生息海域にはさまれて，マゴンドウの分布が薄い海域がある．それは奄美諸島近海（北緯29度，東経130度）から北東に延びて房総半島の南東沖合330 km付近（北緯35度，東経145度）を結ぶ線を中心とする，幅200-300 kmの帯状の海域である．この空白域はスジイルカやハナゴンドウで見られるものよりは不明瞭ではあるが，ほぼ同じ位置にある．黒潮は接岸して岸沿いに流れたり，離岸して蛇行したりするなどの流路変更をときおり見せるので，沿岸のイルカ類の分布もそれに影響されていると思われる．図4.11には9年間の調査データが合算されているので，黒潮流路の年々の変動とイルカの分布の関係を見ることはできないが，この沿岸と沖合のマゴンドウを隔てる空白域は，平均的な黒潮の流路に一致していると私は見ている．すなわち，黒潮の流れをはさんで日本の沿岸域と黒潮反流域には異なるマゴンドウの個体群があることが示唆されるのである．

このように，日本列島東方の西部北太平洋にはマゴンドウの濃密域が少なくとも2つある．そのひとつは黒潮流の左側で，黒潮流と日本列島にはさまれた沿岸海域である．2つめは黒潮流の沖側の黒潮反流と黒潮続流に相当する海域である．さらに後者は東経150度付近を境にして西と東の2つに分けられるかもしれない．これらの推測がすべて正しければ，西部北太平洋のマゴンドウには3個の個体群，すなわち沿岸個体群，黒潮反流域個体群，黒潮続流域個体群があることになる．そのなかでも沿岸個体群の存在は確実性が高いと私は考えている．日本のイルカ漁業がおもに捕獲してきたのはこの個体群であると思われる．

沖縄県の名護で捕獲されてきたマゴンドウが上に述べた沿岸個体群に属すると断定するのは疑問である．琉球列島を含む南西諸島は黒潮の流路の東側にあり，黒潮の中心は南西諸島の西側を北上して奄美諸島・屋久島から太平洋に抜けるので，本州南岸の沿岸個体群の分布がこの黒潮の流れを抜けて沖縄近海に延びているとは考え難いのがその根拠であり，奄美近海にはマゴンドウの分布が薄いことも（図4.11），それを支持している．沖縄近海や台湾東方海域に生息するマゴンドウは黒潮反流域の個体群であると私は予測している．

4.3.6　ミナミハンドウイルカ——沿岸ぞいに分布拡大中

ハンドウイルカについてはさまざまな学名が使われてきたので，混乱を避けるために，その変遷を簡単にたどっておく．大西洋のハンドウイルカが初めて *Tursiops nesarnack*（Lacepede1804）として記載された後，数多くの種が記載され，それぞれに学名が与えられているうちに，この最初の学名は忘れられてしまった．その後，本属は汎世界的に分布する1種よりなるとの認識が分類学者の間に生まれ，最初に記載されたときの学名 *T. nesarnack* が1980年代に再発見された．しかし，この学名を復活させることによる混乱を避けるために，北大西洋産のハンドウイルカの学名として長く受け入れられてきた *T. truncatus* を使用することが命名規約にもとづいて1986年に合意された．ところが，2000年にはインド・太平洋の沿岸域に生息する個体は別種 *T. aduncus* であることが認められた．2011年には南東オーストラリア沿岸に生息する個体について，また2016年にはブラジル沿岸に生息する個体について，これらは既存の2種とは異なるとの見地から，学名としてそれぞれ *T. australis* と *T. gephyreus* が適当であるという主張が出されるに至った（Charlton-Ross *et al.*, 2011; Wickert *et al.*, 2016）．これらの提案に対して今後どのような反応が出るか，長い目で見る必要があるが，北大西洋のハンドウイルカ（*T. truncatus*）にも沿岸性と沖合性の2系統があるので，そこでも分類学的な議論が始まるかもしれない．おそらくハンドウイルカ属には外洋の広い海域を生活圏とする個体群のほかに，沿岸域にいて比較的狭い海域を生活圏とする個体群が各地にあり，それぞれに形態的な差異が生じつつあるものと推測される．

分類学には，類似点を重視して種を大きくまとめる考え（Lumper）と，小異に注目して細分する考え（Splitter）とがあり，時代とともにその主流が交代してきた経緯がある．今の風潮は再びSplitterに向かっていると感じられる．人間が勝手に決めた種というものさしに動物の進化があてはまるとは限らないから，同種にするか別種にするかは私には重要とは思えない．個体群の間の違いを認識し，その生物学的な意味を解釈し，進化の過程を理解することが大切であろう．

日本近海には *T. truncatus* と *T. aduncus* の2種が分布し，それぞれハンドウイルカとミナミハンドウイルカと呼ばれている．これら2種が別種として認識されたのは比較的近年のことで，IWCの出版物では2000年から区別されている．古い文献や漁業統計では2種は区別されずハンドウイルカとして記録されている．ミナミハンドウイルカはやや温暖域を好み，おおよそ関東地方・富山湾以南に分布し，沿岸域や内湾に定住する傾向がある．第二次世界大戦後に伊豆や太地のイルカ漁業地を訪れた科学者はミナミハンドウイルカの漁獲を確認していないが，太地の漁業者はハンドウイルカ（現地では「クロ」と呼ばれる）とマダライルカ（地方名：カスリイルカ）の混血であるとして「ハウカス」と呼んだイルカの存在を語っている．これは体に斑点があることと，くちばしが白いことが特徴とされており，「半分（Half）・カスリイルカ」の意であると聞いている．これがシワハイルカであろうとされたこともあるが（粕谷・山田，1995），ミナミハンドウイルカの可能性も否定できない．また，沖縄ではかつてイルカの追い込み漁が行われ，今では石弓漁でイルカが捕獲されている．そこの漁獲物に含まれる「ハンドウイルカ」については，これら2種の区別が厳密ではないように思われる．ハンドウイルカは沿岸にも沖合にも広く生息している．遠洋水産研究所がこれまでに運航した鯨類調査船は出港するとまもなく目視調査を始めるが，コースは原則として等深線に直角に設定されるので，大陸棚上での観察量は外洋域のそれに比べてわずかである．このためミナミハンドウイルカの定住域は観察対象にほとんど含まれないので，生息頭数の推定に関する限り，ミナミハンドウイルカの混入は無視して差し支えないと思われる．

ミナミハンドウイルカについては，日本沿岸の各地に定住する個体群が知られている．一部については個体群の構成頭数が推定されているが，いずれも小個体群である．本種を特集した雑誌「月刊海洋」の 511，512 号（2013 年）によれば，ミナミハンドウイルカは奄美大島，有明海入口の通詞島周辺，鹿児島湾（数十頭），御蔵島（100 頭前後），小笠原諸島（約 200 頭），鳥島などに生息している．奄美諸島や台湾からも本種が報告されているので，沖縄諸島の沿岸域に本種が分布することはほぼ確実である．通詞島の個体群は白木原夫妻らが個体識別をして長期間の観察を続けてきた．その個体数は 1998 年の時点で 218 頭と推定されている（Shirakihara and Shirakihara, 2012）．そのなかの大部分のメンバーが，一部個体を残して，2000 年春に約 50 km 南の鹿児島県長島沖に移住した．さらに，その 1 年後には長島沖の移住地に少数個体を残して，大部分の個体が通詞島に戻り，そこに残留していた個体と合流するという興味深い動きを見せた．石川県能登島や山口県の青海島周辺にも少数のミナミハンドウイルカが出現しており，そのなかには通詞島にいた個体が含まれることが確認されている．彼らが冬季の低温に耐えて定着に成功するかどうか，今後の動向が注目される．御蔵島でも日本の研究者が個体識別をしてきたが，そのなかの一部の個体は伊豆諸島沿岸にも頻繁に出現しているほか，1998 年からは千葉県安房地方の沿岸，伊豆半島東岸，紀伊半島などにも出現している（Tsuji *et al.*, 2017）．研究が進めば新たな個体群が見つかるかもしれないし，移住の例がほかにも確認されるかもしれない．

上に紹介したミナミハンドウイルカの最近の動きは複合個体群（Metapopulation）の視点から興味深い．Meta- とは大きいという意味であるが，構成頭数が大きいという意味に誤解されないために，私はこれを複合個体群と訳している．翻訳をあきらめてメタ個体群とした科学者もいる．生物の個体群では，年ごとの出生数や死亡数が変動し，構成数が変動するものである．ある個体群において偶然の変動で個体数の減少が続き，あげくには消滅する確率はゼロではないし，その確率は小さい個体群ほど大きいとされている．初期個体数，繁殖率，死亡率，環境要素などの生存条件を入力して一定期間後の生存確率を計算することが行われる．これが個体群存続予測（Population Viability Analysis; PVA）である．その計算結果は入力条件に大きく左右されるので得られる存続確率そのものにはあまり意味がない．むしろ，個体群の存続にはどのような要素が大きく影響するかを予測する手段として価値があると私は考えている．

ヨウスコウカワイルカは20世紀末ころに絶滅したと推定されているが，この保護に関する研究会で試算された結果によれば，100年後も安全に存続するためには200頭以上の初期個体群を確保する必要があるとされた．ミナミハンドウイルカが定住する特定の沿岸水域によっては，そこの収容力は比較的小さく，この望ましいレベルに足りないこともあるに違いない．このような状況のもとでは，ある個体群では余剰人口が発生しているのに，隣の個体群は縮小に脅かされるという状況がいずれは起こるに違いない．この場合に，もしも前者から後者に少数のメンバーが移住するならば，それは一方では過剰人口の処理に，他方では人口の安定化に貢献することになる．かりに，雄が一時的に隣の個体群を訪問してそこで子孫を残したとしても，受け入れ側の遺伝的多様性を高めるという効果がある．このようなプロセスによって，個々の小個体群は半ば独立した個体群変動を見せつつ，低レベルの交流を通じて，複数の小個体群の集まりとしての大きな集団は，より安定的に維持されることになるに違いない．この大きな集団が上に述べた複合個体群である．上に紹介したミナミハンドウイルカの移動や移住は，日本沿岸に複合個体群の存在を仮定すると説明できるかもしれない．

日本の沿岸各地では古くからイルカ漁が行われてきた．イルカ漁の歴史が長い北九州，和歌山県，伊豆半島などの沿岸各地では，沿岸性のミナミハンドウイルカは漁業の初期段階でとりつくされて，科学者がその存在を認識する前に消滅したかもしれないし，その空白地が今まで空白のままにあったかもしれない．通詞島個体群の一部が長島，能登島，青海島などに移住したり，御蔵島方面の個体の一部が千葉県沿岸に移住したりする例は，そのような空白域における小個体群再建の過程を示すものかもしれない．今，この過程を観察するならば，日本沿岸のミナミハンドウイルカの個体群構造を理解するうえで，貴重な情報が得られるものと期待される．

4.3.7　ハンドウイルカ――無線標識で知る行動域

日本近海のハンドウイルカ属には本種と別種ミナミハンドウイルカが含まれる．ミナミハンドウイルカの個体群に関してはすでに述べた（前項）．日本近海のハンドウイルカの個体群構造に関しては，分布や生活史に関する情

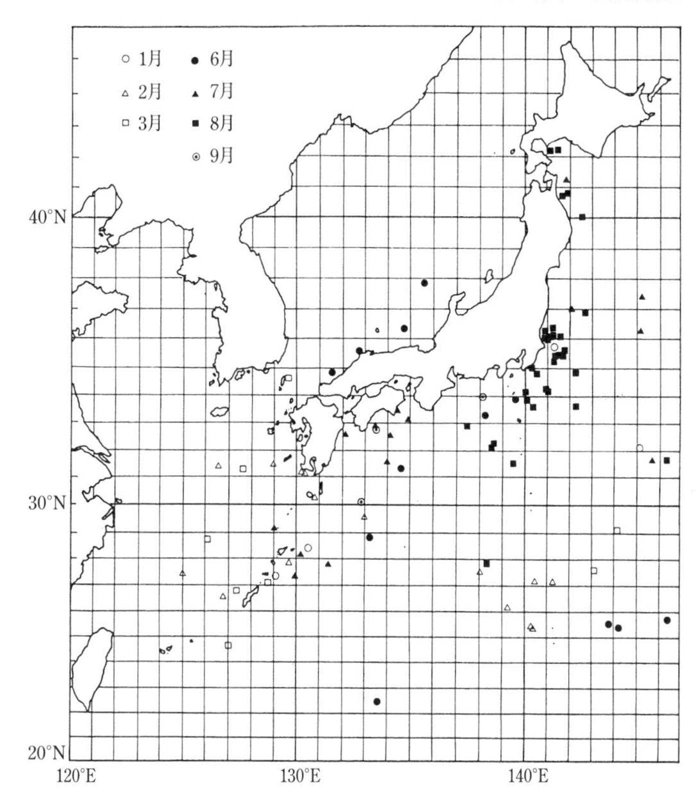

図 4.12 日本近海におけるハンドウイルカの季節分布．遠洋水産研究所の鯨類目視調査航海（1982-1985 年）によるデータで，調査範囲は図 4.11 と大きく異ならないが，調査量はおおよそその半分である．宮下（1986）の図 III-3-1-a による．

報から，若干の推測がなされてきた．太平洋沿岸（伊豆半島と太地）と壱岐（対馬海峡域）の追い込み漁で捕獲されたハンドウイルカについて生活史を解析したところ，両標本群の間にはいくつかの違いが認められ，これを根拠として，両標本群は異なる個体群を代表すると解釈されてきた（粕谷, 2011; Kasuya, 2017）．ただし，このことはそれぞれが単一の個体群よりなることを示したわけではない．

東シナ海の東部では 1-3 月に遠洋水産研究所が目視調査航海を行いハンドウイルカを確認している（図 4.12）．また，イルカによるブリ一本釣り漁の被害対策として，1972 年から 1995 年にかけて 2-3 月の冬季に，長崎県の壱岐で追い込み捕獲されたイルカ類のうち，5181頭（44.4%）がハンドウイルカであった（7.1節）．また，かつて五島近海で行われていた追い込み漁ではハンドウイルカが周年捕獲されてもいた．これらの事実は，壱岐近海を含む対馬海峡域にはハンドウイルカが周年生息することを示している．ところが，壱岐海域から100 kmほど北の蔚山と浜田を結ぶ海域（おおよそ北緯35度）は，寒冷種イシイルカの日本海における冬季の分布南限とされている（4.3.2項）．これらの情報は，ハンドウイルカを含む暖海性のイルカ類の冬季の分布北限が対馬海峡と島根県の浜田の中間あたりにあることを示唆している．ハンドウイルカは6月には能登半島沖にまで進出することが遠洋水産研究所の調査で明らかになっている．このことから東シナ海のハンドウイルカは，春から秋にかけて日本海に入り，冬には対馬海峡以南に戻るものと推測される（冬季の日本海にはイシイルカが優占する）．ほかの暖海性イルカ類もほぼ同様の季節移動をすると考えられる．

遠洋水産研究所の調査によれば，日本の太平洋沿岸域におけるハンドウイルカの夏の分布北限は北海道南岸の室蘭（北緯42度30分）付近にある．これらの個体のなかには津軽海峡を抜けて北海道南岸に進出した日本海側個体群に属するものが含まれるかもしれないが，その確認はカマイルカと同様に今後の課題である（4.3.3項）．西部北太平洋の沖合域における夏の分布北限はやや南の北緯40-42度にあり（図4.11），日本の沿岸域に生活するハンドウイルカは，沖合の個体よりも高緯度まで移動する様子がうかがえる．ハンドウイルカの生息下限の表面水温は11度にある（表2.1）．冬の三陸沖では水温低下が著しく，銚子以北にはイシイルカが卓越することから見て，夏に三陸方面で生活したハンドウイルカなどの暖海性イルカ類は，冬には銚子以南に移動するものと推測される．

西部北太平洋におけるハンドウイルカの夏の密度分布は，黒潮の流れの中心部に薄く，それを境として沿岸域と沖合域に濃密域が認められる．この分布パターンはマゴンドウ（4.3.5項），スジイルカ（4.3.8項），ハナゴンドウ（4.3.11項）などとも共通している．なお，スジイルカでは沖合に南北2つの濃密域が識別されたが，ハンドウイルカではこの点は不明瞭であるし，沖合域における密度は沿岸域に比べて低いとの印象を受ける．なお，黒潮の流れの沖合側の北緯28度付近から北緯40度付近に至る広大な海域に単一の個体群を想定することは不自然な感がある．スジイルカで主張され，かつマゴンドウでも示唆されたように，黒潮反流域とその北の黒潮続流域に異なる個体群が分布する可能性は依然として否定されていない．

上に述べたハンドウイルカの分布情報は，黒潮流と日本列島にはさまれた沿岸水域に生息するハンドウイルカは黒潮反流域の同種とは個体群を異にすることを示唆するものである．この仮説の当否を判断するには，無線標識をつけたハンドウイルカの動きが参考になる．遠洋水産研究所の馬場徳寿氏と田中彰氏のグループは機器の開発とイルカ類の行動の研究を目的として，太地の追い込み漁で捕獲されたハンドウイルカに無線発信機をつけて放流する実験を2回行った．その研究成果は報告書として水産庁に提出され（馬場ら，1994），あるいは印刷公表されている（田中，1986）．彼らはイルカの移動速度とか，ゴマサバ，マイワシ，カタクチイワシなどの漁場と標識個体の行動との関係を解析しており，黒潮との関係については検討していないが，その報告書には標識イルカの位置情報が記録されている．そこで，その位置記録にもとづいてハンドウイルカの移動と当時の黒潮流路との関係について検討してみる．放流当時の海洋情報は海上保安庁の海洋速報から得た．

馬場ら（1994）は1994年1月13日に太地の追い込み漁で捕獲され生け簀で餌付けされたハンドウイルカ2頭に，アルゴス衛星用の無線発信機をつけて同年1月に太地から放流し，その1頭（No. 5244）については87日間（2月14日-4月3日）に9回，ほかの1頭（No. 5246）については46日間（2月4日-3月15日）に6回の位置情報を得た（図4.13）．これら個体の成長段階を体長から推定すると，前者（No. 5244，271 cm，雌）は性成熟前後で，後者（No. 5246，体長240 cm，雌）は確実に未成熟である．2頭は別々に放流されたもので，放流後も別個に移動していたと判断されるが，移動範囲はきわめて似ていた．これら2頭から得られた合計15回の位置情報のうち9回（3+6回）は蒲生田（紀伊水道西岸）-潮岬-御前崎-石廊崎-野島崎（房総半島先端）を結ぶ線の周辺ないしその陸側にあった．これら2個体は沿岸で捕獲されたもので，放流後も沿岸水域に留まる傾向を示したのである．このほかに，やや沖合の伊豆大島-八丈島間に移動した記録が3回（1+2回）と，さらに伊豆諸島の東方数百kmに出現した記録が3回（2+1回）得られた．

沖合でのこれら6回の出現は時間的にずれていたので，2頭は別個に行動

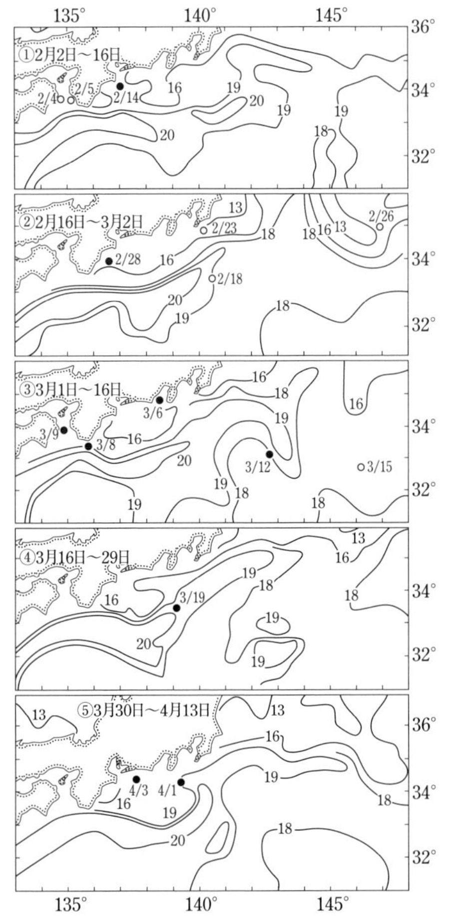

図 4. 13　アルゴス送信機をつけて太地から放流されたハンドウイルカの出現地点と，追跡時点における平均表面海水温．海水温は原則として 13 度，16 度，19 度，20 度の等水温線のみを表示し，必要に応じて 18 度の等水温線を部分的に追加した．黒丸と数字は No. 5244（体長 271 cm，雌）の位置と日付（1994 年 1 月 29 日の放流から 4 月 25 日まで信号を受信したが，位置を確定できたのは図に示す 9 点），白丸と数字は No. 5246（体長 240 cm，雌）の位置と日付（1994 年 1 月 28 日の放流から 3 月 15 日の最終受信までの 6 点）．緯度線 1 度間が約 111 km である．ハンドウイルカの位置情報は馬場ら（1994）に，海水温は 1994 年のもので，①：2 月 2 日-16 日，②：2 月 16 日-3 月 2 日，③：3 月 1 日-16 日，④：3 月 16 日-29 日，⑤：3 月 30 日-4 月 13 日の平均値（海上保安庁の海洋速報 www1.kaiho.mlit.go.jp/KANKYO/gboc/index.html による）．

していたと考えられるが，その背後にはなんらかの共通要因があったものと推定される（図4.13）．これら沖合での出現情報を眺めると，若い個体（No. 5246：白丸）は2月18日の八丈島北方の位置から2月23日には南房総の千倉沖十数kmに移動し，その後2月26日に伊豆諸島の東方700 km（北緯35度，東経147度），3月15日にはその南250 km（北緯32度30分，東経146度）で記録され，これを最後に電波が途絶えた．成熟前後の大きい個体（No. 5244：黒丸）は3月9日に紀伊水道の蒲生田沖で記録された後，東に動いて3月12日に伊豆諸島東方300 km（東経143度，北緯33度）で記録され，そのあと西に戻って3月19日と4月1日には伊豆大島と八丈島の間で記録され，さらに西に動いて4月3日には遠州灘沖二十数kmの沿岸水域に戻り，4月25日を最後として電波が途絶えた．なお，これら機器には水温情報を送信する機能はなかった．

冬季の日本近海では黒潮主流域の表面水温は19-20度にある．その左岸側（日本列島側）では16-19度の等水温線の間隔が密で温度勾配が急であることから，この水温域が黒潮流の縁辺に相当すると理解される．1994年の冬には黒潮流の左側の16-19度の水温帯は潮岬沖から伊豆大島と八丈島の間に向かい，そこから黒潮続流に沿って蛇行しつつ東に延びていた．このときの黒潮の流れは蛇行することなく，潮岬から銚子沖にかけてほぼ直線的に流れ，そこで右に折れて黒潮続流となって東に向かっていたのである．この16-19度の水温帯の陸側には水温12-15度の沿岸水域が潮岬から伊豆半島にかけて分布していた．上に述べた2頭のハンドウイルカの出現はこの沿岸水域に頻繁で，最高温でも黒潮の外縁域にあたる15-19度までであり，19度を超える黒潮流の中心部に深く入った形跡はなかった．標識されたハンドウイルカが伊豆諸島の東方に出かけた例があるが，そこは黒潮の蛇行域であり，そこでも彼らは黒潮流の左岸域に留まっていた可能性が大きい．もしも放流された2頭のハンドウイルカが黒潮本流域に入ることを意図したならば，放流地点の潮岬周辺からならば沖合に20-30 km，その東方の御前崎からでも100-200 kmほど沖合に移動すれば，それが可能だったのである．それにもかかわらず，彼らは黒潮流を避けるかのように，本州の南岸沿いに1000 kmもの東西移動をしたのである．無線標識を施された2頭のハンドウイルカは黒潮流と日本列島とにはさまれた沿岸水域を生活の場とすることを選択したと考えざるをえない．

この研究グループは1985年と1986年の冬にも計7頭のハンドウイルカに無線標識をつけて太地から放流し，5頭について位置を検出している（田中，1986）．そのうちの3個体は1週間以内に受信が途絶えたので次に述べる解析から除外するが，これら3頭は太地沖から100 km以内に終始留まっていた事実は特記する価値がある．残りの2頭のうちの1頭（No. 2044，1985年3月22日放流）は放流から12日間は放流地点付近に留まった後，4月3日ころから移動を始め，放流後18日目に北緯30度50分，東経138度40分付近の太地の南東380 kmの地点に達して消息を絶った（図4.14）．ほかの1頭（No. 2049，1986年3月22日放流）は，前年に放流されたNo. 2044とほぼ同じコースをたどり，南東方向に進み放流後3日目に太地から220 km離れた北緯32度00分，東経137度20分付近に到達後，反転して放流後6日目には太地の南東140 kmの北緯32度30分，東経136度50分付近に戻り消息を絶った．

これら2頭の動きは1994年放流の2頭とは，一見著しく異なるように見えるが，これを黒潮流との関係で見るといずれも同様に解釈できる．海上保安庁の当時の海洋速報で見ると，1985，1986両年とも黒潮の流路は1994年のそれとは大きく異なり，潮岬から石廊崎までの直線距離にして約350 kmの区間で大きく沖側に蛇行していたのである．そのような状況のなかで，2頭のハンドウイルカは当時の16-19度の水温帯に沿って南東方向に動いており，19度の等水温線を一時的に越えることはあったが，20度水域に入るとか黒潮反流域に入ることはなかったのである．なお，当時の海洋速報の編集間隔が15日ないし20日であり，イルカの位置における実際の水温とは若干の隔たりがあると推測される．

上に紹介した4頭のハンドウイルカは和歌山県太地で冬季に行われた3回の追い込み操業によって得られた個体である．それら個体は放流後も黒潮の本流域やその沖側の黒潮反流域に入ることなく，沿岸水域に留まっていたのである．このほか1週間以内に送信が途絶えた3頭についても，放流地点から100 km以内の沿岸域に留まっていたことも注目される．これらの事実が示唆するものはなにか．それは太地の追い込み漁業で捕獲され，実験に供されたハンドウイルカは，日本列島と黒潮にはさまれた沿岸水域を生息圏とす

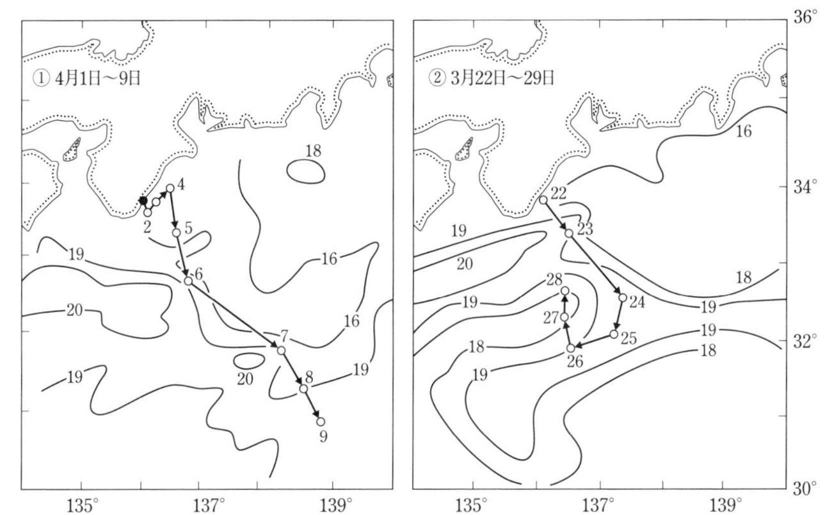

図 4.14　アルゴス送信機をつけて太地から放流されたハンドウイルカの移動地点と追跡時の表面海水温分布．海水温は原則として 13 度，16 度，19 度，20 度のみを表示し，必要に応じて 18 度の等水温線を部分的に追加した．①は No. 2044（体長 285 cm，雌）で 1985 年 3 月 22 日の放流から 4 月 9 日の最終受信までに 73 点の位置情報が得られたが，4 月 1 日までは太地から宇久井に至る南北 13 km，距岸 4.5 km 以内に留まっていた（黒丸）．移動を始めた 4 月 2 日から最終位置が得られた 4 月 9 日までにつき，毎日最初の位置を白丸で示した．②は No. 2049（体長 289 cm，雄）で 1986 年 3 月 22 日の放流から 3 月 29 日の最終受信までに得られた 31 個の位置情報につき，毎日最初の位置を示した．緯度線 1 度間が約 111 km である．イルカの位置情報は田中（1986）により，水温情報は図 4.13 と同様に海上保安庁の海洋速報によるが，当時の海洋速報の編集間隔は 15 日ないし 20 日であり，依拠した水温データの期間は明示されていない．

る個体であり，黒潮反流域に生息する個体とは別の個体群に属する可能性である．この沿岸個体群はどこで夏を過ごすのか．ハンドウイルカの夏の分布（図 4.11）を見ると，相模湾から噴火湾に至る沿岸域に本種の濃密域が認められる．噴火湾の個体の帰属に関しては断定を避けざるをえないが（本項前述），太地沖で冬を過ごしたハンドウイルカは夏には，少なくとも三陸地方の沿岸域までは北上するものと推測される．

この沿岸域より沖合の黒潮反流域と黒潮続流域にもハンドウイルカが分布することは，夏の目視調査で明らかである．その個体群構造に関する情報は得られていないが，スジイルカの例（4.3.8 項）から見て，そこには沿岸域の本種とは別の個体群が存在する可能性が大であると考える．

4.3.8　スジイルカ——壊滅で知る沿岸個体群

スジイルカは汎世界的に分布する温帯・熱帯性のイルカで，その分布は日本近海ではほぼ太平洋側に限られている．水温環境から見れば夏には東シナ海や日本海にも本種の分布が期待されるが，実際にはほとんど出現しない．この海域における確実なスジイルカの記録は，1998年5月に下関市付近における集団座礁1例と，太平洋と東シナ海の境界域である奄美大島の北方で冬に目視された1群があるのみである．沖縄海洋生物飼育技術センター（1982）が1975年から1982年にかけて琉球列島周辺で行った調査でもスジイルカは確認されていない．これは東シナ海における本種の空白域が沖縄近海にまで延びていることを示すものである．台湾東岸では1980年代までイルカの突きん棒漁業がさかんに行われていたが，本種の捕獲例は少ない．これまでの台湾で本種が確認された例は，台湾南端の屏東郡での漂着が4例と，その隣の台東郡沖の水深4000 m以上の海域（少なくとも40-50 km沖合であるらしい）での遭遇が1群に限られている（王・楊，2007）．

私は1983年に遠洋水産研究所に赴任したのを機に，西部北太平洋で行われていた鯨類の目視調査事業を若干変更して，対象を小型鯨類にも広げて組織的な分布調査を企画した．調査船として捕鯨船を用船し，そこに科学者を乗せたのである．捕鯨船には大型鯨類の判別に長じた人々がいたが，イルカ類の判別には科学者を乗せる必要があった．日本のイルカ漁は国際的にも注目を集めていたので，この計画には水産庁も協力してくれた．図4.11はこれら1983年以後の航海で得られた成果の一部である．スジイルカの分布北限は7月には北緯40度にあり，8-9月の盛夏にはそれが北緯41度まで北上する．その後の移動については情報がないが，彼らの生息海面の水温は13-15度の1例を除けば，ほかの出現例は19度以上にあることから見て（表2.1），冬の分布北限は伊豆半島から四国沖あたりにあるものと思われる．

伊豆半島沿岸のイルカ追い込み漁は，少なくとも17世紀初頭にまではさかのぼり，2000年代初めまで続いた．科学者が確認できた範囲ではその漁業はスジイルカをおもな漁獲対象としていた（6.5.8項）．スジイルカの漁期には西海岸と東海岸でやや違いがあったが，全体的には10月ないし11月

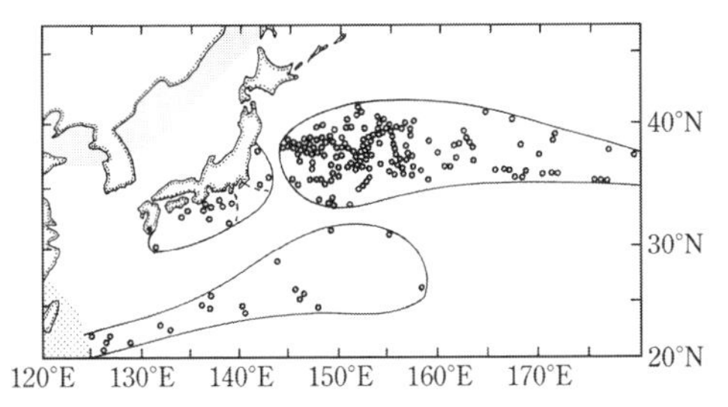

図 4.15 西部北太平洋におけるスジイルカの群れの発見位置（丸印）と，想定される個体群の範囲（実線の輪郭）．沿岸域の個体群は南北2個の個体群に分けられる可能性があるので，その境界を点線で示す．データは1983-1991年の7-9月に行われた遠洋水産研究所の鯨類目視調査による．調査努力量は東経145度以西の沿岸域においてとくに濃密である．網目の海域は未調査海域．Kasuya（1999）のFig. 2にもとづく粕谷（2011）の図10.1による．

に漁が始まり，12月に最盛期を迎え，以後衰えつつ6月ころまで続いた(粕谷，2011：10.4.8項)．このことは伊豆半島周辺にはスジイルカが周年生息したことを示唆している．伊豆半島では7月から10月にかけてはスジイルカの捕獲は少なかったが，この夏の時期にはスジイルカが伊豆沿岸から去ると解釈するのは早計であろう．漁業者はより有利な漁獲対象があれば操業をそれに向けるし，食品の需要は季節的に変化するものである．伊豆半島でとれたイルカは静岡県・神奈川県・山梨県方面で消費された．そこでは肉と脂皮をゴボウやニンジンなどの野菜と一緒にみそ煮にして食べる習慣があり，冬に需要が多かった．和歌山県の太地ではスジイルカは周年捕獲されていた．

西部北太平洋におけるスジイルカの夏の分布には，大きく3個の集中域が認められる（図4.15）．第一は東経143度以西の沿岸域で金華山から宮崎県沿岸に至る海域である．沖合への広がりは最大でも300 km程度である．これは黒潮流の西側の沿岸水域に相当する．第二は茨城県–岩手県の東方のはるか沖合で，北緯34-41度，東経144-176度の海域で，黒潮続流とそれに続く北太平洋海流の影響下にある海域に相当する．この海域よりも東方，東経175度以東には本種の分布は薄いらしい．第三はこれら2つの海域の南方の沖合にあり，北緯20-31度，東経125-156度の海域である．この第三の濃密域の主体は黒潮反流域に一致するが，その南方と西方の限界は観察例が少ないので明らかではない．

上に述べたスジイルカの2つの濃密域（第一と第二）の間には，狭くはあるが明白な空白域があることが注目される．ここで用いた資料は8年間の調査航海で得られた分布情報を重ねたものである．海洋条件には年変動があり，それに応じてイルカの分布も変化するであろうから，多年度のデータを合わせると分布範囲が広がり，空白域は不明瞭になるはずである．それでも，依然として200 km（第一濃密域：第二濃密域）ないし400 km以上（第一濃密域：第三濃密域）の空白域が認められることは重要である．東経145度以西すなわち三陸の沖280 km以内の沿岸域はとくに濃密な調査が行われた海域であるが，それにもかかわらず，金華山から銚子に至る沿岸水域ではスジイルカの発見が少ない．図4.11と図4.15に示した分布の調査が始まったのは1983年である．そのときには，伊豆半島沿岸の追い込み漁や和歌山県下のイルカ漁（太地の追い込み漁と県内各地の突きん棒漁）による乱獲によって，沿岸域のスジイルカ個体群は著しく減少していたものと思われる（6.5.8項）．第一と第三の濃密域の間の広大な空白域は奄美大島近海（北緯29度，東経130度）から北東に延びて，伊豆諸島と小笠原諸島の間を通り，房総沖の北緯35度，東経145度付近に達している．

西部北太平洋における夏のスジイルカの分布において，3個の濃密域が観察されたことは2つの視点から興味深い．第一はこれに似た分布パターンが，明瞭さには違いがあるが，Miyashita（1993a）が解析した6種，すなわちスジイルカ，ハナゴンドウ，マダライルカ，ハンドウイルカ，マゴンドウ型コビレゴンドウ，オキゴンドウなどにも見られることである．第二は黒潮流域との関係である．黒潮は日本列島に沿って北上する間にしばしば蛇行し，その流路は変動するものではあるが（4.3.7項），観察されたイルカ類の空白域，なかでも沿岸と沖合の2つの濃密域を隔てる空白域は，この黒潮の流れにほぼ一致することである．スジイルカの分布は黒潮の流れのなかには少なく，その列島寄りと沖側に多いと判断される．和歌山県太地のイルカ漁業者は黒潮が沖合に蛇行すると不漁となると述べ，Miyazaki *et al.*（1974）は黒潮が接岸した年には伊豆のスジイルカ追い込み漁が好漁であるとしている．黒潮が接岸すると沿岸水域に生活するスジイルカが漁場付近に寄せられて好漁をもたらすものと推測される．1980年に伊豆半島と太地のスジイルカ漁がともに好漁を記録したが（図6.2），この年の秋には潮岬から石廊崎にかけて黒潮が著しく接岸していた．黒潮の流路とスジイルカなどの暖流系イルカ類の分布・漁況との関係についてはていねいに検討してみる価値がある．

西部北太平洋に認められた3個のスジイルカ濃密域は，それぞれが別個の個体群を代表していることはまちがいないであろう．さらに，沿岸の第一の濃密域のなかには2個の個体群が含まれるかもしれないと私は考えているが，この仮説はデータによっていつか証明される必要がある（本項後述）．第二の濃密域を代表する個体群（以下では沖合個体群あるいは沖合濃密域と呼ぶ）は個体数が50万頭前後と推定されている（Miyashita, 1993a）．もしも，この資源が伊豆半島の追い込み漁業の主対象になっていたのであれば，伊豆の漁業に見られた著しい衰退はなかっただろうというのが，私が別個体群説を主張した根拠のひとつであった．このことが1991年のIWCの科学委員会で議論されたときに，科学者として出席していた水産庁の行政官のひとりは「なんらかの理由で沿岸にいたスジイルカが沖合に移動したのであろう」と述べて，伊豆のイルカ漁業の衰退の背景には乱獲による資源減少があるとの解釈に反対した（この発言は科学委員会の報告には記録されていない）．当時の科学委員会では根拠を示すことなく，たんなるダミー仮説を提出して，漁業者に都合の悪い結論を先延ばしすることが行われていた．

そこでわれわれ遠洋水産研究所の科学者は，スジイルカの系統群の問題を解明するために，1992年夏の調査航海では沖合濃密域でスジイルカ標本47頭を研究用に捕獲した．これを遠洋水産研究所，国立科学博物館，日本鯨類研究所などの研究者が解析し，結果を1996年のIWCの科学委員会に報告した．これらの研究では，1992年の標本と比較する対象が古いイルカ漁業から得られた調査記録や博物館に保存されていた骨格標本なので，そのグルーピングがまちまちで解釈をややむずかしくしているという欠点がある．これらの研究の結論は次の3点に要約される（粕谷，2011：10.4節）．

① 沖合標本の体長はかつての伊豆の漁獲物（1960-1970年代）よりは明らかに小さく，また近年の太地の漁獲物（1990年代）よりもわずかに小さい．

② 頭骨を計測して多変量解析すると，沖合標本の雄は伊豆（1958-1979年）や太地（1992年）の雄と区別できたが，雌の沖合標本は最

近の太地標本（1992年）とだけ区別できた．

③　ミトコンドリアDNAでは沖合標本43頭と太地標本34頭（1992年）から合計61個の変異型が見いだされ，両標本群に共通する変異は4型（太地6頭，沖合4頭に出現）だけで，組成は地理的に違いがあるかに見えたが，統計的には両標本群間の違いは有意とは判断されなかった．

体のサイズや頭骨の計測値は個体密度や栄養状態の変化によって変化するかもしれないので，採取年の隔たった2つの標本群を比較する際には警戒を要する．DNAの解析においてはそのような懸念は少ないが，変異型の数に比べて標本数が少ないために組成の差が有意と判断されなかったものと理解される．これらの情報は沿岸個体と沖合個体は異なる個体群を代表する可能性を強く示唆してはいるが，それを断定する証拠としては不十分であった．このような場合にわれわれはどう行動すべきであろうか．それは安全サイド，つまりわれわれの判断がかりに誤っていた場合に資源に与える悪影響が小さくなる仮定を選ぶべきである．すなわち，当面は沿岸と沖合には異なる個体群があると仮定して資源を管理し，それを否定する証拠が得られたときに対応を変えればよい．ただし，このような対応は，少なくとも漁業者の当座の利益には合致しないおそれがある．

日本の太平洋沿岸に生息して，伊豆半島沿岸と和歌山県下のイルカ漁で捕獲されてきたスジイルカ資源がはたして単一の個体群よりなるのかという疑いもある．その発端は次のような疑問である．日本列島沿いの太平洋に生活しているスジイルカは，季節的に南北に移動していると考えられるので，銚子から三陸までの北日本沿岸で夏を過ごした個体は，秋–冬には南下して伊豆半島沿岸の追い込み漁で捕獲されたと考えるのは自然であるし，その一部はさらに和歌山県沖にまで南下し太地の漁業者（主漁期は冬）に捕獲されたかもしれない．しかし，伊豆半島沿岸から四国沖にかけての沿岸域で夏を過ごす個体があるが（図4.11），彼らは冬を中心に操業した太地では捕獲されたとしても，伊豆半島沿岸の冬の追い込み漁でどれほど捕獲されたであろうかという疑問であった．この疑問に直接に答えるものではないが，伊豆半島と紀伊半島の沿岸で漁獲されたスジイルカが複数の個体群よりなる可能性を示唆する情報を粕谷（2011：10.4節）の要約にもとづいて紹介する．初めの2点は前述の特別採捕の標本の解析結果の一部である.

④ 漁獲物の体長組成の最頻値を伊豆（1960-1970年代）と太地（1990年代）で比較すると，後者のほうが雌で10 cm，雄で15 cmほど小さい.

⑤ 頭骨計測値では雌雄とも，昔の伊豆・太地標本（1958-1979年：24頭）と最近の太地標本（1992年：21頭）は異なる特徴を示した.

⑥ 筋肉中の総水銀量が高い群れ（18-30 ppm）と低い群れ（9-16 ppm）とがあり，どちらも伊豆と太地に出現した. 高レベル群は1977年10月の川奈群と1980年10月の太地群で，低レベル群は1978年と1979年の太地群（ともに12月）であった. 水銀レベルは年齢とともに増加し15-20歳以後は安定するので，この例では15歳以上で比較している. この水銀レベルの違いは摂餌環境を異にすることを示すものである.

⑦ 伊豆で捕獲された妊娠雌の胎児の組成も単一個体群を疑わせるものである. これについては5.2.2項でくわしく触れているが，概要は次のとおりである.

伊豆半島沿岸の追い込み漁で捕獲されるスジイルカの胎児の体長組成を見ると，そのピークは漁期初めの10月には10 cmに，12月には85 cmにあり，中間の11月の胎児の体長組成は二山型であった（図5.1）. 10月には交尾期直後の群れが多く捕獲され，12月には出産期直前の群れが捕獲されたことを示している. これをひとつの個体群が初夏と冬の年2回の交尾・出産期をもつと解釈するか，それとも繁殖期を異にする2つの個体群があると見るかの2つの可能性が考えられる（妊娠期間はほぼ12ヵ月と推定されている）. もしも，伊豆と太地の漁業者が2つの個体群をさまざまな比率で漁獲してきたとすれば，資源管理において困難な状況が予測される. この仮説の証明には胎児の体長グループの間の遺伝的な差異を確認するのが有効であるが，伊豆半島のスジイルカ漁が壊滅したので，試料入手は和歌山県下の操業に依存せざるをえない. なお，隣接して分布する同一種内の2つの個体群が半年近くずれた繁殖期をもつ例はほかのイルカの種でも知られている（5.2.2項）.

南方沖合にある第三の濃密域は，イルカ漁場との位置関係から見て，伊豆半島や和歌山県のいずれのイルカ漁業でも捕獲対象とされていないと考えられる．また，沖縄のイルカ漁ではスジイルカは漁獲されていない．このような理由から，この第三の個体群は日本の漁業とはほとんど無関係であると推測される．

4.3.9　マダライルカ――沖合の暖海にすむ

琉球列島周辺ではマダライルカは3，5，6，9月に目視されており（海洋博記念公園管理財団，1985），周年の分布が推定される．五島列島では1982年に8頭（突きん棒），1985年に72頭（追い込み）のマダライルカの捕獲が記録されているが，その季節はわからない（伊藤，1986）．壱岐では冬季にブリの一本釣り漁業被害対策として，1972年から1995年にかけて多数のイルカが捕獲されたが，その種組成はカマイルカ，ハンドウイルカ，オキゴンドウ，ハナゴンドウの4種であり，スジイルカとマダライルカは捕獲されていない（7.1節）．マダライルカは表面海水温19度以上に出現し，おそらく日本近海産イルカ類のなかではもっとも高温域を好む種である（表2.1）．本種は冬季に壱岐周辺に来遊することはないものと思われる．夏の日本海には水温19度以上の海面が出現するが，現在のところマダライルカの分布は確認されていない．日本海にはスジイルカがまれであることはすでに述べた（4.3.8項）．

太平洋域におけるマダライルカの分布を図4.11に示す．盛夏の分布北限は北緯39度にあり，スジイルカのそれ（北緯41度）よりも南に位置する．マダライルカの分布は，琉球列島周辺から薩南諸島を経て，北太平洋の沖合に連続しており，その範囲内では明瞭な分布の濃淡は認められない．本種の分布の特徴は，四国以北の黒潮流とその左側（沿岸水域）には密度が薄いことである．この点では後で述べるオキゴンドウ（4.3.10項）とやや似たところがあるが，マゴンドウ，ハンドウイルカ，スジイルカ，ハナゴンドウとは異なるところである．おそらく，マダライルカは黒潮流と日本列島にはさまれた沿岸域には固有の個体群がないか，あるとしても比較的小さい個体群であろうと推定される．

4.3.10　オキゴンドウ――東シナ海に多い

オキゴンドウは2–3月に沖縄近海から東シナ海を経て壱岐周辺に至る海域

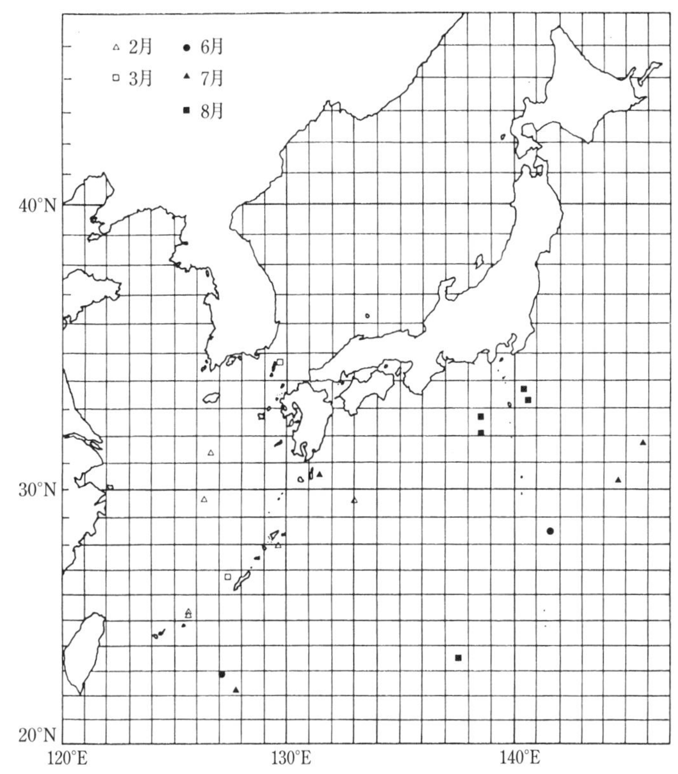

図 4.16 日本近海におけるオキゴンドウの月別の分布．調査範囲は図 4.11 と大きく異ならないが，調査量はおおよそその半分である．遠洋水産研究所の鯨類目視調査航海（1982-1985 年）にもとづく宮下（1986）の図 III-3-1-c による．

で発見されている（図 4.16）．太平洋側で冬の発見記録がないのは調査船の運航が夏に偏ったためである．また，壱岐の勝本漁協は 1972-1995 年にブリの一本釣り漁業の妨害対策として冬季に 1432 頭の本種を捕獲した（7.1 節）．能登半島の縄文時代の真脇遺跡からも本種の骨が出土している．明治時代には能登半島沿岸や五島方面の追い込み漁で「にゅうどういるか」あるいは「ぼうずいるか」が捕獲されており，木崎（1773）に描かれた図を根拠に，これらの種は今日のオキゴンドウにあたると判断されている（粕谷，2011：3.1 節）．秋田県の大王町で 1990 年 8 月に生体漂着した 1 頭は，これまでに日本海で確認された最北の記録であるらしい（石川，1994）．しかし，水温情報から見る限り，オキゴンドウは夏季には対馬暖流に乗って日本海を北上して北海道西岸に至る可能性がある．

オキゴンドウは東シナ海・日本海の沿岸域にはきわめて普通の種であるが，太平洋側での出現は比較的少ない．西部北太平洋における夏の分布の北限は北緯43度の1例を除き，北緯40度付近にある（図4.11）．西部北太平洋の本種の分布には不明瞭ながら濃密域が2つ認められる．第一は九州から紀伊半島にかけての，北緯31度から39度に至る帯状の沿岸水域であり，第二は黒潮流の沖合側の分布域であり，その南限は確認できない．これら2つの濃密域はそれぞれ沿岸と沖合に異なる個体群が存在する可能性を示唆するものと考えるが，さらなるデータの蓄積を得てから判断すべきであろう．

4.3.11　ハナゴンドウ――沿岸域に多い

ハナゴンドウは北九州方面におけるブリ一本釣り漁業の被害対策として，壱岐の勝本で1972-1995年の冬季に捕獲されたイルカ類のうち553頭（4.7%）を占めていた（7.1節）．漂着や漁業による混獲の記録は石川県（4，7，11月），京都府（2月），山口県（9月）にあり（石川，1994），古い例では縄文時代の真脇遺跡（能登半島）からも1頭の骨が出土している（平口，1986）．水温環境の季節変化から本種の季節移動を推定するならば，東シナ海北部・対馬海峡方面で越冬する個体は，太平洋側の同種とは個体群を異にするものと考えざるをえない．なお，沖縄周辺に関しては沖縄海洋生物飼育技術センター（1982）が4月と7月に本種を琉球近海で記録しているが，これと東シナ海・日本海方面に分布するハナゴンドウとの関係は明らかでない．

西部北太平洋における遠洋水産研究所の調査航海によれば，ハナゴンドウは夏季に北緯41度以南に出現しているが，その分布南限は確定できていない（図4.11）．この海域における本種の分布パターンの特徴は，2つの明瞭な濃密域が認められることである．第一は北緯30-40度，東経145度以西，おおよそ距岸200 km以内の沿岸域である．第二は東経150度以東で北緯33-40度の遠洋域である．これら2つの濃密域の間には，幅200-300 kmの空白域がある．この空白域はほぼ黒潮流に一致し，スジイルカ，ハンドウイルカ，マゴンドウなどの暖海種の分布パターンに共通するものではあるが，それらのなかでも本種ハナゴンドウの空白域は際立って明瞭である．

この分布パターンは，九州以北の日本の沿岸太平洋域と，黒潮流の東側の西部北太平洋の沖合域に異なるハナゴンドウの個体群があることを示唆している．

4.3.12 ツチクジラ——大陸斜面にこだわる

ツチクジラはアカボウクジラ科の種で北部北太平洋の特産種である．ハクジラ類のなかではマッコウクジラに次いで大きく，体長は雌雄とも 10-11 m が普通で，最大 12 m に達するが，漁業資源の管理においては，イルカ類とともに小型鯨類として扱われている．本種の分布は，北太平洋の西側では相模湾以北，東側ではカリフォルニア半島以北にある．太平洋の縁辺の大陸斜面上に多く出現するが，日本海・オホーツク海を経て，北はベーリング海のナワリン岬付近に至る沿海にも分布する．日本の小型捕鯨業者の間では，海底谷が陸地に迫る場所に本種の好漁場が形成され，漁場を見つけるには山を見ればよいといわれていた．今の日本の小型捕鯨船による本種の漁場は，日本海の渡島半島沖，オホーツク海と根室海峡を含む知床半島周辺，太平洋側では鮎川から房総半島を経て伊豆大島に至る沿岸域である．かつては富山湾も本種の漁場となっていた（Omura *et al.*, 1955）．日本海と千葉沖の個体は外部計測値の解析をもとに別個体群に属すると結論されているが（Kishiro, 2007），オホーツク海南部や釧路沖の個体については，これら 2 つの個体群のいずれかに属するのか，それとも別の個体群に属するのか結論が得られていない．

東京湾口の千葉県でのツチクジラ漁は 16 世紀末-17 世紀初頭までさかのぼり，肉は地元で消費され，鯨油は農業用（水田のウンカの駆除）として域外にも流通した（6.5.12 項）．明治以後に捕鯨砲を用いる近代捕鯨が導入されてから，漁場はしだいに湾外に移り，今では千葉県の和田浦を基地として小型捕鯨船が夏に本種を捕獲している．6 月末から 7 月になると，どこからともなく本種が外房沖に現れて漁が始まり，8 月末から 9 月にはどこかに去って漁が終わる．彼らは比較的沿岸で越冬しているのではないかという予測もあるが，越冬地はまだ確認されていない．西部北太平洋における本種の月別の出現位置を図 4.17 に示す．資源管理の必要性から本種の分布と生息頭数を調査するために，遠洋水産研究所では 1984 年 7-8 月に 2 隻の調査船を

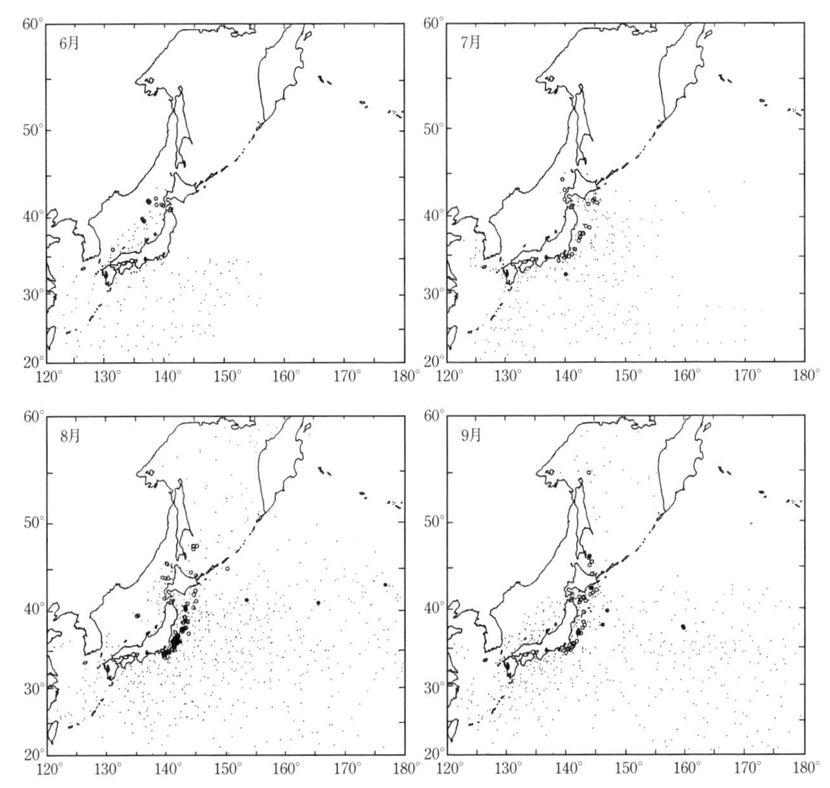

図 4.17　遠洋水産研究所の鯨類目視調査航海（1982–1994 年）で得られたツチクジラの出現位置（白丸）．細点は調査船の正午位置で，探索範囲と努力量分布の概略を示す．太平洋沖合の記録（7 月に 1 個，8 月と 9 月に各 3 個）は種判定が疑問視されている．Kasuya and Miyashita（1997）の Figs. 5–8 より構成した粕谷（2011）の図 13.2 による．

用いて調査を行った．私は沿岸域を担当する 1 隻に乗船した．図 4.18 がその成果の要約であるが，相模湾より南では本種の発見がなく，従来の捕鯨操業からの情報と一致していた．釧路沖には古くから本種の漁場があったが，この航海では霧のため視界が悪く十分な観察ができなかった．岩手県沖では本種の密度が薄いとの印象を受けた．この航海で得られた本種の分布情報は，かつて 1940 年代から 1950 年代にかけて宮城県鮎川を根拠地とする捕鯨業者がツチクジラを捕獲した海域はおもに宮城県と茨城県の沖合であって，いわば房総沖漁場の北に接続する海域であったこととも符合する（粕谷，2011：

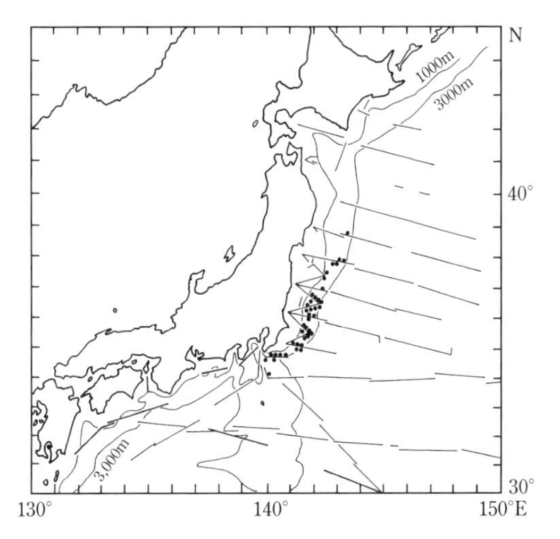

図 4.18　房総沖におけるツチクジラの出現と水深の関係（1984 年夏の遠洋水産研究所の鯨類目視調査航海による）．曲線は 1000 m と 3000 m の等深線，直線は良好な視界のもとで行われた探索コース．北緯 34 度以北，東経 150 度以西の海域は 7 月 7 日-8 月 6 日に調査され，その外側の調査はこれに続く期間に行われた．Kasuya（1986）の Fig. 2 にもとづく粕谷（2011）の図 13.3 による．

13.2.3 項）．

1984 年の調査航海でとくに興味をひかれたのは，相模湾から宮城県沖にかけての本種の分布と水深との関係であった．この海域では良好な海況のもとに調査が行われたが，ツチクジラの出現は水深 1000 m から 3000 m までの帯状の海域に限られていたのである．彼らの分布が大陸斜面域の特定の深度帯に限られるのはなぜか，また相模湾より南にも同様の海底地形が見られるのにそこに分布しないのはなぜか．その解明は将来に待つのみである．私の当面の解釈では，ツチクジラの分布は表面水温とは無関係であるが，その分布南限は黒潮の下に潜り込んでいる親潮の南限に一致するらしいこと，その背後には彼らが捕食しているソコダラ類やチゴダラ類など底生魚類の分布が関係しているらしいというものである（3.3.3 項）．

5　生活史

5.1　水中生活の諸条件

5.1.1　水中出産

動物の生活様式のなかでも繁殖に関するものは保守性が強くて変化しにくいといわれるが，鯨類は繁殖においても陸上哺乳類のそれから大きな変更を余儀なくされた要素がある．鯨類の祖先は今から5500万年ほど前に偶蹄類の仲間から分かれて，テーチス海に近い淡水の水辺で水中生活を始めたとされている（1章）．今の偶蹄類と同じく，初期の鯨類が陸上で出産をしたことはまちがいない．その後，今から4000万年ほど前に出現したバシロザウルス類は水中で出産をしたらしいとされている．それは次の3つのデータからの推論である．①彼らの後ろ足はきわめて退化し，それがつく骨盤骨は脊椎と離れており，推定1.5トンの体重を陸上で支える能力がないこと，②尾椎の形から尾鰭の存在が推定されること，③すでに南北大西洋と南太平洋にまで分布を広げていたことである．鯨類は水中生活への適応を進めた結果，四肢を失っただけでなく，皮膚を保護する被毛を失い，脊柱や頭骨などを含む骨格の多くは海綿状となった．これは脂肪を蓄えるには好都合だが強度に劣るため，長時間の陸上生活に耐えられない体になっている．

水中出産では育児のための巣をつくることはできないから，子どもは生まれた瞬間から自力で泳ぎ体温を維持することが求められる．そのためには発育が進んだ状態で生まれなければならないし，熱伝導度の大きい水中での生活にはある程度の体の大きさが不可欠である．大きい新生児は水中生活において有利ではあるが，母親の負担を増すというマイナス面がある．2つの相

表 5.1　鯨類の平均出生体長，平均妊娠期間，全妊娠期間を通じての平均成長速度（cm/日）．日本近海産鯨類での値に＊印を付す．推定の精度は基礎データに依存するものでさまざまである．また，スナメリの妊娠期間は種間関係にもとづく推定であり，独立情報ではない．

種名	出生体長	妊娠期間	成長速度	出典
スナメリ*	約 80 cm	（331 日）　10.9 月	0.24	粕谷，2011
マダライルカ*	89 cm	342 日　（11.3 月）	0.26	Kasuya *et al*., 1974
イシイルカ*	100 cm	320 日　（10.5 月）	0.31	粕谷，2011
スジイルカ*	100 cm	401 日　（13.2 月）	0.25	粕谷，2011
イロワケイルカ[1,6]	100 cm	345 日　（11.3 月）	0.30	粕谷，2011
ハンドウイルカ[2,6]	122 cm	370 日　（12.2 月）	0.33	粕谷，2011
ハンドウイルカ*	128 cm	上に同じと推定	0.35	粕谷，2011
マゴンドウ*	140 cm	452 日　（14.9 月）	0.31	粕谷，2011
シロイルカ[3]	150-160 cm	441 日　（14.5 月）	0.35	Braham, 1984
ヒレナガゴンドウ[2]	177 cm	326-360 日（11.3 月）[7]	0.52	Martin and Rothery, 1993
シャチ[6]	230 cm	515 日　（16.9 月）	0.45	粕谷，2011
キタトックリクジラ[2]	360 cm	（365 日）　12 月	0.99	Mead, 1984
マッコウクジラ[4]	400 cm	（471 日）　15-16 月	0.85	Best *et al*., 1984
クロミンククジラ[4]	2.8-3.0 m	（334 日）　11 月	0.87	加藤，1990
ザトウクジラ[4]	4.3 m	（370 日）　11.5 月	1.32	加藤，1990
コククジラ[5]	4.6 m	（395 日）　13 月[7]	1.16	加藤，1990
シロナガスクジラ[4]	7.0 m	（334 日）　11 月	2.09	加藤，1990

1）南米沿岸産．2）西部北大西洋産．3）北極圏カナダ産．4）南半球産．5）北太平洋東岸で繁殖する個体群．6）飼育下の記録．7）妊娠期間の推定方式が一般の手法と若干異なる．

反する要求の妥協点として，生息海域の水温も関係しつつ（2 章），イルカ類の新生児の最小体長が定まってきたと考えられる．日本近海のスナメリで見ると，その妥協点は新生児の体長は約 80 cm，母親の体長は 140-150 cm のところにあるらしい．ネズミイルカ科，マイルカ科，コマッコウ科の小型ハクジラ類の多くの種において出生体長が 75-80 cm にあり，やや大型のイシイルカやスジイルカでも約 100 cm で生まれることの背景にはこのような制約が働いているものと推定される（表 5.1）．このようなサイズの仔を出産するためには母親の体もそれなりの大きさが必要であり，雌の性成熟体長にも下限があるはずである．しかも，豊富で安定した餌の供給が保証された場合には，小さな体に満足してきたわけではないらしい（5.1.3 項）．

5.1.2　1 産 1 仔の制約

哺乳類では，餌生物の成育がよい年とか，なんらかの理由で仲間の個体数が減ったときには，1 頭あたりの餌の供給が増え雌の栄養状態が改善される．その結果として出産率が向上し，死亡率が低下して，個体数は回復に向かう．これを密度効果という．ニホンノウサギの例では，環境条件に応じて，1 腹の仔の数は 1-4 頭の幅で変化し，年間の出産回数は 3-6 回の間で変動するといわれる（山田，2017）．かりに，彼女らがこの能力をフルに発揮するならば，1 頭あたりの年間産児数を 3-24 頭の間で変化させて，8 倍の調節ができることになる．鯨類にはそのような能力はない．鯨類の妊娠期間は種によって異なるが，1 年弱-1.5 年の間にあるので（表 5.1），出産は年 1 回を超えることはありえない．また，1 腹の産児数は 1 仔である．これは新生児にはある程度の体の大きさが求められることと，水中で複数の子どもの世話をするのは母親にとって過大な負担となるためであるらしい．私はイルカ類，マッコウクジラ，ツチクジラなどのハクジラ類で多胎を見たことはない．ヒゲクジラ類のナガスクジラ科では双子の確率は 0.8% で，三つ子以上の出現率はその十数分の 1 であるという（大隅，1957）．鯨類は 1 対の乳頭をもっているので，双子の養育は不可能ではないとしても，現実にはきわめて困難であるらしい．このような制約のもとで繁殖する鯨類にとって，密度効果の発現はかなり制約されたものになるはずである．

1 腹の産児数を変化させることは環境変動に対処するための効果的な手段のひとつであるが，鯨類はそれを放棄したのである．密度効果を発現するために今の鯨類に残されているおもな手段は，出産間隔を短縮する，子どもの生残率を高める，子どもの早熟化を図る，母親自身の生残率を高めることなどが考えられる．なお，ハクジラ類ではネズミイルカ，イシイルカ，スナメリなど，またヒゲクジラ類ではミンククジラはほぼ毎年出産することが常態となっている．このような種では出産間隔をそれ以上短くすることはできないから，残された手段はそれだけ限定されることになる．これらの問題については 5.5 節であらためて検討する．

子どもの生残率を高める方策は，さまざまな鯨種で模索されている．授乳が栄養学的に必要なのは生後数ヵ月であり，知られている限りほとんどすべての鯨種が生後数ヵ月で固形食をとり始める．しかし，その後のミルクと固形食を併用する期間を延長して，親による子どもの保護や教育を充実させることが，一部の鯨種で採用されている．さらに進むと，年老いた母親が自身の仔や孫の世話をして，血縁者の生存や繁殖に貢献することが始まる．このように育児に比重を移すことは必然的に出産率の低下につながり，結果的には環境変動に影響されにくい安定的な個体数維持という効果をもたらすとしても，そこには密度変化に迅速に対応する効果は期待できない．イルカ類が採用したもうひとつの育児戦略は，授乳期間の延長はほどほどにして，離乳した子ども同士が協力して生活する仕組みをつくることであった．これは育児努力が母親の出産を抑制するというマイナス効果を抑えつつ，子どもの生残率を向上させるひとつの方法であると考えられる．このようなハクジラ類の生活史の多様性について本章の5.2節以下で触れる．

5.1.3 大型化の背景

鯨類では雌の平均性成熟体長（Y, m）と平均出生体長（X, m）の間には$Y=0.532X^{0.916}$の関係が得られている（Ohsumi, 1966a）．この式が意味するところは，新生児と母親の体長は比例関係にはなく，小型種ほど母親の体長のわりには大きめの仔を産む傾向があることである．このことは小型種ほど母親の出産負担が大きいことを予測させる．このような状況への対処であろうか，恵まれた摂餌環境に置かれた場合には，体躯が大型化する方向に進化することが多くの鯨類の系統において知られている．大型個体は栄養貯蔵能力も大きいので，ときに訪れるかもしれない飢餓に対する備えにもなるし，天敵による捕食を受けにくいという効果も期待される．鯨類の生活媒体である水は比重が大きいので，陸上動物に比べて体重の支持機構に割くエネルギーは少なくて済むし，大型であることが移動の妨げになることも少ない．

このような状況のもとで，鯨類のいくつかの分類群においては著しい大型化が進行した．そのひとつがヒゲクジラ類である．彼らのおもな餌料はプランクトンや群集性の魚類である．これらの餌料生物は体のサイズが概して小さいが，食物連鎖において低次レベルにあり大量に得られるという特徴がある．ヒゲクジラ類は鯨ひげという特殊な摂餌器官を発達させて，このような小動物を効率的に捕食する能力を手に入れた．低次レベルにある餌料の通例として供給量には季節変動が大きい．ヒゲクジラ類の多くの種は半年間の飽食で1年分の栄養を蓄え，残る半年はそれを消費しつつ生活して，かつ繁殖も行うという生活サイクルを発達させた．雌の繁殖サイクルにおいて日々の栄養必要量が最大になるのは授乳期間中であるといわれている（Lockyer, 1981a, 1981b）．飢餓期を生き抜くだけでなく，その期間に出産とそれに続いて授乳を行う雌にとっては，大きな体に大量の栄養を蓄えられることは望ましい条件である．このような生活においては大きな体軀が有利であった．ヒゲクジラ類の多くの種では体長の性差は小さいが，雌のほうがいくぶん大きい．その背景としては栄養貯蔵と関連して大型化への圧力が雄よりも雌に強く働いてきたことがあるらしい（Kasuya, 1995）．それに加えて，彼らの社会では繁殖が乱婚に近いので，交尾の機会をめぐる雄同士の競争が少ないことも，性差の発達が著しくないことに関係していると思われる．ハクジラ類のなかでもツチクジラやおそらくアカボウクジラも雌のほうがやや大きい．これらの種の社会構造や繁殖生態はきわめて興味ある課題であるが，その研究はほとんど進んでいない（5.4.5項）．

ハクジラ類ではマッコウクジラ（マッコウクジラ科）やツチクジラなどのアカボウクジラ科のメンバーに大型種が出現している．マイルカ科には体長1m前後で生まれ，成体でも3m以下の小型種が多いが，そのなかにもシャチ，コビレゴンドウ，ヒレナガゴンドウ，オキゴンドウ，ハナゴンドウなどには，体軀に大型化の傾向が認められる．最近のDNAを用いた分類では，シャチは体の小さいカワゴンドウとともにシャチ亜科に，コビレゴンドウ以下の3種はハナゴンドウやカズハゴンドウなどとともにゴンドウ亜科に分類されることがある．このことは，ハクジラ類では体の大型化が複数の系統で独立に発達したことを示している．

マッコウクジラは深海性の大型イカ食に特殊化し（大型底生魚類もときに捕食する），多くのアカボウクジラ科の種もイカをおもな餌料としている．ツチクジラはアカボウクジラ科の最大種であるが，これも深海の魚類やイカ類を捕食している．コビレゴンドウやハナゴンドウもイカ食に特化している．そこに共通する餌料はイカ類である．イカ類は海中で普遍的に分布し量的にも豊富な資源であり，ハクジラ類の多くの種の大型化に貢献しているものと考えられる．ただし，イカは大型化の特効薬でもなく，「イカを食えば大きくなる」というわけでもない．以下で述べるように大型化に影響する生態的・生理的要因はほかにもあるはずである．

大型化の達成には競争種が少ないという状況も貢献してきたらしい．大型化したハクジラ類のなかには，競争相手の少ない大深度に潜水して摂餌する能力を獲得した種がある．これまでに測定された彼らの最大潜水深度には，ゴンドウクジラ属 610 m，マッコウクジラ 2200 m，ツチクジラ 1700 m などがある（Rice, 1989; Berta *et al*., 2006; Minamikawa *et al*., 2007）．大深度での摂餌は競争相手が少ない摂餌分野を開拓するという効果によって体軀の大型化をもたらしたが，おそらく大きな体軀には大深度への潜水能力を向上させるという効果もあり，2 つの要素の相互作用がツチクジラやマッコウクジラにおける体軀の大型化を促したのではないだろうか．

シャチやオキゴンドウも体の大きいイルカ類である．彼らもイカ類を捕食することはあるが，それは主餌料ではない．潜水深度もシャチでは 260 m と限定的である．北米西岸のシャチには鯨類やアザラシなどの海生哺乳類をもっぱら捕食する集団や，サケのような大型魚類を捕食する集団が知られている．日本でも北海道のシャチはアザラシと魚類を食していたし，和歌山沖のシャチはマグロを好むらしい（3.3.5 項）．オキゴンドウもマグロやシイラなどの大型魚類を捕食している．このような食性では深く潜水する必要がないものと思われる．彼らは強大な歯を使って大型動物を捕食するという競争相手の少ない摂餌分野を開拓している．

このようにハクジラ類においては，特定の種や系統において体軀が大型化しており，それらの間には食性に共通点が認められる．それは好適な餌料領域を見いだしたことと，そこには競争相手が少ないということである．豊富な餌料資源があったからこそ大型化が許されたのであるし，そのような餌料を利用するには大きな体軀が有利であったともいえる．

マッコウクジラは大型化を達成したハクジラ類の代表種である．そこでは雌に比べて雄の体長が著しく大きく，その社会では繁殖に際して雄同士の闘争が知られている（5.2.1 項）．マッコウクジラは日本沿岸の捕鯨業でも大量に捕獲されたが，捕鯨規則で定められた制限体長のもとでは幼い個体や雌クジラを捕ることがむずかしいうえに，捕鯨業者はかりに雌クジラを捕獲しても体長を実際よりも大きく報告することが多かった．このようなトラブルを避けて偏りのない生物情報を得ることを目的のひとつとして，科学研究のための特別捕獲が計画された（Ohsumi and Satake, 1977）．その成果によれば，雌の体長は12.2 mを超えなかったが，成熟雄は体長16.6 m以上に達し，成熟した雄/雌の体長比は1.36以上と推定されている（性的二型：表5.15）．マッコウクジラでは母子関係は雌雄で異なり，雄は10歳近くで春機発動期に至ると母親の群れを離れるが，雌は成熟後も母親と行動をともにして母系の群れで生活する（Ohsumi, 1966b; Best, 1979）．捕鯨業者は好んで体の大きい雄を捕獲したため，当時の性比はその影響を受けている可能性がある．日本近海でマッコウクジラの大量捕獲が始まったのは1820年代であり，それ以前には成熟雄の数は母系群の数に比べて多かったと思われる．なぜならば，性成熟年齢は雄のほうが遅いが，最高寿命にはほとんど性差がないのである（5.4.4項，表5.15）．その結果，繁殖期には雌群を求めて複数の雄が鉢合わせをすることになり，交尾の機会をめぐる雄同士の争いが起こる（Kato, 1984）．このような状況のもとでは体の大きい雄ほど交尾の機会を多く得て多数の子孫を残せるので，大型化の進行が雌に比べて雄のほうに著しかったと解釈されている．これが性淘汰である．

雌に対する雄の体長比はコビレゴンドウのなかのマゴンドウ型で1.3倍，タッパナガ型で1.4倍である．これは，マッコウクジラにおける雌雄の体長比と違わない．しかし，不思議なことにマッコウクジラと違って，彼らが繁殖に際して雄同士の争いを誘発するような社会構造をもっているという証拠は現在のところ得られていない．闘争の存在を示す証拠も得られていないばかりか，それを否定する状況証拠さえ得られている（5.4.4項）．コビレゴンドウは過去にマッコウクジラのような繁殖生態をもっていたが，今ではそれが失われたと見るか，それとも雄の大型化をもたらす要因が別にあるのか，これは将来の研究課題である．

5.1.4　小型が有利なこともある

特定の環境条件のもとでは，体が大きいことが不利になることもある．生活環境の収容力が小さいとか，その変動幅が大きい場合には，そこに生息する動物は体が小さい方向に進化する場合がある．そのようにして形成された体の小さい種ないしは個体群は島型とか島嶼型（Island Form）と呼ばれる．

日本にもそのような例がある．沖縄島のイノシシや慶良間島のシカは本土の個体よりも体が小さいし，われわれ日本人は大陸のモンゴロイドよりも体が小さい．孤立した小さい生活環境では供給される栄養の総量が限られているうえに，凶作時によそに避難することもできない．このような環境では，体が小さい個体は栄養の必要量が少ないので生存に有利となる．また，体の大きさを犠牲にしても，一定レベル以上の個体数を維持することが安定的に個体群を維持することに貢献する場合もある．このようにして小型化が進行する場合がある．河川性のアマゾンコビトイルカが海洋性の近縁種コビトイルカよりも小さいのも，またネズミイルカやスナメリなど沿岸性のイルカ類に小型種が多いのも，その背後ではこのような淘汰が働いてきたと考えられる．ネズミイルカでは雌の体軀が雄よりも大きい．これは島嶼型への圧力が，出産という制約のない，雄により強く働いたゆえであると思われる．

上のような理屈に対しては，「ミクロネシアのような離島の人々がなぜ体が大きいのか」と反論されるかもしれない．これに対しては危険な遠距離の渡海においては栄養貯蔵能力に優れた個体が有利だったという解釈も可能である．過去の出来事の因果関係の解釈ができたら，次にはその理屈を別の現象にあてはめてみたり，その理屈を使って未来を予測したりするのが自然科学である．この普遍化や未来予測がうまくゆかない場合には別の理屈を考える．自然科学はこのようにして進歩する．

5.2　受胎から出生を経て独立まで

5.2.1　雌雄の出会い

多くの動物は，それを意識するか否かは別として，死後に自分のコピーを残すことを主要な目標として生きている．そのためには，多数の仔を産みっぱなしにして，そのなかの一部の個体が生き残ることに賭けてもよし，少なく産んでていねいに育ててもかまわない．前者の戦略のもとでは環境変動に応じて個体数も大きく変動しがちなのに対して，後者の戦略では個体数は比較的安定すると信じられている．哺乳類のなかでは鯨類は後者の傾向を示すが，その程度は鯨類のなかでも種によってさまざまである．哺乳類の繁殖の特徴のひとつは単体では子孫を残せず，異性の協力が必要なことである．雌が生涯に産む子どもの数には限度があるが，雄は能力と努力次第で多数の雌を相手にして，1頭の雌の生涯産児数の何倍もの子どもを残すことができる．雄と雌が繁殖戦略を異にし，雌雄の駆け引きやだまし合いが発生する原因がここにある．乱婚や一夫多妻の繁殖様式もこのような雌雄の機能差と関係している．

鳥類の多くは繁殖に際して番を形成する．繁殖期に特定の雌雄が交尾から育児までの活動を協力して行うのが番である．番は複数の繁殖サイクルにわたって維持される場合がある．ヒトの夫婦はその典型である．番の形成にあたっては，雌雄とも優れた形質をもつ相手を選別することに努めるに違いない．また，雄にとっては自分のパートナーがほかの雄と密通するのを妨げつつ，自分は多くの雌と密通するのが利益にかなっている．雌にとってはパートナーよりも優れた雄に出会った場合には，ためらわずに密通するのが合理的である．これは番という保険を維持しつつ，機会を見てボーナスを追求する戦略であり，鳥類でも哺乳類でも知られている．ヒトにもそのような傾向があるが，それを妨げる心理的・社会的な制約があるのも事実である．

鯨類も番を形成することがあるのだろうか．鯨類では社会構造や繁殖行動が研究された種はきわめて少ないので，軽率に結論を導くのは危険ではあるが，これまでに得られた情報を見る限り，番を形成する可能性のある種は知られていない．鯨類では妊娠期間（1年弱-1.5年）と育児期間（0.5年-数年間）が長く，雌の出産間隔が長い種が多い．このような状況のもとで番を維持することは，雌の利益には合致するかもしれないが，雄にとっては愚かな選択であろう．ヒゲクジラ類は別として，ハクジラ類ではグループ育児の方向に進化してきた可能性がある．

私は1982年8-9月に西部アリューシャン列島の南側の公海域を調査船で航海して，イシイルカを観察した．その調査海域の北東部（おおよそ北緯46度以北，東経165度以東）には母子連れが多く出現し，その南西部には親離れした後の未成熟個体（満年齢で雌は2-4歳，雄は2-5歳が主体）が出現した（Kasuya and Jones, 1984）．前者の海域は本種の繁殖海域のひとつであることが知られている（4.3.2項）．そこでの観察結果を彼らの繁殖行動と関連させて次に紹介する．なお，この繁殖海域は北に延びてアリューシャン列島周辺のかつての日本のサケ・マス流し網漁業の操業海域にまで広がっていると思われるが，その限界は確認できなかった．この繁殖海域で観察された29群のイシイルカ群のうち，16群には母子連れが含まれておらず，残りの13群（72頭）には母子連れが含まれていた．この13群のなかの母子連れの数は全部で32組（64頭）であった．13群のうちの7群は1-7組の母子連れだけで構成され，母子連れ以外のメンバーは含まれていなかった．ここで興味あるのは母子連れに加えてそれ以外の個体を含む6群の内部構成である．その6群は次のような構成をしていた．

母子1組＋成体1頭：　3群
母子2組＋成体1頭：　1群
母子2組＋成体1頭＋不明1：　1群
母子3組＋成体2頭：　1群

母子連れを含まなかった16群について見ると，そのうちの4群についでは体のサイズから構成が次のように推定された．

小型個体3頭連れ：　2群
小型個体5頭連れ：　1群
成体4頭連れ：　1群

この繁殖海域ではイルカの警戒心が強く，次に述べる2頭の雌を除き，突きん棒で捕獲して標本を得ることができなかった．成体とあるのは目視による体の大きさにもとづく推定であり，性別は不明である．小型個体とされたのは親離れをしてまもない満1歳の個体であろうと思われる（繁殖海域の外側の南西方で捕獲され年齢が調べられた個体には2歳以上が多かった；図5.3）．

アリューシャン列島周辺ではほとんどすべての成熟雌が6-7月に出産し，約1ヵ月後には子どもに授乳しながら排卵・交尾を経て次の妊娠に入ることから（5.2.2項），イシイルカの雌はほぼ毎年出産すると信じられている．アリューシャン列島の南方海域で観察された，上述の29群のなかから2頭だけが突きん棒で捕獲された．その2頭は年齢が3歳と10歳で，妊娠も泌乳もしておらず，卵巣には黄体があり発情状態にあると判断された．彼女らはその年の6-7月に出産しなかった少数派の個体であるらしい．イシイルカの子連れの母親が群がる傾向を見せるのは，次に述べるハンドウイルカ類の行動に似たところがある．この子連れの母と一緒にいる成体は，母親が発情するのを狙っている雄であろうと私は推定している．スナメリの野生個体でもそのような例が観察されており（飼育個体の似た行動については5.2.3項），ザトウクジラではそのような雄はエスコートと呼ばれている．

イシイルカは，それぞれの個体群ごとに定まった繁殖海域があり，交尾期には雌雄がそこに集まって交尾をすると理解されている．イシイルカでは出産期とそれに続く交尾期が接近しており，その交尾期には産後で泌乳中の雌の多くが発情するので，繁殖場には母子連れが見られるのは自然である．雌のイシイルカが交尾相手の雄をどのように選択するのか，選択しないのか，また何頭の雄と交尾するのかなどは情報がない．しかし，飼育下のハンドウイルカやシャチで観察されているように，イシイルカの交尾形態も乱婚であり，雌は1回の発情に際して多回の交尾をすると私は推定している．日本近海のスナメリも母子連れ以外は多くは単独生活をしており，母子連れに成体が接近する様子なども観察されているので，雌雄の出会いの仕組みには似たところがあるように思われる．

上に述べたイシイルカの雌雄の出会いの仕組みはレック（Lek）と同じではないが，似たところがある．レックとは一部の陸上哺乳類や鳥類で知られる雌雄の出会いの様式である．そこでは交尾期になると，個体群ごとに定まった場所，たとえば特定の丘の上などに雄が集まって雌の気をひく行動をとりながらその到来を待つ．その場所は摂餌などの日常生活における利便性とは無関係である．排卵が近づいた雌はそこにやってきて適当な雄を見つけて交尾をし，交尾が済むと自分の生活場所に戻る．雌が雄を選ぶ評価基準がなにであるかは興味をひかれる．近年ではザトウクジラの繁殖様式もレックと似ているところがあるといわれている（Clapham, 2009）．ザトウクジラは日本近海では小笠原，八丈島，慶良間島などの沿岸域に冬季に集まり，雄は歌をうたって雌を誘い，ときには雄同士で争いもしつつ繁殖活動を行う．そこには未成熟個体や発情しない成熟個体も集まることとその季節性ゆえに，越冬との関係で理解されてきた．配偶行動への特化の程度から見ると，越冬地のザトウクジラに比べて，繁殖海域に集まるイシイルカのほうがレックに近いのではないだろうか．

ハンドウイルカ属の2種，ハンドウイルカとミナミハンドウイルカについて個体識別にもとづいた行動研究がなされてきた．フロリダ半島の沿岸のいくつかの入江には，それぞれに沿岸性のハンドウイルカが定住しており（外洋には沖合性の個体群が生息する），それぞれがコミュニティーと呼ばれている．サラソタの100頭あまりの集団もそのひとつで，隣接するコミュニティーとの間での移住による個体の出入りは年間2–3%以下と限定的である．また，西オーストラリアのシャーク・ベイにも数百頭のミナミハンドウイルカが生活している．これらの集団について個体識別にもとづく行動観察が行われた結果，次のようなことがわかってきた（Connor *et al*., 2000b; Ermak *et al*., 2017）．コミュニティーのなかでの個体間の結びつきは流動的であり，時間とともに変化するが，そこには次のような傾向が見られた．すなわち，①同じ成長段階の仔を連れた雌が集まって育児群を形成する，②離乳した子どもは親から離れて子ども群をつくる，③雌は成熟すると母親と行動をともにする，④雄は成熟すると単独行動ないしはほかの成熟雄と共同行動をとる．繁殖に際しての雌雄の行動に関して興味あるのは④の雄の行動である．①-③については別のところで触れる（5.3節）．

ハンドウイルカ属の雌の出産間隔には個体差が大きく，サラソタのハンドウイルカで2–5年（平均5年）（Scott *et al*., 1996），御蔵島のミナミハンドウイルカで1–6年（平均3.4年）であり（Kogi *et al*., 2004），雌は前回の出産から平均3–5年後の繁殖期に排卵・発情を経験することになる．飼育下での1繁殖期における排卵間隔は平均27日である．1回の排卵で妊娠に至らなければ数回の排卵を繰り返し，それでも妊娠しなければ翌年の繁殖期に排卵を再開することになる．雌が交尾を受け入れるのは排卵日の前後それぞれ1–2日間（合計3–5日）である．まもなく発情しそうだとか，今発情している雌を，雄はなにかの手がかりで認識するらしい．それが化学刺激なのか，雌の行動なのかは明らかではない．発情が近づいた雌には雄が接近して，ほかの個体から引き離して一緒の行動をとり始める．このようにして始まる共同生活は短いときには数分，長ければ1ヵ月以上続く．この場合，雄が単独で雌を確保することもあるし，2–3頭の雄が組んで無理やりに雌を連れ去ることもある．ときにはほかの雄組が手に入れた雌を別の雄組が横取りしようとすることもあるらしい．雄が単独で雌の獲得を試みるよりも，複数の雄が共同するほうが繁殖成功度が高く，どの雄も利益を得ているという研究もある（Wiszniewski *et al.*, 2011）．このような雄の強引な行動に対して，雌の意思がどのように働くのか興味あるところであるが，定かなところはわからない．ただし，出産した雌について，彼女らの1年前の行動を過去にさかのぼって調べると，受胎のころに行動をともにしていた雄の数が12頭あるいはそれ以上に上ることがサラソタでもシャーク・ベイでも知られた．これだけでは，それが雌の意思によるのか否かは判断できないが，1980年代にサラソタの雌から生まれた仔イルカの遺伝情報を解析したところ，約40%の子どもはよそのコミュニティーの雄を父親としていたことも知られている．研究者たちの気づかないところで，サラソタの雌たちはよそのコミュニティーの雄と交尾をしていたらしいのである．繁殖相手の選択において雌の意思が働いていることをうかがわせるものである．

イルカ類では特定の雄が特定の雌を独占することは困難であり，雌はかなり自由に複数の雄と交尾をしているらしい．このような状況で起こる雄の繁殖戦略のひとつに精子競争（Sperm Competition）がある．これはなるべく多量の精液を雌の生殖器内に注入して，先に交尾をした雄の精子を薄めるとか洗い流すことによって，自分の精子が受精する機会を増やす戦略である（Brownell and Ralls, 1986）．そこでは大量の精子をつくるために巨大な睾丸が発達する．その好例として，左右合わせて955–972 kgの巨大な睾丸をもっていた体長17–17.1 m（体重65–67トン）の2頭のセミクジラ（Omura *et al.*, 1969）の例が引用される．マイルカ属の種も好例である．イシイルカでも3.4倍ほどの睾丸重量の季節変化が知られているが（粕谷，2011：9.4.8項），北大西洋のマイルカの成熟雄の睾丸重量は左右合計で0.5–1 kg（11–2月）から5 kg（7月）まで5倍ほどの変動を見せる（Murphy *et al.*, 2005）．日本のマイルカも巨大な睾丸をもつので，伊豆の漁業者はこれを「キンタマイルカ」と呼ぶ．日本近海で秋に捕獲されるスジイルカの成熟雄の睾丸重量は最大個体でも左右合計450 gであり，マイルカのそれよりも小さい（Miyazaki, 1984）．なお，このスジイルカ標本には繁殖期を異にする2つの個体群が混入している可能性が指摘されているが，交尾期ころの雌雄も含まれているので（4.3.8項），この睾丸重量は繁殖期のスジイルカにおける最大値であると見て差し支えない．成熟雄の平均的な体長は日本近海のスジイルカで約240 cm，大西洋のマイルカではそれより小さく約210 cmである．これらの体長をBest (2007) が求めた体長（L, m）と体重（W, kg）の関係式（スジイルカ：$W=8.9436L^{3.1336}$；マイルカ：$W=12.417L^{2.63}$）に入れると，マイルカの体重が87 kgでスジイルカのそれが139 kgと求められる．マイルカの体重はスジイルカの6-7割であるが，繁殖期の睾丸重量はスジイルカの10倍以上の大きさである．交尾の先陣を争うよりも，その後の処理で勝利を図るという戦略がイルカを含めて複数の鯨類の系統で出現しているらしい (Dines *et al.*, 2015)．なお，先人の精液を洗い流すためだけならば，精子を含んだ精液を使う必要はないかもしれない．ハンドウイルカは精子を含む実効のある射精をする前に，精子を含まない精液での射精を反復することが知られている (Yoshioka *et al.*, 1993)．その機能について具体的な説明は得られていないが，ことによると雌の体内にある先人の精液を経済的な方法で洗い流す機能があるのかもしれない．

スジイルカは伊豆半島沿岸のイルカ追い込み漁業で大量に捕獲されてきた．1回の追い込みで捕獲される個体の集まりを1群と見なして，群れ組成を解析したところ，漁獲された群れの組成には成熟個体の比率，性比，成熟雌のなかの妊娠率，あるいは胎児の体長組成などに群れごとの特徴があることが見いだされた．その背景には，発情を契機として個体の離合集散が起こり，群れが再編成されるのではないかという仮説が立てられたが (Miyazaki and Nishiwaki, 1978)，その裏づけはまだ完全ではない．今後は視点を変えて，育児活動にともなう雌の離合集散という視点から解析してみる価値があるように思われる．なお，この漁業で捕獲されたスジイルカの群れサイズは50頭前後から1000頭以上までさまざまであり，早朝から日中にかけて群れサイズがしだいに小さくなることも知られている．スジイルカの群れ構成が夜間の摂餌行動や追い込み活動の影響で攪乱されている可能性についても留意する必要がある．

太地の追い込み漁業で捕獲されたマゴンドウ型コビレゴンドウの群れの遺伝情報の解析が三重大学の影崇洋氏の学位研究で行われた（影，1999)．その成果をもとにマゴンドウの繁殖に関して特筆すべき2点を指摘したい（粕谷，2011：12.5節)．第一は，追い込まれたマゴンドウの群れは単一ないし複数の母系家族の集まりであり，それぞれの母系には成熟した息子も娘も，また娘の子どもも含まれていたことである．第二は，幼児の父親はいうまでもなく出産前の12頭の胎児（体長範囲：13.6-105.5 cm）の父親すらも群れのなかには見いだされなかったことである．この最小胎児の齢は1-2ヵ月であろうから，雄は交尾の後で比較的速やかにその母系群から離れたと考えざるをえない．

太地の追い込み漁で群れごと捕獲されたマゴンドウと三陸沖で小型捕鯨船が1頭ずつ捕獲してきたタッパナガについて，子宮内の精子を検査して雌の交尾状況を調べたところ，次のような現象が見つかった（Kasuya *et al.*, 1993）．未成熟雌3頭の子宮に精子がなかったことも，また卵巣に排卵黄体があり発情中と判断された13頭のうちの10頭の子宮に精子があったことも当然であろう．しかし，妊娠初期の雌12頭のうちの11頭（胎児体長：1.5 mm-13.3 cm）の子宮に精子があったことは，排卵後1-2ヵ月を過ぎても交尾をしていることを示していて，やや意外ではあった．さらに，それ以外の性状態の雌59頭中18頭に精子があったことはまったく予想外であった．グラーフ濾胞がきわめて未発達で発情とは無関係な雌でも，40歳を超えて発情や妊娠の可能性のない雌でも子宮内に高濃度の精子をもっていた個体があり，子宮内の精子の有無と濾胞の発達の間には関係が認められなかったのである．

上に紹介した2つの研究から，次のような推論が可能である．それは，①コビレゴンドウは母系家族を単位として生活しており，洋上では複数の母系の群れが頻繁に離合を繰り返しているらしいこと，②交尾は異なる群れが出会ったときに，異なる母系に属する雌雄の間で行われるらしいこと，③繁殖に結びつかない交尾が行われていることである．このような非繁殖的交尾の機能としては，当事者が意識するか否かは別として，緊張緩和や個体間の連帯強化があるものと推定される．同様の繁殖に直接関与しない交尾の例はヒトやボノボ（ピグミーチンパンジー）でも知られている（5.4.4項）．

マッコウクジラでは1頭の大きな雄が多数の雌からなるハーレムを率いているという話がある．これはマッコウクジラを追って3-4年もの長い帆船航海をしていた18-19世紀の鯨捕りたちが考えそうな夢物語ではあるが，生物学的な事実ではない．マッコウクジラが母系社会に生活することはコビレゴンドウと違わないが，息子は性成熟のころには群れを出てゆくので，普段はそこに成熟雄はいないという点が異なる（5.4.4項）．海中の三次元の広がりのなかに生活して，ときには1時間あまりも潜水して1000 m以上の深海において摂餌することもあるマッコウクジラの雌たちの行動を1頭の雄が力で制御できるとは思えないし，雌たちが自主的についてくるほどの利益を1頭の雄が提供できるとも思われない．母・娘・孫などで構成される母系群が低緯度海域にいるので，繁殖期になると交尾の機会を求めて，雄がそこにやってくるだけのことだと私は考えている．マッコウクジラの雄は，繁殖期以外には高緯度海域に移動し，そこの高い生産力を利用して，英気を養うのではないだろうか．こうすると雌の群れとの餌をめぐる競合を避ける効果も生まれる．雌の群れの近くで2頭の雄が鉢合わせをした場合には争いが起こることも知られている．しかし，あまり戦いに熱中すれば，第三の雄に漁夫の利をさらわれないとも限らない．マッコウクジラの雌がどのように雄を選別するのか，それとも来者拒まずの博愛主義なのかは明らかではない．

5.2.2 受胎から出生まで

新生児の生存には海洋環境が影響するし，海洋環境は季節的に変動する．子どもの生存に不適当な季節に出産する雌は子孫を残す機会が少ないので，そのような形質は個体群のなかからしだいに失われる．このような過程を経て，鯨類の出産期は与えられた生活圏のなかで，子どもの生存に最適な季節に設定されてきたと思われる．さらに，受胎の季節には雌の栄養状態も関係してくるし，雌雄の出会いには特定の季節が好ましいという条件があるかもしれない．このような要因が組み合わされて，交尾期と妊娠期間が決まってくるはずである．これまで鯨類の繁殖の季節性を解析することはしばしば行われてきたが，それを支配している要因がなにであるかを追求する努力は，とくにハクジラ類に関してはあまりなされていない．

海生哺乳類の繁殖の背景にある季節の影響を理解するには，鰭脚類のオットセイの例がわかりやすい．彼らは普段は北部北太平洋の洋上で単独で生活しており，その分布範囲はイシイルカのそれにほぼ等しい．6-7月になると，まず雄がベーリング海やオホーツク海の島々の繁殖場に上陸して自分の勢力圏を確保する．そこに妊娠雌が上陸してただちに出産し，数日後には次の妊娠に向けて交尾をして排卵する（オットセイでは，鯨類と異なり，交尾の刺激で排卵が誘発される）．雌は仔を浜に残して洋上に出て摂餌し，数日ごとに上陸して自分の仔を探し出して授乳する．授乳期間は2-4ヵ月であり，秋までには母子は分かれて単独の洋上生活に戻る．このような繁殖のためには，交尾と出産の時期は接近しているのが望ましいし，そのための季節としては夏が最適であろう．高緯度海域ほど夏は短いが，その季節は多くの生物にとって成長や繁殖のときであり，オットセイやイシイルカの主餌料であるハダカイワシ類やイカ類も豊富に得られる．雌の繁殖サイクルにおいては，胎児の成長に要する栄養量に比べて，生まれた子どもの活動や成長に必要な栄養（乳汁）のほうがはるかに大きいので（Lockyer, 1981a, 1981b），初夏から夏にかけての時期は出産期としても好ましい．次に述べるイシイルカと違い，オットセイの雌では受精卵は子宮内でしばらく休眠した後，11月になってから発育を始める．これは着床遅延と呼ばれ，鰭脚類には普遍的な現象である．1年周期の繁殖に合わせるには，多くのイルカに見るように交尾期や胎児の成長速度で調節してもよいだろうが，オットセイは着床遅延という手段を選んだのである．それは雌雄が出会う機会が短い上陸期に限られることへのひとつの対処方法であるらしい．

イシイルカの生息圏もオットセイと同様に北太平洋の寒冷域にある．ベーリング海やアリューシャン列島周辺のイシイルカは6-7月の50日間に出産を済ませ，それから45日ほどおいて，7月下旬から9月上旬に交尾をして次の妊娠に入る（Ferrero and Walker, 1999）．イシイルカの雌も出産したその夏に，授乳中に発情して，次の妊娠に入るのが普通である．交尾期をわずかに遅らせているのは着床遅延と同様の効果がある．この時期には子連れの雌や雄と思われる個体が特定の海域に集まっているのが確認されており（5.2.1項），上に述べたオットセイの陸上繁殖場を海上に移したように感じられる．イシイルカの子どもは生後2-3ヵ月で餌をとり始め，まもなく離乳すると推定されている．外洋では海水がもっとも暖かくなる「盛夏」は陸上よりも1ヵ月ほど遅れるので，海の生産力が最大になる9月ころに餌をとり始めることは子どもの生存にとっても好ましい．

イシイルカの種内にはいくつかの個体群があり，個体群によって繁殖の季節が多少異なることが知られている（4.3.2項）．日本海で越冬してオホーツク海南部で夏を過ごす個体群（体色はイシイルカ型）では，初夏の6月中・下旬に宗谷海峡周辺にいるときにすでに出産期が始まり，7月中旬から

8月下旬に網走沖で捕獲された同じ個体群の雌はすでに妊娠初期の状態にあった（4.3.2項；Yoshioka *et al.*, 1990; Amano and Kuramochi, 1992）．これに対して，三陸沖で越冬するリクゼンイルカ型の個体群では出産期が8月にあり，それに続く受胎の盛期が10月初めにあるとされている（粕谷, 2011：9.4.5項）．このような繁殖期の微妙な差異は海洋条件や季節移動のタイミングの違いを反映しているものと思われる．どのような自然条件がそこに影響しているのかは明らかではないが，結果的には隣接する個体群の間の交雑の機会を少なくすることに貢献していると見られている．なお，隣接する個体群の間で，交尾期が半年近く離れている鯨種の例があるが，これについては後で触れる．

イシイルカの妊娠期間は11ヵ月弱である．出産の好機が短い夏に限定されているし，彼らは冬眠をすることもないので，出産の後まもなく次の妊娠をして，残された1年弱の時間をかけて大きな胎児に仕上げるという戦略である．スジイルカ，マダライルカ，ハンドウイルカなどの暖海性のイルカ類でも妊娠期間は約1年である．そこには海洋環境の年周期に同調するというメリットがある．しかし，これら暖海性のイルカではイシイルカのような寒冷種に比べて繁殖の季節性が弱いのが通例である．日本沿岸のイシイルカ以外のイルカで1年前後の妊娠期間をもつ種について，出産月の範囲に加えてピーク月をカッコ書きで示すと次のようになる．

ハンドウイルカ　2-10月（6月）（粕谷, 2011）
マダライルカ　5-10月（6-7月）（Kasuya *et al.*, 1974）
スナメリ　3-8月　（4月）（粕谷, 2011；本項後述）

これらの種でも多くの子どもが固形食をとり始める時期が夏に一致するという点ではイシイルカに共通する．

日本では漁業で捕獲されたイルカの死体を調べて，胎児の体長組成とその季節変化を追跡し，妊娠期間や繁殖期を推定することが行われてきた．ところで，哺乳類の胎児は発生初期には緩やかに成長するが，その後はやや速い一定速度で成長するとされている．これを胎児の日齢と体重との関係で解析したのがHugget and Widdas（1951）であった．しかし，鯨類においては胎児の大きさは体重ではなくて体長で測るのが普通だったので，Laws（1959）はこれを日齢と体長との関係につくり直して，クジラ研究者に使いやすくした．それによれば，横軸に妊娠日数をとり縦軸に体長をプロットし，直線成長部分を左方に延長した線が時間軸と交わる点を t_0 とし，全妊娠期間を X とすると，受精から t_0 までの時間は全妊娠期間（X）でほぼ定まっており，$X=50$-100 日の種では $t_0=0.27X$，$X=100$-400 日の種では $t_0=0.18X$，$X>400$ 日の種では $t_0=0.09X$ で近似できるというものであった．胎児の体長組成の季節変化をもとに t_0 から出産までの期間を推定し，上の関係から全妊娠期間を推定することが可能である．ちなみに，鯨類で体長と称するのは陸上哺乳類の全長に相当する計測値で，上顎先端から尾端までの直線距離である．尾鰭の後縁は尾端より後ろに張り出しているが，それは計測に含めない．

上の方法を使っていくつかのイルカ類では妊娠期間が 1 年弱と推定されているし，多くのヒゲクジラ類でも同様の手法で妊娠期間は 12 ヵ月前後と推定されている．ヒゲクジラ類の多くは，夏に高緯度海域で摂餌し，冬に低緯度海域での越冬・繁殖をするという 1 年周期の生活に繁殖のサイクルを合わせているのである．ニタリクジラは明瞭な季節回遊をしないが，それでも 1 年前後の妊娠期間を維持しているのは，進化の過程でそのような季節的制約を受けた時代があったことを示すものと思われる．ヒゲクジラ類は体が大きいだけに，その出生体長はイルカに比べて大きく，クロミンククジラで 2.5-2.8 m でシロナガスクジラでは 7 m である．ヒゲクジラ類は胎児の成長速度を著しく速めることで，繁殖を 1 年周期の回遊サイクルに同調させているのである（表 5.1）．一部のハクジラ類でも体軀の大型化が見られるが（5.1.3 項），大型化にともなう胎児の成長速度の変化はヒゲクジラ類とは異なるものとなっている．コビレゴンドウでは平均出生体長が 140 cm と小さいわりには，平均 452 日（14.9 月）という長い妊娠期間をもっている．これらの数値は体の小さいマゴンドウ型によるが，妊娠期間はタッパナガでも同様と思われる．マッコウクジラの出生体長は約 4 m で，妊娠期間は約 16 ヵ月と推定されている．アカボウクジラ科はマイルカ科に次いでメンバーの多いグループであり，体の大きさもマッコウクジラ科とマイルカ科の中間に位置する．残念ながらこのアカボウクジラ科に関しては，胎児の体長の季節変化を追跡した例も，飼育下で繁殖した例もなく，妊娠期間をデータから直接に推定することはできていない．ひとつの試みとして，ハクジラ類における胎児期の成長速度と出生体長との種間関係から，ツチクジラの妊娠期間は約17ヵ月であろうと間接的に推定した例があるにすぎない（粕谷，2011：13.4.3項）.

上にあげた妊娠期間は漁獲物の解析から推定されたものであるが，水族館で飼育されている種については，血液や尿を分析して，妊娠にともなって黄体から分泌されるプロゲステロンのレベルを追跡することにより，個々のケースについて妊娠期間を確認した例がある．そのようにして得られた平均妊娠期間は次のようになる（標本数 n と出生体長をカッコ内に示す）．すなわち，イロワケイルカ：345日（$n=8$，100 cm），大西洋産ハンドウイルカ：370日（$n=77$，117-127 cm），シャチ：515日すなわち16.9ヵ月（$n=7$，219-235 cm）であった（粕谷，2011：12.4.4項）．イルカ類のなかで体の小さい種では妊娠期間が1年前後であり，漁獲物の解析結果とほぼ一致する．また，漁獲物から推定されたマゴンドウの平均妊娠期間（14.9ヵ月）は，直接測定されたシャチのそれに近いことがわかる（どちらもマイルカ科のなかでは大型種に属する）.

このようにイルカ類の多くの種では妊娠期間は1年前後であるから，その妊娠初期の緩やかな成長の期間は，上の関係から1-2ヵ月と推定される．この妊娠初期の緩やかな成長期を無視して，全妊娠期間の平均成長速度を求めたのが表5.1である．出生体長が80-100 cmの小型種では，胎児の平均成長速度は0.24-0.31 cm/日の範囲にあり，これより少し大きいハンドウイルカで0.33 cm/日，マゴンドウで0.31 cm/日，シャチで0.45 cm/日，マッコウクジラで0.85 cm/日となる．同様にして，かつヒゲクジラ類の妊娠期間を11ヵ月と仮定して（この仮定には問題があるが無視する），平均成長速度を求めると，体が小さいクロミンククジラで0.87 cm/日，大きいシロナガスクジラで2.1 cm/日となる．ヒゲクジラ類はイルカ類に比べて胎児の成長が著しく速い．これは回遊と繁殖を12ヵ月の年周期に合わせるための適応であるらしい.

ハクジラ類においては，小はネズミイルカから大はマッコウクジラまでの7種8個体群について，胎児の直線成長期の1日あたりの成長量（I, cm/日）と出生体長（L, cm）との間に，$I=0.001802L+0.1234$ の関係が認められている（Kasuya, 1977）．上に述べた $X-t_0$ に関して，$X-t_0=L/I$ から次の式が導かれる．

$$X-t_0=1/(0.001802+0.1234/L)$$

この式は $X-t_0$ が 555 日，すなわち 18.2 ヵ月に漸近することを示している．ネズミイルカやハンドウイルカなどの多くの小型ハクジラ類は 1 年前後の妊娠期間に固執してきたが，一部のハクジラ類は有利な生活環境を得て体の大型化に向かい，それにともなって出生体長も大きくすることができた（5.1.3 項）．しかも，具合のよいことに年周期の環境の制約が弱い低緯度海域でそれが進行したためであろうか，胎児の成長速度はあまり加速しないという安易な方向を選ぶことが許されて，最長では妊娠期間を 1 年半程度まで延長する方向に向かったらしい．ただし，なぜ 1 年半という方向が定まったか，その背景は不明である．コビレゴンドウ，シャチ，ツチクジラ，マッコウクジラなどが，このようなグループに属する（Kasuya, 1995）．

ハクジラ類のなかには，体の大型化と胎児の成長速度に関する上のような一般則に合致しない種がないわけではない．表 5.1 に示したヒレナガゴンドウとキタトックリクジラがそれである．これらの種の妊娠期間の推定はさらに検証が望まれるところではあるが，これまでに得られた推定値を信用するならば，彼らの生活圏が高緯度海域にあるため，出産期に対する制約が強く，1 年前後の妊娠期間から外れることが許されなかったと解釈することも可能ではある．

鯨類の出産期は新生児の成育に好ましい季節に設定されていると解釈されることが多い（本項前述）．しかし，出産期を支配している環境要因が具体的に指摘された例は多くはない．そのような困難さを理解する好例として，日本近海の鯨類のペア個体群の間で，出産期が大きくずれている例をあげた（表 5.2）．日本近海には 2 個のミンククジラ個体群が来遊する．ひとつは黄海-日本海-オホーツク海を，もうひとつは太平洋-オホーツク海をおもな生息域とし，いずれも初夏に日本近海を通過して夏にオホーツク海方面に向かうと信じられている（ただし，日本海系の一部個体は太平洋沿岸を通過することが知られている）．それらの越冬場所も出産場所も明らかではなく，約半年ずれている繁殖期の裏にある環境要因を推定するすべがない．

コビレゴンドウの地方型のひとつタッパナガは黒潮と親潮にはさまれた，おおよそ銚子から北海道南岸にかけての北日本沿岸域に周年生活している．

表 5.2 日本近海産の鯨類の個体群の間で繁殖期が著しく異なる例[1]. Kasuya (2017) の Table 15.1 による.

種（分類群）	個体群・海域	交尾期		出典
		盛期	間隔	
ミンククジラ（ヒゲクジラ亜目）	黄海-日本海[2]	7-9 月	5-6 ヵ月	Best and Kato, 1992
	太平洋-オホーツク海系	2-3 月		
コビレゴンドウ（マイルカ科）	タッパナガ（銚子-北海道）	10 月	5 ヵ月	Kasuya and Tai, 1993
	マゴンドウ（銚子以南）	5 月		
スナメリ（ネズミイルカ科）	有明海・橘湾[3]	11-12 月	5-6 ヵ月	Shirakihara *et al.*, 2008
	大村湾・瀬戸内海・太平洋[4]	4-5 月		
スジイルカ（マイルカ科）	伊豆漁場（10-11 月）	6 月	5-6 ヵ月	Kasuya, 1999
	伊豆漁場（11-12 月）	11-12 月		

1) 妊娠期間はコビレゴンドウで 14.9 ヵ月, ほかの 3 種は 1 年ないし 1 年弱と推定されている. 2) 一部は日本の太平洋沿岸とオホーツク海にも回遊する. 3) 出産は 8 月から翌年の 4 月まで連続し, 11-12 月に主要なピーク, 3 月に小さいピークがある. 4) 出産は 3 月から 8 月まで連続し, 4 月にピークがある.

交尾期の推定は不確かではあるが, おおよそ 5-6 ヵ月の長さで, 受胎の盛期が 10 月にあることが漁獲物の解析から推定されている. タッパナガの妊娠期間をマゴンドウとほぼ同じと見て 14.9 ヵ月と仮定すると, 出産の盛期は 1 月ころとなる. 出生体長はマゴンドウ（コビレゴンドウのほかの地方型で主として銚子以南に生息する）より大きいので仔イルカの耐寒温度は向上しているとしても (2.3 節), 真冬に生まれること自体の利点は別にあるに違いない. そこで考えられるのが離乳環境である. 栄養の母乳から餌料への切り替えは生活史のなかの重要な出来事のひとつである. マゴンドウの歯の萌出は早ければ生後 0.25 年ころに始まり, 0.75 年ころには全個体で萌出が見られた. 一方, 胃のなかにイカやエビの残骸が出現した最小個体は約 0.5 歳で, それらの個体では歯が萌出していた. 彼らの捕食には歯が必要であるという証拠はないが, 萌出と摂餌の開始とは無関係とは思われない. 飼育下のイルカが固形食をとり始める年齢は, ハンドウイルカで 3-5 ヵ月, スナメリでは個体により 4-7 ヵ月（平均 160 日）とされているので, マゴンドウでも 0.5 歳ころに餌をとり始めると見られる. このような初期成長はタッパナガでも同じであろうから, 1 月に生まれたタッパナガの仔は 8 月ころに餌を食べ始めて離乳の過程に入ると推定される. ただし, 母乳をとるのをやめる時期, すなわち離乳が完成する年齢には個体差が大きいらしい (5.2.3 項).

タッパナガが離乳過程に入る時期の主餌料はスルメイカやアカイカである（3.3.2項）．三陸沖における漁獲統計を見るとイカ類の盛漁期は8–10月にあるので，三陸沿岸で冬に生まれたタッパナガの子どもには，餌の豊富な時期に離乳を始めるという利点がある（Kasuya and Tai, 1993）．一方，黒潮の影響下に周年生活するマゴンドウはタッパナガに比べて季節変動の少ない環境に生活しているためであろうか，繁殖は季節性が弱く，周年行われているが，季節性がないわけではない．マゴンドウの出産はピークが7–8月に，谷が12–3月にあり，受胎はピークが5月に，谷が11月にある．彼らが出産のピークを7–8月に置くことの利益については，これまで検討されたことがない．

スナメリは暖海起源のイルカと考えられ，日本国内には数個の個体群が識別されている（4.3.1項）．彼らが好んで生活する内湾や沿岸域は，必然的に季節的な水温環境の変動が大きい（粕谷，2011：8.4.1項）．スナメリの妊娠期間は約11ヵ月と推定されているが，これは平均出生体長80 cmをもとにした種間関係からの推定であるから，参考値にすぎない．また，その出産期については，胎児の体長に種間関係から得た胎児の成長速度をあてはめて推定されたものがある（表5.2）．これとは別に新生児の漂着記録から出生時期を独立に推定することも行われており（粕谷，2011：8.5.1項），体長60–95 cmの個体を新生児と見なすと太平洋沿岸を含む広い地域で68頭の記録が得られ，その出現は4月から8月におよび，ピークは5月（46%）から6月（31%）にあった．この結果は手法の違う表5.2の推定値よりも約1ヵ月遅れているが，個体群間の差異を検討するためにあえて表5.2の値を用いると，西九州の有明海・橘湾個体群のみは出産は8月から翌年の4月にまでおよび，さらに，8–4月の出産分布のなかには11–12月の主要なピークと3月の小さいピークが認められた．この主要な出産ピークはほかの個体群の出産期（4–5月）とは半年の違いがあった．この個体群と地理的に接近している大村湾の個体群の繁殖期は，有明海・橘湾のそれと異なり，瀬戸内海や太平洋沿岸の諸個体群の繁殖期に一致することは興味深い．スナメリにおけるこのような繁殖季節の相違をもたらした背景や，適応的な意味は明らかではない．

瀬戸内海系の雄のスナメリについて雄性ホルモンの1種テストステロンの

季節変化が追跡され，繁殖の季節性に関して興味ある知見が得られている．毎日 11.5 時間点灯の季節変化のない照明下に置かれた最初の 4 年間には，ホルモンレベルは年 1-2 回のピークを見せたものの季節との関係は認められなかったが，5 年目の秋に自然照明下に移されると，この個体は翌春から明瞭な季節サイクルを示して，実験終了までの 3 年間それを反復した．自然照明下では雄性ホルモンが 3-4 月に明瞭なピークを見せ，7 月から翌年 1 月まではほぼゼロレベルを維持した（Funasaka *et al.*, 2018）．雄性ホルモンのピークが出自集団の繁殖期に一致し，日長の延長に反応する長日動物の特徴を示したのである．有明海・橘湾個体群は二山型の繁殖期をもち，秋に主要なピークがあるとされているが，短日型と長日型の両個体が混在するのか，それとも双方向の光周性を示す個体がいるのか解明が待たれる．

上に示したのは日本沿岸に分布する 1 対の個体群の間で，繁殖期がおおよそ 6 ヵ月異なる鯨類 3 種の例である．これから連想されるのが伊豆半島沿岸の追い込み漁業で漁獲されたスジイルカの繁殖期である．この資源は乱獲によって壊滅し，漁業はすでに廃絶したかに見える（6.5.8 項）．かつての漁獲物の調査によれば，その胎児の体長組成は群れごとに特徴があることが知られていた．これを月別に集計したところ，漁期初めの 10 月には 30 cm 以下の小型胎児が多く，その体長組成のモードは 10 cm にあったが，12 月には 70-100 cm の大型胎児が増加して，胎児の体長モードが 85 cm に移った．その中間の 11 月の漁獲物には両方のモードが明瞭に現れたのである（図 5.1）．スジイルカの妊娠期間は約 1 年であり，出生体長は 100 cm であるから，たった 1-2 ヵ月で 70-80 cm も成長することはありえない．10 月には交尾期かその直後の雌が多く捕獲され，12 月には出産が近い雌が多く捕獲されたことを示している．雄の睾丸重量も表面的には並行した変化を示し，年齢 15 歳以上の個体の片側睾丸重量の年齢別の平均は 10 月の 120-160 g から，11 月の 60-100 g を経て，12 月には 30-60 g へと漸減した（図 5.2）．もしも，これらの個体について，睾丸の重量組成を月別に解析するならば，そこには胎児の体長組成と並行した季節変化，すなわち 10 月には重い睾丸にモード，12 月には軽い睾丸にモード，そして中間の 11 月には二山が見られると予想される．そして，11 月の小さい胎児をもった雌の群れは大きな睾丸の雄を，大きい胎児をもった雌の群れは軽い睾丸の雄をともなっていた可能性がある．

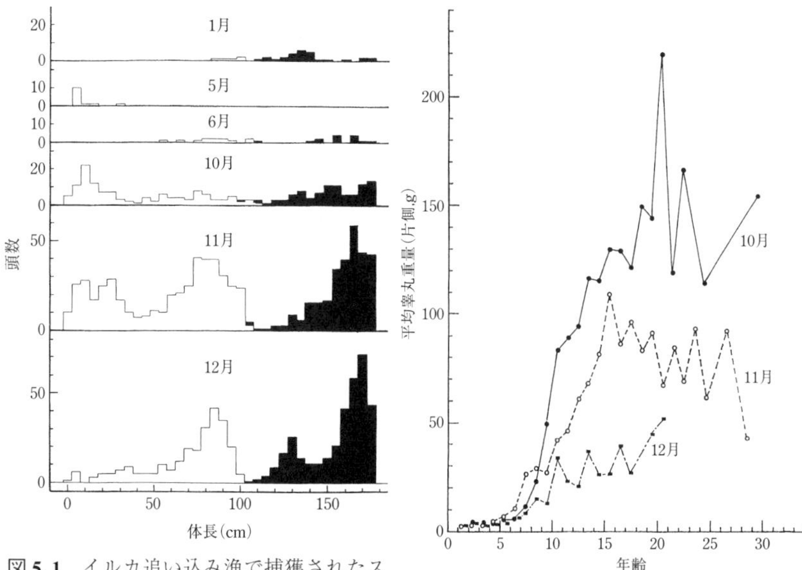

図 5.1　イルカ追い込み漁で捕獲されたスジイルカの胎児（白枠）と幼児（黒枠）の体長組成の季節変化．捕獲地は伊豆半島東岸（10-12 月），同西岸（5 月），太地（1, 6 月）．Miyazaki（1984）の Fig. 2 にもとづく粕谷（2011）の図 10.3 による．

図 5.2　スジイルカの睾丸重量組成の季節変化．伊豆半島東岸のイルカ追い込み漁の漁獲物．年齢査定には歯の象牙質成長層数を用いているので，15 歳以上と査定されている個体の実年齢は表示よりも高齢である例が少なくない．Miyazaki（1977）の Fig. 8 にもとづく粕谷（2011）の図 10.4 による．

残念ながら，そのような解析はまだなされていない．この現象に関して Miyazaki（1977）を含めて従来なされた解釈は，伊豆のイルカ漁業が対象としたのは 1 個のスジイルカの個体群であり，その個体群は初夏と初冬の年 2 回の交尾期をもつというものであった．しかし，見方を変えれば，それぞれが夏ないしは冬に出産期をもつ 2 つの個体群が伊豆沖を順次通過するという解釈も可能である（粕谷，2011：10.4.7 項）．

5.2.3　哺育期間と出産間隔

ハンドウイルカでは母親を失った仔イルカと同居させられた雌イルカが乳汁を分泌し始めたという例があるし（Ridgway *et al*., 1995），御蔵島の野生のミナミハンドウイルカでもこれに似た養い親の事例が報告されている(Sakai *et al*., 2016). アフリカゾウでは仔ゾウは群れのなかのどの雌からも乳をもらえるそうである. 同様の事例がマッコウクジラにもあるのではないかという仮説 (Whitehead and Mann, 2000) はまだ証明されていないらしいが, 否定するには早すぎると思う. このような状況のもとでは, 雌イルカが乳を与えることと, 仔イルカが乳をもらうこととを区別することが大切である. 哺乳動物の「哺」には口に含んで食べることと, 口に含ませて養うことの2つの意味があるという. それゆえであろうか, 多くの辞書は「哺乳」は「授乳」と同じ意味であるとする一方で,「授乳」は「子に乳を与えること」とするような混乱を見せている. 今の日本語には「子が乳をもらう」ことを適切に表現する言葉がないのかもしれない. 本書では「乳をもらう」ことと,「乳を与える」ことの区別を明確にするように努めつつ, イルカ類における多様な母子関係を紹介する.

(i) 早期離乳で母は多産——イシイルカ型

スナメリに関しては鳥羽水族館において飼育下における出産とそれに続く母子行動が観察されている (古田ら, 1977). この母親は1973年4月から400トンのタンクにほかのスナメリと雑居しており, 受胎は1975年の春と推定される. 出産前後には本個体を含む雄雌合わせて13頭のスナメリが同居していた. この妊娠雌の摂餌量は11月まではほかの同居個体と差が認められなかったが (4kg/日弱), 12月からはほかの雌よりも25%程度 (1kg/日) の増加を見せて, 1日あたり5kg弱を摂餌した. これには妊娠後半に栄養要求が高まることと冬の低水温が関係していると思われる. 4月15日には食欲減退などの分娩の前兆が認められた. 16日23:57に生殖孔が開き始めてから, 尾部が現れ (17日00:05), 01:55に新生児を娩出するまでの経過時間は1時間58分であった. 娩出後, 母親はただちに新生児を水面に押し上げて呼吸を助けた. 後産の排出は07:25ころに始まり, 30分で終了した. 授乳は出産の6時間45分後に始まり, 1回が10-20秒で, 約15分間隔で反復された. この母親は4月26日に仔を放棄して, 育児に失敗したが, その前後に次の3点の興味ある現象が観察された. それは, ①同居する2頭の雌は, 雄がこの母子に接近することを妨げて, 育児に協力する動きを見せたこと，②これらの雌は，母イルカに放棄された新生児に対して，自分の乳頭を吸わせる行動を見せたこと（これらの雌は泌乳していなかった），③同居する雄が出産直後の雌に対して交尾行動を仕掛けたことである．瀬戸内海でも母子連れに雄らしい個体が接近するさまが観察され，これは分娩後発情を期待した行動と解釈されている（粕谷，2011：8.6.2項）．

古田ら（2007）は上の例とは別の4頭について離乳の進行状況を報告している．この4頭は生後120-223日（平均160日）で固形食をとり始め，そのなかの1頭については授乳頻度が約1年間にわたって観察された．それによると出産直後には授乳回数は25-30回/時であり，1ヵ月後には10-15回/時に低下し，3.9ヵ月（120日）で固形食をとり始め，その後は授乳回数がしだいに低下を続けたが，観察が中断される8.3ヵ月（252日）まで授乳はゼロとはならなかった．さらに，生後11.7ヵ月（357日）に観察を再開したときには，母子は同居していたにもかかわらず授乳は行われなかった．仔イルカが自分で餌をとるようになれば，母乳への栄養依存度は急速に低下するはずであるが，その切り替えが始まる時期が生後4ヵ月前後であり，母体内にいるであろう次の子どもの栄養要求が高まる時期に一致することは興味深い．また，子イルカは満1歳になる前，おそらく260-350日（8.5-11.5ヵ月）のどこかで，つまり次の仔が出生する前に離乳が完成するらしいことも，毎年の出産が常態である鯨種においては合理的である．

スナメリが栄養を母乳から固形食に切り替える時期は，死体の胃内容物調査からも推定されている（Shirakihara *et al*., 2008）．有明海・橘湾個体群の幼児17頭の死体を入手して胃内容物を調べたところ，固形食をとり始めるときの体長は93.5-99.5 cmであり，ミルクを飲んでいた個体は体長107 cmまで出現した．このような手法の場合には，固形食に混在する少量のミルクの確認は困難な場合があることに留意する必要がある（これに代わる手法については本項にて後述する）．平均成長曲線からこのときのおおよその齢を推定すると，餌をとり始めるときの齢は早い個体で3-4ヵ月，遅い個体で5-6ヵ月と推定され，乳を飲んでいた個体の最高齢は9-10ヵ月と推定された．鳥羽水族館における観察との整合は良好である．

瀬戸内海のスナメリでは出産が進行する春から夏にかけて母子連れの出現が増加するが，11月からそれが減少に向かい，それに合わせて単独行動の

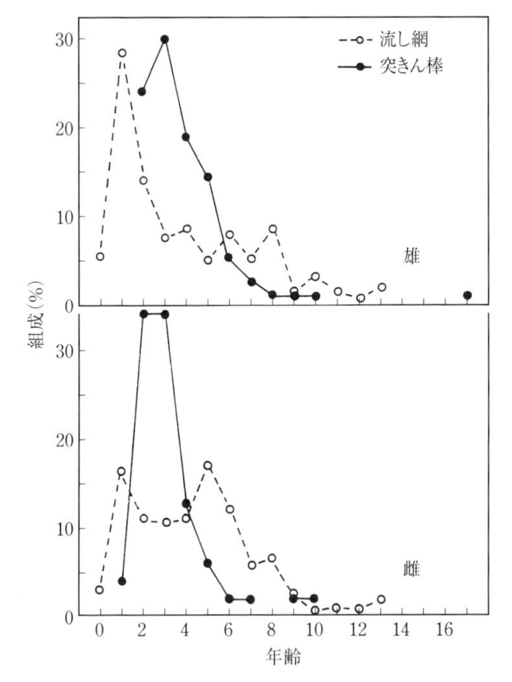

図 5.3　イシイルカの年齢による地理的すみわけ．白丸と点線はアリューシャン列島周辺のイシイルカの繁殖海域においてサケ・マス流し網漁で 6-7 月に混獲された個体（Newby, 1982 のデータによる），黒丸と実線はその南側（繁殖海域外）で突きん棒漁法で 8-9 月に捕獲された個体．前者で 1 歳児の数に比べて 0 歳児が少ないのは出産期の初期に得られた標本であることによる．それより若干遅れて得られた Ferrero and Walker（1999）のデータでは 0 歳児と 1 歳児がほぼ同数出現している．Kasuya and Shiraga（1985）の Fig. 3 にもとづく粕谷（2011）の図 9.19 による．

幼体や子どもが増加することから，離乳とほとんど同時に仔イルカは親から離れて単独行動をとるものと推定されている．翌年の 4 月には出産期が始まるので，そのときまでには親子が離れることは確かであろう．このことは瀬戸内海で観察された 479 群のスナメリに合計 113 組の母子連れが含まれていたなかで，1 頭の大人イルカが仔イルカと思われる小さい 2 頭をともなっていた例は 1 組だけであったことからの推定である．113 組の母子連れのなかで，母子連れだけ（2 頭群）が 60 例，成体＋母子連れ（3 頭群）が 18 例あった．母子連れが複数とその他の個体を若干含む群れも観察されている（粕谷，2011：8.6.2 項）．

イシイルカにおいては，授乳期間を推定するための観察データは少ない．アリューシャン列島周辺から南に広がるイシイルカの繁殖海域において，サケ・マス流し網によって混獲された仔イルカは0歳と1歳にピークがあり，その胃内容物の解析によれば，仔イルカは少なくとも生後2ヵ月間はミルクのみで生活するとされている（Ferrero and Walker, 1999）．さらに，これに接続する繁殖海域で行われた観察航海では生まれたばかりの仔を連れた母子群（2頭群）のほかに満1歳と思われる小型個体が数頭集まった群れが認められており，この繁殖海域の外側（南側）では2歳から4歳の子どもの生息が認められた（図5.3）．これらの情報から，イシイルカについて次のような推論が可能である．すなわち，イシイルカの子どもは満1歳の夏にはすでに離乳して母親とは分かれて行動しているが，依然として母親と同じ海域に生活している．そして，その翌年の満2歳の夏までには母親とは別の海域にすみわける．

三陸沿岸ではイシイルカを対象とする突きん棒漁が冬季に行われており，その漁獲物のなかに占める泌乳雌の割合は成熟雌の10%程度であった．船首波にたわむれる個体は突きん棒で突きやすいが，母子連れは船を避ける傾向があるので，突きん棒漁船から得たサンプルでは子連れイルカを過小評価するおそれがある．このことを勘案しても，夏に出産した雌イルカの多くは冬までに授乳を終えるであろうこと，すなわち平均授乳期間は半年以内であろうと推測されている（粕谷，2011：9.4.6項）．

イシイルカの産児間隔についてはFerrero and Walker（1999）により次のような情報が得られている．サケ・マス流し網漁業で6-7月の2ヵ月間に混獲された標本では，出産が6月11日に始まり（それ以前には泌乳雌は出現しない），7月24日に終わった．それに続いて卵巣のグラーフ濾胞の発達があることから，発情・交尾期はおそらく7月末に始まると推定された．この結論は，Newby（1982）が7月末までをカバーするデータから導いた結論と一致する．Ferrero and Walker（1999）がこの出産・泌乳期に得た成熟雌1061頭のうちの1028頭（96.9%）は妊娠中ないしは出産直後で泌乳中であった．本種の妊娠期間は1年弱であり，これらの妊娠ないし泌乳雌はすべて前年の交尾期に由来するものであるから，年間妊娠率は0.969となり，平均出産間隔はその逆数として1.03年と推定される．同じ研究において，

Ferrero and Walker (1999) は年齢と卵巣中の黄・白体数の関係から平均年間排卵率を0.914と推定している．年間排卵率が年間妊娠率よりも小さいのは矛盾である．すべての排卵が妊娠に至るわけではなく，ときにはむだな排卵もあるだろうから，年間妊娠率は年間排卵率よりも小さくなければならない．また，彼らが標本を得た漁場はイシイルカの出産・交尾海域であり，特定の性状態の雌が集まっていることもあり（5.2.1項），上の年間妊娠率は若干の過大評価になっている可能性があるとしても，多くのイシイルカはほぼ毎年出産すると見て誤りではないように思われる．

（ii） 長期哺乳で教育充実——スジイルカ型

これらの種も，仔イルカが自分で餌をとり始める時期は，イシイルカやスナメリと同じである．しかし，離乳が完成する年齢がやや遅れる．仔イルカにとっては親の庇護を受けつつ生存のための教育を受け，生存率が向上するという利益があり，それは母親の出産間隔が延びるという不利益を補っているものと推定される．出産間隔が延びるだけでは生涯産児数の減少につながるが，これは長寿化にともなう繁殖年限の延長により，ある程度は補われているものと思われる（5.3.4項）．

かつての伊豆半島沿岸ではイルカの追い込み漁が操業されていた．その漁獲物からスジイルカの雌の性状態組成を得て繁殖周期を推定することが行われたので，まず，この作業から紹介する．このような解析においてはデータに偏りのないことが鍵であり，標本は周年を均一にカバーすることが望まれるが，伊豆のスジイルカの標本はそのような条件を満たしていない．しかし，前述したように，スジイルカは繁殖の季節性が弱いことと，この標本にはおよそ夏と冬の2つの繁殖期に由来する個体が含まれていることが（5.2.2項），ある程度この問題を緩和している．おもな調査地は富戸と川奈で，漁期は秋から冬にかけてであった．1回の追い込みで捕獲される個体の集まりを群れと呼ぶと，群れの大きさは10頭前後から2000頭以上におよび，100-199頭の群れがもっとも多く，群れ総数の21.1%を占めていた．平均群れサイズは273頭であった．群れの構成に関する細かい議論は後に譲るとして，これらの群れは2つのタイプに大別された（図5.4）．すなわち，未成熟個体と成熟個体の両方を含む群れ（大人群）と，2-3歳から10歳前後までの

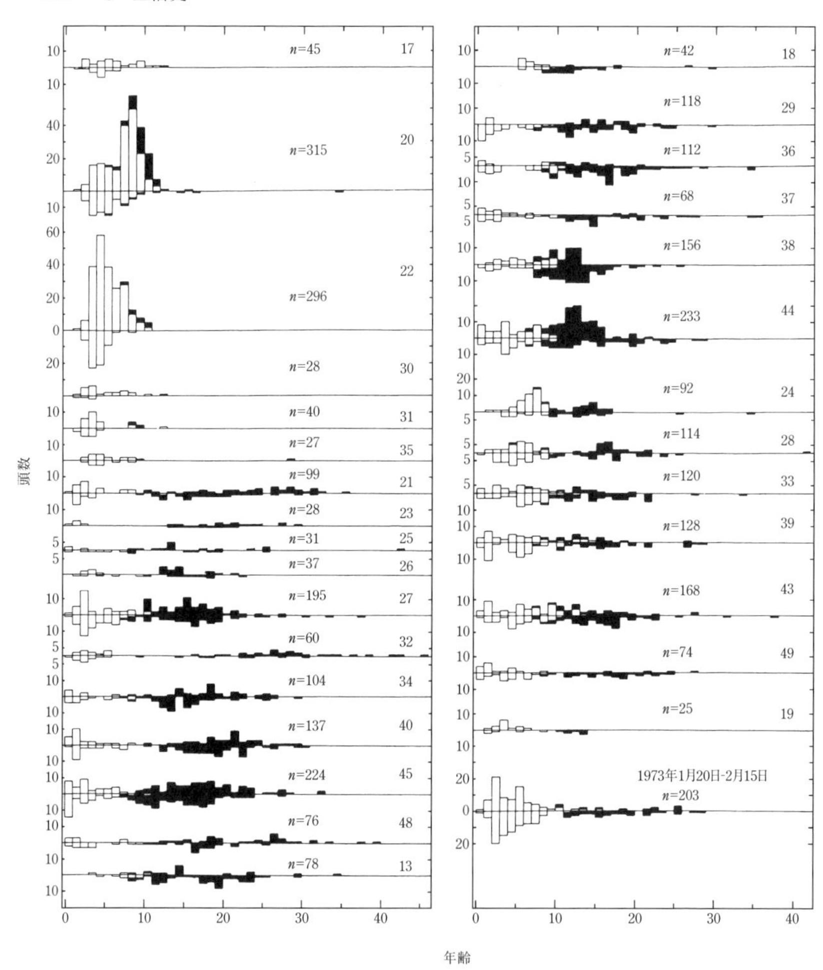

図 5.4　スジイルカの群れ別の年齢組成．伊豆半島沿岸の追い込み漁で捕獲された群れからランダムに抽出された標本による．横線の上側が雄，下側が雌．黒枠は成熟，白枠は未成熟．右端の数字は群番号で，n は雌雄合計の調査頭数．右欄の最下段は和歌山県太地の突きん棒漁で捕獲されたスジイルカの年齢組成，成体は警戒心が強いため突きん棒漁では捕獲しにくい．Miyazaki（1984）の Fig. 1 にもとづく粕谷（2011）の図 10.16 による．

未成熟個体を主体とする群れ（子ども群）である．これと符合して大人群には 3-10 歳児が少ない傾向があり，子ども群には雌よりも雄が多いことも注目される．

イルカ類の年齢査定は歯の脱灰・薄切片をヘマトキシリンで染色して，顕微鏡で象牙質やセメント質に現れる年輪を数えて行う（粕谷，2011：12.4.2項）．当然ながら読み手による査定誤差もあり，1年未満の端数処理に起因する推定精度の問題も発生する．図5.4に見るようにスジイルカの子ども群には0歳児は見られない．1歳児はごく少数が出現するがきわめて少数であり，年齢査定の精度に起因する可能性も排除できない．ところが2歳児は相当数が子ども群に現れ，3歳児はもっと増える．このことから，スジイルカの子どもは2歳ころには親の群れを離れる個体があると解釈することができる．彼らが乳を飲むのをやめた年齢は，子ども群に移籍した年齢よりも若干早いはずである．

追い込み漁で捕獲された大人群のなかの成熟雌の妊娠・泌乳・休止の各性状態の組成をもとにして，彼らの繁殖周期を推定する試みがなされてきたが，彼らの群れ組成が多様なところに問題があった．成熟雌中の妊娠雌の比率は10% 以下から90% 以上まで，群れによって幅があったのである．このことは群れサイズが多様であることと相まって，調査対象に特定の群れが含まれるか否かによって平均繁殖周期の推定が不安定になることを意味している．標本中の1歳未満の仔イルカの数は，サンプルの季節や生後の死亡率の影響を受けているとしても，多数の群れを合算した場合には，妊娠雌の数とある程度は釣り合っていると期待されるが，実際にはアンバランスが発生した．Kasuya（1985a）はスジイルカの平均繁殖周期を推定するにあたって，これを補正することを試みているが，著しい改善は見られなかった．表5.3にはそのような補正を試みた推定値と補正をしないMiyazaki（1984）の推定値とを対比して示した．いずれにせよ，スジイルカの平均泌乳期間は14.9-20ヵ月（1.2-1.7年）の範囲のどこかにあると推定され，上に述べた子ども群の齢構成とおおよそ整合する．平均出産間隔は31-34ヵ月（3年弱）と推定される．泌乳の終了から次の妊娠までの休止期間は平均2.6-7.3ヵ月であった．ただし，このように漁獲物の組成から推定される繁殖周期は，あくまでもの平均値であり個体変異を知りえない．

同様の計算がマダライルカでもなされているので，Kasuya（1985a）のデータを用いて上に述べた補正なしで計算した（表5.4）．平均泌乳期間は約32ヵ月（2.7年）で，平均出産間隔は49ヵ月（4.1年）である．この推定

表 5.3　スジイルカの平均繁殖周期を漁獲物の組成から推定する．これまでに発表された2つのデータをもとに妊娠期間を12ヵ月と仮定して，$X=[x/\text{妊娠雌頭数}]\times 12$で算出した．ただし，$X$は特定の性状態の平均期間（月），$x$はその性状態にある雌の頭数．Kasuya（1985a）は胎児と1歳未満の新生児のアンバランスの補正を試みているが，その意義は疑問である．粕谷（2011）の表10.6による．

データ	試料頭数	妊娠	妊娠・泌乳	泌乳	休止	合計
Miyazaki （1984）	699頭	33.8% 11.4月	1.9% 0.6月	42.6% 14.3月	21.7% 7.3月	100% 33.6月
Kasuya （1985a）	841頭	39.0% 9.8-10.6月	5.6% 2.2-1.4月	45.4% 17.8-16.3月	10.0% 4.0-2.6月	100% 33.7-30.7月

表 5.4　マダライルカの平均繁殖周期を漁獲物の組成から推定する．妊娠期間は0.94年（11.28月）とし，太平洋沿岸で得たKasuya（1985a）のデータを用いて算出．

試料頭数	妊娠	妊娠・泌乳	泌乳	休止	合計
491	19.3% 9.5月	3.6% 1.8月	61.6% 30.3月	15.5% 7.6月	100% 49.2月

のもとになったマダライルカの群れ（いわゆる大人群）の齢構成を見ると，そこには2-9歳に欠落が認められる（齢構成の谷は5歳にある）．このことはマダライルカにおいても親離れした子どもの多くが大人と分かれて生活していることを示すものである．スジイルカでは漁業が進行するにつれて，平均泌乳期間と平均出産間隔が短くなったことが知られている．これは漁業によって生息数が低下し，1頭あたりの餌の供給が増えたことに対する個体群の反応であるらしい．マダライルカの泌乳期間や繁殖周期がスジイルカよりも長く推定されているのは，種としての特性と見るべきか，それとも漁獲の歴史が短いため，資源レベルが初期資源に近かったことに帰すべきかは判断できない．

同様の雌の繁殖周期の計算をハンドウイルカでも見てみよう（表5.5）．標本は追い込み漁で捕獲されたもので，太地と安良里で得た9群（太平洋標本）と，壱岐の勝本で得た7群（壱岐標本）よりなる．平均泌乳期間は太平洋標本で20.8ヵ月（1.7年），壱岐標本で15.6ヵ月（1.3年），平均繁殖周期（平均出産間隔）はそれぞれ36ヵ月（3.0年）と29.4ヵ月（2.45年）であり，壱岐周辺の個体は太平洋のそれに比べて繁殖周期が短い．この違いに

表 5.5 ハンドウイルカの平均繁殖周期を漁獲物の組成から推定する．妊娠期間はハンドウイルカでは12ヵ月であることが知られている．繁殖周期の推定方法は表5.3に同じ．粕谷（2011）の表11.11より構成．

海域	試料頭数	妊娠	妊娠・泌乳	泌乳	休止	合計
太平洋	144	28.5% 10.3月	4.8% 1.8月	52.8% 19.0月	13.9% 5.0月	100% 36.1月
壱岐	152	34.9% 10.3月	5.9% 1.7月	47.4% 13.9月	11.8% 3.5月	100% 29.4月

は主として泌乳期間の違いが影響している．壱岐周辺の個体はわずかに早く離乳する傾向があり，これは壱岐の個体の幼児期の成長が良好であることとも整合する．この解析に用いた群れはすべてがいわゆる大人群であるが，その年齢組成には2-3歳に谷が認められることから，本種においても，親離れした仔イルカの相当部分が大人の群れを離れていると判断される．おそらく子ども群を形成しているのではないだろうか．水族館で飼育されたハンドウイルカの場合，生後3ないし5ヵ月で固形食をとり始め，9-12ヵ月で固形食が主要な栄養源になるとされている（Cornell *et al.*, 1987）．ハンドウイルカにおいても，栄養上の必要な期間が過ぎた後も授乳が続くことを示している．

野生のイルカにおいて授乳行動を確認するのはむずかしい．オーストラリア西岸のシャーク・ベイの野生のミナミハンドウイルカでは仔イルカは3歳ないし5歳まで乳を飲み，フロリダのサラソタのハンドウイルカでは泌乳中の雌が3歳ないし4.5歳の乳飲み仔を連れていることはめずらしくなく，ときには7-9歳の子ども（哺乳は未確認）を連れているという（Connor *et al.*, 2000b）．また，母親は次の仔の出産が近づくと意図的に仔イルカを遠ざけると彼らは述べている．これらの研究では出産間隔に大きな個体差を認めていることに注目する価値がある．すなわち，サラソタのハンドウイルカでは出産間隔は平均5年であったが，2年から10年の幅があり（Scott *et al.*, 1996），オーストラリアのアデレードのミナミハンドウイルカでは，前の仔が死亡した事例を除く10例では出産間隔の平均は3.6年であったが，1.9年が1例（前の仔を授乳中に妊娠した例），3年が5例，4年が2例，5年と

6年が各1例であった（Steiner and Bossley, 2008）．しかし，前の仔が離乳前に死亡した5例では次の妊娠が早まり，これを含めた15例の平均出産間隔は日本の漁獲物解析の結果に近い2.9年であった．日本の御蔵島のミナミハンドウイルカでは，母子は3年ないし6年（平均3.5年）で別行動をとるといわれている（Kogi *et al.*, 2004）．この個体群では成功裏に子どもを離乳できた雌の出産間隔は3年から5年の間にあり（平均3.5年），仔が死亡した場合を含めた場合の1年ないし6年（平均3.4年）と大差がなかった．離乳前に子どもが死亡した例は御蔵島では26.7%（26出産中7例）であったが，上に述べたアデレードの群れでは46%と高率であった．その背景には生息密度ないしは生息環境の質の違いが影響しているものと考えられる．

シロイルカは北極圏に生息するハクジラ類であるが，その授乳期間の推定に新しい手法が使われている（Matthews and Ferguson, 2015）．それは窒素の安定同位体 ^{15}N の比率が母乳で高く，固形食で低いことに着目して，歯の象牙質を成長層ごとに分析して母乳から固形食への移行が完成する時期を推定したものである．それによると離乳が完成したときの年齢は0歳（生後1年未満）が6頭，1歳が15頭，2歳が2頭，3歳（生後3年以上で4年未満）が1頭であった．離乳の季節がいつであるかわからないので，かりに各年齢の6ヵ月目に離乳すると仮定して平均離乳年齢を計算すると1.6年となり，ハンドウイルカなどの典型的なイルカ類に近い値が得られている．

(iii)　母親といつまでも――コビレゴンドウ型

マッコウクジラはハクジラ類最大の種であり，捕鯨業でさかんに捕獲されたが，捕鯨規則で小型個体や子連れ雌の捕獲が禁じられていたので，離乳や性成熟に関する情報が得にくいという問題があった．そこで南アフリカの Best *et al.*（1984）は科学研究のための特別許可を得て，ダーバンを基地にして操業していた捕鯨船に仔クジラを捕獲させ，胃のなかの乳糖の検出を試みた．この手法は胃のなかの固形餌料に混ざった少量の乳汁を確認するには優れた方法であり，乳糖が検出されれば乳を飲んでいた証拠となる．ただし，乳糖が検出されなくても離乳している証拠にはならない．分析対象となったのはすべて未成熟個体で，雄12頭，雌13頭で最高齢は雌雄とも13歳であった．雄12頭のうちの7頭（0-13歳）に，雌13頭のうちの8頭（0-7.5

表 5.6 マッコウクジラ（南アフリカ産）の胃のなかの乳糖の有無と年齢との関係．Best *et al.*（1984）の Table 10 より再構成．

性別	乳糖	0 歳	2 歳	3 歳	4 歳	5 歳	7 歳	8 歳	9 歳	11 歳	13 歳
雄	有	2					2	1		1	1
	無		1		1	1		1		1	
雌	有	3	1	2		1	1				
	無	1	1						2		1

歳）に乳糖が検出された（表 5.6）．乳糖が検出されなかったのは雄 5 頭（2.5–11 歳）と雌 6 頭（0–13 歳）であった．胃内容物を検査された全標本のなかで，2 歳以上の個体はみな固形餌料の痕跡があったが，0–0.5 歳で乳糖未調査の 1 頭を含む 7 頭にはそれが認められなかった（0.5–2 歳未満の標本は得られなかった）．本種では機能歯は下顎に限られており，それが萌出していたのは 8 歳の雄と 13 歳の雌の各 1 頭のみであり，本種では歯の萌出と固形食のとり始めとは無関係であることがわかる．仔クジラは成長にともない栄養必要量が増加するので，栄養源を母乳以外にも求めるのが自然である．おそらく，マッコウクジラでもほかのハクジラ類と同様に 0.5 歳からあまり遠くない時期に餌をとり始めると思われる．マッコウクジラの雌は 5–9 歳で繁殖可能となり（性成熟），その後も母親の群れに留まっている．一方，雄は 10 歳を過ぎると母親の群れを出て若い雄の群れに入る個体が出始め，25 歳ころになると単独生活を始めて繁殖に参加するとされている（Best, 1979）．この点では日本近海の本種との違いは指摘されていない．10 歳ころは精子形成が活発になる時期に一致し，春機発動期の始まりと思われる．以上の事実は，マッコウクジラは雌では性成熟ころまで，雄では春機発動期のころまで乳を飲む個体があると解釈される．

ゴンドウクジラ属にはヒレナガゴンドウとコビレゴンドウの 2 種の現生種が含まれる．北大西洋ではニューファウンドランド（Sergeant, 1962），シェットランドやオークニーの諸島（Tudor, 1883），アイルランド（Fairley, 1981b）などの各地でかつてはヒレナガゴンドウの追い込み漁が行われていた（Mitchell, 1975）．今ではその多くが操業をやめ，ただひとつフェロー諸島のみが 16 世紀以来の操業を続けている（Zachariassen, 1993）．その資源の動向に国際捕鯨委員会（IWC）が関心を示し，それに対処するためにフ

表 5.7　ヒレナガゴンドウ（フェロー諸島産）の胃内容物と年齢の関係．寄生虫の存在は固形食を食べたと見なした．1 歳未満の齢は体長から推定．Desportes and Mouritsen（1993）のデータによる．

性別	乳汁のみ	乳汁と固形食	固形食のみ
雌	≤10 ヵ月	6.0 ヵ月-12 歳	≥9.2 ヵ月
雄	≤3 歳	5.5 ヵ月-7 歳	≥5.8 ヵ月

ェロー諸島の自治政府は国際的な調査団を組織して漁獲物の調査を行った．そのプロジェクトには胃内容物調査にもとづく離乳過程の解析も含まれていた（表 5.7）．胃のなかに餌の残骸ないしは寄生虫があって，餌をとっていたと判定された個体は 0 歳児で約 50% であったが，1 歳児では 99% 程度に増加した．固形食をとっていた個体の最小年齢は 0.5 歳前後であり，このころに餌をとり始めるという点は，上で見てきたイルカ類に共通する特徴である．固形食のみで乳汁が胃から検出されなかった個体は 5.8 ヵ月以上に出現し，その比率は年齢とともに増加して 1 歳児で約 20%，2 歳児で約 50% となり，8 歳以上ではほぼ 100% になった．これは乳汁への依存が年齢とともに低下することを示すが，ここには捕獲前にたまたま乳を飲まなかった個体も算入されているし，微量の乳汁が見落とされた例もあろうから，離乳が完成する時期を示していると解釈するべきではない．胃のなかに乳汁が検出された最高齢の個体は雌で 12 歳，雄で 7 歳であったことは，本種でも離乳の完成が遅く，おそらく母子のつながりが長く維持されることの証拠として興味深い．なお，このデータから乳を飲んでいた個体の最高齢が雌雄で異なると断定するのは早計であろう．Martin and Rothery（1993）は本種の全成熟雌の平均出産間隔を 5.1 年と推定している．本種は終生繁殖可能というのが彼らの結論であったが，その結論は慎重であるべきと私は考えている．なぜならば，本種の最高齢は 60 歳であったが，42 歳以上の雌 24 頭のなかで妊娠していたのは 55 歳の 1 頭のみであり，終生繁殖可能との彼らの結論は，この 55 歳の雌 1 頭に依存していたのである．私はこの個体を例外的と見なして，本種の雌にも更年期があると結論するのが正しいと考えている（5.4.4 項）．

日本沿岸ではコビレゴンドウの追い込み漁が古くから行われていた．私は

表 5.8　コビレゴンドウ（マゴンドウ型）の年齢と歯の萌出の関係（数字は観察頭数）．年齢は象牙質成長層ないしは体長より推定し，歯ぐきの外にわずかでも歯を認めれば萌出とした．Kasuya and Marsh（1984）の Table 18 より構成．

萌出の有無	位置	0歳	0.1-0.5歳	0.6-1.0歳	2-3歳
未萌出	上顎	5	3		
	下顎	5	5	1	
萌出	上顎		3	4	5
	下顎		1	2	5

表 5.9　コビレゴンドウ（マゴンドウ型）の胃内容物と年齢の関係（数字は観察頭数）．年齢は象牙質成長層ないしは体長より推定．Kasuya and Marsh（1984）の Table 18 より構成．

胃内容物	存否	0.1-0.5歳	0.6-1.0歳	2.1-3.0歳	3.1-4.0歳
乳汁	あり			2[1)]	1[2)]
	なし	1	2	1	1
イカのくちばし	なし	1			
	あり		2	3	2
合計頭数		1	2	3	2

1）漁業者が摘出し，山積みされた内臓を調査して2.5歳ないしそれ以上と判断された1頭を含む．　2）1）と同様の理由で最少3.5歳と判断の1頭を含む．

1974年から1984年の約10年間に紀伊半島の太地の追い込み漁で捕獲された群れを主とし，若干の伊豆半島の川奈と富戸で得た試料を加えてコビレゴンドウ（この場合はマゴンドウ型）の生活史を解析した．その概要は粕谷（2011）にまとめてある．この漁業では幼体は解体されずにしばしば投棄されたことと，通常はひとりでの調査であったため，胃内容物の検査ができたのは少数個体に限られており，とくに歯の萌出状態と胃内容物を対比できた個体は少なかった．それでも，本種もほかのマイルカ科の種と同様に，歯の萌出が始まるのは生後半年弱であり，それとほぼ同時期に固形食をとり始めることが知られた（表5.8，表5.9）．このデータは，その後も少なくとも3歳までは乳を飲む個体があることを示しているが，離乳が完成する時期については次に述べる群れの解析によることになる．

太地の追い込み漁では発見されたマゴンドウの群れが比較的小さい場合には，その群れ全体を追い込むのが普通である．しかし，広範囲に分散した

表 5.10　コビレゴンドウ（マゴンドウ型）の群構成の一例（図 5.5 の第 12 群）.「泌乳か休止」とあるのは卵巣と子宮のみの観察で，乳腺情報が欠けている成熟雌である．粕谷（1990）の表 3 のデータによる．

成熟の有無	性別	繁殖状態	頭数	各個体の年齢
未成熟	雄		4	0, 13, 13, 16
	雌		3	0, 7, 8
性成熟	雌	泌乳	6	22, 33, 36, 42, 43, 48
		泌乳か休止	3	?, ?, ?
		休止	1	37
		妊娠	2	11, 30
	雄		1	32
合計	雄		5	0–32
	雌		15	0–48

「大群」を発見した場合には，そのなかの一部を切り離して追い込むことがある．後者の場合の「大群」とは，比較的小さい群れが一時的に集まって形成されたものであろうと私は推測している．太地では漁業者が前者，つまり小群全体を捕獲したと述べている 12 群についてその組成を調査することができた．そのなかの 1 群について泌乳雌の数と仔イルカの年齢を対比したのが表 5.10 である．この群れは成熟雌 12 頭，未成熟の雌雄計 7 頭，成熟雄 1 頭の合計 20 頭からなっていた．成熟雌について泌乳の有無が確認できたのは 6 頭であるが，残りの 3 頭の成熟雌は乳腺の検査ができなかったものの，卵巣には白体はあったが黄体がなく，子宮には胎児がなかったので，その性状態は休止（泌乳も妊娠もしていない成熟雌）ないしは泌乳中であると判定された．したがって，この群れにいた泌乳雌の数は 6–9 頭の範囲にあると判断される．成熟個体はたぶん離乳しているであろうから（その保証はないが），これらの雌から乳を飲んでいた可能性があるのは未成熟個体 7 頭のうちにあると推測される．その最高齢は雌で 8 歳，雄では 13 歳ないし 16 歳となる．同様の解析を上に述べた 12 群のそれぞれについて行い，ひとつにまとめたのが図 5.5 である．離乳したと判定される個体は 2–3 歳で現れ始め，その比率は年齢とともに増加し，4–5 歳ではおおよそ半数が離乳したと判定される．それ以上の年齢で，なおも乳を飲んでいると推定される個体が，少数ではあるが出現する．それらは雄に 4 頭（7–15 歳），雌に 3 頭（7–9 歳）

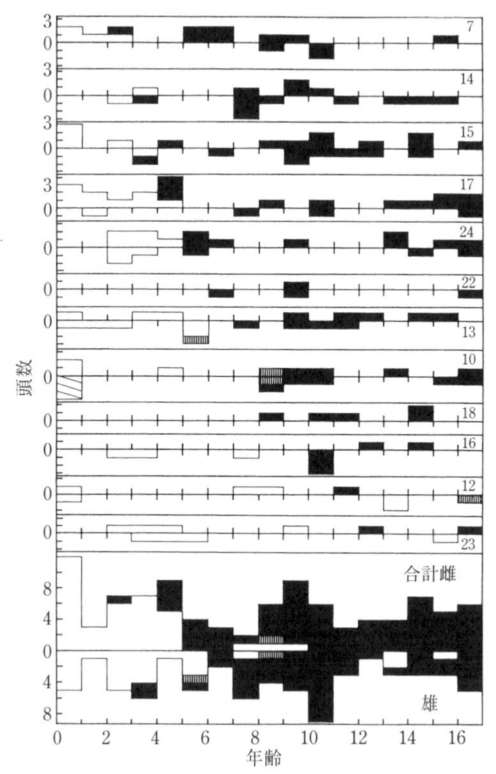

図 5.5 追い込み漁で捕獲されたコビレゴンドウ（マゴンドウ型）の群れごとの泌乳雌の数と仔イルカの数とを対比して，乳を飲んでいる仔イルカの年齢を推定する．ここでは，①泌乳雌の数と乳飲み仔の数は同じで，②年齢順に離乳し，③性成熟個体は離乳していると仮定している．右端の数字は群番号，黒枠は離乳個体，白枠は乳飲み仔，縦線は判断不能個体，横線の上段は雄，下段は雌，対角線の白枠は性別不明個体．Kasuya and Marsh (1984) の Fig. 19 にもとづく粕谷 (2011) の図 12.26 による．

である．このようにして推定されたコビレゴンドウの離乳年齢は，上に述べたヒレナガゴンドウやマッコウクジラで得られた値と似ている．

上の解析は次のような複数の仮定にもとづいている．

① 乳飲み個体は離乳個体よりもつねに若い：この仮定は確実に誤りであり，真の離乳年齢のばらつきはもっと大きいはずである．

② 成熟個体は必ず離乳している：その保証はないが，哺乳類では成熟個体がほかの雌から乳を飲む例はまれであるらしい．ただし，トドで

は泌乳中の雌がほかの雌から乳を飲む例が報告されている（Pitcher and Calkins, 1981）.

③　乳母役はいない：もしも自分の仔を離乳した雌がもっと幼い「ほかの雌が産んだ仔イルカ」に乳を与えていたら（乳母の役），上の解析は離乳年齢を過大に評価する.

④　共同授乳はない：もしも雌イルカが自分の仔にも他人の仔にも分け隔てなく乳を与えていたとしても，他人の子どもの年齢が自分の仔の年齢以下である限り上の解析（乳を飲む年齢範囲）には誤りを生じない．もしも，そうでない場合には離乳年齢を過小評価することになる.

⑤　群れのなかの仔イルカは全部調査された：もしも仔イルカが沖に置き去りにされるとか，追い込まれた後で研究者の目に触れないうちに処分されたら，上の解析は過大な離乳年齢を与える．幼いイルカは追い込まれた後でまもなく死亡する場合があり，漁業者はこれらの幼児死体を曳航して洋上に投棄するのがつねであるが，私がそれを見落とすことはあったかもしれない.

上のいずれのケースにおいても，標本中の泌乳雌の年齢は影響を受けないので，それにもとづいて雌の授乳期間について次のような推論が可能である．まず，日本近海のコビレゴンドウはマゴンドウ型とタッパナガ型のいずれでも高齢個体で繁殖力が急速に低下することが知られている（表5.11，5.3.4項）．雌は5-11歳で成熟し（5.3.1項），最高齢は61-62歳であるが，出産が期待される年齢はせいぜい35-36歳までである．ところが，上に述べた12回の追い込みで捕獲された群れには36歳以上で泌乳していた雌が10頭いて，その最高齢は50歳であった（表5.12）．そして，このような老齢期の泌乳雌のいた群れでは表5.10に示したのと同じ方法で推定された哺乳中の仔イルカの年齢が高かったのである．これらの情報が語るのは，高齢雌が末子を産んだ後，その泌乳が長く続く傾向があることである．その背後には次の妊娠・出産がないことが関係しているものと思われる.

ハンドウイルカにおいては泌乳が終わってから次の発情が起こる場合が多いこと，かりに授乳中に次の妊娠が始まった場合でも，その泌乳は次の出産前に停止するのが普通であることを見てきた．これを念頭に置けば，上に紹介したコビレゴンドウに関して次のような解釈が可能である．すなわち，本

表 5.11 コビレゴンドウのマゴンドウ型とタッパナガ型における性成熟雌の年齢と性状態の関係（未成熟個体は除外した）．カッコ内は %．Kasuya and Tai (1993) の Tables 6, 8, 9 より構成．粕谷 (2011) および Kasuya (2017) の Table 12. 13, Table 12. 14 の誤数値を修正．

年齢	妊娠	泌乳中妊娠	泌乳	休止	合計
マゴンドウ型（1974-1984 年標本）					
5-14	38 (60.3)	2 (3.2)	11 (17.5)	12 (19.0)	63 (100)
15-24	41 (43.2)	1 (1.1)	33 (34.7)	20 (21.1)	95 (100)
25-34	23 (25.6)	2 (2.2)	34 (37.8)	31 (34.4)	90 (100)
35-44	1 (1.6)[1]	0	14 (21.9)	49 (76.5)	64 (100)
45-54	0	0	6 (19.4)	25 (80.6)	31 (100)
55-62	0	0	0	7 (100)	7 (100)
年齢不明	9 (25.7)	0	13 (37.1)	13 (37.1)	35 (100)
合計	112 (29.1)	5 (1.3)	111 (28.8)	157 (40.8)	385 (100)
タッパナガ型（1983-1988 年標本）[2]					
5-14	5 (41.7)	2 (16.7)	3 (25.0)	2 (16.7)	12 (100)
15-24	14 (25.9)	4 (7.4)	26 (48.1)	10 (18.5)	54 (100)
25-34	12 (22.2)	6 (11.1)	21 (38.9)	15 (27.8)	54 (100)
35-44	2 (12.5)[3]	0	1 (6.3)	13 (81.3)	16 (100)
45-54	0	0	0	8 (100)	8 (100)
55-61	0	0	0	2 (100)	2 (100)
年齢不明[4]	7 (15.6)	2 (4.4)	25 (55.6)	11 (24.4)	45 (100)
合計	40 (20.9)	14 (7.3)	76 (39.8)	61 (31.9)	191 (100)

1）妊娠個体の最高齢は 35 歳（1 頭）．2）1987 年は操業なし．3）妊娠個体の最高齢は 36 歳（1 頭）．4）1986 年（12 頭）と 1988 年（26 頭）に捕獲された全個体を含む．

種では仔イルカは半年程度で固形食をとり始める．離乳の完成は母親の年齢や生理状態も関係するが，早ければ 2-3 歳，平均的には 4-5 歳かそれよりも若干若い程度である．老齢期に入る直前の出産は生涯の最後の出産であり，それにともなう泌乳は長期にわたる傾向があり，その結果として末子は性成熟の近くまで乳を飲むケースがある．この解釈は母親の繁殖戦略からも合理性があると考えるが（本章後述），老齢泌乳雌がほかの雌の産んだ子イルカに授乳する可能性は現段階では否定できていない．

コビレゴンドウの平均繁殖周期を成熟雌のなかの妊娠雌の比率（これを「見かけの妊娠率」という）と妊娠期間の長さをもとに推定することが行われた．雌の性状態組成は季節的に変動するはずであるし，漁業活動も季節的な要素から逃れられないのが普通であるが，スジイルカやハンドウイルカの場合にはそれを無視しても，結果的には大きな問題はなかった．マゴンドウ

表 5.12　コビレゴンドウ（マゴンドウ型）の高齢泌乳雌につき，その年齢から同じ群れのなかで推定される高齢乳飲み仔の年齢を差し引き，最後の出産年齢を推定する．高齢泌乳雌の出現のない群れは省略した．Kasuya and Marsh（1984）の Table 19 より構成．

群番号	高齢泌乳雌の年齢（A）	高齢乳飲み仔の年齢（B）	A－B（最終出産年齢）	A—35（最小泌乳年数）
17	47	10（♂）[1)]	37	12
24	50	14（♂）[1)]	36	15
13	42	5（♂）	37	7
	40	5（♂）	35	5
10	37	4～8	29～33	2
16	43	7（♂）	36	8
12	48	>13（♂）	35	14
	43	>13（♂）	30	8
	42	8（♀）	34	7
	36	7（♀）	29	1

1）「年齢順に離乳する」という仮定のもとでは，この群れの最高齢乳飲み仔は 4 歳（♀）であるが，この条件を外して候補を選定している．

についてこの問題を検討してみる．まず，マゴンドウでは妊娠 1-2 ヵ月を過ぎた後の胎児の平均成長速度は 0.3386 cm/日と推定されているので（Kasuya and Marsh, 1984），これを漁獲物中の胎児の体長組成にあてはめて月別の出産分布を求めると，平均出産日が 8 月 2 日で標準偏差が 73 日となった．すなわちピークを中心に前後合計 9.4 ヵ月のなかに 95% の出産が起こり，出産の谷は 1-2 月にあった（図 5.6 の最上段）．この出産分布を妊娠期間 14.9 ヵ月だけ左にずらすと受胎分布が得られる（図 5.6 の最下段）．一年中のどの季節を見ても，2 シーズン分の妊娠雌がさまざまな比率で出現するので（図 5.6 の中段の A，B，C），1 繁殖期（12 ヵ月）に妊娠する雌の総数を 1 とすると，妊娠個体の総数は 11-12 月に最低の 1.062 となり，5-6 月には 1.443 と最高になるはずである（図 5.6 の白丸と点線）．理論的には見かけの妊娠率はこのような季節変動をすると予測される．新たに泌乳を始める雌の数は 7-8 月を中心とする出産盛期に多いと予想されるが，泌乳雌の総数を知るには子どもを離乳する雌を差し引かなければならない．しかし，泌乳期間は少なくとも 2-3 年は続くらしいこともあり，泌乳雌の季節変動は見かけの妊娠率ほどには著しくないものと推定される．

追い込み漁で捕獲されたコビレゴンドウ（マゴンドウ型）の成熟雌の性状

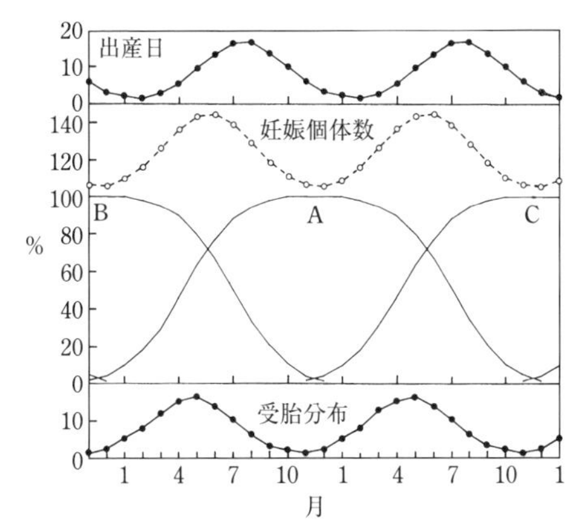

図 5.6 ［最上段］：コビレゴンドウ（マゴンドウ型）の出産日分布に正規分布をあてはめる（平均出産日 8 月 2 日，標準偏差 73 日）．出産日は胎児の成長式に胎児体長と出現日を入力して算出．［最下段］：出産日の分布を妊娠期間（14.9 ヵ月）だけ前に移動して受胎分布を算出．［中段］：月ごとの受胎を積算し，それから月ごとの出産数を差し引いて，連続する 3 ヵ年（中段の A，B，C）の妊娠個体数の月別変動を算出．個体群中にはつねに 2 ヵ年分の妊娠個体があるので，成熟雌のなかの妊娠個体の割合（見かけの妊娠率：図の白丸と点線）は 5-6 月に最大となる．Kasuya and Marsh（1984）の Fig. 18 による．

態組成は表 5.11 のとおりである．ここに用いたデータは 7-8 月と 10-2 月の 7 ヵ月間に得られており，この季節的な偏りが真の妊娠率と見かけの妊娠率との間にどの程度の食い違いをもたらしているかを検討してみる．まず，妊娠雌の数を妊娠期間に等しい齢 14.9 ヵ月以内の生後個体の数と比べてみた．すると，妊娠雌：幼児の比は 2.5：1 となり，幼児数が著しく少なかった．幼児の死亡率だけでこれを説明するのは無理であろう．多くの標本が出産ピークの 6-7 月に得られ，そこには出産直前の雌が多かったことが関係しているかもしれない．それを補正して求めた平均繁殖サイクルを表 5.13 に示した．これが正しいか，どれほど信頼できるかは今後の研究に待つのみである（粕谷，2011：12.4.4 項）．

タッパナガは日本近海に生息するコビレゴンドウの 2 つの地方型のひとつである．小型捕鯨業がこの捕獲を 1982 年に再開した．私はその翌年から 5 漁期の漁獲物を調査する機会があり，成熟雌の組成に関して表 5.11 に示すデータを得た．この標本には次のような特徴が指摘される．すなわち，漁期は 10 月と 11 月に限られており，その時期は 8 月から 1 月ころまでにおよぶ

表 5.13　コビレゴンドウの2つの型（マゴンドウとタッパナガ）の平均繁殖周期．補正された見かけの妊娠率と1.24年の妊娠期間をもとに漁獲物の組成より推定．粕谷（2011）の表12.15（誤数値修正後）による．

個体群	マゴンドウ[1]	タッパナガ[2]
最高妊娠年齢	35歳	36歳
平均出産間隔，全成熟雌[3]	7.83年	5.65-7.35年
平均出産間隔，最高妊娠年齢以下[4]	5.21年	4.42-5.65年
同上内訳，妊娠	1.10年	0.92年
泌乳中妊娠	0.13年	0.32年
泌乳	2.23年	1.99-2.76年
休止	1.75年	1.19-1.65年

1）1974-1984年標本による．2）年齢情報を含む推定は1983-1985年標本，その他の推定は1983-1988年標本による．3）観察された最高齢の雌はマゴンドウ62歳，タッパナガ61歳である．4）マゴンドウ35歳以以下，タッパナガ36歳以下の性成熟個体のみを用いて計算．

交尾期の最盛期にあたり，かつ出産期の初めに相当すること，本種の繁殖期はマゴンドウ型のそれよりも短いことの2点である．いずれも見かけの妊娠率を大きくし，真の妊娠率との隔たりを大きくする効果がある．そこで，見かけの妊娠数は真の妊娠数の1.443倍（マゴンドウで算出された最大値）ないし2倍（理論的に可能な最大値）にあると仮定し，妊娠期間1.24年（14.9ヵ月）を用いて，表5.13に示す平均繁殖周期を推定した．

上の解析で得られた知見をもとに，ゴンドウクジラ属の育児生態を次のように要約することができる．彼らは生後半年ころに歯の萌出が始まり，このころに固形食をとり始めて，1年以内に全員が乳と固形食の併用生活に入る．乳を飲むのをやめて完全に固形食に依存する年齢は，平均的にはヒレナガゴンドウで2歳時（生後2.5年ころ）であり，コビレゴンドウでは推定精度は悪いが2.5-3年ころと推定される．ただし，離乳が完成するときの仔イルカの年齢は母親の生理状態にも影響されて個体差が大きく，老齢期の母親は末子に対して10年前後もの授乳を続ける場合がある．このような長期の授乳は母子の同居の結果であり，栄養的な意義よりも母親による庇護や教育の期間としての意義があるものと推察される．同様の長期哺乳の例はマッコウクジラでも知られている．

5.3 性成熟，繁殖，そして死

5.3.1 性成熟

哺乳類では性腺や付属器官が成熟に向けて急速な発達を始めてから，それに続いて二次・三次の性徴が発達し，性成熟に至る．それまでの期間を春機発動期という．野外で雌雄の識別に役立つほどの二次性徴をもつ鯨類は多くない．シャチやゴンドウクジラ属の大きな背鰭，オオギハクジラ属の一部の種に見られる大きな下顎歯，イッカクの上顎の長い牙，マッコウクジラの大型体軀などは雄に発達する二次性徴である．マッコウクジラの雌の背鰭先端に形成される肥厚した角質の形成も二次性徴と呼べるかもしれないが，これは少数の雄にも発現することがある．三次性徴，つまり行動などの雌雄の違いとなるとさらに知見が乏しい．ヒゲクジラ類の雄が繁殖期にうたう歌（さえずり）程度に限られるのではないだろうか．スジイルカでは漁獲群の構成を解析してその社会構造を探る研究において春機発動期の個体を識別する試みがなされている．それは性成熟に近い比較的高齢の未成熟個体を指すとか（Miyazaki and Nishiwaki, 1978），睾丸の成熟過程の一時期を指すものであり（Miyazaki, 1984），春機発動期の行動特性を認識したうえでの定義ではない．現段階ではイルカ類の春機発動期を認識するための行動学的ないしは解剖学的な解析は不十分と思われる．

（i） 雌の性成熟

性成熟とは繁殖能力のある状態をいい，それを初めて獲得するのを性成熟に達するという．鯨類の雌では初排卵をもって性成熟とするのが一般的である．一部のイルカ類では左側の卵巣が先に成熟するので，成熟の判定には左右の卵巣を検査する必要がある．かりに卵巣の知見が欠けている場合でも，泌乳や妊娠が確認できれば，性成熟していると判断することは可能である．イルカ類の雌ではある年齢になると卵巣のなかの一部の原始卵胞に内液が蓄積してグラーフ濾胞に発達し，ついにそれが破れて排卵が起こる．排卵時の濾胞の大きさは鯨種によって異なるが，イシイルカで直径 18 mm 前後，コビレゴンドウとハンドウイルカでは 20–24 mm 前後と推定されている（粕谷，

2011：9.4.4項，14.4.4項）．水族館における飼育個体では定期的に発情ホルモンの計測を行うことにより，発情周期や成熟状態の確認が可能である．

アザラシのように交尾の刺激によって排卵が起こる動物もあるが，鯨類では交尾に関係なく排卵が起こる．これを自発排卵という．排卵の後の濾胞内には黄体が形成され，妊娠中はそれが維持され（妊娠黄体），出産後は白体となって卵巣中に長く残る．もしも妊娠に至らない場合には，形成された黄体（排卵黄体という）は速やかに白体に退縮する．これも卵巣中に残ると信じられてきた．しかし，一部のイルカ種においては排卵黄体に由来する白体は時間がたつと卵巣から消滅するらしいという報告が出された（Brook *et al.*, 2002; Dabin *et al.*, 2008）．私が数種のイルカ類で得たデータは妊娠黄体と排卵黄体のどちらに由来する白体も卵巣中に長く残存するという仮説を否定してはいない．しかし，排卵白体や妊娠白体を含めて，すべての白体が終生にわたって卵巣中に残存することが証明されたわけではなく，一部の古い白体は肉眼的に認識不能なレベルまで退縮する可能性は否定できていない．この問題の解明には，水族館で飼育されて繁殖履歴の知られた試料の解析が重要な役割を果たすであろうが，小さく退縮した古い白体をどう数えるか，その手法を研究者の間で突き合わせる基礎的な作業も欠かせない．そのような作業はまだ行われていない．

イルカ類では最初の排卵によって妊娠に至る場合が多いが，そうでない場合も少なくない．乳腺の組織像をもとに過去に出産・泌乳の経験がなく（流産の可能性は無視した），初回妊娠と判断されたコビレゴンドウ（マゴンドウ型）の雌15頭のうち，最初の排卵で妊娠したのが9頭，2回目の排卵が3頭，3，4，6回目の排卵で妊娠したのが各1頭あり，初回妊娠までに平均1.9個の排卵をしていたとされている（Magnusson and Kasuya, 1997）．妊娠を目指す雌は繁殖の季節になると排卵し，その排卵で妊娠しない場合には同一繁殖期内で排卵を反復する．その平均間隔は飼育下のハンドウイルカでは27日（Schroeder and Keller, 1990）やシャチでは42日（Robeck *et al.*, 1993）であった．それでも妊娠しなければ翌シーズンに排卵を繰り返すことが多い．野生のイルカでは初回排卵から初回妊娠までに要する時間は1年以内の場合が多いとしても，雌の生理状態や雄の存在などの社会環境次第では，妊娠が翌年まで遅れる例もあるに違いない．野生イルカの群れの研究においでは，初回排卵は確認できないので，初回出産をもって成熟を確認することになる．人口動態の解析においては，成熟雌の数のほかに年間妊娠率（1年間に1頭の成熟雌が妊娠する確率）や平均出産間隔も重要な要素なので，初排卵年齢と初産年齢とを区別することが大切である．

日本近海のイルカ類で初排卵年齢が推定されている種は数種類にすぎないが，それらは早熟と遅熟の2つのグループに分けられる．早熟なグループに入るのはスナメリとイシイルカで，どちらもネズミイルカ科に属する．かつて宮島水族館で生まれて育った雌のスナメリが3歳で出産した例がある．本種の妊娠期間は11ヵ月前後であるから，この雌は2歳で初回排卵をした可能性がある．栄養条件に恵まれた場合に達成される最短成熟年齢を示すものであろう．九州西岸に漂着したスナメリの雌39頭のうち4歳以下の個体はすべて未成熟で，7歳以上の個体はすべて成熟していたが，肝心の5歳と6歳の標本が欠落していた（Shirakihara *et al.*, 1993）．この不完全な資料にもとづいて性成熟は5-6歳で起こるという解釈も可能ではあるが，それでは水族館での飼育例との隔たりが大きすぎる感もある．性成熟期に近い個体が欠落していた背景には，そのころの一時期に行動の変化があることをうかがわせるが，この問題は未解明である．

アリューシャン列島方面のサケ・マス流し網で混獲されたイシイルカでは最年少の成熟雌は3歳で，未成熟雌の最高齢は8歳であった．イシイルカでは4-5歳を超えると年齢査定の信頼性が著しく低下するので，8歳で未成熟という年齢データに万全の信頼を置くことはできない．このイシイルカのデータから，半数成熟年齢は3.8と4.4年と算出されている（Ferrero and Walker, 1999）．2つの数値の違いは，計算にあたって年齢対成熟率の関係にあてはめた数式モデルの違いに起因するもので，気にするほどの違いではない．むしろ，標本が得られた時期と交尾期，つまり初排卵の季節の問題に注意しなければならない．彼らが解析した標本は出産期にあたる6-7月の2ヵ月に得られたもので，そのすぐ後の7月末に始まる交尾期の直前のものであった．彼らの標本のなかの3歳で成熟していた雌は約11ヵ月前の2歳時に初排卵を経験しているのである（性成熟）．また，未成熟と判定された雌のなかには発達したグラーフ濾胞をもち，約1ヵ月後に始まる交尾期には初排卵（成熟）すると見込まれる個体も相当数が出現したに違いない．したがって，本種の雌の性成熟年齢は3歳以上とするよりも2歳以上とし，平均性成熟年齢を4歳前後とするよりも3歳前後とするのが真実に近いと考えられる．この解釈に立てば，次に述べるわれわれの研究とも整合がよい．

われわれの調査航海は，前述のFerrero and Walker (1999) が試料を得た海域の南側で，それよりも2ヵ月遅れの8-9月に行われた．そこで突きん棒で捕獲されたイシイルカを解析したところ，最小成熟と最大未成熟の年齢範囲が2-4歳で，半数成熟年齢は2歳と3歳の間にあることがわかった (Kasuya and Shiraga, 1985)．本種は性状態により行動が変化し，すみわけもあることが知られているので，漁場や漁法の違いをどう評価するかというむずかしさがあるが，イシイルカも早熟な種に属し，初夏に生まれた個体では，早熟な個体は翌々年の夏の交尾期に満2歳で初排卵を経験し，半数成熟年齢は3歳前後であり，大部分は4歳までに成熟するものと推定される．

同じくネズミイルカ科の北大西洋のネズミイルカも早熟であるらしい．Gaskin *et al.* (1984) によれば，その性成熟年齢の範囲はファンディー湾では雌雄とも3-4歳で，北海では雌6歳，雄5歳ということであるが，後者に関してはやや疑問を感じる．ラプラタカワイルカも早熟なグループに属し，満2歳では18頭中5頭 (27%) が成熟し，3歳で5頭 (100%)，4歳で11頭中10頭 (91%) が成熟していた．半数成熟年齢は2歳の後半であろう (Kasuya and Brownell, 1979)．

上に述べたのは早熟な種の例である．マイルカ科の種ではこれよりも成熟が遅い傾向がある．最小成熟年齢と最大未成熟年齢は標本数に影響されやすい指標ではあるが，その年齢範囲と半数成熟年齢あるいは平均成熟年齢を粕谷 (2011) その他から拾うと次のようになる．スジイルカ：5-13歳 (8.5歳)，マダライルカ：6-11歳 (8.9歳)，ハンドウイルカ (太平洋産)：6-12歳 (9.2歳)，同 (壱岐近海産)：5-8歳 (6.9歳)，タッパナガ型コビレゴンドウ：5-11歳 (8.5歳)，マゴンドウ型コビレゴンドウ：7-11歳 (9.0歳)，壱岐近海産オキゴンドウ：8-10歳 (9.2歳) (Ferreira *et al.*, 2014)，セミイルカ：8-12歳 (Ferrero and Walker, 1993)．半数成熟年齢と平均成熟年齢は厳密には異なる概念であるが，推定精度を考えれば問題にするほどの違いではないので，ここでは区別していない．また，上に示した情報で産地表示のないものは太平洋産標本にもとづくものである．アカボウクジラ科に属するツチクジラについても同様の作業がなされており，そによれば雌は10-14歳で性成熟するとされている．

マイルカ科の雌は平均的には8-9歳で成熟するものが多いことが示されたが，性成熟年齢は栄養環境によって変化することを示唆するデータも得られている．1970年代から1980年代にかけては，壱岐近海産のハンドウイルカの雌は太平洋産の個体に比べて2年あまり早熟で，性成熟時の体長は約10 cm大きかった．さらに年齢別の平均体長を比べると，20歳以上の個体では両産地の間で違いがないが，2歳から9歳児までの若い個体では壱岐標本のほうが太平洋標本よりもつねに数cm-10 cmほど大きかったのである（粕谷，2011：11.5.1項）．おそらく壱岐近海のハンドウイルカは栄養に恵まれたため，子どもの成長が優れて性成熟が早まっているものと思われる．

これに似た例は伊豆半島沿岸の追い込み漁で捕獲されたスジイルカでも指摘されている．そこでは漁獲年ごとに死亡時の年齢と性状態が長年にわたって集積されてきた．そのデータを生まれ年，つまり年級群ごとに分けて性成熟年齢を解析したところ，半数成熟年齢はもっとも古い1956-1958年生まれ群の9.4歳からもっとも新しい1968-1970年生まれ群の7.5歳まで，近年に生まれた個体ほど初排卵年齢が低下していたのである．その背景を見ると，最高未成熟年齢の変化は不明瞭であったが，最小成熟年齢は8歳から5歳へと年ごとに低下していたのである．漁業によってスジイルカの生息密度が低下して栄養環境が改善されたこと，栄養改善の効果は成長が終わりかけた個体よりも若い伸び盛りの個体に強く表れると仮定すれば，この変化は説明できる（Kasuya, 1985a）．

マイルカ上科のイッカク科に属するイッカクでは顎骨内に1対の歯が形成され，そのうちの左側の1本が萌出して牙状を呈するようになるのは，通常は雄のみである．この牙は高価であるし，先端が摩耗するので年齢査定には使えない．そこで萌出しないほうの歯が年齢査定に使われるが，20歳前後で歯根が完成して年齢査定に使えなくなるとされてきた．そこでGarde *et al.*（2015）は目の水晶体のなかのアスパラギン酸（Aspartic Acid）のラセミ化の進行程度で年齢を推定した．アスパラギン酸には左旋性と右旋性の光学異性体があり，若いときには前者が多いが，年齢とともに両者の差が小さくなる傾向がある．これをもとに年齢を推定した結果，雌の性成熟年齢は

8-9 歳と推定されている．

次に雌イルカの卵巣の成熟過程を少しくわしく眺めてみる．用いるのは追い込み漁で捕獲されたコビレゴンドウ（マゴンドウ型）について得られたものである（Marsh and Kasuya, 1984; Kasuya and Marsh, 1984）．マイルカ科の種では左側の卵巣が先に成熟する例が少なくないが（Ohsumi, 1964），コビレゴンドウにはそのような現象はないので，左右を区別しないで述べる．未成熟の雌の卵巣重量（左右合計）は 0 歳児（0 年以上 1 年未満をこのように表示する）から 1 歳児までは下限が 2-3 g で上限が 5-6 g にあるが，8-11 歳では上限が拡大し，重量範囲が 2-3 g（下限）から 10-12 g（上限）と広くなる．ちなみに成熟雌の卵巣重量の下限は 12-13 g である．このような重量変化に並行して，卵巣中の最大グラーフ濾胞の直径にも同様の加齢変化が認められる．すなわち，1 歳児の最大濾胞は 2 mm 以下であるが，2 歳以上には 5-8 mm の中型の濾胞をもつ個体が出現する（ただし，最大濾胞が 2 mm 以下の個体も 10 歳までは出現する）．排卵時の濾胞サイズはコビレゴンドウでは 20-24 mm 前後と推定されているから（本項前述），この中型濾胞がすべてそのまま発育を続けて排卵に至るとは考えられない．その根拠は次の 3 点である．

① 初排卵年齢の下限 8 歳までの期間は 6 年間で長すぎること．

② 6-7 mm の中型濾胞は，排卵の可能性のない妊娠雌にもしばしば出現することから見て，発育を中断した濾胞である可能性があること．

③ 未成熟雌の最大濾胞サイズは季節変動を示し，繁殖盛期の 5-6 月に大きく（5-6 mm），その他の季節に小さく（3-4 mm）なること．

これらの事実から次のような推測が可能である．年齢 2 歳は離乳が完成する個体が現れる年齢であるが，そのような若い雌の体内でも成熟雌の繁殖サイクルに似た低レベルの季節変化が起きており，一部の個体では繁殖期には卵巣中のグラーフ濾胞が発育を始める．しかし，そのような濾胞は排卵に至らずに中型濾胞の段階から退縮に向かってしまう．いわば排卵に向けて試走するといった現象であろう．このような周期が毎年繰り返されるか否かは不明であるが，8-11 歳の年齢になり，体力的にも妊娠に耐えられる状態になると，濾胞は一気に成長して排卵サイズに至り排卵する．これが性成熟である．

このような成熟過程は，おそらくスジイルカ，マダライルカ，ハンドウイルカなどでも同様と思われる．これらの種では，性成熟年齢が8歳前後と比較的高齢であり，繁殖は周年可能ではあるが若干の季節性を示すという共通性がある．これに対して，イシイルカでは繁殖は季節性が強く，雌の性成熟は3歳前後と早熟である．このような種では排卵に向けて助走を始めたら，中断することなく一気に排卵に至るものと思われる．

(ii) 雄の性成熟

鯨類の雄がいつ繁殖能力を獲得するのか，それを判断するのはむずかしい．二次性徴は連続形質なので時期を特定しにくいし，二次性徴が認められない種も多い．飼育下の個体は別として，野生の雄について仔イルカが生まれたことを確かめることはきわめて困難なので，雌イルカとの関係を観察して繁殖の可能性を推測するに留まらざるをえない．イルカ漁業から多数の死体が手に入る場合には，生殖腺を検査して，図5.7に示すような関係を求めて繁殖能力を得た状態を推定することが行われる．そのようにして得られた結論

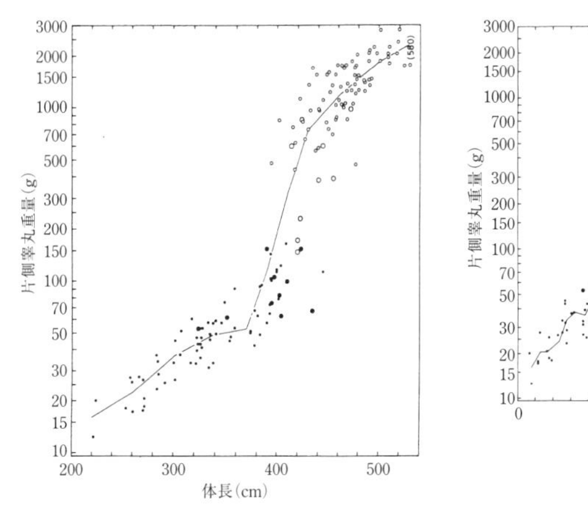

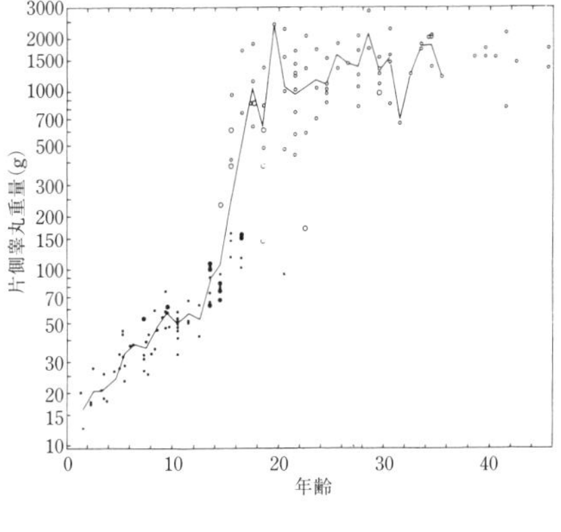

図5.7 コビレゴンドウ（マゴンドウ型）を例に，体長（左）あるいは年齢（右）に対する片側睾丸重量と睾丸成熟度の関係を示す．睾丸組織のなかで精子形成が進行している精細管の比率をもとに睾丸の成熟程度を4段階に分類し，各個体をひとつの丸印で示した．精子形成中の精細管の比率は，小黒丸：0%，大黒丸：0%を超え50%未満，大白丸：50%以上で100%未満，小白丸：100%．Kasuya and Marsh（1984）のFig. 6にもとづく粕谷（2011）の図12.12による．

（あるいは推論）を検証することは，これもほとんど不可能である．

雄が交尾相手を得ようとした場合，その成否には相手となる雌の意思や競争相手の雄の存在を無視できない．そこで，繁殖のために必要な生理機能を獲得した状態を「性成熟」と称し，ほかの個体との関係を含めて，実際に交尾相手を獲得できる状態を「社会的成熟」として区別することがある．たんに「成熟」と記されている場合には，どちらを指しているのかを正しく判断しなければならない．マッコウクジラの雄では10歳ころから精子形成が始まり，母親の群れを離れて雄同士の群れで生活をする個体が出始める．20歳を過ぎるとしだいに単独生活に入り，雄同士の闘争による傷痕をもつ個体が出現し始める．このことからマッコウクジラの雄は21-26歳で社会的に成熟すると考えられている（5.1.3項）．2つの成熟段階の隔たりはマッコウクジラでは十数年と大きいが，多くのイルカ類ではその社会構造から見てこのような大きな隔たりがあるとは考え難い．

睾丸の組織像から性成熟を判断する試みは古くから行われてきたが，その作業においてほぼ統一された基準が使われ始めたのは1984年以降のことである．それは左右いずれかの睾丸の中央部の組織を観察して，精子形成をしている精細管の比率によって，成長段階を次の4つに区分する：未成熟（精子形成精細管0%），成熟前期（0%を超え50%未満），成熟後期（50%以上，100%未満），成熟（全精細管で精子形成）．ただし睾丸の5-10 mm平方の組織を観察したところで，全体像が把握できるわけではなく，「未成熟」と判定された睾丸でも別の部位で精子形成が始まっているかもしれないし，「成熟」睾丸でもどこかに未熟な組織が残っているかもしれない．この問題については後で触れる．このようにして得られた日本近海のイルカ類の雄の性成熟時の年齢幅と半数成熟年齢（カッコ内）は次のとおりである．スナメリ：4-5歳（Shirakihara *et al*., 1993），イシイルカ：2-7歳（4.5歳）（Kasuya and Shiraga, 1985），スジイルカ：6-14歳（Iwasaki and Goto, 1997），ハンドウイルカ（太平洋産）：11-17歳（11.0歳），同（壱岐産）：9-10歳（9.5歳）（粕谷ら，1997），コビレゴンドウ（マゴンドウ型）：15-29歳（17.0歳）（Kasuya and Marsh, 1984），コビレゴンドウ（タッパナガ型）14-18歳（16.5歳）（Kasuya and Tai, 1993）．

上に示した「性成熟年齢」は雄イルカの成長のひとつの段階を示す指標で

あり，共通の基準で判定されたものである．雌の場合と同様に，イルカ類の性成熟年齢は2つのタイプに大別される．ひとつはスナメリとイシイルカを含む早熟型であり，もうひとつはマイルカ科の複数の種で認められるやや遅熟の型である．いずれでも雄の性成熟は雌よりも遅れる傾向が認められる．ところが，アカボウクジラ科のツチクジラに同様の基準をあてはめると雄の性成熟年齢は6-10歳となり，雌よりもわずかに早熟と判定される．その社会的ないしは進化学的な意義を議論するためには，彼らが実際に繁殖に参加する年齢がどこにあるかを知る必要がある．

上の基準で判定された成熟段階と年齢や睾丸重量との関係を，一例としてコビレゴンドウ（マゴンドウ型）について図5.7に示す．この図から各成熟段階が出現する年齢範囲と片側睾丸重量の範囲が次のように読み取れる．

未成熟：	＜20歳	＜170 g
成熟前期：	7-16歳	50-150 g
成熟後期：	14-29歳	150-900 g
成熟：	＞15歳	400-3000 g

これら情報に加えて図5.7からは次の3点が読み取れる．

① 睾丸重量は14-19歳時に急増する．

② 睾丸成熟の4段階のすべてが出現するのはこの年齢範囲に限られる．

③ その後も28歳ころまで睾丸重量は緩やかな増加を見せる．

おそらくマゴンドウの睾丸重量急増期（14-19歳）は，ヒトでいえば声変わりがして性毛が生え始める年齢に相当するかもしれない．個体差は大きいであろうが，この年齢範囲のどこかで雄は急速な成熟過程に入り2-3年のうちに繁殖能力，すなわち「交尾の機会が得られれば雌を妊娠させる能力」を得るものと想像される．ただし，その後も繁殖能力の向上が続くであろうことは，睾丸重量の増加から推量されるところである．これと同じ手法で解析されたハンドウイルカでも同様の傾向が認められているし，スジイルカやマダライルカも年齢-睾丸重量の関係に見られるパターンはマゴンドウと同様である．

年齢にともなう繁殖能力の変化を知るために，睾丸の浸出液や副睾丸の内液の塗抹標本で精子を検出する試みもなされてきた．この手法は簡便であるし，微量の精子を検出する能力は組織切片の検鏡よりも優れてはいるが，定量的な評価には向かないという欠点がある．鯨類には貯精嚢がなく，睾丸で生成された精子は副睾丸に運ばれて成熟し，そこに蓄えられる．マゴンドウでは5歳になるとごく微量の精子が睾丸浸出液中に認められることがある．13-14歳以上の睾丸，または15歳以上の副睾丸ではほぼ全個体に精子が出現する．副睾丸中の精子濃度は25歳前後までは漸増を見せるが，そこには大きな個体差がある．マゴンドウが実際に繁殖に参加できるようになる年齢は，15歳から25歳までの間にあるのではないだろうか．

マゴンドウの社会では1年のどの季節にも受胎が発生しているが，受胎のピークには明瞭な季節性がある（図5.6）．これに対して20歳以上の雄の性腺はほぼ周年にわたり活発で，精細管の平均直径と副睾丸中の精子濃度にわずかな季節変動が認められたにすぎない．発情雌の出現にいつでも対応できる態勢を整えていることが成熟雄の繁殖戦略であるらしい．5歳前後の明らかに未成熟な雄でもごく微量の精子を形成していることをすでに述べたが，これら未成熟雄の精子形成には明瞭な季節変化が認められる．すなわち，精子形成をしている睾丸の下限重量は受胎がさかんな5-7月には40 gにあるが，受胎が比較的少ない12-1月には90-160 gに上昇するのである．これは成熟途上の個体では睾丸の活動レベルが季節的に変化することを示している（粕谷，2011：12.4.3項）．ここで述べた雄の繁殖活動の季節性は漁業で捕獲された死体の調査で得られたものであり，個体を追跡して繁殖活動の季節変動を追跡していないことが最大の弱点である．

5.3.2　肉体的成熟

肉体的成熟は哺乳類の成長の一段階であり，脊柱の伸長が完了し，体長の増加が停止する状態をいう．哺乳類の脊柱は多数の脊椎骨が靱帯でつながってできており，個々の脊椎骨は椎体が主体をなし，椎体の前後には骨端板が付属している．若い個体では椎体と骨端板の間に軟骨が介在していて，軟骨は骨端板の側では新たに形成される一方，椎体側ではしだいに化骨して硬骨に変化する．このようにして椎体が長くなり，ひいては体長が増加する．ある年齢に達すると軟骨の形成が停止して椎体側の化骨は進行するので，最終的には椎体と骨端板とは融合し脊椎骨の伸長が停止する．これが肉体的成熟である．このプロセスは脊柱の前後端から進行し，最後に化骨が完了するのは後部胸椎から前部腰椎にかけての椎体である．これを確認するひとつの方法は椎体と骨端板を鋸で一緒に切り出して，薄くカットして，トルイジンブルーの水溶液で染色して，低倍率の顕微鏡で見ればよい．肉体的成熟の確認にはやや手間がかかるとしても定義は明確であり，雄の性成熟のような曖昧さはない．このようにして判定された肉体的成熟時の年齢はアリューシャン列島周辺のイシイルカでは雌雄とも5-8歳で，そのときの平均体長は雌189.7 cm，雄198.1 cmであった（Ferrero and Walker, 1999）．ただし，イシイルカは個体群によって体長が若干異なる可能性があるので注意を要する（粕谷，2011：9.3.2項）．ツチクジラでは肉体的成熟体長に雌（平均10.5 m）と雄（平均10.1 m）で大差がなく，肉体的成熟時の年齢もほぼ同じ9-15歳と推定されている（Kasuya *et al*., 1997）．

上に述べたような手法は解体現場で時間に余裕がなければ採用できない．それに代わるのが肉体的成熟を成長曲線から推定する方法である．ある時点における体長と年齢の関係を多数の個体について求めて，「見かけの成長曲線」をつくり，体長の増加が止まる年齢を肉体的成熟年齢とし，そのときの体長を肉体的成熟体長とするものである．この場合には次の3点に留意する必要がある．第一は成長パターンの変化である．たとえば漁業で個体密度が低下した結果，栄養条件が改善されて，後から生まれた個体の成長が先に生まれた個体よりもよくなっている場合には，見かけの成長曲線は右下がりの傾向を示すので肉体的成熟を把握できない．このような事例は西部北太平洋のマッコウクジラの雄で指摘されている（Kasuya, 1991）．そこでは漁業による密度低下への反応として，成長が加速されて体長が増大した．すなわち，1970年以前には雄の上限体長は16.8 m付近にあったが，1970年ころから体長組成に変化が表れて1980年以降には最大体長が2 mほど上昇したのである．この変化が始まるより前に得られた見かけの成長曲線では（Ohsumi, 1977），雄は年齢40歳前後，平均体長15 mで成長が停止した．これに対して雌の成長停止は10歳前後，そのときの体長は約10 mであり，雄よりも体が小さく成長停止も早いことがわかる（35フィート未満のクジラは捕獲が禁止されていたため，雌の成長の詳細は不明である）．見かけの成長曲線を使う手法の第二の問題点は，この手法では肉体的成熟体長は比較的求めやすいとしても，そのときの年齢は確定が困難なことである．第三に肉体的成熟年齢を推定したとしても，それは全個体が成長を停止するときの年齢であり，肉体的成熟時の平均年齢よりも高齢になる可能性があることである．このようにして推定された肉体的成熟年齢とそのときの平均体長を粕谷(2011) から引用すると，日本沿岸のスジイルカでは雌17歳 (225.3 cm)，雄21歳 (236.0 cm)，コビレゴンドウ (マゴンドウ型) で雌22歳 (364.0 cm)，雄27歳 (473.5 cm) である．コビレゴンドウのタッパナガ型では成長停止年齢を推定するには試料が不足しているが，かりに30歳以上の個体について平均体長を求めると雌467.4 cm，雄650.4 cm となる．

上の事例は，マイルカ科やネズミイルカ科では雄は雌よりも体が大きく (表5.15)，肉体的成熟が若干遅いのが通例であり，しかも大型種ほど成長期間が長い傾向があることを示している．その頂点にあるのがゴンドウクジラ類で，シャチもその部類に入るらしい．ハクジラ類の成長パターンはこれだけではない．ツチクジラでは雌も雄も15歳ころまで成長を続け，雌がわずかに大きいこと (前述)，またアカボウクジラでも雌のほうがわずかに大きいらしいことを見ると (Mead, 1984)，アカボウクジラ科の成長は別のルールが支配している可能性がある．ネズミイルカでは雄は雌よりもわずかに小さいが，島嶼型が妊娠・出産の制約のない雄に発現しやすかったとして説明される (5.1.4項)．

最近の個体群動態の解析においては，年齢組成，妊娠率，性比などの繁殖にかかわる指標に比べて，成長曲線や肉体的成熟などはあまり重視されないが，マッコウクジラの資源診断は例外であった．IWC の科学委員会は，1970年代から1980年代に北太平洋のマッコウクジラの資源解析に力を入れていた．そこでは漁獲物の年齢組成の変化を知り，それをもとに漁業の進行にともなって起こったであろう個体群の反応を探り，資源状態を推定しようとしたのである．漁獲物の性別と体長は条約上の規定にもとづき，捕鯨国はその統計を提出してきたが，年齢についてはそのような規定がないため解析に必要な量の年齢データが得られなかった．そこで，日本の科学者がつくった年齢-体長相関表 (Ohsumi, 1977) を用いて漁獲物の体長組成を年齢組成に変換して資源解析が行われた．雌は成長停止が早いので利用を断念して，雄について計算した．計算で得られた結果は，しだいに悪化する操業実態とはかけ離れて，楽観的なものであった．この資源診断の誤りの一因は，捕鯨によって生息数が減少した影響でマッコウクジラの成長が改善されて肉体的成熟体長が大きくなったことに気づかず，高齢個体を実際よりも多く見積もってしまった（漁業の影響を小さく見積もった）ことであり，ほかの原因は捕鯨統計の不正操作であったと信じられている（粕谷，2011：15.3.2 項）．

5.3.3　死亡率と寿命

漁業学においては死亡率を漁獲死亡率と自然死亡率とに区別する場合があり，両者を合算していることを明示するために全死亡率という表現を使うこともある．日本近海の小型鯨類の死亡要因のなかには，漁獲によるもの以外に，老衰・病死・天敵による捕食などによる自然要因がある．しかし，昔に比べて鯨類の生活環境が悪化しており，洋上に投棄された漁網に絡まって死亡する例や，軍事ソナーの威嚇効果により正常な潜水・浮上が妨げられて潜水病で死亡する例などが知られているし，環境汚染による健康障害で疾病が増加したともいわれ，人類の活動に由来するさまざまな要因でイルカ類を含む鯨類の死亡が増加していると信じられている（Twiss and Reeves, 1999）．これらは漁獲による死亡ではないが，明らかに人為要因による死亡であり，鯨類の管理において漁獲の影響だけに配慮すれば足りる状態ではなくなりつつある．日本沿岸のイルカ類の鯨種別の漁獲統計は 1972 年ころから整備が始められ，漁業による混獲の統計の収集も行われているが，漁獲以外の人為要因による死亡統計は不完全と思われる．

日本沿岸のイルカ類に関して自然死亡率と漁獲死亡率を分離する試みがなされたことはあるが，それは漁獲物の年齢組成の解釈にもとづくものであり，信頼性は乏しいものであった（本項後述；Kasuya, 1976, 1985a）．哺乳類の自然死亡率は幼齢期と老齢期に高く，青年期から壮年期にかけて低いとされており，バンクーバー沖のシャチの個体群における年齢・性別の死亡率解析でそのような傾向が示されており（Olesiuk *et al*., 1990），日本近海のイルカ類の漁獲物の年齢構成にもその傾向が認められる場合がある．しかし，漁獲物の年齢構成は成長にともなうイルカ類の行動の変化とか，漁具・漁法の選択性などに影響されるので，その解釈には困難と不確かさがともなう．年齢組成の解釈や死亡率の推定に関する専門的な議論については桜本（1991）や田中（1985）を参照されたい．以下では死亡率に関する基礎的な話題を紹介し，小型鯨類に想定されるおおよその死亡率のレベルについて解説する．

まずイルカ類の死亡率推定の原理について説明する．今，ある1年間に生まれたA頭の仔イルカが毎年一定の割合で死亡してゆくとすると，x年後に生き残っている頭数（N_x）は$N_x=Ae^{-mx}$で示される．eは自然対数の底（2.17…）であり，mは正の数で，正しくは死亡係数あるいは瞬間死亡率と呼ばれるものであるが，ときにはたんに死亡率と呼ばれることもある．x年目の個体数（N_x）に対するその翌年の個体数（N_{x+1}）の比は$Ae^{-m(x+1)}/Ae^{(-mx)}=e^{-m}$で，これが年間生残率（$S$）である．年間死亡率を$M$とすると，$M=1-S$すなわち$M=1-e^{-m}$の関係がある．もしも，生まれ年別のイルカの頭数（年級群）を追跡して，その減少傾向を解析することができれば，死亡率を推定することができるが，このような作業は実際的ではないことが多い．なぜならば，野生動物においては年級群ごとの生息数を推定することが技術的に不可能に近いうえに，さらに研究中に生息環境が変化することもあるだろうし，彼らの長い生涯（20-60年）を待っていては当面の管理に間に合わない．

その例外のひとつがハンドウイルカであるらしい．沿岸性の小個体群を対象にして，個々のメンバーを識別して生存と死亡の記録を蓄積し，それをもとにして生残率が推定されている．Fruet *et al.*（2015）はその一例である．彼らはブラジル沿岸の80頭前後のハンドウイルカの群れについて個体識別をして8年間追跡し，年間生残率を0.93（95%信頼限界0.89-0.95）と推定し，これはほかの同種の事例0.96（サラソタ），0.94（ニュージーランド），0.92（別のブラジルの例）と大きな違いは認められないとした．彼らは生残率とその95%信頼限界を性別・成長段階別にも求めている．この場合にはデータが細分されるので精度は落ちるが，未成熟個体0.83（0.64-0.93），成熟雄0.88（0.75-0.94），成熟雌0.97（0.91-0.99）であった．ここで得られた生残率は正しくは見かけの値である．群れを離れてほかに移住した個体があったとしても，それは死亡として扱われるので，得られた生残率は過小評価の可能性がある．未成熟個体や成熟雄の生残率が低めに出ているが，そこには移住などの影響が多少は混入しているかもしれない．バンクーバー沖のシャチについても同様の研究が行われて，生残率は未成熟の雄雌（<15歳）0.982，成熟雄（>15歳）0.961，成熟雌（>15歳）0.988と推定されている（Olesiuk *et al.*, 1990）.

上に紹介したような研究は外洋性の個体群では困難であるし，漁獲対象となっている個体群には使えない．そこで，漁獲物の年齢組成が個体群の年齢構成を示していると仮定して死亡率を推定することが行われる．単年度の漁獲物でデータが不足する場合には，数年間の漁獲物を合算することさえ行われてきた．このような作業で得られる死亡率が正しいものであるためには，扱う個体群における年間出産数 A（加入量ともいう）も死亡率のパターンも長期間にわたって安定していなければならない．そのような保証は得られないのが普通であるから，算出された死亡率は自然死亡率と漁獲死亡率だけではなく，再生産の変動をも含んだ数字であると解釈すべきものである．そのような複雑な要素を含んだ見かけのものであることを示すために，死亡係数 m に代えて Z で表示することがある．標本の年齢組成から Z を推定する方法についてはいくつかの提案がなされている．ひとつは個体数頻度の対数を年齢に対して回帰させる方法である．$Ln(N_x)=-Zx+C$ の回帰係数として Z が求められる（C は定数）．これからわかるように全死亡係数（Z）は時間尺に依存する係数である．鯨類の場合には時間尺として年が使われている．この回帰係数により Z を推定する方法は，モデルに起因する偏りが発生するおそれがあるし，高齢域で出現個体数がゼロになる年齢範囲を計算に含めると，それが無視されるため Z が過少推定となる可能性がある．これに代わるものに Robson and Chapman（1961）の提案になる算術的に求める方法があり，偏りが発生しないとされている．両手法をコビレゴンドウ（マゴンドウ型）で比較した例では年間生残率（0.854-0.975）において，最大でも 0.01 の違いであり，95% 信頼限界内での一致を見た（Kasuya and Marsh, 1984）.

日本近海のスジイルカ属の 2 種，スジイルカとマダライルカの年齢組成から Z を推定した例を図 5.8 に示す．縦軸は対数目盛りになっているので，Z の値は右下がりの直線の勾配として表現される．10 歳以下の年齢部分では勾配が不自然である．これは，離乳後の未成熟個体が親から離れて別行動をとる傾向があり，なぜか追い込み漁で漁獲されない傾向があるためであり，ほぼ 10 歳以上の年齢部分の勾配が死亡率（Z）を反映していると解釈されている．マダライルカは幼時には雌雄の比率がほぼ 1：1 であるが，10 歳以

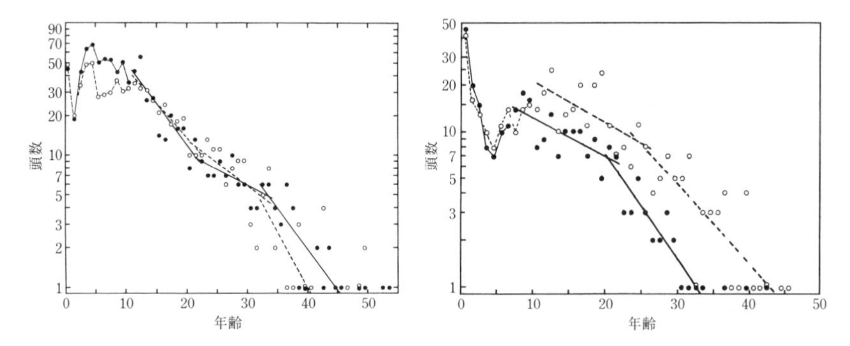

図 5.8　マダライルカ（右）とスジイルカ（左）の年齢組成から見かけの全死亡係数（*Z*）を推定する．データは追い込み漁の漁獲物で，マダライルカは 1970-1978 年に伊豆半島沿岸と太地で捕獲された 11 群，スジイルカは 1971-1977 年に伊豆半島沿岸で捕獲された 8 群からのランダムサンプルによる．Kasuya（1985a）の Fig. 9 と Fig. 10 にもとづく粕谷（2011）の図 10.14 と図 10.15 による．

上では雌が多くなり，その差は年齢とともに拡大する傾向がある．これに反してスジイルカの高齢個体では雄の比率がやや高い傾向が認められる．追い込み漁によるマダライルカの捕獲は 1950 年代末期に始まったが，捕獲は低レベルであったので資源への影響は少なく，右下がりの勾配（*Z*）は自然死亡係数を比較的正しく反映していると推測される（毎年の出生数はこの間に変化しなかったと仮定している）．これに対して，スジイルカでは第二次世界大戦前後の 1940 年代中ごろから 1960 年代にかけて漁獲が拡大して，年間数千頭から 2 万頭が捕獲され，資源は減少に向かった可能性がある．図 5.8 で 20 歳前後の個体（すなわち 1950 年代に生まれた個体）と，それよりも若い個体では見かけの死亡率（*Z*）が大きくなっている．これは漁獲死亡率の上昇あるいは加入量の増加，あるいはその双方を反映している可能性がある．壮年期の死亡率の低い年齢範囲に対して対数回帰で算出した Z の値はマダライルカで 0.0609（雌)-0.0555（雄）（Kasuya, 1985a），同じくコビレゴンドウ（マゴンドウ型）で 0.0254（雌)-0.0401（雄）である（Kasuya and Marsh, 1984）．かりに，瞬間死亡係数 Z=0.02 と 0.06 を年間死亡率（*M*）に換算すると，それぞれ 0.0198 と 0.0582 となる．このように Z が小さいときには，瞬間死亡係数 Z は年間死亡率（*M*）と数値的にはあまり異ならないことが理解される．日本近海産のイルカ類 3 種の生残率（*M*）を表 5.14

表 5.14　追い込み漁の漁獲物の年齢組成から推定した見かけの死亡率（M）．Robson and Chapman（1961）の方法で算出．粕谷（2011：表 10.8 および 12.5.3 項）による．

性別	マダライルカ[1)		スジイルカ[2)		マゴンドウ[3)	
	年齢	死亡率	年齢	死亡率	年齢	死亡率
雌	11-26	0.0563	11-22	0.1074	18-47	0.0249
	24-43	0.1026	20-34	0.0622	45-63	0.1456
	＞24	0.1348	32-41	0.2132		
			＞32	0.1408		
雄	7-22	0.0590	11-22	0.1486	9-30	0.0433
	20-34	0.1494	20-34	0.0534	27-46	0.0970
	＞20	0.1618	32-46	0.1489		
			＞32	0.1419		

1）出典は図 5.8 に同じ，最高齢は雌 45 歳，雄 42 歳．　2）出典は図 5.8 に同じ，最高齢は雌 49 歳，雄 53 歳．　3）マゴンドウはコビレゴンドウの一地方型．出典は図 5.9 に同じ，最高齢は雌 62 歳，雄 45 歳．

に示す．

ヒトの寿命を記述する場合には平均余命が使われることが多い．これは 0 歳児に期待される生存年数である．そこには人々に備わった生物としての生存能力に加えて，その社会の医療制度，食生活，事故死などの特性が反映されており，社会環境によって容易に変化する値である．鯨類の個体群が置かれた状況を理解して，その管理に役立てるためには，平均余命の知識が有効かもしれないが，彼らの生物学的な特性を理解するためには最大寿命（たんに寿命ともいう）のほうが適当である．日本近海のイルカ類ではコビレゴンドウ（マゴンドウ型）について，雄 12 歳，雌 22 歳と平均余命が計算された例がある（Kasuya and Marsh, 1984）．これは本種の個体がもっている生物学的な最大寿命の 25-35% である．この計算に使われた情報は先に述べた年齢ごとの全死亡率だけではない．雄では 9 歳まで，雌では 18 歳までの死亡率が漁獲物の年齢構成からは推定できていないという問題があった．そこで，年間妊娠率から算出した出生数をもとに，これらの年齢までの死亡率を推定したのである（図 5.9）．その際には，①これら若齢個体はなんらかの理由で漁獲を免れている，②この個体群は増減がなく安定しているという，証拠にもとづかない 2 つの仮定がなされている．

鯨類のそれぞれの個体がもっている生存の能力，ここでいう寿命を知るに

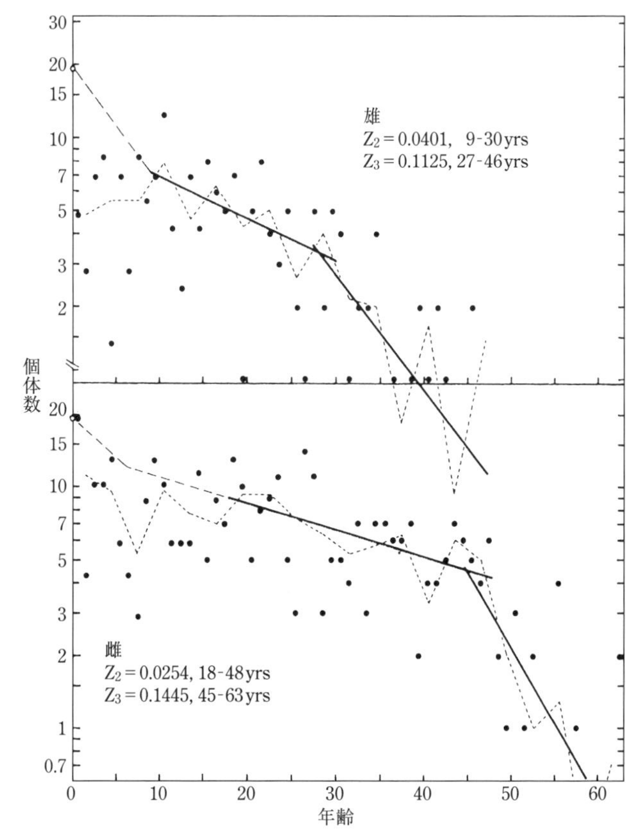

図 5.9　追い込み漁業で捕獲されたコビレゴンドウ（マゴンドウ型）の年齢組成（黒丸）．白丸は年間妊娠率から算出された 0 歳児の推定頭数．年齢組成から 3 年級の移動平均（細い点線）を求め，それに回帰直線（太い実線）をあてはめて全減少係数（*Z*）を求めた．若齢個体の仮想の生残曲線（細い鎖線）と太い実線をもとに平均余命（本文参照）が計算された．Kasuya and Marsh（1984）の Fig. 26 による．

は十分な例数を得て最高齢を見るのがよい．これは標本数にも左右される数値ではあるが，日本のように多くのイルカが漁獲されている場合にはこれが可能となる．その際に基礎となる技術が年齢査定である．ハクジラ類の年齢査定については，スジイルカ，ハンドウイルカ，ヒレナガゴンドウ，マッコウクジラなどを用いて，歯に現れる成長層を数える手法が 1950 年代に開発された（Sergeant, 1962; Ohsumi *et al*., 1963）．成長層の解釈や形成率の確定に時間がかかったが（Perrin and Myrick, 1980; Myrick, 1991），現在ではシロイルカを含み多くのハクジラ類で成長層の形成率は1年周期であるとされている．日本近海のイルカ類の年齢査定の手法や成果は粕谷（2011）に紹介されている．このような議論のなかで，Sacher（1980）は哺乳類の寿命（L, 年），脳重（E, g），体重（S, トン）が次のような種間関係をもっていることを見いだした．

$$\mathrm{Log}\,L=(0.519\pm0.036)\log E-(0.173\pm0.025)\log S+0.982\pm0.044$$

この関係式が意味するところは，寿命は脳重と正の相関をもち，体重とは負の相関をもつことである．それゆえ，ナガスクジラ類の脳重は5-6 kgとけっして小さくはないが，体重が40-70トンと大きいため，予測寿命（40-50年）は実測寿命（50-100年）よりも短い．そこで彼は体重と脳重との関係をもとに，体重がおおよそ100 kgを超えるハクジラ類は体重に無関係な一定の寿命をもつと予測して，この矛盾を逃れようとした．このことは，スナメリやネズミイルカなどは体重が100 kg以下で，脳重は比較的大きいので，これら小型種には比較的長寿を予測することになる．

日本近海のハクジラ類についてこれまでに年齢査定によって推定された最大寿命とSacher（1980）の式による予測値とを対比して表5.15に示した．参考までに半数性成熟体長と肉体的に成熟した個体の平均体長を併記した．最高齢の観察値は標本数に依存する要素があるので，細かい差異にこだわることは無意味であるが，Sacher（1980）の予測値との不一致について，将来その生物学的な背景を考察することには意味があるかもしれない．

ハクジラ類で種ごとに観察された最高齢（表5.15）をもとに，その成長・寿命のパターンをいくつかの型に分けてみた．第一の型は最大寿命が15-20歳の短命な種であり，日本近海の種ではスナメリとイシイルカがこれに含まれる．おそらくネズミイルカもこれに含まれると思われる．北大西洋産のネズミイルカの最高齢は13-14歳であり，肉体的成熟体長は産地によって多少異なるが，雌では170 cm前後で，雄よりも23 cmほど大きい（Gaskin *et al.*, 1984）．おそらくネズミイルカ科の全種がこのような短命の特性をもつと推定される．ネズミイルカ科とは分類学的には隔たったラプラタカワイルカもこの型に属する．この第一のグループの種は寿命に著しい性差は認められず，概して早熟で小型である．バングラデシュのブラマプトラ河で捕

表 5.15　年齢査定で得られた最高齢（観察値）と脳重・体重・寿命の種間関係による予測寿命とを比較する．参考までに半数性成熟体長と肉体的成熟個体の平均体長を示すが，その推定方法や精度は多様である．主として日本近海産の種を示す[1]．

鯨種	最大寿命（年）		性成熟（半数成熟体長）	肉体的成熟体長	
	観察値	予測値[2]		平均	雄/雌
ラプラタカワイルカ	雌 12	32	雌 140.3 cm	雌 153.0 cm	0.87
	雄 15		雄 131.4 cm	雄 133.3 cm	
スナメリ	雌 23		雌 135-145 cm	雌 157.7 cm	1.05
	雄 23		雄 135-140cm	雄 165.5 cm	
イシイルカ[3]	雌 15	50	雌 171.2 cm	雌 189.7 cm	1.03
	雄 14		雄 179.7 cm	雄 196.3 cm	
マダライルカ	雌 45		雌 181.9 cm	雌 193.9 cm	1.07
	雄 39		雄 194.3 cm	雄 207.1 cm	
スジイルカ	雌 44	56	雌 212 cm	雌 225.3 cm	1.05
	雄 49		雄 220 cm	雄 236.0 cm	
ハンドウイルカ	雌 45	67	雌 2.7-2.9 m	雌 288.0 cm	1.06
	雄 43		雄 2.9-3.0 m	雄 305.3 cm	
コビレゴンドウ	雌 62		雌 3.16 m	雌 3.64 m	1.30
(マゴンドウ型)	雄 45		雄 4.22 m	雄 4.74 m	
コビレゴンドウ	雌 61		雌 3.9-4.0 m	雌 4.67 m	1.39
(タッパナガ型)	雄 44		雄 5.5-5.6 m	雄 6.50 m	
ヒレナガゴンドウ	雌 59	60	雌 3.75 m	雌 4.45 m	1.29
	雄 46		雄 5.61 m	雄 5.74 m	
オキゴンドウ	雌 62		雌 3.59 m	雌 4.37 m	1.19
	雄 57		雄 3.9-4.4 m	雄 5.22 m	
シャチ	雌 80		雌	雌 7.7 m	1.17
	雄 40		雄	雄 9.0 m	
ツチクジラ	雌 53		雌 9.8-10.7 m	雌 10.45 m	0.97
	雄 83		雄 9.1-9.8m	雄 10.10 m	
マッコウクジラ	雌 63	60	雌 8.3-9.2 m	雌 10.5 m	1.52
	雄 ≥60		雄 11.0-12.0m	雄 16.0[4]	

1）体長・性成熟・寿命等に関する出典は次のとおりである．ラプラタカワイルカは Kasuya and Brownell (1979); スナメリは Shirakihara *et al.* (1993); イシイルカは Ferrero and Walker (1999); マダライルカは Kasuya *et al.* (1974)，Kasuya (1976)，粕谷 (2011); スジイルカは Kasuya (1972a)，Kasuya (1976); ハンドウイルカは粕谷ら (1997); コビレゴンドウは Kasuya and Marsh (1984)，Kasuya and Matsui (1984)，Kasuya and Tai (1993); ヒレナガゴンドウは Bloch *et al.* (1993)，Desportes *et al.* (1993)，Lockyer (1993b); オキゴンドウは Ferreira *et al.* (2014)，粕谷 (1986); シャチの寿命は Olesiuk *et al.* (1990)，体長は Dahlheim and Heyning (1999); ツチクジラは Kasuya *et al.* (1997); マッコウクジラは Best *et al.* (1984)，Ohsumi *et al.* (1963)，Ohsumi (1977)，Kasuya (1991)，Rice (1989)．　2）Sacher (1980) の Table 1 による．ただしラプラタカワイルカについては彼の関係式（本文参照）に脳重 250 g と成体雌の体重 39.4 kg を入力して私が算出した．　3）西部アリューシャン海域産（日本近海産の個体に比べて若干小型である）．　4）北太平洋では個体数減少にともない雄の肉体的成熟体長がおおよそ 15 m から 18 m に大型化したという解析がある（Kasuya, 1991）．

獲されたインドカワイルカはラプラタカワイルカと同様に雌が雄よりも大きいが，肉体的成熟に近い雄（200 cm，16歳）と肉体的に未成熟の雄（199 cm，23歳）が記録されており，ラプラタカワイルカとは寿命の観点からは異なる特性をもつことがわかる．なお，これらの体の小さいハクジラ類では，雌が雄よりも大きい種が見られるのは出産の必要からそのような選択が働いた結果と考えられる（5.1.4項）．

第二の型は表5.15のマダライルカからハンドウイルカまでの3種で代表されるもので，マイルカ科の多くの種が含まれるものと思われる．その特徴は最大寿命が40–50年であり，そこには著しい性差が見られないことである．

第三の型は，第二の型の雄の寿命はそのままに，雌の寿命が延長したものである．雌の寿命は60歳前後，あるいはそれ以上に延長している．体の大型化が生じているのも特徴のひとつである．ゴンドウクジラ属の2種とおそらくシャチがこれに含まれる．北米西海岸で長期間観察されてきたシャチの群れでは，雌の最大寿命は少なくとも80年を超える可能性があり，雄はそれよりも短命ではあるが40年を超える可能性があるとされている（Olesiuk *et al.*, 1990）．

第四の型はオキゴンドウ，マッコウクジラ，イッカク（Garde *et al.*, 2015）などを含むグループで，雌雄とも60歳前後，あるいは90–100歳（イッカク）に寿命が延長している．ただし，イッカクの年齢は水晶体のアスパラギン酸のラセミ化から推定したものであり（5.3.1項），確率分布の限界値は往々にして範囲が広くなるので，その評価には警戒が必要である．これら3種は分類学的にも隔たっており，寿命の類似性は進化学的な類縁を示すものではないことがわかる．

第五の型はツチクジラに見られるもので，雌雄とも長寿ではあるが，雄の寿命が雌に比べて著しく長いところに特徴があり，その生態的意義については議論のあるところである．ツチクジラ以外のアカボウクジラ科の種については知見がない．今後の研究成果が待たれる．

5.3.4　繁殖寿命と産児数

雄の繁殖能力は性成熟に達した後もしばらくは年齢とともに向上するかもしれない（5.3.1項）．睾丸の組織はコビレゴンドウでは16歳前後，ツチクジラでは8歳前後で成熟に達するが，睾丸重量の増加は前種では30歳ころまで，後種では35歳ころまで緩やかに続く．同様の傾向はスジイルカでは15歳前後まで，ハンドウイルカでは20歳前後まで認められ，睾丸組織が機能的に成熟した後も，雄の繁殖能力が向上することが示唆されている．雄の繁殖能力が頂点に達した後，たとえば20-30歳以後に，加齢にともなってその能力が低下することがあるだろうか．これに関しては睾丸重量や精細管の直径で見る限り，低下傾向は認められていない．おそらく，これらの種では繁殖能力が低下するころには老齢で死亡するものと思われるが，加齢にともなう雄の繁殖能力の変化を確認するには，組織学的な情報よりも行動学的あるいは生化学的な情報が有効であろう．

雌の繁殖能力の加齢変化については情報がやや多い．ネズミイルカ科の種については年齢と妊娠率の関係は解析されていないが，短命であることと，Ferrero and Walker (1999) によればアリューシャン方面で得られたイシイルカの標本から推定された年間妊娠率が0.969であり，平均年間排卵率は0.914とわずかに小さく，2つの数字には矛盾があるとしても，本種の雌がほぼ毎年繁殖することは確かであろう (5.2.3項)．かりに，本種の雌の年間妊娠率をやや控えめに0.9と仮定すると，平均出産間隔は1.11年となる．その場合には，3-4歳で初排卵を経験して15年の天寿を全うした雌が，生涯に生産する子どもの数は9-10頭と推定される．

マイルカ科については加齢にともなう妊娠率の変化が複数の種で解析されている．スジイルカでは平均出産間隔は10-15歳時の1.9年から50-55歳時の3.0年まで変化し，その回帰係数のゼロからの隔たりは統計的に有意であった．これは加齢にともない妊娠率が低下することを意味している．同様に，マダライルカでも加齢にともなう平均出産間隔の延長傾向が見られたが，その回帰係数のゼロからの隔たりは有意ではなかった (Kasuya, 1985a)．これは標本数が小さいためかもしれない．ハンドウイルカでも同様の解析が行われたが，加齢にともなう平均出産間隔の変化は検出できなかった (粕谷，2011：11.4.8項)．これらの種では「最高齢の妊娠雌」対「最高齢の雌」として次のような値が得られている：スジイルカ (48：57)，マダライルカ (40：45)，ハンドウイルカ (38：45)．また，これらの3種においては卵巣中に蓄積された黄・白体数と年齢には直線関係から，平均年間排卵率は次のように求められている：スジイルカ 0.414（33 歳以上のスジイルカを除く），マダライルカ 0.412，ハンドウイルカ 0.435（太平洋）-0.458（壱岐近海）．なお，33 歳以上のスジイルカでは加齢にともなう排卵率の低下を示唆するデータがあるが，限られた標本数のため明確な結論は得られていない（Kasuya, 1976）．ほかの 2 種では加齢にともなって排卵頻度が低下する傾向は認められていない．

これらのマイルカ科 3 種では加齢にともなって排卵率や妊娠率が低下するとしてもその変化はわずかであり，最後の出産をした後の生存期間は長くても 5-10 年であると判断される．イッカクでは妊娠雌の最高齢が 68 歳であるのに最大寿命が雌雄とも 100 歳前後であるとして，雌に更年期がある可能性を示唆した研究がある（Garde *et al.*, 2015）．しかし，解析された 280 頭の標本のなかで 70 歳以上の個体（雌雄）は 13 頭（4.6%）と少ない．これに関しては 2 つの解釈が可能である．ひとつは水晶体中のアスパラギン酸のラセミ化という連続形質をもとに推定した年齢への疑問である．もし高齢個体の年齢が過大に評価されているならば，更年期の存在は疑わしい．第二は長期間続いた強度の漁獲によって高齢個体が少なくなっている可能性である．この場合には更年期の存在を受け入れることができる．マッコウクジラについては後の解釈の妥当性が示唆されている（5.4.4 項）．

上に述べたマイルカ科 3 種の年間排卵率は 0.41-0.46 と，比較的狭い範囲にあることが注目される．すべての排卵が妊娠に至ることはありえないが，そのような事実に反する仮定をすると，これらイルカ類の平均出産間隔は 2.2-2.4 年と計算される．真の平均出産間隔はこれよりも長いはずである．平均出産間隔を漁獲物の組成から推定することを複数の研究者が試みている．上の諸文献によってその一例を示すと次のとおりである：スジイルカ 2.5-2.8 年（表 5.3），マダライルカ 3.0-3.8 年（表 5.4），ハンドウイルカ 3.00（太平洋）ないし 2.45 年（壱岐近海）（表 5.5）．スジイルカとマダライルカに範囲が示されているのは，標本誤差の補正を試みた結果であり，真の値はこの範囲内にあることを示唆している．さらに，スジイルカは伊豆の追い込み漁業の大量捕獲による生息密度の低下に呼応して繁殖率が向上した可能性があり，壱岐周辺のハンドウイルカは太平洋沿岸の同種に比べて栄養状態がよいために成長がよいのであろうと指摘されているので，上の数値の小差にこだわることは無意味である．マイルカ科のこれらの種では平均出産間隔が2.5-3.5年の範囲にあると見られる．かりに8歳で初排卵を経験した雌が天寿を全うしたとすると，生涯の出産数は40歳天寿で9-12頭あるいは50歳天寿で12-16頭と推定される．マイルカ科のこれらの種では妊娠率の低下が寿命の延長，すなわち自然死亡率の低下によって補われており，ネズミイルカ類と同レベルないしそれ以上の生涯産児数を可能としているらしい．ちなみにイッカクの年間妊娠率は0.38-0.42（平均出産間隔で2.4-2.6年）とされており，日本近海のイルカ類と同レベルにある（Garde *et al.*, 2015）．

次に日本の太平洋沿岸で捕獲されたコビレゴンドウについて少しくわしく眺めてみよう．本種の雄の最大寿命は45歳で，多くのマイルカ科の種と大差はないが，性成熟は16歳前後とやや遅れるため，繁殖活動の期間は短いと思われる．雌についてはすでに見たように妊娠率が年齢とともに低下し，遅くとも35歳ころまでには妊娠を停止し，その後も最高62歳まで生きる．そして，成熟雌のなかで35歳以上の雌が占める割合はマゴンドウ型で29%，タッパナガ型で18%ときわめて高率である（表5.11）．高年齢雌の比率がマゴンドウに比べてタッパナガでやや低率なのは，その年齢構成が戦中・戦後の乱獲からの回復過程を反映しているためと思われる（5.4.4項）．このような妊娠率の低下にともなう雌の体内の，主として卵巣の変化は次の5点に要約される（Marsh and Kasuya, 1984）．

①　年間排卵率が年齢とともに低下し30-40歳でゼロとなる（年齢と黄・白体数の関係から）．

②　原始卵胞が著しく減少している雌や最近排卵した形跡のない雌が20歳代末期から出現する．

③　高齢個体では排卵しても妊娠に至らないケースが多い（20歳未満と以上とで比較）．

④　妊娠雌は35歳（マゴンドウ），36歳（タッパナガ）までしか出現しない．

⑤　40歳を過ぎた雌の卵巣には退縮の進んだ古い白体しか見られない．

これらの変化は加齢にともなって，まず生理的な変化により妊娠しにくくなり，それに続いて原始卵胞の減少をともないつつ排卵が停止することを示している．同様の現象は更年期とそれに続く老齢期にいるヒトの女性にも認められる．コビレゴンドウの雌では，繁殖の上限年齢は多くのマイルカ科の種とほぼ同じであるが，その後に長い老齢期が付加されたと解釈される．同様の生活史をもつ鯨類としてシャチとオキゴンドウが知られているが（Photopoulou *et al.*, 2017），同様の可能性がマッコウクジラ，ヒレナガゴンドウ，シロイルカ，イッカクについても指摘されている（5.4.4 項）．

コビレゴンドウの出産間隔は全成熟雌を対象にして平均値を求めると7.83 年（マゴンドウ）あるいは5.65–7.35 年（タッパナガ）となる．この値は出産をやめた高齢雌の比率に影響されているが，個体群における年間出産率を推定する目的には使用できる．ただし，繁殖機能のある若い雌の繁殖活動を理解するためには，出産上限年齢以下の雌に対して計算するのがよいかもしれない．その場合の平均出産間隔は5.21 年（マゴンドウ）あるいは4.42–5.65 年（タッパナガ）と推定されている（表5.13）．これらの数値をもとにして，初排卵年齢を9 歳として，出産上限年齢の35 歳まで生きた雌の産児数を求めると，マゴンドウでは5 頭，タッパナガでは5–6 頭となる．ハンドウイルカやスジイルカに比べて，コビレゴンドウは生涯産児数が少ないものと理解される．それを補うのが母系的な共同生活を基礎にした育児態勢であると思われる（5.4.4 項）．

5.4　社会構造と生活史

これまで本章では主として日本近海の小型鯨類について，それらの個体の成長や繁殖を中心に生活史を紹介してきた．彼らの多くは同種の他個体と群れをつくって生活しているが，その群れのなかでの個体の役割は成長段階や生理状態によって変化する．また，群れの構成や形成の仕組み，すなわち彼らの社会構造は種によって異なることも知られている．それゆえに小型鯨類の保全を図るにせよ，それを漁業資源として利用するにせよ，彼らの生活史に関する知見だけでは不十分であり，社会構造と生活史との関係を理解することが必要となる．そこで，本節ではまず彼らの群れ生活の背景を考察し，次に彼らの社会構造と生活史を数個に類型化して，私なりの解釈を紹介する．

5.4.1　群れに生きる意義

イシイルカやスナメリなどネズミイルカ科の種は概して群れが小さく，単独でいる個体も少なくない．これに対して，マイルカ科の種は群れで生活するのが普通であり，単独の個体はまれである．洋上で短時間の観察をしただけでは，イルカの群れの構成，その仕組み，形成要因などを理解することはむずかしい．そのためには遺伝解析で得られる血縁関係の知見も役に立つが，イルカの群れを継続的に観察して，メンバーの出入りや行動を観察することで，多くの興味ある知見が得られている．日本でもミナミハンドウイルカについてそのような研究が行われているが，わが国ではイルカ漁業が行われているという事情があるため，このような研究の対象となる種に制約がある．これに代わるのが漁獲物を解析して彼らの繁殖や社会構造を解釈する試みである．この方法では捕獲直前のイルカの生活については，ある程度の知見が得られるとしても，捕獲されなかったら彼らが見せたであろう明日の生活は知るべくもない，つまり時間的な一断面しか知りえないという欠点がある．

イルカはたがいに一緒に行動する意図がない場合でも，なにかの事情で同じ場所に居合わせることがあるかもしれない．このような集団も短時間の観察者にはひとつの群れとして認識される可能性がある．その典型的な例が異種イルカの集まりである．この場合に，2種の個体は位置的に完全に入り混じっておらず，それぞれの種の集まりが区別できるのが普通である．日本近海のマゴンドウ型コビレゴンドウについて，そのような混群の事例が集計されている．洋上でマゴンドウの群れに遭遇した38例の内訳は次のようであった．すなわち，マゴンドウの単独群が18例，そばにほかのマゴンドウの群れがいたのが6例，そばにマゴンドウとハンドウイルカがいたのが5例，ハンドウイルカだけがいたのが7例，ハンドウイルカとカマイルカの2種がいたのが1例，カマイルカ1種がいたのが1例であった（粕谷，2011：12.5.1項）．これらは好適な餌場などで一時的に複数の群れが接近ないしは混在して発見されたものと推定される．このような事例は同種の群れの間でも起こりえることであるが，洋上ではそれを認識するのはむずかしい場合が少なくない．相模湾では，スジイルカは夜間の摂餌時間帯に多数の小群が好適な摂餌場に集まることにより大群が形成され，朝にはまだその名残があり，日中にはもとの小群に分解するらしいことが，群れサイズと発見時刻との関係から推測されている（5.4.3項）.

真に群れと呼ぶのにふさわしいイルカの集まりにおいても，その形成の背景はひとつではない．メンバーがたがいを個体として認識することなく，望ましい生活条件を共有するというだけで集まっている群れもあろうし，構成メンバーが相互に相手を個体として認識しつつ協力して生活する群れもあるに違いない．次項でくわしく触れるが，離乳後で性成熟前の子ども期のスジイルカが数百頭で群れをなしていることがあるのは前者に属するものと思われる．子どもイルカの関心事は異性でも繁殖でもなく，おそらく摂餌と外敵からの逃避にあり，彼らは共通の欲求と，一緒にいることの利益を求めて集まったものと推定される．このような群れではメンバーが相手を個体として認識する必要はないし，数百頭の大きな群れではそれは不可能に違いない．このような群れにおいても，そこにはいくつかの利益が期待される.

小型鯨類の群れにおいて，その構成員が得られる「群れでいることの利益」のひとつは情報の共有であろう．群れのなかの1頭が天敵を発見したり，餌の群れを見つけたりすれば，その情報は群れ全体に伝わるので，その効率は単独生活よりも優れている（ただし，天敵に発見される確率も高くなる）．シャチの胃からクジラやイルカ類の一部が出現することはめずらしくない．また，捕鯨業で捕獲されて解体されるヒゲクジラ類，マッコウクジラ，ツチクジラなどは体表にシャチの歯型を残す個体が少なくなく，シャチの攻撃を逃れた過去があることを示している．小型鯨類ではシャチの攻撃で死亡する例も多いに違いない．捕鯨業によって大型クジラの生息数が減少する前には，鯨類はシャチの餌料として重要な位置を占めていたという推定もある（Springer *et al.*, 2003）．サラソタ内湾に生息するハンドウイルカはサメに捕食され，仔イルカの生存率は母親の属する雌イルカのグループの大きさと正の相関があるといわれる（Connor *et al.*, 2000b）．イルカ類の群れが捕食者を早めに発見すれば，それを回避する機会が増えるであろうし，イルカの群れが大きければ捕食者に食われるもののなかに自分が含まれる確率は小さくなる．捕食者が攻撃対象の個体を定め迷う瞬間に，多くの個体は逃げ去るという目くらまし効果も期待される.

小型鯨類の群れの大きさには，天敵の存在が影響することは確かであるが，餌の散らばり具合も影響しているに違いない．餌動物の群れが大きければ，それを捕食するイルカは大群であっても全員が満足できる．しかし，餌の群れが小さい場合に全員が満足するためにはイルカの群れは小さくならざるをえない．北米西岸のバンクーバー周辺には生息圏と餌料を異にする2つのタイプのシャチが知られている（Bigg, 1982；水口，2015）．ひとつは主として沿岸域を生活圏として大きな家族集団を形成するタイプであり，数頭から二十数頭の母系の群れで生活している．彼らは産卵河川を目指して沿岸にやってくるサケ類を常食としている．彼らはサケの遡上に遭遇すれば大量の食料にありつける．もうひとつのタイプは2-3頭以下の小さな群れで沖合に生活し，アザラシやイシイルカをおもな餌料としている．アザラシやイシイルカは単独か小さい群れでいるので，シャチが大きな群れでこれを攻撃しても，全員が満腹するには至らない．シャチにはほとんど天敵がいないので，この場合の群れサイズの違いは餌料種の行動や分布が影響しているに違いない．河川性や沿岸性のイルカが比較的小さい群れで生活し，沖合に生活するイルカが大きな群れを形成する傾向があるが，その背景には餌料生物の特性や天敵との遭遇頻度の違いがあるものと思われる．

小型鯨類の群れには，構成員が群れのメンバーを相互に認識している場合もある．そのような群れでは一方的な依存関係も相互扶助（協力）の関係も成立する．ハンドウイルカ類では，必ずしも近縁とは限らない2頭の雄が協力して雌を確保する例が知られている．単独では雌を確保できない個体にとっては，自分の繁殖の可能性は2分の1になるかもしれないがゼロよりはましであろうし，協力したほうが個々の雄にとっても単独行動よりも繁殖成功率が高いという研究もある（5.2.1項）．数頭のザトウクジラが協力してニシンの群れを集めて食べるとか，シャチが協力して魚群を駆り集めてから捕食するなどの例が知られている（Mann *et al.*, 2000）．幼い仔イルカと母イルカの関係は依存と扶助の一方向の関係である．コビレゴンドウやシャチなどの群れでは母子の関係が性成熟後も維持されている．そこでは一方向の扶助と依存の関係があることは知られているが（5.4.4項），相互の協力関係がある可能性も否定できないように思われる．和歌山県の太地で飼育されたシャチやオキゴンドウでは，飼育係からもらった餌を同じプールの同種の仲間に与える例が観察されている．他者の希望を理解したり，他者が自分にしてくれたことを記憶していたりして，それに見合った対応をするという，相互扶助の存在を示す事例である．このような社会に生きていると考えられる種がほかにもある．シャチ，コビレゴンドウ，マッコウクジラなどがそれで，いずれも母系の群れに生活している種である．これらの種において，単一の母系からなる個体の集まりを「単位群」と呼ぶならば，洋上で遭遇するこれらハクジラ類の群れは単位群1個よりなる場合もあるし，複数の単位群が一時的に一緒に行動している場合もある．そのような合流の機能は摂餌や繁殖であるかもしれないが，詳細はこれからの研究課題である．このような「単位群」は一般にポッド（Pod）と呼ばれている．

5.4.2　イシイルカ型の社会――短期哺育と単純な社会

このグループのイルカ類の生活史には早熟，短命，頻産という共通の特徴が認められ，「高速車線を走るような生涯」と形容されたこともある．日本近海の種ではネズミイルカ科の3種（イシイルカ，スナメリ，ネズミイルカ）がこれに含まれるが，研究が進めばほかにもこれにあてはまる種が見つかるかもしれない．

スナメリについては瀬戸内海において船上から群れ構成のデータが集められた（Kasuya and Kureha, 1979）．12ヵ月をカバーする709群の構成頭数は1頭から13頭の範囲にあり，最頻値は1頭で，平均は1.97頭であった．月別の平均群れサイズを見ると，4月ころに始まる出産期とそれに続く育児期（4-9月）には平均1.95-3.10頭とやや大きく，その後の10-3月には1.40-1.84頭とやや小さくなる傾向が認められた．この変化にともなって，親子連れを含む2頭連れは4-9月の36.8%から10-3月には29.0%に低下し，4頭以上の大きい群れも4-9月の11.3%から10-3月には5.6%に低下した．出産期とそれに続く授乳期間中には親子連れが増加し，その時期は交尾期でもあるため雌雄の接近が増加することを示している．これらの事実が示唆することは次の3点である．

① 本種は比較的小さい群れで生活すること．

② 群れの構成は永続せず，季節や性状態にしたがってメンバーは頻繁に変化すること．

③ 比較的永続的な群れとしては数ヵ月の授乳期間中の親子連れに限ら

れるらしいこと.

本種はまれに大きな集団を形成することが報告されているが，その機能は明らかではない．例をあげると，橘湾（2月）で82頭と117頭の2例（Yoshida *et al.*, 1997），瀬戸内海西部（4-6月）で56頭（Kasuya *et al.*, 2002），鹿島灘（8月）で15頭（粕谷，2011：南川慎吾撮影）などの例がある．鹿島灘の例では出産期の末期であるにもかかわらず母子連れが含まれておらず，未成熟個体の集団であった可能性がある．

イシイルカの群れについては，アリューシャン列島南方において8-9月の観察データがある．その180群のサイズは1-14頭の範囲にあり，最頻値は2頭で，平均は3.72頭であった（Kasuya and Jones, 1984）．この2頭連れの多くは母子連れであり，複数の母子連れが合流したり，分かれたりすることが洋上で観察されている（5.2.1項）．日本周辺においてはイシイルカの夏季の群れサイズが海域ごとに得られている（粕谷，2011：9.6.1項）．それによると，どの海域においても群れサイズは最小が1頭で，最大は10-14頭の範囲にあり，平均群れサイズは3.5-5.5頭で，そこには海域間で大きな違いは認められていない．イシイルカも単独生活者が多く，授乳中の親子連れ以外には，長期的に安定して維持される群れは形成されないことが示唆される．この点はスナメリと同様である．

日本近海のネズミイルカ科の種で生活史が研究されているのはイシイルカとスナメリだけである．これら両種には性成熟年齢・寿命のいずれにも著しい雌雄差は認められない．初排卵年齢はごく早い個体で2年（スナメリ，イシイルカ），平均3年（イシイルカ，ただしスナメリでは不詳）で，短命（確認された最高齢はイシイルカ17歳，スナメリ23歳）である．出産間隔は90%以上の個体で1年（イシイルカ），あるいは1ないし2年（スナメリ）である．次の出産までに離乳する必要から，いずれの種でも授乳期間は数ヵ月と短いものと推定されている．また，加齢にともなう妊娠率の変化は知られていない．これらの種は鯨類のなかでもっとも短命なグループに属する．自然死亡率は高いものと予測されるが，その推定はなされていない．かりに100頭の新生児が定率で死亡して20年後に3頭に減少する場合を仮定すると，その年間死亡率は約16%であり，1頭に減少するという仮定では約20%となる．この値はハンドウイルカやコビレゴンドウのそれに比べて高率である．

5.4.3 スジイルカ型の社会――長期哺育と子どもたちの共同生活

このグループのイルカ類の生活史の特徴はイシイルカ型に比べて性成熟が遅く，寿命が長く，出産率が低いことである．出産率の低下は，授乳期間を延長して繁殖活動の比重を産児から育児に移したことの結果である．イシイルカ型よりも社会構造が複雑化している．外洋に生活する種では，しばしば数十から100頭以上の個体が集まり，年齢や性状態にしたがって群れを再編成しつつ生活する．ただし，群れサイズは餌の分布や捕食圧などの生息環境にも影響されて変化する可能性がある．日本近海の種ではスジイルカ，マダライルカ，ハンドウイルカなどがこれに属するが，ほかのマイルカ科の多くの種もこれに類する生活史をもつと思われる．

ハンドウイルカ類についてはいくつかの沿岸性の小集団について個体識別による長期の観察がなされてきた（Connor *et al.*, 2000a, 2000b）．フロリダ半島の沿岸のサラソタには100頭ほどのハンドウイルカの集団が生活している．そこでは雌の繁殖は乱婚的で，生まれた子どもの4割は他集団の雄の仔であったが，集団間の移住例は年間2-3%と低率であった（5.2.1項）．この集団内のメンバーは小さい群れに分かれて生活し，そのなかのメンバーの組み合わせは頻繁に変化するが，そこには次のような傾向が見いだされた．

① 子連れの雌が集まって育児群を形成する．

② 離乳した子どもは集まって子ども群を形成する．

③ 雌は成熟すると再び母親と行動をともにし，4世代までの連携が確認される．

④ 雄は成熟すると単独の生活，ないしは複数の成熟雄との共同生活をする．

上の③は母系社会への萌芽を思わせるものである．見方を変えれば，この集団自体が母系集団の傾向をもつと見ることもできるが，その起源が単系の母系であるという確認はない．この研究に供されたハンドウイルカの集団は，次に述べるスジイルカの群れサイズに比べて著しく小さいが，日本沿岸のハンドウイルカのそれに近いかもしれない．ちなみに，日本の追い込み漁や壱岐の駆除目的の追い込みで捕獲された1回あたりの頭数は50-400頭（例外的に約1100頭）であった（粕谷，2011：表11.2）．ただし，日本沿岸で捕獲されたこれらの群れが，上に述べたサラソタの群れのような閉鎖的な集団と見る根拠はない．その年齢組成に欠落部分があることから見て，もっと大きな集団の一部と見るのが妥当である．

伊豆半島沿岸の追い込み漁で捕獲されたスジイルカの群れ構成については精力的な研究が行われた（Miyazaki and Nishiwaki, 1978）．基礎になった情報は1963年から1973年までに捕獲された45群の構成と1949年から1974年までに捕獲された群れサイズの解析である．ここで「群れ」と称するのは1回の追い込み操業で捕獲された同種イルカの集まりである．これは，「単位群」あるいは「ポッド」（5.4.1項）と違って，群れの機能やその形成過程を念頭に置いた呼称ではない．この群れサイズは300頭以下が26例，300-600頭が9例，600-1000頭が2例，1000-1900頭が3例であり，多くは300頭以下であった．追い込まれたスジイルカの群れサイズは発見時刻によっても変化した．すなわち，午前5-9時に発見された84群は50頭以下から1000頭以上の範囲にあったが，9-15時に発見された28群はすべて500頭以下であった．このことは本種の基本的な行動の単位は300頭あるいはそれ以下であり，夜間の摂餌場において小さい群れが合流して大きな群れを形成することがあり，それらは日中に分裂してもとの群れ構成に戻る場合があることを示唆している．このような過程において，群れのメンバーの交換とか，群れの再編成が起こるものと推測される．

伊豆半島沿岸で追い込み漁により捕獲されたスジイルカの群れの年齢組成を図5.4に示した．離乳後の未成熟個体を主体とする「子ども群」があることが注目される．図5.4の左上の6群がそれであり，その群れサイズは100頭以下から1000頭までであり，年齢構成は0歳がなく3歳以上が大部分を占めている．子ども群の上限年齢は雄が雌よりも高く，性成熟と判定された個体の混入も雄に多いが，そこには雄は雌よりも遅熟であることに加えて，雄の性成熟の判定は雌のそれに比べて不確かな要素があることが関係している．離乳した仔イルカは母親を離れて子ども同士で集まる傾向があり（これはサラソタのハンドウイルカに共通する），その傾向は雄に強いことがうかがわれる．

子ども群には同じ母から生まれた兄弟姉妹を含む可能性は否定できないが，

大きな群れサイズと幅広い年齢組成とから見て，そこにはさまざまな雌から生まれた仔イルカたちが合流していることは確実である．子ども群には新しいメンバーが随時入るとともに，成熟が近づいた個体は機会を得て大人の群れに移るものと思われる．そのときに彼らはどこに戻るのか．彼らの群れの大きさや想像される行動範囲の広さから見て，雌といえども自分の母親のところに戻る機会が多いとは思われない．この点はサラソタなどの沿岸性のハンドウイルカの集団とは異なるように思われる．

このように，子どもイルカが親から離れて別行動をとる傾向はスジイルカ以外の種でも認められている．それは追い込み漁で漁獲された群れ（ハンドウイルカ，カマイルカ，サラワクイルカ）の年齢構成から推定される事実である（粕谷，2011：10.5.14 項）．子どもが親から離れて別に生活することは陸生哺乳類でもめずらしいことではない．母親との資源の奪い合いや母親の次の繁殖活動への妨げを避けるとともに，新天地を開拓するという効果が期待されるし，離乳したての子どもたちが群れ生活をすることにより，単独生活に比べて生存確率が向上するという効果も期待される．離乳後も，あるいは性成熟後も母親と生活をともにするシャチやコビレゴンドウのような社会（5.4.4 項）こそ特別な解釈が求められるべきであろう．

スジイルカの群れには成熟個体を主体とする「大人群」も知られている．ほとんどすべての大人群が，先に述べた子ども群に見られる年齢範囲の個体をも含んでいることに注目したい．このことは，離乳した子どもがすべて子ども群に移行するわけではなく，一部は大人群に残ることを示している．ただし，その子どもたちが母親のいる群れに留まっているという確認はない．スジイルカの大人群がどのように形成されるのか興味あるところであるが，明確な回答は得られていない．雄は発情雌を求めて行動するであろうから，成熟雌の行動が群れ形成の基礎的な要因になっているに違いない．大人群が数十頭から数百頭と大きいことと，そこにいる雄の比率も高いことから見て，大人群のなかでは少数の雄が繁殖の機会を独占していることも，また，それが可能であるとも考え難い．大人群のなかの胎児の体長組成には群れごとに特異性があるとして，発情雌と雄が集まって大人群が形成され，そこで妊娠するという仮説が出された（Kasuya, 1972a）．これがほんとうなら成熟雌の性状態には群れ特異性が期待されるが，図 5.10 に見るように群れごとの雌

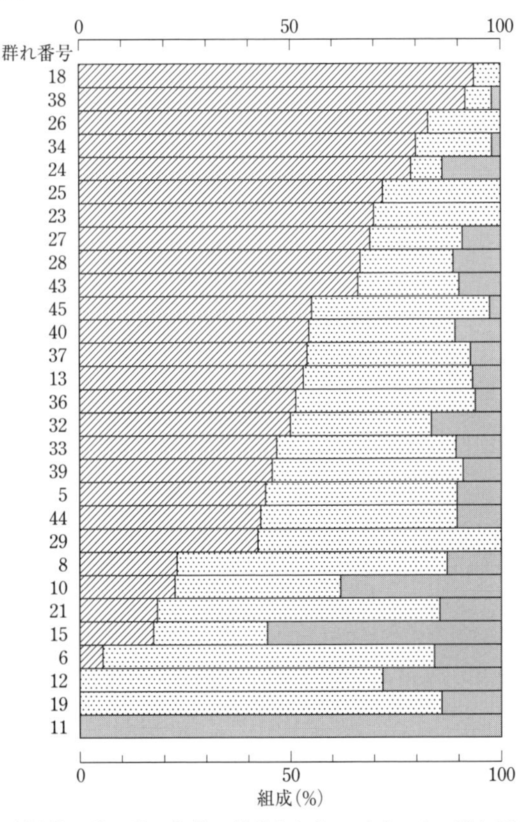

図 5. 10　伊豆半島沿岸の追い込み漁業で捕獲されたスジイルカの群れ別の成熟雌の性状態組成．左端の数字は群れ番号，斜線は妊娠雌，荒い点は泌乳雌，細点は休止雌．同時に捕獲された雄と未成熟雌は除外してある．Miyazaki and Nishiwaki（1978）の Fig. 15 による．

の性状態組成はきわめて多様で，かつ連続的であり，群れごとの性状態組成にいくつかの類型を見いだすことはできない．かりにそのような類型が潜在的に存在するとしても，解析に使われた群れが摂餌行動にともなって攪乱されていたため，確認が不成功に終わったのかもしれない．

スジイルカなどでは，成長段階や性状態の変化にともなって，群れの間でメンバーの交換があることを上で述べた．このような群れのネットワークがどれほどの群れ数と頭数を含んでいるのか，それらの群れの行動圏が地理的にどれほどの広がりをもっているのか，このような疑問には今も回答が得られていない．このような群れのネットワークこそ遺伝的交流の場であり，かつ個体数の変動の単位であり，自然保護や水産資源の管理において「個体群」として認識されるものに相当するものである．このネットワークの構造や地理的な広がりはこれから解明されるべき課題である．

性成熟年齢は研究によって多少異なる値が得られている場合が多いし，漁業の進行にともない早熟化したという日本沿岸のスジイルカの例も知られている．5.3.1 項と記述が一部重複するが，本グループに属するイルカ類の生活史の特徴を理解するために，まずは性成熟年齢を眺めてみる．スジイルカ，マダライルカ，ハンドウイルカ，カマイルカ，セミイルカの 5 種の雌では，成熟下限年齢は 5–8 歳の範囲に，上限年齢は 9–13 歳の範囲にあることが知られている．雄においては，研究者によって性成熟の判定基準が異なる場合があり，同一標本を解析しても異なる推定がなされる可能性がある．そのようなトラブルを避けるために，ここでは睾丸重量が急速に増加する年齢範囲を見ることにする．その年齢範囲はスジイルカ（Kasuya, 1976）で 7–12 歳，カマイルカ（竹村，1986）とハンドウイルカ（粕谷，2011）で 8–11 歳，マダライルカ（Kasuya, 1976）とセミイルカ（Ferrero and Walker, 1993）で 9–13 歳である．このことから本グループの雄が性成熟を開始するときの下限年齢は 7–9 歳に，上限年齢は 11–13 歳であると理解される．雄の性成熟は雌のそれよりも若干遅れる傾向があるが，その差は大きいものではなく，性成熟年齢の種間の違いも比較的小さいことがわかる．

このグループの種の最大寿命を見てみよう．寿命の指標としてサンプル中の最高齢を見ると，次のようになる（雌：雄で示す）．40：36（カマイルカ：Ferrero and Walker, 1993），41：27（セミイルカ：Ferrero and Walker, 1993），49：54（スジイルカ），45：42（マダライルカ），45：43（ハンドウイルカ）．標本中の最高齢は標本サイズに影響されるので，軽率な判断は禁物であるが，本グループのイルカ類はネズミイルカ科に比べて 2 倍以上の長寿であり，雌が若干長寿の傾向があるが，寿命には著しい性差がないことがわかる．イルカ類の真の自然死亡率は壮年期に低く，その両側で高いと考えられている（図 5.8，図 5.9）．これを無視して，ある年に生まれた個体が毎年定率で死亡して 45 年後に 1% に減少すると仮定すると，その年間死亡率は 9.7% となる．この値は同様の手法で算出されたイシイルカの年間死亡

表 5.16　ハンドウイルカの成熟雌における年齢と性状態の関係．カッコ内は％．粕谷（2011）の表 11.11 をもとに太平洋沿岸の資料と壱岐周辺の資料を合算した．

年齢	妊娠	泌乳中妊娠	泌乳	休止	合計
5-14[1)]	34（41.5）	0	33（40.2）	15（18.3）	82（100）
15-24	35（28.2）	10（8.1）	69（55.6）	10（8.1）	124（100）
25-34	17（27.9）	3（4.9）	33（54.1）	8（13.1）	61（100）
35-45	2（22.2）	2（22.2）	4（44.4）	1（11.1）	9（100）
年齢不明	6（30.0）	1（5.0）	9（45.0）	4（20.0）	20（100）
合計	94（31.8）	16（5.4）	148（50.0）	38（12.8）	296（100）

1）成熟直後の個体が多いため妊娠個体の比率が高く，泌乳個体の比率が低い傾向がある．

率（5.4.2 項）の半分程度である．加齢にともない妊娠率がわずかに低下することはスジイルカで認められているが，最終出産から最大寿命までの時間は数年-10 年程度で，高齢ゆえに繁殖を停止した個体はスジイルカでもハンドウイルカでも無視できる程度の数と考えられている（5.3.4 項）．参考までに年齢と性状態に関するハンドウイルカのデータを表 5.16 に示す．

次に，本グループのイルカ類の授乳期間や出産間隔を 5.2.3 項から要約してみる．飼育下のハンドウイルカでは生後 3-5 ヵ月で固形食をとり始め，9-12 カ月でそれが主要な栄養源になるとされている（Cornell *et al*., 1987）．この点はネズミイルカ類と大きく異なるところはない．注目すべきはその後に尾を引くやや長い哺乳期間である．水族館では意図的に離乳させる例が多く，自然に任せた場合の離乳時期の記録が見あたらない．日本の研究者はイルカの水揚げ港で多くのイルカの死体を調査したが，胃内容物を検査する機会に乏しいのが現実であった．そこで，雌イルカのなかの泌乳個体と妊娠個体の比率から平均泌乳期間を推定することが行われた．その結果を粕谷（2011）から引用すると，スジイルカでは約 17 ヵ月（データの偏りの補正方法により 16.3 ヵ月ないし 17.8 ヵ月の幅がある），ハンドウイルカでは 15.7 ヵ月（壱岐）ないし 20.7 ヵ月（太平洋岸）とされている．泌乳期間には個体変異があるはずであるが，この手法ではそれを知ることはできないし，授乳の終点を野生個体で確認することは不可能に近い．

平均出産間隔を見てみよう．日本のハンドウイルカの平均出産間隔は 2.45 年（29.4 ヵ月，壱岐）ないし 3 年（36 ヵ月，太平洋）と推定されており，そのうちの休止期間（泌乳終了から次の妊娠までの期間）の平均は3.5ヵ月ないし5.0ヵ月である（粕谷，2011：11.4.8項）．母親が授乳をやめる季節については知見がないが，彼女らは離乳後に最初にやってくる交尾期に妊娠する例が多いことが示唆されている．オーストラリアのアデレードの近くに定住するミナミハンドウイルカでは，新生児が死亡した場合には，出産から，ごく短期間で中断された授乳期間を経て，次の妊娠に至るまでの時間は平均8.4ヵ月であり，この場合も上と同様のことがあてはまる（Steiner and Bossley, 2008）．一方，アデレードの群れでは，仔イルカが正常に生育した場合の出産間隔は3年が5例，4年が2例，5年と6年が各1例で，平均は3.8年であった．この群れでは，次の仔が生まれるまでは，前の仔は母親と一緒にいるということである．このような母子の関係は御蔵島のミナミハンドウイルカでも報告されている（Kogi *et al.*, 2004）．それによると子どもを成功裏に離乳させた19例において，平均出産間隔は3.5年であった．先に求めた妊娠と休止の平均期間（1.5年）を，アデレードの群れの出産間隔（3-6年）から差し引くと，授乳期間は1.5（5例）-4.5年（1例）の範囲にあり，平均はおそらく2.3年程度であろうと推定される．これはスジイルカにおいて，離乳して子ども群に加入する最小年齢が満1歳（生後1年以上，2年未満）であることと矛盾しない．日本の太平洋沿岸や壱岐周辺で捕獲されたハンドウイルカに比べて，ミナミハンドウイルカの授乳期間がやや長いのは，彼らが限定された海域に生活して安定した個体群を維持しているためであるらしい．

本グループに含まれるイルカ類は，イシイルカ型の種に比べて，性成熟が遅く，繁殖サイクルが長く，長寿化している．この「遅熟」と「間遠な出産」は繁殖率の低下をもたらすが，それを長期の育児による新生児の歩留まりの向上で補っており，長寿化にともない延長された繁殖年限の延長とともに個体群の安定化に寄与しているものと推察される．栄養上必要とされる以上の長期の授乳は，親子関係を維持して，子どもの保護と教育を行う期間としての意義があるとする見解が古くから出されているところである（Brodie, 1969）．離乳後も一部の個体が母親の群れに生活する時期があり，「離乳後の母親依存の時期」が存在する可能性は本グループの個体においては否定できない．しかし，多くの離乳後の仔イルカが子ども群を形成して共同生活の時期を過ごしていることも群れの年齢構成から判断されるところである．親を離れて子ども群に参加することによって，母親の繁殖・育児の負担を軽減し，子どもたちの安全を高める効果があるものと推測される．

5.4.4 コビレゴンドウ型の社会——母系家族で老母も貢献

この型のイルカの生活史の特徴のひとつは雌の長寿命と長い老齢期の存在である．スジイルカ型においては雌の寿命は40–50年で，最終繁殖活動と寿命との時間差は，最大に見積もっても数年–10年であり，そこに占める個体の数は無視できる程度である．これに対してコビレゴンドウ型の雌の生活史の特徴は，繁殖停止後に20–30年の老齢期が追加されて60年前後の寿命を有するに至った点にあり，その社会構造の特徴は3世代におよぶ母系が一緒に生活するところにある．確実にこの型に属する種にはコビレゴンドウ，シャチ，オキゴンドウがあるが（Photopoulou *et al.*, 2017），マッコウクジラや北大西洋のヒレナガゴンドウも，このタイプに入れられる可能性がある（本項後述）．

日本近海のコビレゴンドウにはマゴンドウとタッパナガという形態の異なる2つの地方型が知られている（4.3.4項，4.3.5項）．前者は主として伊豆半島沿岸と和歌山県太地の追い込み漁業で捕獲され，後者は三陸沖の小型捕鯨業で捕獲されたので，それらの漁獲物について歯で年齢を査定し，生殖腺を検査して成熟や繁殖に関する知見を集めて生活史が解析されてきた．本項ではこれらの知見をもとに，コビレゴンドウ型の生活史と社会構造との関連を明らかにしつつ，必要に応じてシャチの情報でそれを補充することにする．なお，シャチは世界中に分布するが，各地に数多くの変異型があり，それらは餌や群れ行動などの生活様式に違いがあり，形態にも微妙な変異があることが知られている（水口，2015）．カナダ西岸から米国のワシントン州にかけての沿岸域にはレジデント型と呼ばれる沿岸性のシャチがおり，彼らは南北の2つの集団にすみわけているので，それぞれが異なる個体群として扱われている．このレジデント型については1973年から個体識別が始まり（Bigg, 1982），成長・繁殖・群れ構造などの知見が得られてきた．特別に断らない限り，本項でシャチと称するのはこれら沿岸性の2つの個体群を指している．

まず，生活史のなかで年齢に関する情報を見よう．雄の性成熟の指標としてスジイルカ型（5.4.3項）の例にならって，睾丸重量が急増する年齢を見ると，それは14-18歳（ヒレナガゴンドウ），15-20歳（コビレゴンドウ，おそらくオキゴンドウも）で，これら3種の間に大きな違いはなく，スジイルカ型の雄に比べてやや遅熟であるという点で共通している．しかし，その最大寿命にはこのグループ内でも種によって著しい違いがある（表5.15）．すなわち，ヒレナガゴンドウ（46歳）とコビレゴンドウ（45歳）の雄に比べて，オキゴンドウ（57歳）とマッコウクジラ（60歳以上）の雄は著しく長命である．シャチで特徴的な背鰭の高さを指標として，雄の性成熟は11-17歳（平均14歳），その最大寿命は40歳以上と見込まれているが，いずれもモデルを用いた計算であり，観察値ではない（後述；Olesiuk *et al.*, 1990）．このグループの雄の年齢と成長の特徴は次のように要約される（雌の年齢については後に触れる）．

① 雄の性成熟が同種の雌より遅れる（雌の性成熟はスジイルカ型と大差なし）．

② 雄が大型化，体長の雄/雌比が1.19-1.39（スジイルカ型では1.05-1.07）（表5.15）．

③ 雄の寿命に2つのタイプ．ひとつは同種の雌に比べて短命でスジイルカ型の雄の寿命に近い種（ヒレナガゴンドウ，コビレゴンドウ，シャチ），ほかは，同種の雌と同様に長寿化している種（オキゴンドウ，マッコウクジラ）である．

これらの特性と生態との関係には解釈が困難な点がある．一般に，性的二型が発達する背景には繁殖に際しての性淘汰があるとされ，そのような種では雄はエネルギー要求が大きいうえに強いストレスにさらされるので短命でもあるといわれることがある．しかしながら，ハクジラ類にはこのような一般則に合致しない例が次のようにいくつか認められる．

その第一はマッコウクジラとオキゴンドウである．マッコウクジラの雄は春機発動期のころ母親の群れを離れて若い雄同士で生活して（この点はスジイルカ型と多少の共通性が認められる），完全に成熟すると単独生活に移り，交尾期にのみ雌の群れに接近する．そこでは交尾の機会をめぐって雄同士の闘争が発生するとして，性的二型の存在が説明されている（Best, 1979）．

ところが，マッコウクジラの雌雄には寿命に大差がないという現象が説明できない．ひとつの可能性としては，マッコウクジラの雄は毎年繁殖に参加しているのではなく，繁殖をスキップした年には高緯度海域の豊かな資源を使って体力の回復を図っているという可能性である．ただし，その確認は今後の課題である．オキゴンドウの雌雄には著しい外形の違いはないが，雄の体長（522 cm）は雌（473 cm）の 1.2 倍もある（Ferreira *et al*., 2014）．この体長の性差はマッコウクジラの 1.52（表 5.15）ほどには大きくないが，「性的二型は発達しているが，寿命には性差がない」という特徴をマッコウクジラと共有しているということができる．その生態の解明が期待される．

その第二はコビレゴンドウとシャチの雄である．彼らは雌より短命であり，しかも性的二型が発達しているので，先に述べた「性的二型と雄の短命」の一般則に合致するかに見える．ところが，彼らの繁殖システムを見ると，そこでは強い性淘汰が働くようには思われないのである．マッコウクジラの雄には闘争でできた傷痕が体表に見られるが，コビレゴンドウにはそれがない（オキゴンドウについては詳細不明）．この矛盾を説明するための便法として次のような理屈が考えられる．行動や社会構造の進化の速度は，体形や成長パターンの進化よりも速やかなので（この点は未確認），シャチやコビレゴンドウは古い性的二型を維持したまま新しい社会構造を進化させて，今に至ったという解釈である．

次に，このグループの雌について，その年齢スケジュールを検討してみよう．彼女らの初排卵年齢はタッパナガとヒレナガゴンドウで 5–11 歳，マゴンドウで 7–11 歳，マッコウクジラで 7–13 歳，オキゴンドウで 8–10 歳である．全体として初排卵年齢の下限は 5–8 歳に，上限は 10–13 歳にあり，スジイルカ型のそれと大差がない．シャチについては Olesiuk *et al*. (1990) が 170 余頭のシャチの集団の 14 年間の観察データを解析した．そこでは 14 頭の雌について初産年齢（死産を除く）が 12–16 歳と知られた．妊娠期間（約 17 ヵ月）と死産率を考慮し，本種の初受胎時の平均年齢は 11 歳であり，平均初排卵年齢はこれより若干若いとされている．このように，ここにグルーピングされたすべての種において雌の性成熟年齢はスジイルカ型のそれと同様である．

本グループの雌の繁殖年限の指標として，標本中の妊娠個体の最高齢を見ると，それは35歳（マゴンドウ），36歳（タッパナガ），41歳（マッコウクジラ，ヒレナガゴンドウ）である．ただし，ヒレナガゴンドウ（Martin and Rothery, 1993）では42歳以上の雌24頭のうち55歳の1頭が妊娠していたが，これを異常値として私の判断で除外した（5.2.3項）．このグループの雌の繁殖年齢の上限は35-41歳の範囲にあり，スジイルカ型の繁殖年齢上限と大差がない．

このグループの雌の寿命の指標として，観察された最高齢を見ると，それは59歳（ヒレナガゴンドウ），61歳（タッパナガ，マッコウクジラ），62歳（マゴンドウ）であり，すべて59-62歳の範囲にある．なお，Olesiuk *et al.*（1990）によるシャチの観察データは14年間に限られるので，寿命などを直接知ることはできない．そこで，観察データを数学モデルに入れて推定したところ，繁殖停止時の平均年齢が40歳，寿命が80年以上と推定されている．ただし，モデル計算にもとづくこのような限界値の精度を過信するのは危険である．なお，観察が続いた14年間に1回も出産しなかった37頭の成熟雌は，繁殖をやめて老齢期にあるものと思われる．

これらのデータが示すところは，本グループ（コビレゴンドウ型）に属する雌の初排卵年齢と最長繁殖年限はいずれも，スジイルカ型のそれと大差がないことである．彼女らがスジイルカ型の雌と大きく異なる点は，繁殖活動を終えた後に20年におよぶ老齢期が加わり，その社会には無視できない数の老齢雌がいることである．このように長い老齢期をもつ哺乳類の典型は人類であり，野生の哺乳類で確実なのは鯨類ではコビレゴンドウ，シャチ，オキゴンドウである（Photopoulou *et al.*, 2017）．コビレゴンドウのマゴンドウ型の場合には，個体によっては20歳代の末から老齢期に入り，遅くとも35歳を過ぎると妊娠個体がなくなるので，35歳前後が繁殖年齢の上限となる（Marsh and Kasuya, 1984）．この繁殖上限年齢を過ぎた雌はマゴンドウでは成熟雌の29%前後を占めているが，タッパナガではその比率はやや低く18%である（表5.11）．これは個体群が置かれた状況を反映していると思われる．すなわち，マゴンドウのデータは追い込み漁による大量漁獲が始まった1971年からまもない時期の漁獲物であり，年齢構成に大量漁獲の影響やそれに対する個体群の反応は，まだ発現していなかったものと思われる．これに対して，タッパナガ個体群は1970年代中ごろまで続いた戦後の大量漁獲の影響から回復途上にあったために（6.5.4 項），1982 年に本種の漁獲が再開されて表 5.11 に示した調査が行われた時点での年齢構成には，若齢個体の比率が高かったものと思われる．

Best *et al.*（1984）は南アフリカのダーバン沖の捕鯨から得たマッコウクジラの年齢別の性状態組成を報告している．そこでは妊娠雌の上限は 41 歳であり，その後に最大 20 年の老齢期がある点ではコビレゴンドウと大きな違いは認められない．しかし，725 頭の性成熟雌のなかに占める老齢雌（42 歳以上）の割合は 22 頭（3%）ときわめて低率であった．私はこれも捕鯨業の影響と見ている．ダーバン沖では 18 世紀末に始まった帆船捕鯨に続いて，20 世紀初頭からはノルウェー式捕鯨が行われ，1975 年までマッコウクジラの捕獲が続いた．つまり，マッコウクジラの生涯を超える長期にわたって捕獲が続いていた後，1962–1967 年にこのデータが得られたのである．このような長年の漁獲によって死亡率が高まったことは確かであるし，個体群の反応として再生産率が上昇したかもしれない（Best, 1980; Bannister *et al.*, 2008）．これらの要素は，年齢組成を若齢個体に偏らせて，老齢個体の比率を自然に放置された個体群よりも小さくする効果がある．年齢組成から生命表を構築して個体群中に占める老齢雌の比重を評価する試みがあるが（Croft *et al.*, 2015），そのような作業に際しては個体群が置かれた歴史的背景を無視してはならない．

Ellis *et al.*（2018）はシロイルカとイッカクにも老齢期があると結論しているが，その根拠は従来とはやや異なり，過去の排卵回数の指標として卵巣中の黄・白体数を用い，それと年齢との回帰式から排卵停止年齢を推定したものである．日本のヒレナガゴンドウの例から，排卵停止年齢は妊娠停止年齢よりも高齢となる傾向があるので，老齢期の雌の指標としては安全であるとも解釈されるが，排卵や繁殖のサイクルには個体差が著しいため，年齢と黄・白体数の関係はきわめてばらつきが大きい．そのようなデータから推定した排卵停止年齢がどれほど信頼できるか危惧されるところである．これら 2 種についても年齢と妊娠率との関係を解析して結果を比べてみるべきであろう．ちなみに，黄・白体数と年齢が得られている個体においては死亡時の妊娠状態も記録されていると見るのが鯨類研究者の常識である．イッカクの年齢査定の問題については前述した（5.3.4 項）．

コビレゴンドウ型の種の生活史の特徴のひとつは老齢雌の存在であることを上に指摘した．老齢期の存在に注目しつつ，コビレゴンドウを例にして社会構造の特徴を検討してみる．カナリー諸島周辺のコビレゴンドウは，体色に関してはマゴンドウ型に似ており，2-33頭（平均12.2頭）よりなるポッドと呼ばれる群れで生活している（Heimlich-Boran, 1993）．ポッドのメンバーは安定していて，通常はポッド単位で生活しているが，ときには2-5個のポッドが合流して一時的に大きな群れを形成することが知られている．この点はマッコウクジラも同様である（Whitehead, 2003）．太地の追い込み漁で捕獲されたマゴンドウ型の群れサイズの解析でも同様のことが示唆されているが（粕谷，2011：12.5.2項），これを確認したのが影（1999）である．その成果の要点を次に紹介する．彼は5回の追い込みで捕獲されたマゴンドウ型248頭のミトコンドリアDNAを解析した．日本の研究者のこれまでの習慣にしたがって，1回の追い込みで捕獲された個体の集まりを群れと呼ぶと，5群のうちの4群には単一の遺伝子型が出現した．ミトコンドリアDNAは母系遺伝をするので，それぞれの群れは単一の母系からなることが示唆されたのである．残る1群22頭には2つの遺伝子型が認められ，少なくとも2つの母系が合流していることが示された．それぞれの母系には成熟雄（各1頭），成熟雌（9頭と6頭），未成熟個体（1頭と4頭）が含まれていた．これらの情報から次のような推論が可能である．

① マゴンドウ型のコビレゴンドウは単一のポッド（単位群）で行動している場合と複数のポッドが合流している場合とがある．これはカナリー諸島のコビレゴンドウと同様である．
② それぞれのポッドは母系から構成されている．
③ 1頭の雌から生まれた子孫は雄も雌も，また性成熟後もひとつのポッドを構成する．

追い込み漁で捕獲された群れのなかには成熟雄が少ない．その主たる原因は雄の短命である．しかし，すべての雄が生涯にわたって母親と同居するのか，それとも少数の雄はある成長段階，たとえば性成熟のころを境にして母親の群れから離れることがあるのか否か，これに関しては厳密には解明がなされていない（粕谷，2011：12.5.6項）．

次に，影（1999）は酵素で切断した核DNAを電気泳動して得た泳動像のバンド共有率を求めた（Multi-locus Fingerprint 法）．バンド共有率は親子間では 0.5 となり，血縁が薄いほど値が小さくなると期待される．結果は，母親と胎児の間では 0.46-0.51 と予測どおりであった．群内のバンド共有率は年齢が近いものの間では高く（0.39-0.44），成熟個体と未成熟個体のように年齢が離れた個体の間では低い傾向があり（0.33-0.34），2 頭の成熟雄とその群れのなかの成熟雌の間でも平均バンド共有率は 0.39 と高かった．これらの情報は次の 2 点を示している．

④　母親の群れに留まる傾向は雌雄で差がない．

⑤　高齢個体と若齢個体との遺伝的な違いが大きいのは，時間の経過につれて外部の遺伝子が流入するためである．

母系のポッドに外部から遺伝子が入ってくるとしたら，それはほかのポッドから訪れる雄であろうと推測される．そこで影は上に述べた単一の母系からなると判断された 4 群から得られた合計 12 頭の胎児（体長範囲は 13.6-105.5 cm）について，群れのなかに父親がいるかどうかを確かめた．胎児の核 DNA の泳動像には母親由来の要素と父親由来の要素があるので，胎児の泳動像から母親由来の要素を差し引いた残りの要素をもつ雄が群れのなかにいるか否かを見たのである．その結果は否定的であった．妊娠初期の胎児の成長は緩やかなので齢の推定精度が低いが，体長 13.6 cm の胎児の齢は 1-2 ヵ月であろう（5.2.2 項）．ある雄が群れを訪れて雌を妊娠させた後，その雄は 1-2 ヵ月もたたないうちに群れを去ったのである．このような群れ構造はコビレゴンドウ（マゴンドウ型）だけでなく，北米北西岸の沿岸性のシャチや（Connor *et al.*, 2000b），北大西洋のヒレナガゴンドウ（Andersen, 1993; Amos *et al.*, 1993）でも示唆されている．コビレゴンドウ（マゴンドウ型）のポッドは母系よりなるが，そこにいる成熟雌と成熟雄の間では繁殖が行われていない．この事実は彼らの社会では血縁個体の間の繁殖を避ける心理的なシステムがあることを示すもので，注目する価値がある．

彼らコビレゴンドウの社会で交尾の機会が得られるのは，複数のポッドが合流したときであろうし，そのような機会が頻繁にあることはカナリー諸島での観察例から理解される．さらに，日本のコビレゴンドウの 2 つの個体群（タッパナガとマゴンドウ）では交尾が日常的に行われているとする研究がある（Kasuya *et al.*, 1993）．その研究ではマゴンドウ型の場合は和歌山県太地の追い込み漁でとられた群れから試料を得て，またタッパナガ型の場合は宮城県鮎川沖で小型捕鯨船が1頭ずつ捕獲してきた個体から試料を得て，子宮内の精子の有無を検査したのである．鯨類の陰茎亀頭は細長く先端が尖っていることと，精子には海水が有害であることから見て，鯨類の射精は膣内ではなく子宮内で行われる可能性が高い．膣内に射精されるヒトの場合でも，精子は15分で子宮に達し，そこには最大85時間は残留するとされている．マゴンドウにおいて追い込み捕獲の後3-4日を過ぎると精子の出現率が急減したことは，このような精子の滞留時間の知見と矛盾しない．この検査では未成熟の雌3頭（5-6歳）からは精子が検出されなかった．また，グラーフ濾胞が直径22 mmに発達した1頭の雌と，黄体をもつが胎児が検出されなかった13頭の雌のうちの10頭が子宮内に精子をもっていた．これらの11頭は排卵の直前か直後で発情状態にあったので，交尾をしていて当然であろう．胎児の体長が1.5 mm-13.3 cmで，妊娠初期と判断された雌12頭のうち，11頭の子宮に精子が認められた．そのうちの1頭は胎児が13.3 cmで妊娠1-2ヵ月と推定されたのはやや意外であった．交尾の機能を受精に求めるならば，これはむだな交尾である．これよりも大きい胎児の子宮も調査すべきであったが，子宮内液の採取がむずかしいので調査を断念したことを後悔している．むだとも思える交尾の証拠はほかにも確認された．すなわち，上に述べた発情ないし妊娠の状態にある雌を除く，58頭の成熟雌のうちの17頭（29%）の子宮から精子が検出されたのである．これらの雌は休止（10頭）か泌乳中（7頭）であり，濾胞サイズが5 mm以下で発情からほど遠い雌（14頭）も，年齢（36歳以上）と卵巣の所見から老齢期にあると判断される雌（3頭）も含まれていた．

このように繁殖と無関係な交尾が行われる例は，ヒトとボノボ（ピグミーチンパンジー）の例がよく知られているが，これに類する事例はコククジラ（Jones and Swartz, 2009）や南半球のセミクジラ（Kenney, 2002）でも野外観察で指摘されている（ただし射精の有無は未確認）．ヒトを含むすべての動物において，当事者がある行動をとるときの意図とそれが社会におよぼす作用（効果または機能といってもよい）とは必ずしも一致するとは限らないが，このような交尾にもなんらかの社会的な機能があるに違いない．ボノボでは餌の配分などで群れのメンバーの間に緊張が高まったときに交尾が頻発することから，交尾には緊張緩和の機能があると解釈されている．ヒトでも交尾（性交ともいう）は番（夫婦）の形成とその維持に重要であるし，イヌイット社会で行われた配偶者交換や日本でかつて行われた歌垣はコミュニティーの連帯強化に貢献したと推定される（粕谷，2011：12.4.4 項）．ヒトでは「売買春」や「美人局」という行為があり，鳥類では求愛給餌という行為があるように，性行為は経済活動にも寄与している．なお，われわれの社会と異なり，鯨類は性行為において他者の目を避けるとは考えられない．

マゴンドウの平均的な群れの構成は，成熟雄 2 頭，成熟雌 13 頭（うち，老齢雌 3-4 頭），未成熟の雌雄 11 頭で，合計 26 頭よりなる．この個体群の年間妊娠率は老齢雌を含めて計算すると 19% 程度である．雌は初回妊娠までに平均 1.9 回程度の排卵があるとされている（5.3.1 項）．2 回目以降の妊娠にともなう排卵はこれより少ないかもしれないが，かりに同じとすると，平均的な群れでは年に 4.1 回，延べ 16 日間ほどの発情が期待されるにすぎない．このような状況のなかで，雄は繁殖能力を周年維持しているのである．老齢雌を含めて多くの非発情の雌が交尾を受け入れることによって，雄から見た交尾の機会は 50-60 倍に増加する．これが雄の行動や社会の維持になんらかの影響を与えている可能性がある（Magnusson and Kasuya, 1997）．

それではコビレゴンドウの社会で確認された，直接には繁殖に結びつかない交尾（非繁殖的交尾）は彼らの社会でどのような機能を果たしているのであろうか．私は上に見た彼らの社会構造を念頭に，次のような機能を可能性として指摘したい．

①　ポッドが出会ったときの友好の挨拶．

②　雄を招き，引き留める．交尾の機会が保証されることにより，雄は他ポッドとの交流願望を高め，その結果として排卵雌の受胎が保証される．

③　交尾相手をめぐる雄同士の争いを回避する．

④　成熟途上の若い雄の性的な教育・訓練．

これらはいずれもポッドの安定と繁殖の増進に貢献するものである．もしも，雌の子宮のなかの精子がどの雄に由来するかが明らかになれば，このような議論，とくに④に関して有効な判断材料を得られると期待される．

コビレゴンドウ型の社会では，種類によって多少の差があるが，雌は

35-40 歳までに妊娠・出産を終える．この点はスジイルカ型と異ならないが，その後に寿命が延長して 20 年もの老齢期が付加されたところに特徴がある．彼女らのどのような行動がそのような方向への進化を可能としたのか．それを理解するためには，その社会における老齢雌の役割を知る必要がある．コビレゴンドウにおいては，高齢の雌は末子を出産した後で長期にわたって泌乳することが知られている．この場合には，授乳の対象を確認することはむずかしいが，その対象には自らの末子が含まれており，性成熟近くまで授乳することもあるらしいとされている（5.2.3 項）．また，ヒレナガゴンドウとマッコウクジラでは仔クジラが長期にわたって乳を飲んでいる事例が知られている．この場合は，授乳者は明らかにされていないが，母親が長期にわたって自分の子どもに授乳している可能性を示唆するものである．このような長期哺乳は栄養上の必要を満たすものではなく，母子関係が長く続くことに付随する結果であり，母親が子どもを長期間にわたって庇護していることを示すものでもある．このような母親の庇護によって子どもの生残率が向上するならば，それは出産の代償としての機能をもつに違いない．新生児への授乳のコストは妊娠のコストに比べて高いので高齢雌にとっては好ましくないはずであるが（Lockeyer, 1981a, 1981b），親子関係の確認程度の少量の泌乳が大きな負担になるとは思われない．

コビレゴンドウ型の社会において，母親の存在が子どもの生存にどれほどの貢献をするか．これについては，バンクーバー沖の沿岸性のシャチの長期間の観察から興味あるデータが得られている（Foster *et al*., 2012）．それは母親がいる子どもと，母親に死なれた子どもの死亡率を比べたものである．ここのシャチは母親を中心として息子や娘，それに孫たちもひとつの群れ（ポッド）に生活している．母親が死亡したときの子どもの年齢が 30 歳以下の場合には，その後の子どもの死亡率は息子では 3.1 倍に増加したが娘には影響が確認できなかった．一方，母親死亡時の子どもの年齢が 30 歳以上の場合には，その後の子どもの死亡率は 8.3 倍（息子）ないし 3.7 倍（娘）に増加した．これらの計算には母親が老齢期にあったか否かを区別していない．そこで子どもが 30 歳以上で，かつ老齢期にあった母親が死亡した場合について検討すると，母親が生存した場合に比べて子どもの死亡率は 13.9 倍（息子）ないし 5.4 倍（娘）に増加した．この研究で注目されるのは，シャチの子どもは性成熟後も母親に依存しており，その傾向は雄に顕著であることである．見方を変えれば，母親の子どもへの投資は娘よりも息子に偏ることが示唆される．うまく育てれば娘よりも息子のほうが多数の子孫を残す可能性があるので，母親のこの戦略は合理的な面がある．また別の見方をすれば，マッコウクジラのように息子が母親の群れを離れる社会では，老母による育児投資の効果は減殺される可能性があることを示すともいえる．

それでは，成熟して30歳を超えている子どもたちの生活に母親は具体的にはどのように貢献しているのか．それを示唆する情報は，これも上の研究と同じく北米西岸の沿岸性のシャチで得られている（Brent *et al.*, 2015）．餌とするサケの群れを求めてポッドで移動する際の群れのなかの個体の配置について，次の3点が明らかにされた．

① 高齢雌が群れをリードする．

② 高齢雌のリーダーシップはサケの来遊が少なくて餌が乏しい年に顕著となる．

③ 高齢雌につきしたがう傾向は雌よりも雄のほうに著しい．

これらの高齢雌は老齢期にある可能性が高く，彼女らは長年の経験のなかで蓄積してきた知識を使って，群れのメンバーの生存に寄与しているものと考えられる．老母への依存度が雌よりも雄のほうが高いのは，雄の寿命が雌の半分程度であるため，蓄積している知識が限られているためであるかもしれない．このようにして，老齢雌に保持されている経験や情報には徐々に新しい要素が加わり，また古い要素が失われつつ，それぞれの群れ（ポッド）の文化として次世代の雌に引き継がれてゆくものと推定される．

シャチを含むコビレゴンドウ型の社会では，原則として母系の家族群が生活の単位となっている．高齢雌は繁殖面での貢献はないが，文化の保持者として群れメンバーの生存に貢献しているらしい．このような種が漁獲対象となった場合に，密度効果がどのように発現するのか，興味ある問題であり，これについては5.5節で検討する．

コビレゴンドウや北米西岸の沿岸性のシャチの社会では，息子は成熟後も母親や姉妹とひとつのポッドに生活しているが，彼らはそこでどのような役割を担っているのか，これについては今後の研究課題である．もしも，彼らがほかのポッドの雌を妊娠させるだけの機能に生きているのであれば，彼の母親からの評価は別として，姉妹の立場から見れば群れサイズを大きくする利点（5.4.1項）以外にはあまり役に立たない居候的な存在である．この点ではスジイルカ型の社会の雄とも，また春機発動期のころに母系の群れから離脱するマッコウクジラの雄とも大差がないかもしれない．小型鯨類の一部の種において雄が育児に貢献している可能性については5.4.5項で触れる．

上に述べたようなシャチの社会に関する興味ある知見は，40年におよぶ研究活動の成果である．このバンクーバー沖のシャチの群れは動物商の手で60%程度まで間引かれた後に保護が始まり，1973年以来今でも観察が続いている．日本のコビレゴンドウやオキゴンドウも非常に興味ある研究対象であり，シャチでなされたような研究ができれば，生物学的にも，またそれらの種の保全のためにも貴重な情報が得られるものと予測されるが，日本ではイルカ漁業の存在がそのような研究を妨げている．

5.4.5 ツチクジラ型の社会——謎の年齢構成

ツチクジラは行政的には小型鯨類としてイルカ類と一緒に扱われることがあるが，マイルカ上科のメンバーではなく，分類学的にはアカボウクジラ科に属する．アカボウクジラ科に知られている22種には外洋性の種が多く，知見の少ない動物群であり，いまだに新種が発見されることがある．今，オホーツク海にいて漁業者がクロとかクロツチと呼んでいるクジラはそのような新種候補のひとつである（4.3.12項）．ツチクジラはアカボウクジラ科のなかでは，生活史に関してもっともよく知られている種であるが，それとてきわめて少ない標本から得られたものであり，改善の余地は大きい（Kasuya *et al.*, 1997）．

今われわれがもっているツチクジラの雌の成長や繁殖に関する知識は，千葉県沖で捕獲された未成熟21頭，成熟27頭，合計48頭の死体から得られたもので，次のように理解されている．すなわち，初排卵年齢は10–14歳にあり，先に述べたイルカ型やコビレゴンドウ型よりもわずかに遅熟である．成熟雌のなかの妊娠個体の割合が29.6%，年間排卵率は0.47と推定され，本種の平均出産間隔は3.4年，平均授乳期間は0.7年と短い．雌の最高齢は54歳で，妊娠雌の最高齢は40歳代にあり（泌乳雌は50歳代に出現），妊娠率や年間排卵率の加齢にともなう低下は認められない．また，生殖腺と脊椎

表 5.17　千葉沖で捕獲されたツチクジラにおける年齢にともなう性比の変化（1975，1985–1988 年資料）．Kasuya *et al.* (1997) による．

年齢	雄	雌	合計	雄 %
3–9	13	16	29	44.8
10–19	17	16	33	51.5
20–29	13	7	20	65.0
30–54	20	8	28	71.4
55–84	22	0	22	100
合計[1)]	115	55	170	67.6

1）1988 年資料（雄 30 頭，雌 8 頭）は年齢情報を欠き，合計にのみ算入されている．

骨を対比したところ，雌は性成熟の後まもなく，15 歳前後で肉体的成熟をすること，そのときの平均体長は 14.5 m であるとされている．これらの知見を要約すれば，本種の雌では育児期間が比較的短く，スジイルカ型に近い出産間隔と寿命を有し，コビレゴンドウに見られたような老齢期はないものと判断される．

ツチクジラの雄の睾丸重量は年齢 6–10 歳時に急増する．この年齢範囲は睾丸の組織判定による未成熟・成熟途上・成熟の各段階が共存する年齢範囲でもある．雄はこの年齢範囲のある時点で性成熟に達するものと推定され，その平均性成熟年齢は雌のそれよりも 4 歳程度若い．雄の肉体的成熟は 9–15 歳の間で達成され，そのときの平均体長は 10.1 m であった．雄の最高齢は 84 歳であった．本種の雄の特徴は，雌よりもわずかに早熟で，体はわずかに小さく，その寿命は雌よりも 30 年も長寿なことである．

漁獲物の性比を見ると，19 歳以下では雌雄がほぼ同率であるが，その後は年齢とともに雄の比率が増加し，55 歳以上では雄が 100% を占めるに至る（表 5.17）．生殖腺で性成熟と判定された個体は 130 頭（雌雄合計，年齢不明を含む）あり，その雌：雄比は 1：3.3 と雄が過剰である．かりに睾丸の重量増加が停止する 30 歳以上の雄を性成熟と見なしても，その性比は 1：1.7 であり，依然として成熟雌に比べて成熟雄の数が多い．

雄が子どもを産むわけではないのに，なぜ雄が多いのか．これが研究者を悩ませている問題である．かりに捕鯨船の砲手は体長差を見分けて大きい個体を捕獲する意図があるとしても，わずかに体の小さい雄が多く捕獲されるという逆の現象を説明できない．マッコウクジラのように雌雄が地理的にすみわけており，成熟したツチクジラの雌は漁場の外にいるのであろうと考えられたこともある（Omura *et al*., 1955）．しかし，千葉沖，日本海，オホーツク海，ベーリング海を経て北米大陸沿岸に至る各地で捕獲されたり漂着したりした個体を見ると，いずれの地においても雄が過剰であり，雌が多く生息する海域は見いだせなかった．これまでの分布調査によればツチクジラは大陸斜面とその内側にかけて分布しており，沖合には生息しないこともわかってきた．かりに砲手が子連れの雌を避ける傾向があったとしても，また，高齢雌が漁場の外にすみわける傾向があったとしても，年齢範囲 55-84 歳に雄が 22 頭出現したのに，雌は 1 頭も出現しないという事実を，それだけで説明することは困難である．

千葉県から岩手県にかけての大陸斜面域で 1984 年にツチクジラの目視調査航海が行われた（Kasuya, 1986）．そこで観察されたツチクジラ 42 群の群れサイズは 3-25 頭の範囲にあり，最頻値は 4 頭，平均は 7.2 頭であり，10 頭を超える群れは 8 例にすぎなかった．コビレゴンドウに比べて群れサイズが小さいとの印象を受ける．群れの内部構造の情報は 2 例の漂着群から得られている（粕谷，2011：13.5.2 項）．ひとつはカリフォルニア湾に漂着した 1 群 7 頭の構成で，成熟雄 4 頭，成熟雌 2 頭，未成熟雌 1 頭であった（年齢組成は不明）．もうひとつは，三浦半島の諸磯に漂着した 1 群 4 頭の内訳で，成熟雌 1 頭（泌乳），未成熟雌 1 頭（5 歳），未成熟雄 1 頭（4 歳），不明 1 頭であった．不明の 1 頭は逃走したので詳細不明であるが，逃走の事実から見て，未成熟個体の母親ではないと推定される．成熟雄かもしれない．これらの記録からツチクジラの群れは次のような特徴をもっていることがわかる．

① 成熟雄と成熟雌に加えて未成熟個体が含まれる．

② 単一の群れに成熟雄も成熟雌も複数個体が含まれることがある．

群れのなかでは，複数の成熟雄がたがいを排除せず，一緒にいられることは興味深い（コビレゴンドウとシャチに似て，マッコウクジラと異なる）．ツチクジラは下顎の前端に 1 対の歯をもっている．その位置は上顎の前端よりも前にあるので，摂餌には役立たないらしいことと，その萌出は年齢 6-10 歳，すなわち性成熟のころに始まることから，その機能は社会行動に関するものと考えられている．この歯でできたと思われる多数のひっかき傷が成熟個体の背面に見られ，その密度は雄よりも雌に著しいとの印象を得ている．これが闘争に起因するのか，闘争以外の社会的コンタクトによるものかを知ることはきわめて興味ある課題である．

日本沿岸で捕獲されたツチクジラの胃内容物の解析によれば，彼らの餌料はおもに底生性の魚類や頭足類であり，これら餌料生物のおもな生息深度は600-1500 m であるとされており，このことは Minamikawa *et al.*（2007）が報告した潜水パターンとも矛盾しない．すなわち，千葉沖でツチクジラの1頭（体長 9-10 m）に水深記録器を装着して得られた潜水パターンから，その摂餌深度は水面下 200-1700 m であると推定されている（3.3.3項）．

ツチクジラの群れの構造や摂餌生態をもとに，その社会に関してひとつの仮説が提出されている（Kasuya *et al.*, 1997）．それは，ツチクジラでは兄弟ないしは父子が群れの核となる父系の群れで生活しており，そこによそから雌がきて妊娠・出産を経て授乳までを分担するが，それ以外の育児業務を雄たちが分担するのではないかという考えである．ツチクジラは長時間の潜水をして深海で摂餌をすることが知られている．授乳中の雌にとっては栄養上の必要もあり，深海での摂餌活動を行わないわけにはゆかないが，乳飲み仔にはその必要も能力もない．そこで雄は授乳以外の育児業務を負担し，仔クジラたちの保護や教育を行うならば，母親は安心して摂餌に専念できるし，3-4 年という短い繁殖周期を維持することも可能となろう．このような社会では雄の長寿化が進むかもしれないという考えである．このほかにシャチのような母系社会においては，雄が妹たちの産んだ子どもの面倒を見るという仕組みができあがる可能性も否定できない．これらの仮説を積極的に支持する証拠は得られていない．ツチクジラの社会構造に関する研究，とくに群れの組成とメンバー間の血縁関係の解明が望まれる．

5.5　漁獲への反応

5.5.1　密度効果

サバやイワシの資源は漁業活動がなくても，おそらく環境変動の影響で，個体数が大幅に変動することが知られている．しかし，鯨類ではやや様子が異なり，その生活は環境変動に左右されることが少なく，出産と死亡のバランスが保たれて個体数は比較的安定していると考えられている．一方，なんらかの理由で個体の生活環境が改善された場合には，出産が死亡を上回る状況が発生して個体数は増加に向かうとも信じられている．そのような状況とは，餌が大発生した場合でも，漁獲によって多くの仲間が殺された場合でも，あるいは競争種の個体数がなにかの原因で減少した場合でもよい．個体群に表れるこのような反応が密度効果であり，鯨類の資源管理は密度効果の存在を前提に行われている．密度効果の存在それ自体はおそらく正しいものと思われるが，資源がどれほど減少すると，どの程度の密度効果が表れるかという問題は依然として未解決の状態にあるし（6.4節），また，小型鯨類において密度効果がおぼろげにせよ観察された例は多くはない（本項後述）．前節で触れたように，小型鯨類の生活史や社会構造には多様なものがあるので，かりに小型鯨類に密度効果が発現するとしても，その仕組み，発現の速度，強度などは一様ではないと推察される．以下では，この点に関して考察を試みる．

まず，生活史や社会構造が比較的単純なヒゲクジラ類で認められた密度効果の例を紹介する．コククジラの東太平洋個体群は北極圏の夏の摂餌場とカリフォルニア半島沿岸の越冬・繁殖場を往復している．1846年にこの個体群に対して商業捕獲が始まったときの資源量は1万5000-2万4000頭であったが，100年後の1946年に本格的な保護が始まったときには2000-3000頭に減少していたとされている．その後，この個体群の内部構造は捕獲調査により，また個体数の動向は沿岸の回遊路における目視計数によって，米国の研究者の手で調べられてきた．1960年代になされた捕獲調査によれば，初排卵年齢は6-13歳の範囲にあり，平均出産間隔は2年，最高齢は70歳であった（Rice and Wolman, 1971）．この標本の年齢組成には高齢個体が少ないという印象を受けるが，それはこの個体群が回復途上にあったためであろうと私は解釈している．また，初排卵の年齢範囲が広いのは密度変化に対する個体群の反応が継続中であったことを思わせる．興味あるのはその後の個体数の変化である．この個体群はチュコト半島の先住民による年間160頭程度の捕獲のもとで，年率2.5%程度で増加を続け，1997/98年冬の調査では最高の2万9758頭を記録した．この個体群はそのあと減少に向かい，3年後の 2000/01 年には最高時の 65%（1 万 9448 頭）に，翌 2001/02 年には 61%（1 万 8178 頭）にまで低下した．その間に出産数の低下，痩せクジラや漂着死体の増加が見られた（Jones and Swartz, 2009）．

コククジラのこの個体群は保護が始まってから増加を始め，個体密度は年ごとに増加したものと思われる．もしも，この個体群がそのときどきの密度に忠実に反応していたならば，個体数は 20 世紀の後半を通じて増加を続けつつも，その増加率は徐々に低下し，20 世紀末には個体数 1 万 8000-2 万 9000 頭の間のどこかに軟着陸したはずである．実際にはそのようにならずに，個体群は定率で増加し，環境収容力を超過してからも惰性で増加を続け，その後急減に転じたのである．これは次のことを示唆している．

① 密度効果は密度の変化より遅れて発現する．

② 密度変化に対する個体群の反応は，環境収容量に近い状況において敏感である．

上の①は個体群が長期的な振動を始める可能性を示唆するものであり，資源管理をむずかしくする要因となる．②を理解するために次のような例を考えてみればよい．すなわち，餌の供給量が必要量の 150% でも 200%（資源レベルは 0.7-0.5 に相当）でも大多数の個体の栄養状態に大きな変化はないだろうが，餌の供給が必要量の 90% に低下すれば（資源レベルは 1.1 に上昇）多くの個体が栄養不足に陥るだろうという考えである．このことは密度効果と資源レベルとは直線関係にないことを示唆するものでもあり，最大持続生産量（Maximum Sustainable Yield; MSY）が得られる資源レベルの議論にも関係してくる（6.4 節）．「資源レベル」というのは，個体群が漁獲を受ける前，個体数が環境容量の近くにあったときの平均的な個体群サイズを基準として，そのときどきの個体群の大きさを表示する方式である．

鯨類が密度効果を発現するときに彼らの生活史のどの要素が反応するのか．おそらく妊娠率，死亡率，性成熟年齢などが変化すると考えられる．資源レベルの低下によって個体密度が下がると 1 頭あたりの餌の配分が増加する．それまでは栄養必要量の限界に近い状態で生きていた雌にとっては栄養状態が改善されて，前回の妊娠・授乳からの体力回復が早まり，妊娠間隔の短縮すなわち年間妊娠率（成熟雌が 1 年間に妊娠する確率）の上昇が起こると期待される．栄養の改善は密度低下と同時に発現するだろうし，栄養の改善にともなう妊娠間隔の短縮はそのときに雌が置かれた性状態にもよるが，早い個体では栄養改善の翌年の発情期には効果が表れるかもしれない．鯨類の妊娠期間は1-1.5年であるから，2-3年後には個体群の出生率に効果が表れ始めると期待される．ただし，全個体に密度効果が発現して，個体群としての年間妊娠率や出生率の反応が完成するには長い年月を要することになる．なお，妊娠率が年齢に強く依存するコビレゴンドウのような種（表5.11）もあるし，スジイルカやハンドウイルカのようにそれが微弱であるとか，年齢依存が検出できないような種もある（表5.16）．死亡率も個体密度の低下に対応して速やかに低下し，出生率の上昇と相まって年齢組成に変化を生じる原因となる．

密度低下に対する死亡率の反応を考える場合には，シャチなどの捕食者の存在にも留意する必要がある．捕食者の個体数は依然として従前のレベルに近いところにあるから，被食による死亡率が上昇する可能性があるので，それを割り引いて評価しなければならない．なお，鯨類の自然死亡率についてはその概要を推定することすらおぼつかないのが現状であり，年齢による死亡率の違いや，死亡率の経年変化を追跡することは技術的に不可能に近い状態にある（5.3.3項）．

性成熟年齢も密度効果を考えるうえでは重要な要素である．栄養が改善されれば，成長が早まり，早熟化が期待される．雌の性成熟年齢が低下すれば個体群のなかに占める成熟雌の比率が高まり，個体群の出生率の向上につながる．密度効果によって性成熟年齢が変化したと解釈される例がナガスクジラで知られている．それは北太平洋の母船式捕鯨業で捕獲されたナガスクジラについて，排卵を1回だけ経験した雌の年齢（初排卵時の年齢に近い）を漁獲年ごとに解析したものである（Ohsumi, 1983b）．この漁業が始まってまもない1957/58年の漁獲物ではそれが8-14歳の範囲にあり，平均は12.4歳であったが，しだいに低下して，17年後の1974/75年の漁獲物では4-11歳（平均7.0歳）となった．捕鯨業による資源減少にともない，まず成熟下限年齢が低下し，遅れて上限年齢の低下が表れ，半数成熟年齢の低下が始まったのはこの一連の変化の中間時期であった．早熟化は資源減少にともなう栄養の改善によるものであるが，その効果は成熟に近づいていた比較的高齢の個体よりも，もっと若い個体に速やかに表れたと解釈される．

伊豆半島の追い込み漁で捕獲されたスジイルカにおいても，これに似た現象がやや異なる手法で観察されている（Kasuya, 1985a）．スジイルカの生物データを生まれ年ごとの年級群に分けて解析したところ（5.3.1 項），雌の半数成熟年齢が 1956-1958 年生まれの 9.7 歳から 1968-1970 年生まれの 7.4 歳まで年々低下したこと，これにともなって成熟個体の最低齢も 8-9 歳（1956-1961 年生）から，7-8 歳（1962-1967 年生）を経て，5-6 歳（1968-1970 年生）へと低下した（未成熟個体の最高齢はデータ不足で結論が得られなかった）．この背景として，第二次世界大戦ころから急増した漁獲の影響で資源は減少を続け，1980 年ころの枯渇に向かっていたことが指摘されている．なお，これらの 2 つの研究が用いたデータは個体密度が低下を続けているなかで得られたものであり，資源レベルがある特定の一定レベルに置かれたときの観察ではないことを記憶する必要がある．

密度効果は死亡率，妊娠率，性成熟年齢などの変化として発現することを述べたが，これらの要素は相互に関連して個体群の再生産率に影響している．すなわち，妊娠率は個体群のなかの年々の出生率を支配し，これは死亡率とともに個体群の年齢構成に影響を与える．また，性成熟年齢の変化は個体群のなかの成熟雌の割合に影響を与え，これも出生率に影響する．したがって，ある資源レベルの変化と密度効果の発現に関して，次のことを記憶する必要がある．

③　一定の資源レベルに応じて生活史の各種パラメータが反応し，それに応じた年齢構成が定まり，再生産率が安定するには，対象となっている種の生涯に近い年月を要する．

すなわち，ある特定の資源レベルに対応して密度効果が発現し，それが完成するには，イシイルカのような短命な種では十数年，多くのイルカ類では半世紀に近い時間を要する可能性がある．資源レベルと個体群の反応の関係を確認するには，その期間内に資源レベルが一定に維持される必要がある．しかし，そのような事態は野生の個体群では期待できない．それは次のような理由による．

④　密度効果がもたらす結果，すなわち個体数の増加は，それ自体が密度効果の発現にブレーキをかける作用をする．

上にあげた③と④の 2 つの理由で，密度効果を野外の鯨類個体群で実測することは，漁獲量を含めた彼らの生活環境を厳密に管理する以外には不可能であり，そのような作業は技術的に困難であると私は考えている．それが無理ならば，上に述べたブレーキ効果を排除した人口モデルを構築して，それに死亡率，成熟年齢，妊娠率などの予測値を入力して推定する方法があるが，その際には次項で述べる個々の種の生活史や社会構造の特性ならびに漁業による選択性にも配慮しなければならない．

密度効果のレベルの推定がむずかしいことに加えて，それが完全に発現するまでに時間を要するという事実は，鯨類漁業を管理する場合に重大な問題を引き起こす可能性がある．ある漁業資源を利用する技術が新たに開発されて，漁獲物の市場が開拓されると，その漁業は急速に拡大することをわれわれは目にしてきた．1971 年に開始されて今も続いている和歌山県太地のイルカ追い込み漁もその好例である．この場合に，初期状態の資源量を推定し，将来発現するであろう密度効果の大きさを予測し，当初から捕獲を制限できれば理想的である．しかし，未利用状態に近い資源だから「その気になればいくらでもとれる」ので，漁業者は捕獲規制の導入に抵抗するであろうし，行政は規制を急ぐことをためらいがちであり，科学者から見れば資源評価に必要なデータを集めるには時間がかかる．このような状況のもとでは，初めのうちはとり放題にとり，資源が減少して漁模様が悪くなってから，不十分な最低限の規制を導入することになり，その結果，捕獲規制が資源減少を後追いするだけに終わる危険がある（6.5.5 項）．

期待される密度効果のレベルを予測してイルカ類の管理に役立てようとするときに起こるもうひとつの問題は，初期資源状態を把握することのむずかしさである．上の太地の例で見れば，今の追い込み漁の組織ができる以前，少なくとも 19 世紀から小型イルカやコビレゴンドウの低レベルの捕獲が日常的に行われていたのである（粕谷，2011：3.9.1 項）．太地沖のイルカ類の個体群はそれになんらかの反応をしていた可能性がある．また，北部北太平洋でサケ・マス流し網漁によるイシイルカの混獲が注目され始めたのは 1977 年であるが（粕谷，2011：6.2 節），この漁業は 1914 年に試験操業が行われて以来 50 年近くも続いていたし（佐野，1998），北洋海域のイシイルカの摂餌環境もそのサケ・マス漁業の活動によって変化してきた可能性がある．本書の各所で紹介した北洋産イシイルカの生活史の特徴は，すでにこれらの環境変化に対する反応を含んでいるかもしれないのである.

5.5.2　鯨種や漁業形態による反応の差

イルカ追い込み漁はかつて日本の沿岸各地で行われ，今も和歌山県の太地で続いている．この漁業では，イルカの群れを湾内に追い込んで一網打尽に捕獲するので，資源管理においては個体数だけでなく群れ数の変動にも配慮する必要がある．かりに追い込み漁によって群れ数が減少した場合に，スジイルカのような種では残余の群れは離合集散の過程を経て，個々の群れのサイズはしだいに小さくなるかもしれない．しかし，コビレゴンドウのようにメンバーが固定した母系家族で生活している種では，個体群のなかの群れ数が減少しても，残された群れの大きさはただちに変化するわけではない．コビレゴンドウで追い込み漁獲によって群れの数が減少すると，残った群れにとっては餌に遭遇する機会（すなわち摂餌の機会）が増加するかもしれない．一方，その群れの構成員から見れば1回の摂餌あたりの充足度はあまり改善されるわけではないので，資源レベルが低下したことによるメリットを十分に享受できない可能性がある（密度効果の発現が制限される可能性）．また，期待される群れ数の回復は生き残った群れが分裂して達成されるものと推定されるが，群れの分裂は母系の群れを統率していた老母の死を契機とするか，群れサイズが過大になって摂餌行動における不利益の発生を契機とするものと予測される（5.4.1項）．このような理由により，コビレゴンドウのような種では，追い込み漁で群れ数が減少した後，残された個体の成長や繁殖の改善は遅れて発現するし，群れ数が回復するのはそれよりもさらに遅れるものと予測される．

イシイルカは突きん棒漁法で1頭ずつ捕獲されているので，上に述べたような群れの問題は少ないと思われる．漁獲によってイシイルカの資源レベルが低下した場合に，個体群はどのようにして反応するのであろうか．個体群サイズ（頭数）の変化は [出生数－死亡数] で定まり，出生数は [個体群サイズ×年間出生率] で定まる．年間出生率と年間妊娠率，すなわち1頭の成熟雌が1年間に妊娠する確率，の間には次の関係がある．

[年間出生率]＝[個体群のなかの雌の割合]
×[繁殖可能な雌の割合]×[年間妊娠率]

今，イシイルカでは年間妊娠率の向上が密度効果の発現にどの程度の貢献ができるかを考えてみよう．ほかの要素は無視することにする．今のイシイルカは育児に費やす努力を小さくして，産児に努力を傾注しており，その年間妊娠率は90%以上であるらしい．この逆数が平均出産間隔であるから，それは1.11年以下であることをを意味する．かりに資源レベルの低下にともなって年間妊娠率が95%に改善されたとしても，年間出生率は現在の1.055倍に増加するが，これが個体数変動に与える効果を評価する必要がある．残りの要素である性成熟年齢と自然死亡率の低下によって繁殖可能な雌の割合が増加することに期待を寄せざるをえない．スナメリやイシイルカで知られている最少成熟年齢は満2歳であり，おそらくこれが生物学的に可能な限界であろうと思われる．資源レベルの低下に対する反応として，イシイルカでは生後2年目（24ヵ月ころ）の夏に成熟（初排卵・妊娠）する雌が増加し，4年目の夏に成熟する遅熟雌の比率が低下する可能性がある．これと同時に期待される死亡率の低下と相まって，個体群のなかに占める繁殖可能な雌の比率が上昇すると思われる．ただし，死亡率に関しては栄養の改善により病死率は下がるかもしれないが，シャチなどによる被食死亡率が高まる可能性があるので，その総合効果は明らかではない．

伊豆半島周辺に来遊するスジイルカでは，漁業の進行にともなって雌の平均性成熟年齢が12年間に2.3年ほど若齢化したことが知られている（5.5.1項）．これは個体群のなかに占める性成熟雌の比率を高めて，年間出生率を押し上げる効果がある．また，平均出産間隔の経年変化は統計的には有意と断定しかねるレベルではあったが（$0.05<p<0.1$），1955年漁期の4.0年から1977年の2.8年へと低下した可能性が指摘されている（Kasuya, 1985a）．これにともなって泌乳中で妊娠しているケースが1967年以降の8年間に増加を示したとされている（$p<0.05$）．これらの数値自体は標本のバイアスの影響があり，あまり信頼できないので，ここではその経年変化の方向に注目する．この平均出産間隔の変化は年間妊娠率にして25.0%から36.2%への変化に相当し，ほかの要素の変化を無視するならば，年間出生率にして1.45倍の増加に相当する．この値はイシイルカにおける妊娠率上昇の効果として期待された値よりもはるかに大きい．しかし，ここで記憶する必要があるのは年間妊娠率の上昇，すなわち平均出産間隔の短縮が，はたして数字

どおりに繁殖率の向上に結びつくであろうかという疑問である．

上と同じスジイルカ資源では，データの処理方法がやや異なるが，平均泌乳期間が1.5-1.7年，平均休止期間が0.2-0.3年と推定されている．一方，ハンドウイルカで妊娠期間を12ヵ月として繁殖周期を計算すると，平均泌乳期間（妊娠中泌乳0.14年を含む）1.5年，平均休止期間0.3年，平均出産間隔2.7年とスジイルカと似た値が得られる（表5.5）．これらの2種では固形食をとり始める時期はイシイルカとほぼ同じく0.5歳前後であり，1年以上に延長された授乳期間は子どもの栄養維持よりも母親による保護や教育の期間として機能していると考えられている．また，妊娠雌は出産前に前回の仔イルカを排除することが観察されている（5.4.3項）．したがって，出産間隔の短縮は育児期間の短縮をもたらす可能性が大きい．いいかえれば，イルカの個体群が密度低下に反応して出産率を向上させると，必然的に母親による子どもに対する保護・教育の手抜きが行われ，それが仔イルカの生残率の低下をもたらす可能性がある．スジイルカ型の社会やマゴンドウ型の社会においては，母親による長い育児期間の重要性が認識されているので，漁業管理においてはこのような問題に配慮する必要がある．

イルカの場合には，群れのなかのどの個体が捕獲されるかによって，残された個体の生存や繁殖が影響を受けることも考えられる．コビレゴンドウの社会でも，高齢の雌が文化の担い手として機能しつつ，群れのメンバーの生存に寄与していると推定されている．そのような文化の担い手が失われた場合に，残された個体の生存や繁殖に好ましくない影響を与えるであろうことはシャチの例から明らかである（5.4.4項）．このことは，小型捕鯨業のような漁法で群れのなかから特定の個体を間引いた場合に，残された個体に与える影響を評価することをむずかしくする．一方，追い込み漁で群れが丸ごと捕獲された場合に，その群れに保持されていた文化が消滅し，その結果として個体群のなかの文化の多様性が低下することになる．それは個体群の適応能力を低下させ，その存続可能性を減殺するおそれがある．

6　漁業と個体群

6.1　小型鯨類を捕獲する漁業

日本の捕鯨操業は16世紀後半かそれ以前に知多半島で始まり，その技術は志摩半島，和歌山県，土佐，北九州方面に順次伝わったとされている（橋浦，1969）．その手法は「突き取り法」とそれに続く「網取り法」であったが（大日本水産会，1896），これら漁法は19世紀末にはほぼ終息し，代わってノルウェー式と称する捕鯨技術が導入された．これは汽船に搭載した捕鯨砲から綱のついた銛を発射してクジラを捕獲する手法で，沖合に多く生息し動きの速いナガスクジラ類の捕獲が容易となった．この手法を用いる漁業を日本政府は母船式捕鯨業と汽船捕鯨業に大別し，さらに汽船捕鯨業を大型捕鯨業と小型捕鯨業に分類してきた．「母船式捕鯨業」は遠洋で操業して漁獲物を母船上で解体処理する漁法である．この漁法は今日では科学調査を目的として北太平洋と南極海で用いられている．「大型捕鯨業」は近海で操業して沿岸基地で解体処理する捕鯨で，ミンククジラ以外のヒゲクジラ類とマッコウクジラを対象としてきたが，対象鯨種は資源状態に応じて制限が強化され，国際捕鯨委員会（IWC）による商業捕鯨停止の決定を受けて，日本では1988年3月末日をもって停止した（本節後述）．「小型捕鯨業」は50トン未満の捕鯨船に口径50 mm以下の捕鯨砲を搭載し，マッコウクジラ以外のハクジラ類とミンククジラを捕獲する漁法である．現在は調査捕鯨の一環として北日本沿岸でミンククジラを捕獲するほか，若干の小型鯨類を商業目的に捕獲している．このほかにおもにイルカ類を対象としてきた漁業として，追い込み漁，突きん棒漁，石弓（弩）漁がある．

まず，小型鯨類を対象とする漁業が19世紀以来どのような経緯を経て今に至ったかを概観しよう．殖産振興を目指した明治政府は水産業の振興にも期待したと見えて，明治20年（1887）ころから全国のイルカ漁業を含む水産業の現状調査を行った．このころの水産関係の出版物にはイルカ漁業に関する記事が数多く表れ，当時の日本のイルカ漁の姿を垣間見ることができる（粕谷，2011：1.3節）．イルカ油が外国に輸出された例もあるが，生産量から見てもイルカ漁がノルウェー式捕鯨に太刀打ちできるはずはなかった．日本でノルウェー式捕鯨が確立したのは1899年ころであるが，それにともなってイルカ漁業に対する社会の関心が急速に衰えたらしい．出版物にイルカ漁業に関する記事が見られなくなったのもこのころである．イルカ漁業は明治維新前のようなめだたないローカルな産業に戻ったのである．

イルカ漁業が再び注目を浴びたのは日中戦争のころであった．政府は1937年に［物資］統制局を設置し，1938年には皮革使用制限規則を公布して，民需への皮革使用を原則禁止するとともに，皮革原料を捕鯨やイルカ漁業に求める水産皮革の事業を推進し，食肉供給のために鯨肉増産をも奨励した（神山，1943）．続いて，1941年の日米開戦にともない南極海の母船式捕鯨（日本の初出漁は1934/35年漁期）は1940/41年漁期を，北洋母船式捕鯨（1940年初出漁）は1941年夏を，それぞれ最後として出漁が中止され，捕鯨母船はタンカーとして徴用された．鯨類関係の漁業として残されたのはイルカ漁と近海で操業する2つの捕鯨業（大型捕鯨と小型捕鯨）のみとなった．その結果，イルカ類の捕獲は1941年には全国で4万6000頭に（松浦，1942, 1943），1942年には静岡県だけでも2万8000頭に急増し（野口，1946），戦後もしばらくは戦中並みの漁が続いたらしい．イルカ肉の闇値は公定価格の2.5倍もしたが，1949年に統制が撤廃されるころには，価格が落ち着いたといわれる（Wilke *et al.*, 1953）．統制撤廃によってイルカ肉の闇流通も終わり，漁獲統計のごまかしも減ったであろうし（粕谷，2011：3.8.3項），妙味がなくなり，イルカ漁を廃業する漁業者があったかもしれない．

イルカ漁が三度目の注目を浴びて好況を見せたのは，1980年代後半である．多くの大型鯨類の資源が壊滅し，捕獲枠の削減が続いたあげく，国際捕鯨委員会は1982年7月の会議で，南極海では1985/86年漁期から，北半球では1986年漁期から商業捕鯨を停止することを決めた．日本は抵抗を試みたが，けっきょくはこれを受け入れて，南極海では1986/87年漁期，北太平洋では1987年夏のヒゲクジラ漁期と，1987年夏に始まり1988年3月末日に終わるマッコウクジラ漁期を最後として商業捕鯨を終了し，これに代えて南極海でミンククジラ（生物学的にはクロミンククジラとされる）の調査捕鯨を1987年秋に出漁させた．このような状況のなかでイルカを買いあさる捕鯨業者や鯨肉加工業者が現れてイルカの価格が高騰した（粕谷，2011：2.4節）．当時は伊豆半島のスジイルカ資源は乱獲によりすでに壊滅しており，このような情勢の変化に反応することはできなかったが，三陸方面のイシイルカ漁は急拡大し，1988年には4万5000頭を捕獲したと推定されている（6.5.2項）．その後，政府の規制強化（全イルカ漁業に対する鯨種別の捕獲枠設定は1993年に始まる），鯨肉需要の低下，ならびに調査捕鯨からの供給増加にともなうイルカ肉の価格低下などの影響で，イルカ漁業は再び低迷期に入ったように思われるが，その背後には資源減少が疑われる鯨種も現れている．

日本政府はイルカ類やツチクジラなどの小型鯨類は現行の国際捕鯨取締条約（6.4.2項）でいう「鯨」にはあたらないとして（1章），種類と上限頭数を定めて商業目的での捕獲を認めている．このほかに，定置網，刺し網，トロール網漁でも鯨類が事故死をすることがあるが，意図的な捕獲ではないので混獲と呼ばれている．鯨種によっては，その保全のためには混獲の影響も無視できない例も指摘されている．日本近海ではコククジラやスナメリがその好例である．以下では小型鯨類を対象として現在行われている漁業活動について，今日の資源管理に関係する部分を紹介する．これらの漁法や漁獲統計については粕谷（2011）とその増補・改訂版であるKasuya（2017）にややくわしい記述がある．

6.1.1　突きん棒漁業

突きん棒漁業とは小型漁船を用いて，海面近くに浮上したカジキ，マンボウ，イルカなどを離頭銛で突き取る漁法である．離頭銛を装着する銛柄やケーブルなども含めて，その漁具全体を突きん棒と呼ぶこともある．この漁法が歴史時代以前にさかのぼることは遺跡からの出土物で明らかである（粕谷，2011：2.1節）．現在使われている離頭銛は銛先，銛柄，それらをつなぐ銛綱からなっている．銛先は鉄ないしはステンレス・スチール製で，全長は10 cm ほどで左右に返しがついている．この銛先の根元のほぞに銛柄の先金が挿入される．銛手がこれをイルカなどに打ち込むと銛先は先金から離れて獲物の体内に残り，体内で90度回転して抜けにくくなる．銛先についた紐は銛柄とブイにつながっていて逃走や沈下を妨ぐ．カジキ突きのような突きん棒専業船もあったが，それ以外の多くの漁船も突きん棒を備えているのが普通だった．私は1970-1980年代に研究のためにしばしば沿岸の小型漁船に便乗する機会を得たが，そこではマンボウやイルカを操業の合間に突いて船上食に変化を得ることが日常的に行われていた．このような自家消費としての捕獲は漁獲統計に算入されず，記録に残ることもなかったようである．

突きん棒を用いるイルカの捕獲を漁業として成立させるには捕獲効率の向上が必要であった．高速で走る動力船にはしばしばイルカ，とくに若い個体が寄ってきて船首波にたわむれるので，動力船には捕獲の機会が増えるし操業範囲も広げられる．房州方面から導入した突きん棒漁の技術に，当時漁業に導入されつつあった動力船を組み合わせ，さらに散弾銃をも補助的に使ってイルカ突きん棒漁業を成立させたのが岩手県，なかでも大槌周辺の漁業者であり，1920年代初めのことであった．1930年代には岩手県の突きん棒漁船のイルカ操業の範囲が南は房総半島から北は千島・樺太方面におよび，対象鯨種も拡大したらしい（粕谷，2011：2.2節）．太平洋戦争のころには軍需資材確保のためにイルカの捕獲が推奨され，突きん棒や小型捕鯨船によるイルカ操業が拡大したが，戦後しばらくすると近海の大型捕鯨や南氷洋や北洋の母船式捕鯨が軌道に乗り，増大した鯨肉供給に圧迫されてイルカ突きん棒漁業は縮小を余儀なくされ，三陸沿岸では冬の閑漁期のイシイルカ漁業として，和歌山県太地では副業的なイルカ漁として生き延びてきた．その後，1980年代に入り捕鯨業からの鯨肉供給が低減するにつれてイルカ肉の需要が高まり，イシイルカ突きん棒漁は再び拡大の様相を見せた．これを受けて政府は1989年に全国のイルカ突きん棒漁業を海区漁業調整委員会承認制ないしは知事許可漁業とし（2002年4月までにすべて知事許可漁業に移行した），1993年からは鯨種別に捕獲枠を設定して規制を加えてきた（粕谷，2011：6章）．1993年時点で操業許可を得た道県と鯨種ごとの許可頭数は次のとおりである：北海道，青森，岩手，宮城にイシイルカ型イシイルカ

表 6.1 小型捕鯨業（2015 年，調査捕鯨を除く）とイルカ漁 3 業種（2016/17 年漁期）の捕獲枠．イルカ漁 3 業種の鯨種別捕獲枠は 1993 年の初設定の後，2007/08 年漁期以降漸減した例があるが，その経過は業種・鯨種により異なる（粕谷，2011；Kasuya, 2017）．2017/18 年漁期に新たにカッコ内の鯨種が追加されたが，その他の鯨種・漁業種には変更がなかった．

鯨種・個体群	小型捕鯨	突きん棒漁		追い込み漁		石弓漁	合計
		北日本	和歌山県	太地	富戸	名護	
イシイルカ型[1]		5900					5900
リクゼンイルカ型[1]		5900					5900
カマイルカ		154	36	134	36		360
スジイルカ			100	450			550
マダライルカ			70	400			470
ハンドウイルカ			47	414	34	5	500
ハナゴンドウ			209	251			460
マゴンドウ[2]	36			101		34	171
タッパナガ[2]	36						36
オキゴンドウ	20			70	10	20	120
シワハイルカ				(20)		(13)	(33)
カズハゴンドウ			(30)	(100)		(60)	(190)
ツチクジラ	66						66
合　計	158	11954	462 (30)	1820 (120)	80	59 (73)	14537 (223)

1）イシイルカの 2 つの体色型であり個体群を異にする．2）コビレゴンドウの 2 つの地方型のひとつ．

9000 頭，リクゼンイルカ型イシイルカ 8420 頭，カマイルカ（2007/08 年漁期から）154 頭，千葉県にはスジイルカ 80 頭，和歌山県にはスジイルカ 100 頭，ハンドウイルカ 50 頭，マダライルカ 50 頭，ハナゴンドウ 200 頭，カマイルカ（2007/ 08 年漁期から）36 頭．なお，千葉県は操業実績が途絶えたため，2016/17 年漁期から捕獲枠が消滅した．近年の捕獲枠を表 6.1 に示す．

6.1.2 石弓漁業

沖縄県名護では追い込み漁の衰退に代わって，1975 年から数隻の漁船が石弓漁（Crossbow Fishery）でイルカ肉を地元に供給し始めて，現在に至っている．小型船に小口径の捕鯨砲を搭載してミンククジラや小型鯨類を捕獲することは長く自由漁業とされてきたが，1947 年 12 月 5 日に施行された汽船捕鯨業取締規則は，汽船捕鯨業を「ら旋推進器を備える船舶によりもりづつを使用して鯨を捕る漁業」と定義し，それを大型捕鯨業と小型捕鯨業に分類し，いずれも大臣許可を要する漁業と定めた（粕谷，2011：5.4節）．水産庁は小型捕鯨業の隻数の削減を目指して新規開業を原則禁止していた状況のなかで，この定義の抜け道をついて6-7隻の名護の漁船が始めたのが石弓漁であった．その仕掛けはゴム動力の石弓（弩，いしゆみ）から捕鯨銛を射出して小型鯨類をとるもので，パチンコ漁とも呼ばれている．水産庁は1989年に全国のイルカ突きん棒漁を知事許可あるいは海区漁業調整委員会承認制に移行したが（6.1.1項），そのときに6隻の名護のイルカ石弓漁船は「突きん棒漁」として知事許可を得て現在に至っている（粕谷，2011：2.8節）．名護で石弓漁が発生したのは，追い込み漁の不振でイルカ肉の供給が不足したことがあるとされており，その背景には港湾の整備とか，名護の市民共同体の意識の変化などで追い込み操業がむずかしくなったことがあるとされている．1993年に全国のイルカ漁業に鯨種別の捕獲枠が設定され，名護の石弓漁業はマゴンドウ100頭，オキゴンドウ10頭，ハンドウイルカ10頭の捕獲枠が与えられ，2007年以降は数度の変更を見ている．本漁業が日本のイルカ漁業において占める比重はわずかである．近年の捕獲枠を表6.1に示す．

6.1.3　追い込み漁業

追い込み漁の歴史は古い．魚やイルカの群れが岸近くにくるとか，湾内に入ってきたときに（これを寄り物という），これを沿岸の住民が協力して岸に追い上げたり，網のなかに追い込んだりして捕獲し，捕獲物や売上金を分配する習わしがあった．江戸時代まで諸藩はこれに税金（運上）を課するための通達や記録を残しており，操業の歴史を知るための手がかりを提供している．1876年に明治政府はこの漁業を「特定の海面において排他的に行う慣習漁業」として操業の権利を認め，府県税を課すこととした．以来，この漁業は共同漁業権漁業として都道府県知事の免許のもとに操業が認められてきたが，魚を対象とする操業は比較的早期に衰退し，イルカを対象とする操業は和歌山県太地では1950年代まで，伊豆半島沿岸では2004年まで操業されてきた．操業形態も時代とともに変化し，沖合に動力船の探索を出すことは伊豆半島沿岸では1920年代に始まった．和歌山県太地では伝統的な追い込み組織に代わり，1971年に数人の漁業者が新たにイルカ追い込み組を創設して追い込み漁を再開したときから，沖合に探索船を出すことが行われている．この漁業を放置することに対して国際的な批判が高まるなかで，日本政府の指導のもとに，全国のイルカ追い込み漁業は1982年までに順次に知事許可漁業に移行した．そのときに許可を受けたのは，伊豆半島では川奈，富戸の2漁業協同組合と和歌山県太地漁協のみであった（沖縄県名護については6.2.6項）．それ以外の操業地では久しく操業の実績がなかったため許可を取得しなかったものと思われる（粕谷，2011：3章，6章）．

1993年には水産庁の指導で全国のイルカ漁業に鯨種別の捕獲枠が定められた．そのときにこれらの操業地が得た捕獲枠は次のとおりである：伊豆半島沿岸にはスジイルカ70頭，ハンドウイルカ75頭，マダライルカ455頭，オキゴンドウ（2007/08年漁期より）10頭，カマイルカ（2007/08年漁期より）36頭，和歌山県太地にはスジイルカ450頭，ハンドウイルカ940頭，マダライルカ420頭，ハナゴンドウ350頭，マゴンドウ300頭，オキゴンドウ40頭，カマイルカ（2007/08年漁期より）134頭．近年の捕獲枠を表6.1に示す．

6.1.4　小型捕鯨業

関沢明清（1843-1897）は1877年の内務省勤務の時代から1892年に農商務省を退職するまで，日本の水産業の発展に尽くした人物であり，日本における小型捕鯨の導入にも関与していた．米国の帆船捕鯨用に開発された捕鯨銃にグリナー砲がある（Scammon, 1874）．これは自在砲架に装着した口径30 mm前後の先込め銃である．これを手漕ぎのボートに載せて捕鯨銛を発射する仕掛けが19世紀末には日本に紹介されていた．関沢は千葉県の捕鯨業者と協力して，これを無動力船に載せてツチクジラを捕獲する試みを1891年に開始し，翌年には捕獲に成功した（関沢，1892a, 1892b）．ここで用いられた捕鯨砲を小型の汽船に搭載すれば，それはノルウェー式捕鯨になるし，それは後に小型捕鯨業に分類される漁法に相当するものでもある．これに成功したのが天富丸（あまとみまる）（130総トン）を使った東海漁業株式会社の操業で，1907年のことであったとも（小牧，1969），同社が船とグリナー砲と捕鯨銛をノルウェーに発注したのが1907年で，それを使って1908年に初操業をしたともいわれる（金成，1983）．この後，多くの業者がツチクジラ漁に参入することになった（6.5.12 項；粕谷，2011：13.7 節）．このグリナー砲は千葉県下では第二次世界大戦後も使用された形跡があるが，ほかの多くの捕鯨船は改良された捕鯨砲に代えている．

和歌山県太地周辺ではイルカ類が食用として好まれた．それに応えてテント船と呼ばれた手漕ぎの小型船でゴンドウをとることが行われていた．太地の前田兼蔵は韓国で関沢明清に会い，彼がもっていた捕鯨銃を見て帰国し，それを参考にして 1903 年に 3 連装の捕鯨銃を完成した．続いてこれを 5 連装に改良した．これは 3 ないし 5 本の銛を同時に発射する仕掛けで，個々の銛綱は途中で 1 本に合わさっている．浜中（1979）によれば，この仕掛けは散弾銃と同じ原理で命中率を上げる効果を狙ったものとされている．前田の成功を見て同様の操業船が急増した．1913 年には発動機を載せることが始まり，まもなく 11 隻全船がエンジンを備えたということである（浜中，1979）．太地では 1967 年ころまで 5 連装の捕鯨砲を使う業者がいたが，ほかの捕鯨船の多くは改良された単装砲に転換している．

このように小型船に小口径の砲を搭載して，マッコウクジラ以外のハクジラ類（すなわち小型鯨類）とミンククジラを捕獲する漁業は千葉県を除いて自由漁業であったが（6.5.12 項），大戦後は操業船が急増する気配を見せた．これに対処するため政府は 1947 年 12 月 5 日に汽船捕鯨業取締規則を公布して，同日施行し，小型捕鯨業を大臣許可漁業とした（6.1 節）．小型捕鯨船の数は 1948 年に 73 隻，1950 年に 80 隻を数え（Ohsumi, 1975），政府はその減船に努力を続けることになる．船と捕鯨砲に関する規定は幾度かの変更を経て，現在の規制では船は 50 トン未満，砲の口径は 50 mm 以下とされている．1993 年現在 9 隻の船が許可をもち，そのうちの 5 隻がツチクジラ 54 頭，コビレゴンドウ 100 頭（タッパナガとマゴンドウ各 50 頭），ハナゴンドウ 30 頭の捕獲枠を得て操業した．最近の捕獲枠を表 6.1 に示す．小型捕鯨船はこのほかに近海におけるミンククジラの調査捕鯨に参加している．

6.2　海域ごとの操業状況

6.2.1　東シナ海・日本海沿岸

日本でイルカ追い込み漁として確認できる最古の例としては，縄文前期から晩期（6000年前から2000年前まで）にかけての富山湾に面する石川県真脇の例がある．その後の真脇あるいはその周辺の村落におけるイルカ追い込み漁については，1838年に書かれた『能登国採魚図絵』（北村，1995）以来，明治期（金田・丹羽，1899），大正期（農商務省水産局，1911），昭和初期（山田，1995）まで操業された記録がある．私が1969年に真脇の古老に聞いたところでは，浜に防潮堤ができてから追い込み漁が廃止されたということで，大戦後も行われた可能性がある．縄文時代以後，19世紀までは記録がなく，その間に操業が続いていたという証拠はないが，この地方ではきわめて長いイルカ追い込み漁の歴史があることは事実である．『能登国採魚図絵』の段階ではすでに沿岸の高台に魚見を設け，沖合に探索船を出すことが行われており，明治期にはこのような探索活動の規模が拡大されたことが記録からうかがわれる．なお，1982年に全国のイルカ追い込み漁業が知事許可制になったとき，石川県では許可を得た漁業者がないことから，この操業はそれ以前に消滅していたものと理解される．

京都府伊根村は若狭湾の西北，丹後半島の先端部に位置し，日出・亀島・平田の3小字よりなり，クジラの捕獲は亀島が，イルカの捕獲は平田が権利をもっていた．伊根湾にクジラやイルカが入ると，湾口を網で閉じて捕獲する「寄り物漁」が行われ，クジラに銛を打つ情景が記録されている．徴税の必要性から捕獲記録が作成され，クジラについては1655-1913年，イルカについては1732-1901年の捕獲記録が残されている（和久田，1989）．前者については吉原（1976b）が解析しているが，イルカ漁についてはいまだに解析がなされていない．

北九州沿岸各地と玄界灘の諸島でも古くから地域共同体によるイルカの追い込み漁が行われていた（表6.2）．渋沢（1982）によれば，五島有川の永和3年（1377）の文書に「ゆるかあみ」の語があるのが，イルカ追い込み漁を示す最古の記録であり，元禄4年（1691）には「入鹿漁」とか「入鹿追

表 6.2　日本でイルカ追い込み漁が操業された場所．2017 年現在で操業しているのは和歌山県太地のみ．粕谷（2011）と中村（2017）による．

都道府県	操業地	記録にある操業年
石川県	真脇	縄文前期-晩期
	真脇・小木・中居・宇出津	1838- 昭和初期か大戦後
京都府	伊根（小字平田はイルカ類を，亀島はクジラを捕獲）	1655-1913
長崎県	［対馬］大浦（おろしか）湾（豊玉村東），三浦湾（鴨居瀬），仁多湾（伊那），舟志（しゅうし）湾，浅茅湾（尾崎，美津島，豊玉村唐崎），佐須奈，日の出	1404-1950，1970-1979
	［五島］魚目，有川，三井楽，冨江	1377-1985
	［壱岐］郷ノ浦，石田，八幡浦，（勝本）[1]	-1963，（1976-1995）[1]
	［北九州沿岸］平戸，生月，飛島，阿翁	-1960
佐賀県	唐津，仮屋湾	1773- 大戦前
山口県	仙崎大日比	-1974
岩手県	釜石，舟越，大浦（山田湾），唐丹（大浦に漁法を伝える）	大浦は 1727-1920
宮城県	唐桑，赤崎[2]	1670-1922
静岡県	［東伊豆］網代，伊東，入間，稲取，川奈*（小室），下川津，富戸*，松原，湯川 ［西伊豆］足保＋久料，安良里*，宇久須，内浦，江梨，重須＋長浜，木負，久連，古宇，重寺，田子，立保，土肥，平沢，戸田，西浦 ［南伊豆］石部，入間，小浦，妻良	操業は 1619 年にさかのぼる．1960 時点では*印の 3 組が操業．安良里は 1961 ころ，川奈は 1983 に最後の操業．富戸は 2005 以降捕獲なし．
和歌山県	太地	-1951：共同漁業権漁業 1971：追い込み組発足
愛媛県	三浦西	1775-1871
大分県	佐伯（三浦西に漁法を伝える）	
沖縄県	名護	-1989

1）1976 年以降の勝本における捕獲はイルカ被害対策としての捕獲であり，商業的な操業ではない．　2）現在は岩手県に所属．

込」の語が現れるということである．対馬の浅茅湾の大山浦に関してはイルカ追い込み漁の運上徴収に関する 1404 年の文書があり，1641 年には同じく対馬の伊奈郷にはイルカ奉行が置かれた記録があるという．これらは必ずしも始業の年代を示すものではないし，その操業がいつ終焉を迎えたかも定かではない．『水産捕採誌』（農商務省水産局，1911）は有川と魚目の追い込み漁は元禄年間（1688-1703）以前にさかのぼると記しており，渋沢の記述と矛盾しない．木崎（1773）の『江猪漁事［イルカ漁のこと］』は佐賀県唐津におけるイルカ追い込み漁を記述している．このように対馬海峡の島々やそれに面する長崎県・佐賀県・山口県の一部地域では，早いところでは 14 世紀ころにはイルカ追い込み漁業が行われていたことが確かである．その後，長崎県では 1950-1960 年代に各地で散発的な追い込み漁が行われた記録がある（田村ら，1986）．

1976 年にはブリ一本釣り漁の被害対策として，壱岐勝本の漁業者が主体となり，県や国の助成金を得て，追い込み手法によるイルカの駆除が始まった（7.1 節）．これは太地の追い込み業者の技術指導で始まったもので，沖合 20-30 km のブリ一本釣り漁場に現れたイルカの群れを多数の漁船で勝本町の対岸に位置する辰ノ島の湾内に追い込んで捕獲するものであったが，これに付随して五島や対馬でも若干の追い込み捕獲が行われた．この駆除作業は 1984 年まで大規模に行われ，その後は主として勝本漁協により規模を縮小した低レベルの操業が 1995 年まで続き，これを最後に北九州方面におけるイルカ追い込み漁はほぼ廃絶した．

イルカの突きん棒漁が第二次世界大戦中に但馬近海で行われた記録がある．捕獲されたのはイシイルカとカマイルカであった（4.3.2 項，4.3.3 項）．同様の操業が但馬以外の日本海沿岸各地で行われたかもしれないが，当時は突きん棒漁業は自由漁業であったため，記録に残らなかった可能性がある．

追い込み漁業は水産庁の指導で 1982 年までに知事許可漁業に順次移行し（6.1.3 項），突きん棒漁業も 1989 年に知事許可ないしは海区漁業調整委員会の承認制に移行したが（6.1.1 項），東シナ海・日本海方面では，これら漁業はすでに終息していたものと見えて該当はなかった．

東シナ海・日本海方面で漁獲された小型鯨類には次のようなものがある：ハンドウイルカ（はんどう），オキゴンドウ（にゅうどういるか，ぼうずいるか），ハナゴンドウ，カマイルカ（しすみいるか），ハセイルカ（はせ），マダライルカ．カッコ内に示したものは九州方面の古文献に現れたイルカの呼称の粕谷（2011：3.1 節，3.6 節）による解釈である．なお，古文献にある「しらたご」，「ねずみいるか」が今日のいかなる種を指すのかは判然としないとされてきたが，石川（2017）は仙崎の大日比における昭和期のイルカ漁では初期には「ねずみいるか」はマイルカ属の種を指していたが，後にカマイルカを指すようになったと推測している．「ねずみいるか」の呼称は，鳴き声がネズミに似ていることに起源するということである．私も対馬の漁業者からも「ねずみいるか」の語源について同様の説明を得ており，種を特定できなかった．

東シナ海から日本海にかけては小型捕鯨船がミンククジラとともにツチクジラも捕獲してきた．ツチクジラの漁場は富山湾や渡島半島沖で1940年代後半から1960年代前半にかけて6-8月に操業された（Omura *et al.*, 1955）．この後，しばらく休止期間があったが，1999年に8頭（2005年から10頭）の枠を得て捕獲を再開し，2017年時点では函館を基地にして渡島半島西岸沖で操業している．

6.2.2　北海道沿岸

北海道沿岸でイルカ追い込み漁が行われた形跡はない．突き取り漁はオホーツク文化期（8-13世紀）から行われており，歴史時代に入ってからは，太平洋漁業会社が1938年から1939年にかけて室戸岬からオホーツク海にかけてイルカの試験操業を行い（6.2.3項），北海道沿岸にイシイルカの好漁場を発見した．それ以来，毎年数隻の岩手県の突きん棒船が北海道方面に出漁したといわれる（粕谷，2011：2.2節）．戦後になって，捕鯨業に押されてイルカ漁が衰退すると，岩手県船は地先での冬季操業に戻ったので，しばらくは北海道沿岸でのイルカ突きん棒漁業はきわめて低レベルにあったものと見られる．

北海道沿岸でイルカ突きん棒漁が再開されたのは1985年ころで，岩手県船によるものであった．イルカ突きん棒漁が許可制になった1989年の翌1990年に北海道水域で操業許可を得たのは岩手県船58隻と北海道船49隻であった．彼らの年間操業パターンは6.2.3項でも触れるが，冬季の三陸沖での操業の後4月に北上を始め，北海道の日本海沖（5-6月），オホーツク海（7-9月），秋の釧路沖操業を経て岩手県沖に戻るものであった．対象種はイシイルカであり，現在も操業されている．

小型捕鯨船による北海道沿岸における小型鯨類の捕獲については情報が乏しい．北海道沿岸でのおもな漁獲対象はミンククジラであったが，釧路沖と網走沖の知床半島周辺でツチクジラ（6.5.12項）が，噴火湾周辺ではタッパナガ型のコビレゴンドウ（6.5.4項）が捕獲されている．なお，渡島半島西岸では若干のコビレゴンドウの捕獲が漁業者によって報告されているが，本種は日本海にはまれであることから見て，はたして種の同定が正しいのか疑問である．1940年代から1960年代までオホーツク海沿岸と釧路沖では大量のシャチが捕獲された記録がある（6.5.13項）．また，商業捕鯨停止のショックを和らげるためであろうか，1987,88両年には網走沖で小型捕鯨船がイシイルカを対象に突きん棒操業をした（粕谷，2011：表2.7）．

6.2.3 三陸

三陸沿岸でも江戸時代からイルカの追い込み漁が行われていた．岸近くにきたイルカの群れを住民が協力して湾内に追い込んで捕獲するものであった．明治政府が全国の水産業の情勢を調査した記録『水産調査予察報告』（農商務省，1890-1893）と，それと情報源を同じくすると思われる竹中（1890）や『山田町史』のなかでの川端（1986）の記述から，岩手県のイルカ追い込み漁の概要を知ることができる．イルカの追い込みが行われていたのは南から順に，唐桑（宮城県），赤崎村（旧宮城県），釜石町，舟越（ママ），山田湾奥にある大浦（以上岩手県）であり（表6.2），赤崎では1718年から1922年まで操業した記録がある．大浦の操業については比較的くわしい記録が残されている．それによると大浦が追い込み漁を始めたのは1727年のことで，技術は釜石の南にある唐丹村から，資本は大槌からそれぞれ導入して始業したとあるので，少なくとも18世紀には上に述べた4ヵ所以外に唐丹村でもイルカ追い込み漁が行われたことがうかがえる．

大浦の操業は山田湾内にイルカの群れを発見することで始まる．部落全員が各自の船にイルカの退路を断つための網や，イルカを威嚇する投石用の石を積んで出漁し，大浦の入江に追い込んで網を張って退路を断ち陸に揚げた．経営の仕組みは時代とともに変わったが，明治になってからは追い込みが始まると小学校も休校となり，その収益は出資者，追い込み参加者，戸割，神社仏閣，小学校などに配分されたということである．このような仕組みはかつての長崎県下や沖縄の名護の操業形態と似ている．大浦の最後の操業記録は1920年である（川端，1986）．その終息の背景にはイルカ突きん棒漁業の勃興があったのではないかと私は想像している．

川端（1986）は三陸方面のイルカ追い込み漁の古記録にある捕獲鯨種として「まいるか」，「ねずみいるか」，「かまいるか」，「にゅうどういるか」，「ごとういるか」をあげている（漢字表記を改めた）．この古記録には「かまいるか」と「まいるか」は混ざって捕獲され，前者は雄で魚尾が屈曲し，後者は雌で尾が直であると記されている．ここで尾とあるのは背鰭のことであると解釈すれば，これらはいずれも今のカマイルカを指すと理解される．当時の大浦の操業の写真が残されており，多数のカマイルカが捕獲されていたことが確認できる．「ごとういるか」と「にゅうどういるか」の少なくともどちらかはコビレゴンドウ，なかでもタッパナガ型を指す可能性がある．「ねずみいるか」もなにを指すかは不明であるが，ハンドウイルカであったかもしれない．これは岸近くに寄ってきた群れを追い込む当時の操業形態と全身が鼠色に近いことからの推測である．操業はほぼ周年行われたので，夏にはスジイルカがときには捕獲された可能性も否定できないが，その証拠はない．

三陸沿岸でイルカ突きん棒漁が始まったのは1920年ころのことであるが(6.1.1項)，1937年に日中戦争が始まると，軍需資材としての皮革原料を確保するため，政府はイルカの捕獲を奨励した．これを受けて太平洋漁業会社は気仙沼に事務所を置いて，1938年11月から1939年12月にかけて，和歌山県から北海道に至る沿岸域で小型捕鯨船や突きん棒漁船を使ってイルカ漁の試験操業を行い，8種4184頭のイルカ類を捕獲したが，採算は赤字に終わったらしい．捕獲された鯨種の判定は科学者の助言を得てなされており貴重である．捕獲の多い順にあげるとマイルカ（2503頭），リクゼンイルカ型イシイルカ（1163頭），スジイルカ（290頭），セミイルカ（98頭），ゴンドウクジラ類（67頭），カマイルカ（32頭），ハンドウイルカ（29頭），スナメリ（2頭）であった．これを契機として岩手県船のオホーツク海方面への出漁が始まったといわれる（粕谷，2011：2.2節）．

戦後の混乱がおさまると，三陸沿岸のイルカ突きん棒漁は冬季の閑漁期の漁として，主として岩手県の漁業者に若干の宮城県の業者が加わって，イシイルカを対象に地先で操業されるようになった．漁獲物はかつては岩手・山形両県の山間部で消費されたと業者から聞いているが，私が調査に訪れた1970年代にはそのような販路は消滅して，漁獲物の大部分は静岡県方面に送られていた．供給が低下しつつあったスジイルカの代わりに消費されていたのである．ところが，1980年ころから岩手県船の操業形態に変化が表れた．冬季に地先でイシイルカの突きん棒漁をしていた岩手県船の一部は日帰り操業をやめて，沖泊まりをしながら茨城県方面にまで操業を拡大することを始めたのである．続いて1985年ころからは北海道操業を含めて，周年操業をする船が現れた．その操業パターンは2-4月に三陸沖で操業し，4月に北上を始め，5-6月に日本海の青森県・北海道沖，7-9月にオホーツク海で操業し，秋には釧路沖操業を経て岩手県沖に戻るものであった．対象種はいずれの海域でもイシイルカであった（粕谷，2011：2.4節）．農林省によるイルカ類の漁獲統計の収集は1957年に始まる．それは鯨種別ではないという欠点があるが，三陸方面での捕獲は主としてイシイルカで突きん棒漁法によるものであることが現地調査によって確かめられている（粕谷，2011：2.5節）．イシイルカ突きん棒漁の動向については6.5.2項を参照されたい．

三陸沖は小型捕鯨業のミンククジラの主漁場のひとつであるが，コビレゴンドウの地方型のひとつタッパナガも捕獲された．おもな操業は1970年代中ごろまでと1982年以後であり，1970年代後半から1981年までは捕獲が途絶していた（6.5.4項）．ツチクジラは1950年ころから1971年ころまでと1988年以降におもに捕獲され（6.5.12項），最近では鮎川を基地とする操業に26頭の捕獲枠が与えられている．1940年代から1960年代までこの海域で比較的大量のシャチが捕獲された（6.5.13項）．最近の小型鯨類の捕獲枠を表6.1に示す．

6.2.4　銚子から伊豆半島

千葉県は古くから突きん棒漁で知られた土地であり，17世紀初頭から行われてきたツチクジラ漁もその流れを汲むものであろうという説がある（6.5.12項）．銚子では突きん棒漁船がイルカを水揚げしていた．漁獲の主体はスジイルカであり，1970年代の水揚げは年間1500頭程度であろうという推定があるが（粕谷，1976），現在は操業されていない（6.1.1項）．

東京湾から相模湾にかけての有史以前の遺跡からはイルカ類の出土が多いが，その漁法は定かではない．神奈川県の平塚新宿は海岸が遠浅で追い込みが困難なので，地引き網を用いてイルカ漁をしたといわれる（農商務省水産局，1911）．

伊豆半島沿岸のイルカ追い込み漁に関する古い記録は1619年にさかのぼる（渋沢，1982）．これは駿河湾奥の内浦に面する長浜と重須の2部落が共同で操業するイルカ網漁の利益配分を定めた文書である．当時の伊豆半島沿岸におけるイルカ追い込み組の総数はわからない．『静岡県水産誌』（川島，1894）は明治20年代の静岡県の漁業に関する貴重な情報を提供している．そこには明治20年代の伊豆半島で20村，18組のイルカ追い込み漁が記録されており，その操業形態はさまざまであったことがわかる（表6.2）．県下一の捕獲を誇ったという西海岸の田子では，探索船を出すことをせず，他漁業の操業の折にイルカの群れを発見すると，ほかの船や陸の者に合図をして，村の全員が協力してこれを湾内に追い込んだ．これに対して，内浦湾方面では高台に魚見人を置いたとされているが，ここでは海岸に網を設置しておいて，この網にイルカやマグロが近づくのを待って追い込むという漁法であった．

伊豆半島の西海岸の安良里でイルカ探索のための船を出すようになったのは戦中・戦後のことであるが，東海岸の川奈では櫓船の時代から当番船と称して，イルカ探索船を相模湾沿岸に出し，焼き玉エンジンが搭載されるようになるともっと沖合にまで探索を広げたといわれる（粕谷，2011：3.8.1項）．日本で焼き玉エンジンが普及するのは1920年代のことである．東海岸では1962年には高速探索船が導入された．最初は13ノット（時速23 km）であったが，1983年に導入された3代目の船は40ノット（時速74 km）となり，探索範囲が三宅島近海にまで拡大した．

伊豆半島沿岸では大正期から昭和期にかけてイルカ追い込み漁を廃業したり，復活した例があったらしい．静岡県教育委員会（1986，1987）の『伊豆における漁労習俗調査』によれば，稲取は1827年以前にイルカ追い込み漁を始業し明治期に停止していたが，同じく一時停止していた戸田・土肥とともに大戦中に操業を復活したそうである．稲取は復活にあたって安良里から技術を導入し，田子も同様の経緯をたどったらしい．富戸は明治30年ころに始業し，明治36年（1903）の操業中に川奈の追い込み漁船と洋上で紛争を起こして一時操業をやめた後，昭和5-6年ころに操業を再開した．富戸の戦中・戦後の操業に関しては1942-1947年の知事免許証が残されている．

静岡県は水産庁の指導に先立ち，1951年にすべての追い込み漁業を知事許可漁業とし，1959年にはこれをイルカ追い込み漁業と改め（魚を対象とする追い込み漁は実態がなくなったので除外したものと思われる），操業海域や許可隻数を定めた．このときに規制の対象となったのは安良里，川奈，富戸の3組であり，ほかの地では廃業していたと理解される．安良里は1973年までは散発的な捕獲を記録しているが，本格的な操業は1961年が最後であった．1982年に国が全国のイルカ追い込み漁業を知事許可漁業にする方針を決めた時点では，安良里はすでに廃業しており，川奈と富戸がその許可を得た．それまで捕獲を競い合っていた川奈と富戸は1967年秋から共同操業を始め，これが1983年まで続いた．翌1984年漁期から川奈が廃業し，富戸の単独操業となった．その後も富戸は捕獲枠を得てはいるが，2005年以来2015年に至るも捕獲の実績がない．2004年に富戸でハンドウイルカ24頭が捕獲されたのを最後に，伊豆半島のイルカ追い込み漁業は400年の歴史を閉じたものと推察される．

伊豆半島沿岸で捕獲されたイルカ類として，川島（1894）は「まいるか」を主体とし，カマイルカ，コビレゴンドウ，ハンドウイルカをあげている．明治時代に「マイルカ」と呼ばれたイルカは，今日のスジイルカに相当するものと推定されてはいるが（粕谷・山田，1995），その確証はない．日本のイルカ類を西欧の分類体系にあてはめる仕事は明治期に始まったが，当時の研究者はイルカ類の地方名を記録することにはあまり熱心ではなかったらしい．伊豆半島の安良里では1951年5月12日に150頭と翌13日に90頭のイルカが（Nishiwaki and Yagi, 1953），また，川奈では1953年12月6日に1200頭が（Nishiwaki, 1953），いずれも追い込み漁で捕獲されたこと，それらはスジイルカであったことが記録されている．しかし，それらの種を地元の漁業者がなんと呼んでいたかは記録されていない．伊豆の漁師はスジイルカを「マイルカ」と呼び，ほんとうのマイルカは大きな睾丸をもつことから「キンタマイルカ」と呼ぶと，1960年代に西脇昌治・大隅清治両氏から聞いた（5.2.1項）．

1960年代に伊東市内の水族館に勤務していた鳥羽山（1969）は1963–1968年に富戸と川奈の操業を記録している．そこで漁獲されたイルカ類6種6万4797頭のうち，スジイルカが96.7%を占め，これに続くのがマダライルカの1.8%であった．残りの4種はマイルカ（1%）を筆頭に，ハンドウイルカ，コビレゴンドウ，ユメゴンドウであった（表6.10）．このような鯨種組成の背景のひとつとして彼は次のように述べている．すなわち，「マイルカは相模湾への来遊が少ない，コビレゴンドウは消費者に好まれない，ハンド

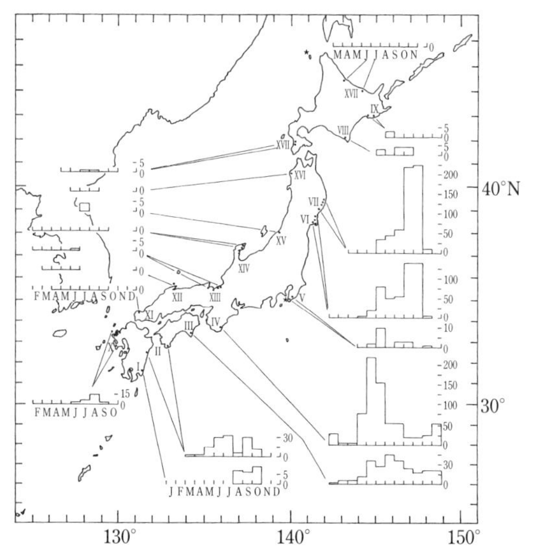

図 6.1　小型捕鯨船の根拠地別・月別のコビレゴンドウの水揚げ頭数．小型捕鯨船から水産庁に報告された鯨漁月報（1949-1952 年）より集計．三陸から道東にかけての漁場（VI-IX）で捕獲された個体はタッパナガと推定される．東シナ海と日本海には本種はまれであり，オホーツク海では本種の存在を示す信頼できる記録はない．Kasuya (1975) の Fig. 3 にもとづく粕谷 (2011) の図 12.33 による．

ウイルカは水族館の注文に応じて捕獲する」，これらの理由で 3 種の捕獲頭数は少ない．コビレゴンドウは和歌山県太地ではたいへん好まれていたが，伊豆では脂が強いとして好まれないことを，私も当時の漁業者から聞いている．1980 年代には川奈の漁師はマイルカとスジイルカを正しく使い分けているのを私は確認している．

千葉県では 16 世紀末から突き取り捕鯨により，19 世紀末からは今日の用語でいうところの小型捕鯨船によりツチクジラが捕獲されてきた．これについては 6.5.12 項を参照されたい．1947 年 12 月に大臣許可漁業になってからまもない 1949-1952 年の小型捕鯨船によるコビレゴンドウの捕獲分布を図 6.1 に示す．千葉県から三浦半島にかけての海域で若干のコビレゴンドウが捕獲された．静岡県稲取では 1910 年ころ，1943 年，1955 年ころに小型捕鯨船が操業したという記録がある（粕谷，2011：12.6.1 項）．

6.2.5　紀伊半島から九州南岸

和歌山県太地は捕鯨の歴史で知られたところであり，周辺地域にはイルカを食する習慣が古くからあった．ここではさまざまなイルカが食用にされたが，なかでもコビレゴンドウが好まれた．ここでとれるコビレゴンドウは，日本近海のコビレゴンドウの2つの地方型のひとつマゴンドウである．網取り捕鯨業者は余暇にゴンドウを捕獲していたとされるが，20世紀に入ってからは突きん棒船や小型捕鯨船がイルカ肉を供給してきた．1933年には巻き網での大量捕獲に成功したが，供給過剰で値下がりして採算がとれず中止されたという（浜中，1979）．太地では古くから「寄せ物漁」が行われていた．これを「寄り物漁」と呼ぶ地方もあるが，ムロアジ，カツオ，マグロ，マゴンドウなどが地先にくると，村民が共有の漁具を用いてこれを捕獲し，村の経費に充てる慣行である．対馬海峡方面の諸島でも，かつて同様の慣行があった．この太地の寄せ物漁に関しては，1906年に地元から明治政府に提出した説明書が残されている（浜中，1979）．この寄せ物漁を共同漁業権として保証したのが太地の第2種共同漁業権「ごんどう建切網漁業」である．この操業は1951年度が最後で，この年には29万余円のゴンドウの売り上げが町の会計に記録されている．この漁業権はその後も更新されてきたが，1983年9月1日-1993年8月31日の10年間の免許を最後に更新されていない．おそらく，1952年度以降は寄せ物漁の実態がなく，1971年には沖合からイルカの群れを追い込む現在の追い込み漁が始まっていたので，更新されなかったものと思われる（粕谷，2011：3.9.1項）．

太地は，現在わが国でイルカの追い込み漁を実質的に操業している唯一の操業地である．その操業の始まりは1969年の夏にさかのぼる．当時建設中だった「鯨の博物館」の水族館に入れる個体を入手するために，太地のイルカ突きん棒の業者数名が同地の小型捕鯨船の船長兼砲手であった清水勝彦氏と協力してマゴンドウの一群を沖合から追い込んだのが始まりである．これを契機として1971年には8名のイルカ突きん棒業者がイルカ追い込み組を組織して恒常的なゴンドウの追い込みを始め，1973年からはスジイルカを追い込み，対象種を順次広げていった．この事業では伊豆の追い込み技術を参考にしたということで，伊豆で使用したのと同じイルカ威嚇具が太地でも使われている．これは長さ2mほどの鉄パイプの一端に直径30cmほどの浅い皿状の円錐形の鉄板を熔接したもので，このコーンの部分を海中に沈めて他端をハンマーでたたいて音を出してイルカを威嚇しつつ追い込む．この人たちの成功を見て1979年には別の7名の業者が第二組合をつくり，第一組合と競争してイルカを追い込み始めた．このためイルカの水揚げは飛躍的に増加し，資源の枯渇が危惧された．和歌山県は1982年に追い込み漁を知事許可漁業とするにあたり，2つの組合が合体することを条件とし，かつ漁期（10月1日-4月30日）を定めた．ただし，操業隻数は15隻（後に1隻廃業し14隻となる）を維持したまま許可を発給したので，探索努力量を減らすことにはならなかった．また，捕獲の自主規制枠としてコビレゴンドウ500頭とほかのイルカ類5000頭（種を特定せず）を定めた．漁期が設定される前と後で操業形態に変化は見られないので，この漁期設定に意義を求めるとすれば，将来発生するかもしれない操業期間の延長を抑制し，漁獲努力量の増大を予防することであったかもしれない．上の自主規制枠は1986年に許可条件となり，さらに1991年の減枠（イルカ類2900頭，うちコビレゴンドウ500頭，ほかに水族館用シャチ5頭）と1992年の減枠（イルカ類2500頭，うちスジイルカ1000頭・コビレゴンドウ300頭）を経て，1993年には水産庁が設定した全国枠に組み込まれた．この水産庁枠はスジイルカ450頭，ハンドウイルカ940頭（翌年から890頭），マダライルカ（アラリイルカ）420頭（翌年から400頭），ハナゴンドウ350頭（翌年から300頭），マゴンドウ300頭，オキゴンドウ40頭で，6種の合計は2500頭（翌年から2380頭）であった．当初暦年の枠であったが，2006/07年からは冬をまたぐ漁期単位の枠となった．さらに，2007/08年漁期にはカマイルカ134頭が追加された．この捕獲枠は2006年まで変更がなかったが，2007/08漁期から一部の種については毎年数％ずつ減枠されてきた．減枠の理由は不明であるが，その効果については後述する（6.5.5項，6.5.7項）．最近の捕獲枠を表6.1に示す．捕獲枠や捕獲統計の詳細については粕谷（2011：2009年まで）かKasuya（2017：2013年まで）を参照されたい．

太地のイルカ追い込み漁は主として食肉需要に応えて始まったものであるが，近年は若干の変化が見られる．それは水族館向けの生体需要の増加である．生体の購入者は離乳後から性成熟前の個体を好むので，太地漁協は生体販売の価格を鯨種，性別，体長ごとに定めている．鯨種ごとの最高価格を2017年について見ると，オキゴンドウ350万円，コビレゴンドウ（マゴンドウ）220万円，ハンドウイルカ110万円，カマイルカ100万円，ハナゴンドウ70万円，シワハイルカとカズハゴンドウはともに30万円，マダライルカ15万円である．築地市場における鯨肉の平均価格は1994-1999年ころのピークに向けて上昇した後に下降に転じて，2012年ころにはほぼ1989年ころのレベルに戻っている（佐久間，2015）．太地におけるイルカの浜値もデータのある1991年まではこれに似た動きをしており，1989年の大小込みの1頭あたりの平均浜値は，マゴンドウ47.7万円，ハンドウイルカ7.0万円であった（粕谷，2011：表3.20）．市場関係者の話によれば2017-2018年ころのつぶしの浜値もこれに近く，マゴンドウで50万-80万円（ただし大きな雄は200万円前後），ハンドウイルカで2万-4万円とのことであった．生体の価格はつぶしの価格の数倍から二十数倍と推定される．生体で販売されるのは肉量の少ない若い個体であることを考慮すれば，さらに高倍率になっているかもしれない．太地の追い込み漁の比重がイルカ肉から生体販売に移りつつあるらしい．2017/18年漁期にシワハイルカとカズハゴンドウの捕獲枠が新たに与えられた背景には，このような事情があるものと見られる（表6.1）．

豊後水道に面する宇和島市の三浦西でも，イルカ追い込み漁業が散発的に行われた．この技術は1775年に大分県佐伯から伝えられたといわれ，1844年から1871年までの28年間に13回の追い込みがなされており，2年に1回程度の操業から見て，イルカがたまたま浦の近くにきたときに，これを追い込んで捕獲したものと思われる．なお，最後の操業がいつであったかは明らかでない．

小型捕鯨業は1941-1972年の32年間に全国でゴンドウクジラ類を7491頭（年平均234頭）捕獲している．その多くはコビレゴンドウの2つの地方型（タッパナガとマゴンドウ）であったと思われる．図6.1に見るように，そのおもな水揚げ地は三陸と和歌山県太地であった．同じ期間内にこれら小型捕鯨船はシャチを1486頭（年平均46頭）と「その他の種類」を3405頭（年平均106頭）捕獲している（粕谷，2011：4章）．「その他の種類」というのは小型のイルカ類と思われる．これらの捕獲位置は明らかではないが，コビレゴンドウと同様に三陸と紀伊半島が主体であったと推察される．1940年代から1970年代にかけてのシャチの捕獲が注目される（6.5.13項）．

太地やその周辺では古くから突きん棒によるイルカの捕獲が行われていたが，詳細は明らかではない．ただし，太地に水揚げされたイルカ類の漁獲物については，突きん棒漁，追い込み漁，小型捕鯨業による合計頭数が1963年から1994年まで，和歌山県下の突きん棒による捕獲統計が1993年から2013年まで得られている（粕谷，2011およびKasuya, 2017：表2.12，表3.17）．1989年に突きん棒漁が知事許可ないしは海区漁業調整委員会の承認制に移行したときに，太地では15隻が承認を得ていたが，太地外の無許可船の操業が急増し，1991年には147隻を数えるに至った．これは政治問題にもなったが，けっきょくは全船が承認を得て決着した．1993年に鯨種別の捕獲枠が設定されたときには，スジイルカ100頭，マダライルカ70頭，ハンドウイルカ100頭，ハナゴンドウ250頭，合計520頭の枠が与えられた．また，2007/08年漁期にはカマイルカ36頭の枠が追加された．最近の捕獲枠を表6.1に示す．

6.2.6　沖縄

沖縄県の各地では古くから住民の協力によるイルカ追い込み漁が行われていたらしいが，名護の例がよく知られている（名護博物館，1994）．名護の操業は少なくとも明治20年（1887）まではさかのぼる（中村，2017）．そこではイルカの追い込み漁をピトゥといい，イルカ自体も同じくピトゥと呼ばれていた．イルカの群れが名護湾の入口に現れると人々は仕事を中止し，学校は休校となり，めいめいが小舟を出して追い込みにかかった．追い込みには石を投げる，鉄筋をたたく，カズラ（名護ではシルシカと呼ばれた）を下ろすなどした．村役場から派遣された司令船が追い込みの完了を知らせると，皆が得物をもって海に入りイルカを殺して引き揚げた．漁獲物は参加者に均等に配分され，食べきれない者は残りを市場で売ったという．この名護の追い込み漁は1970年代に衰微した．その原因として，港湾の整備による砂浜の消滅とか，共同体の意識の変化とか，イルカの接岸の減少などがあげられている．1982年にコビレゴンドウ9頭，1989年にハンドウイルカ20頭の追い込み事例が報道されている．1982年に日本のイルカ追い込み漁業が知事許可漁業になったが，Kishiro and Kasuya（1993）によれば名護はそのときに知事許可を得ていないとされている．最後の追い込み事例は1989年であり，このころに名護の追い込み漁は廃絶したものと思われる．

名護の追い込み漁のおもな対象はコビレゴンドウ（マゴンドウ型）であり，1960-1977年の18年間に2653頭（年変動の範囲は0-500頭）を捕獲したとされているが，そこにはハンドウイルカとオキゴンドウの混入があるという記述もあって，種類別の正確な捕獲統計については明らかではない（粕谷，2011：3.10節）．

追い込み漁に代わって名護市民にイルカ肉を供給しているのが，1975年に始まったといわれる石弓漁であるが，水産庁はこれを突きん棒漁業に分類して許可を与えている（6.1.2項）．1993年に鯨種別の捕獲枠が設定されたときに，この漁業に与えられた枠はマゴンドウ100頭，ハンドウイルカ10頭，オキゴンドウ10頭であったが，マゴンドウとハンドウイルカは順次減枠，オキゴンドウは増枠されてきた．最近の捕獲枠を表6.1に示す．

6.3　生息頭数推定の原理

鯨類の生息頭数の推定にはさまざまな手法が使われてきた．全個体を数えるセンサスと，部分標本をもとに総数を推定するサンプリング法とに大別される．前者は生息域が狭いとか，回遊の途上で全個体が特定の場所を通過するなどの場合にのみ可能であり，対象が限定される．後者には標識放流法と目視推定法がある．標識放流法は一定数の個体を識別し，それが個体群のなかで混合するのを待ってから一部個体をランダムに抽出して，そのなかに含まれる標識個体の比率をもとに総個体数を算出するものである．捕鯨がさかんだった昔は長さ30 cmほどの金属チューブを銃で大型鯨類の体内に撃ち込んで標識とした．イルカには金属片に長さ10 cmほどのプラスチックの紐をつけた体外タグを石弓で撃ち込むとか，ドライアイスで冷却した焼き鏝（ごて）を体表にあてて凍傷をつくるなども試みられた．体表の傷痕などで個体識別がなされていれば，識別個体と非識別個体の出現比も同じ目的に使えるし，最近ではDNAで個体を識別する標識法も提案されている．

目視推定法はサンプリング推定法のひとつであり，鯨類の生息頭数推定に広く用いられている．あらかじめ設定した調査線に沿って船か飛行機を走らせて，発見されたイルカやクジラの群れごとに，種類・群れサイズ（構成頭数）・調査線から群れまでの距離（横距離）などを記録する．これらのデータを数学的に処理し，見落とし率を補正して帯状の観察水面のなかにいたであろう頭数を推定し，そこの生息密度を求める．その生息密度を帯状の観察水面にはさまれた未調査域に引き延ばして全生息数とするものである．調査線を調査対象海域のなかにどのように配分するか，どうすればバイアスを避けて，かつ精度のよい推定値を得ることができるか，担当者が知恵を絞るところである．

この方法では，人間が目視でイルカやクジラを探索するのであるから，遠方の個体ほど見落としの確率が高いのは当然である．本書でしばしば引用している Miyashita (1993a) の例では，船橋の上の見晴らしのよい場所に複数の観察者が位置して，常時双眼鏡を用いて鯨類を探索した．その結果，イルカが見つかるのは調査コースから左右それぞれ 4-5 km 以内に限られており，その範囲内でも調査コースから横に隔たるにつれて発見数が急速に低下した．これは見落としによるものであるから，その低下傾向を数学的に処理して，幅数 km 以内の見落としを補正することがなされた．しかし，それが見落としのすべてではない．イルカやクジラが潜水中に観察者が真上を通過することがあるかもしれないし，真正面に浮上しても観察者が他方向を見ていたために見落とすことがあったかもしれない．これが調査線上（横距離ゼロ）における発見率（これは $g(0)$ と呼ばれる）の問題である．その解決のために，1 隻の船に独立した 2 組の観察班を置き，重複発見率から $g(0)$ を推定する試みがなされることがある（独立観察者実験）．3 名 1 組の観察班 2 組を 1 隻の船に配置して，スナメリに行動が似ている北大西洋のネズミイルカを対象に目視調査を行い，$g(0)=0.3$ と推定した例がある．この方法は煩雑でもあるし，人員や設備を要することでもあるので，とりあえず $g(0)=1$ と仮定して済ませる場合が少なくない．その場合には生息数の推定値は過少推定となる．$g(0)$ は観察方法・鯨類の行動・群れサイズ・海況などでも異なるので，よその実験結果を借りてくるのは危険である．目視調査技術の詳細については宮下（1997）や白木原ら（2002）が参考になる．

以下で紹介する生息頭数推定作業のうち，スナメリについては航空機が使われたが，それ以外は船舶による調査であった．水産庁の遠洋水産研究所では，1983年から西部北太平洋で組織的な鯨類の目視調査を始めた．大型捕鯨業や母船式捕鯨業に使われた捕鯨船を用船して科学者を乗せ，科学者は船員と一緒に鯨類を探索して，鯨種の最終確認や記録作成を行ったのである．小型航空機に比べて船舶は広範囲の外洋調査ができたし，捕鯨船の構造は鯨類の探索に適しており，乗組員はクジラの探索に熟練しているという利点があった．また，当時は捕鯨業の縮小期にあり捕鯨船がだぶついていたので，用船は容易であった．しかし，船は航空機に比べて低速であるから，調査の進行方向とイルカの季節移動の方向との干渉を避ける必要が出てくる．たとえば，イルカが生息圏を北に移しつつある春–夏の時期に，日本沿岸を南から北に向かって調査海域を移してゆくと，重複観察によって生息数を過大に評価する危険が発生する．次のような理由により，瀬戸内海のスナメリの調査には小型航空機が適している．すなわち，スナメリは水深50 m以浅におもに生息しており，岸から1 km以内に多く出現する．偏りのない密度データを得るためには，想定されるスナメリの等密度線と探索コースを直交させることが望まれるが，瀬戸内海のような島の多い海域で調査船を運航すると，島を避けるために，船は海岸に平行に走らざるをえないケースが頻発して，等密度線と調査コースを直交させるという原則にもとることになる．その点，航空機ならば島の上空を抜けて，反対側の海岸に出られるので，理想的なコース設定が容易である．船舶を用いた調査で実際に設定された調査コースの例を図4.4と図4.18に見ることができる．

6.4　鯨類資源の管理

6.4.1　個体群認識の意義

漁業学でいう資源量は漁業で利用可能な個体の集まりを指すので，必ずしも個体群を構成する全頭数を指すとは限らない．捕鯨業ではしばしば制限体長が定められており，実際にそれが守られるか否かは別として，小さい個体の捕獲は禁じられていたので，資源量といえば制限体長以上の個体の数を意味していた．現在の日本の小型鯨類の漁業にはそのような制限はないので，対象となっている個体群の構成頭数と資源量とは同じである.

日本列島周辺の小型鯨類のなかで，スナメリやイシイルカについてはそれぞれが複数の個体群を含むことが知られている．また，東シナ海・日本海域と太平洋域の両方に分布する種については，季節移動の状況から見て，それらは異なる個体群に属する可能性が大きいと予測される．太平洋側のスジイルカについては直接の証拠は不十分ではあるが，分布と漁業の動向から見て，複数の個体群よりなることには疑いがない．太平洋沖の温暖海域に生息するハンドウイルカ，ハナゴンドウ，マゴンドウ（コビレゴンドウの地方型），オキゴンドウなどについては，複数の個体群よりなるとの明白な証拠はないが，その分布が黒潮をはさんで不連続であることや，放流後のハンドウイルカの動きなどから見て，黒潮の流れを境にして，沿岸と沖合に異なる個体群が分布する可能性が示唆されている（4.3節）.

これらのイルカ類を捕獲する日本の漁業は沿岸から数十kmの範囲で操業している．沖合域と沿岸域に異なる個体群がある場合に，それらを単一の個体群と誤解して漁業を管理すると，沿岸個体群が過重な漁獲圧を受け，「イルカは沖合にはたくさんいるのに漁場には見えなくなった」という事態が発生するおそれがある．このような事態は，漁業が永続することを願う視点からも，また，生物の多様性を保存するという自然保護の視点からも好ましくない．それを避けるための安全策としては，個体群に関する情報が不完全な場合には，細かい個体群構造を仮定して資源や漁業を管理することが考えられる．ただし，そのような方策は漁業者の当面の利益に反する傾向があるし，行政にとっては漁業者を説得する困難が予測されることでもある．それゆえであろうか，日本の鯨類資源の管理においては，広い海域に単一の個体群を想定する努力がしばしばなされてきた．イシイルカ（4.3.2項）やスジイルカ（4.3.8項）の個体群構造に関する議論はその好例であった.

6.4.2　鯨類資源の管理のむずかしさ

イルカもクジラもともに鯨類の仲間であり，分類学的に画然とした区別があるわけではない（1章）．鯨類は1頭あたりの価格が比較的高額なうえに，生活史は少産少死の傾向が強いので，その資源管理には魚類の場合とは違うむずかしさがあるが，その程度は鯨種によっても同じではない．スナメリやイシイルカは育児期間が短く社会構造もやや単純で，どちらかといえばヒゲクジラ類と似たところがある．これに対して，コビレゴンドウやマッコウクジラのような種は永続的な母系社会に生活し，母子関係が長期に継続することが知られている．それゆえに，ヒゲクジラ類に比べて，イルカ類を含むハクジラ類のほうが資源管理はむずかしいという見方が一般的である．生物学的な特徴から見て資源管理はしやすいと見られているヒゲクジラ類でも，その資源管理の歴史は失敗の連続であった．本項では国際的な鯨類資源の管理の経緯とその失敗の背景を紹介しつつ，日本のイルカ資源の管理の問題を考えてみることにする．

商業捕鯨の歴史は10世紀前後にさかのぼるといわれるが，初期の捕鯨は手漕ぎのボートから銛を投げてクジラを殺す手法であった．それによって，セミクジラ，ホッキョククジラ，コククジラなどは絶滅近くまで乱獲されたし，ザトウクジラも著しく資源量を減らしたらしい．北大西洋にいたコククジラが17世紀ころに絶滅した背景にもこのような捕鯨の影響があったと信じられている．北太平洋では13世紀ころにヒレナガゴンドウが絶滅した．その絶滅の経緯は不明であるが，先住民による捕獲がなされていたのも事実である（4.3.4項）．

1868年には汽船に搭載した捕鯨砲から銛を発射するノルウェー式捕鯨が開発された．これによって従来は捕獲が困難だったナガスクジラ類の捕獲が容易となり，その技術は瞬く間に世界各地に広がり，1904年には南極海のサウスジョージア島の基地での操業が始まった．1923年には南極圏の諸島を領有する英国政府の規制を逃れるために公海操業が始まり，1925年には公海で捕獲したクジラを母船の船尾に設けた斜路から引き揚げて，母船上で解体する今の母船式捕鯨が始まった（Francis, 1990）．

このような状況のもとに，南極海捕鯨も従来の捕鯨の轍を踏むのではないかと危惧されて，国際連盟の主導によりジュネーブで会議が開かれ，初の国際捕鯨協定が署名された．そこではセミクジラ類，未成熟クジラ，仔クジラとそれをともなう母クジラの捕獲が禁止されたが，発効は1936年1月と遅れたため，その効果は各国の自主対応に限られた．これに続いて，1937年6月にロンドンで新たな協定が署名され，コククジラも保護鯨種に加わり，仔クジラという曖昧な表現を排して，捕獲が許される最小体長が鯨種ごとに設定された．この後，1945年11月までに数回の会議がロンドンで開かれて修正が加えられた．日本はこれらの協定には参加しなかった．現在の国際捕鯨取締条約（International Convention for Regulation of Whaling; ICRW）は，それまでの協定を基礎にしてつくられた条約であり，1946年12月に米国のワシントン市で調印された．日本がこの条約に加盟したのは1951年4月で講和条約締結より早かったが，それより前の1945年11月に連合軍総司令部は日本に捕鯨再開を認めるにあたって当時の国際協定を順守することを指示した．日本の捕鯨業がセミクジラ類とコククジラの捕獲を禁じられたのはこのときである．これらの経緯は大村ら（1942），Tonnessen and Johnsen（1982），板橋（1987）にくわしい．

1946年に締結されたICRWは，過去の捕鯨業の歴史は乱獲の歴史であったが，これからは減少した資源は捕獲を極力抑えて回復を図り，それ以外の資源については許容範囲内での捕獲を許し，そのようにして鯨類資源を速やかに適正レベルに誘導し，それによって捕鯨産業の健全な発達を図ると目標を述べている．この条約にもとづいて加盟国政府は各1名のコミッショナーを任命して国際捕鯨委員会（International Whaling Commission; IWC）を組織して，捕鯨業の規制を行う．IWCはこの作業にあたって下部組織である科学委員会（Scientific Committee; SC）の意見を徴することになっている．科学委員会は当初は加盟国政府から派遣された科学者のみで構成されていたが，後に科学委員会自身の判断でほかの専門家を招待する仕組みができた．これによって，専門家の分野を広げることと，加盟国政府の科学委員会支配を弱めるという効果が期待される．

ICRWは鯨類の資源を科学的に管理することを求めている．科学とはさまざまな過去の出来事の因果関係を解釈し，それにもとづいて未来を予測する作業であると私は理解している．「過去の出来事の因果関係」には実験や観察で得られた知見が含まれるし，時間のスケールもさまざまである．実験の必要性やその難易度は学問分野で異なり，水産資源学は実験がむずかしい分野のひとつである．因果関係の解釈においては科学者の間でも意見が分かれる場合があり，未来の予測に関してはなおさらである．科学委員会におけるクジラ資源に関する議論の多くはこのような意見の違いを解消するためになされてきたともいえる．

南極海で捕鯨業がさかんになるにつれて捕鯨統計の収集の必要性が認められ，1929年にノルウェーに国際捕鯨統計局が設置されてその作業が始まった．ノルウェー式捕鯨では効率を求めて大型種が選択的に捕獲された．第一のターゲットはシロナガスクジラ，第二がナガスクジラであり，体が小さいイワシクジラやミンククジラ（南半球の種は別種クロミンククジラとされている）は初めのうちは捕鯨の対象外だった．南極海の母船式捕鯨を例にクジラの乱獲の歴史をたどってみよう．1919/20年漁期には1000頭弱だったシロナガスクジラの捕獲はしだいに増加し，1930/31年漁期には最高の2万8300頭あまりを記録した．この漁期のナガスクジラの捕獲は約8600頭で，両種の比は1：0.3であった．その後，シロナガスクジラの捕獲はしだいに減少し1937/38年漁期には約1万4800頭に半減し，ナガスクジラは2万6400頭と3倍に増加し，両種の比は1：1.8と逆転した．以後，シロナガスクジラの捕獲は減少を続けた．

南極海ではシロナガスクジラ，ザトウクジラ，ナガスクジラの3種の資源の減少傾向はだれの目にも明らかであった．そのためIWCは1961年に水産資源学の専門家3名を選定して，南極海のクジラ資源の診断を依頼した．これがいわゆる三人委員会であり，メンバーは南極海捕鯨に出漁していない国の科学者から選ばれた．この人選は政府や業界からの圧力を避けるためであった．三人委員会は，捕獲クジラの体長組成や年齢データ，個々の捕鯨船の総トン数と操業日数，標識・再捕データなどを関係国から提出させた．これを科学委員会と協力しつつ解析し，その結論を1963年に科学委員会に報告した．シロナガスクジラを例にとると，当時の持続生産量は0-200頭，最大持続生産量は6000頭，資源がそのレベル（最大持続生産量産出レベル）に回復するまでに50年以上を要するだろうというものだった（IWC, 1964）．今から見れば，三人委員会の結論は楽観にすぎた面があるが（本項後述），それがもとになって捕鯨の規制が強化され，鯨類資源の管理方法や資源研究の手法の改善が始まったという点で，私はその活動を評価したい．

IWCは1963年会議で1963/64年漁期からシロナガスクジラを禁漁とし，翌年の会議では亜種ピグミーシロナガスクジラの1964/65年漁期からの禁漁を決定した．後者に対しては日本・ノルウェー・ソ連の捕鯨3国は異議を申し立てて捕獲継続を宣言したが，ソ連が20頭を捕獲しただけに終わり，

1965/66 年漁期からシロナガスクジラの全面禁漁が実現した．ナガスクジラはシロナガスクジラに比べて資源量が多かったため，2 万頭以上の捕獲を 11 漁期（1951/52–1961/62）にわたって支えたが，そのあと捕獲が漸減し，1976/77 年漁期から全面禁漁となった．遅れて漁獲対象となったイワシクジラの捕獲も同様の経過をたどり，1964/65 年漁期に約 1 万 9800 頭のピークを記録したあと漸減し，1977/78 年漁期に捕獲禁止となった．クロミンククジラはコセミクジラと並んで最小のヒゲクジラのひとつであり，南極海の母船式捕鯨による本格的な利用は 1972/73 年漁期に始まり，1976/77 年漁期に最高の 7900 頭を記録した．その後，5000–7000 頭の捕獲を続けていたなか，IWC は 1982 年 7 月の会議で 1985/86 年南極海漁期，1986 年北半球夏漁期から商業捕鯨を全面停止すると決定をした．日本はこれに対して異議を申し立てて 2 漁期の操業を行い，翌 1987/88 年漁期からは商業捕鯨に代わって科学調査のための捕鯨（調査捕鯨）を開始して現在に至っている（6.1 節）．

水産学者の間に広くゆきわたっている信仰ともいえる共通認識がある．それは漁業資源において，資源レベルの低下につれて資源回復への反応が強く表れるという密度効果（5.5.1 項）を前提としたものである．水産資源を適切に管理すれば，資源レベルを一定に保ちつつ一定の漁獲（持続生産量，Sustainable Yield; SY）を得ることができること，その SY は資源レベルにともなって変化するが，それが最大になる資源レベルがどこかにあるという考えである．この考えは，資源量を銀行の預金残高に，SY を預金利子にたとえて，預金残高が少ないほど利率が高くなる仕組みにたとえることもできる．最大の持続生産量（Maximum Sustainable Yield; MSY）が得られるときの資源レベルを MSY 産出レベルという．

鯨類の MSY 産出レベルがどこにあるか，そのときの持続生産率がどれほどかを知るには，資源レベルの変化につれて再生産率が変化するありさまを見るのがよいかもしれないが，鯨類では容易ではない．資源の回復速度はせいぜい年率 2–3% であることをコククジラで見てきた（5.5.1 項）．一度減少した資源の回復過程を十分な精度で測定するのはむずかしい，かりにそれができたとしても，そのためには生息数の変化を数十年にわたって追跡することが必要になり，今すぐの役には立たない．また，南極海には上にあげたような数種類のヒゲクジラが回遊して，どれもがナンキョクオキアミを食べてたがいに競い合っているらしいので，相互の影響を分離して解析することはむずかしい．そこで，科学委員会はヒゲクジラ類のMSY産出レベルは漁獲開始前の資源量の60%のときであろうと仮定してクジラ資源を管理することになった．これが次に述べる新管理方式である．

1974年6月のIWC総会では，最大持続生産量が得られるレベル以上にクジラ資源を維持しつつ捕獲して，資源がそれよりも10%低下したら捕獲を停止するという基本方針が合意され，1975年から実施された．これが新管理方式（New Management Procedure; NMP）と呼ばれるものである．資源レベルと再生産率との関係がよくわからないという状況のなかで，IWCは持続生産量が最大になるときの増加率を1-3%の範囲にあると仮定し，また持続生産量が最大になるのは資源レベルが満杯時の60%に減少したときであると仮定した．このようにして新管理方式を実際の資源にあてはめようとしたところ，困難が続出した．当然ながら漁獲開始時の資源量は測定されていないので，さまざまな仮定をもとにして現在資源量と過去の捕獲統計から逆算することになる．そのようにして得られた現在の資源レベル（現在資源量/漁獲開始時資源量）の信頼性が低いうえに，死亡率，繁殖率，生息頭数などの情報が不十分だったことが原因で（桜本，1991），算出される捕獲枠に関係国の合意が得られず，新管理方式は挫折した．

IWCはこのような経験を経て鯨類の生物学的情報や漁獲努力量あたりの捕獲頭数のような漁業情報に頼らないで，かつ資源にとっての安全性を重視した資源管理方式を開発するよう科学委員会に命じ，科学委員会は1992年にそれを完成させた（北原，1996）．これが改定管理方式（Revised Management Procedure; RMP）である．この方式は新管理方式の原則（最大持続生産量算出レベルの90%以上，つまり初期資源量の55%以上の資源からのみ漁獲する）を維持しつつ，過去の捕獲頭数と数年おきの目視調査で得られる生息頭数推定値，その精度，動向（増減）などから捕獲枠を算出するものであった．この方式の弱点のひとつは個体群の理解がまちがっていた場合には管理に失敗する可能性があることであったが，それを回避する手順も検討されてはいた．この手法で算出される捕獲枠は資源量の1%前後と少ないことに捕鯨側は不満を感じ，反捕鯨の側はこれが商業捕鯨再開の突破口になることを恐れた．今，この方式は政治的な理由で適用を止められている．

1963 年の三人委員会の結論は当時としては驚くべきものであり，クジラ資源の管理に大きな貢献を果たしたことはすでに述べたが，今から見れば楽観に過ぎたと思われる点もある．捕獲を 50 年ほどやめれば相当に回復するとの予測に反して，シロナガスクジラの資源には今もめだった回復は見られない．南極海でシロナガスクジラの捕獲が始まったのは 1904 年である．60 年にわたる乱獲の後，その勧告が引き金になって 1965/66 年漁期から全面禁漁となった．最近の推定では，捕鯨開始当時に 20 万頭あった資源は，禁漁時には 1000 頭前後まで低下し，保護から 50 年を経た今もその資源は 2000 頭前後にあるとされている．ナガスクジラもその増加傾向は依然として定かではない．これらの鯨種の最高寿命は 60-90 年である．南極海のヒゲクジラ資源の壊滅は彼ら鯨種の一生の間に起こったのである．個体数低下に対して資源が密度効果で応じて，回復に向かう態勢を整えるには長期間を要することが予想されるが（5.5.1 項），人類は鯨類が漁獲に対して反応するための十分な時間的な余裕を与えることもせず，過大な殺戮を進めたのである．私は同じような事態が日本のイルカ漁業で起こっているのではないかと懸念している．

当時の知識レベルではやむをえなかったことではあるが，三人委員会が楽観的な結論に至った原因には，捕鯨船 1 日あたりの捕獲頭数の変化から資源量を推定したり，年齢組成から死亡率を推定したりしたことがあるかもしれない．耳垢栓に現れる成長層を数えてヒゲクジラ類の年齢を査定する技術は 1950 年代後半に始まったが，成長層の蓄積率が年 1 層であると確認されたのは 1967 年のことである（Roe, 1967）．それまでは年に 2 層形成されると推定されていた．年齢を半分に誤ったデータを使って，古い時代のクジラの体長組成を年齢組成に換算したのである．寿命は短く計算され，資源の増加率や持続生産量が過大に評価された可能性がある．実験がほとんど不可能な水産資源学のような分野では，それぞれの時点では最善の判断をしても，60 年後に問題点が指摘されないことのほうがおかしい．先人の仕事を改善するのがわれわれの務めであろう．

南極海のみならず，鯨類一般の資源管理に関して，われわれが忘れてはならない問題はほかにもある．南極海捕鯨に利害関係のない国から選ばれた 3 名の科学者が任命される前にも，多くの IWC 科学者も捕鯨業者も南極海のクジラ資源は悪化しており，捕鯨操業が困難になりつつあることを理解していたのである．それにもかかわらず有効な資源管理ができなかった．そこには捕鯨産業と関係国政府による科学者の支配があったと私は考えている．少なくとも一部の捕鯨国では行政と捕鯨産業の癒着ないしは協力関係があった．クジラ資源を最大持続生産量が得られるレベルに維持しつつ，比較的低レベルの漁獲で捕鯨業の永続を図ることが資本家や政府の願望に合致するとは限らない．大量の捕獲をして短期的に大きな収益を上げて，それを別の事業に投資してさらに事業を拡大するという資本家の願望があるかもしれない．また，自国が必要とする工業原料や食料を取得することを望む政府があるかもしれない．ソ連政府が捕鯨規制を無視して1949年から1979年にかけて大量の捕獲をひそかに続けたのも（Yablokov and Zemsky, 2000），1956年度から1962年度にかけて多くの捕鯨国がIWCの規制に対して異議を申し立てたり条約を脱退したりしたのも，日本の行政が沿岸の大型捕鯨業による捕獲頭数の過少申告を黙認したらしいのも（粕谷，2011：15.2節，15.3節），その背景にはこのような事情があったと見られる．行政と業界の人的交流もこのような動きを助長したに違いない．故藤田巌氏の履歴にその一例がうかがえる．彼は1952年に水産庁長官を退任するとただちに大日本水産会という業界団体の副会長に就任し（1969年から同会長），1957年から1975年まで日本のIWCコミッショナーを務めていた．

行政による科学者の支配も無視できない．1955年から1958年にかけての科学委員会の報告書を見ると，オランダ以外の日本を含むすべての国の科学者は南極海のナガスクジラ資源の悪化を認め，捕獲の削減が必要であることを認めていたが，オランダのシュライパーやドリオンは証拠が不十分であるとしてこれに反対していた．オランダは捕獲枠削減によって南極海出漁の1船団の維持がむずかしくなることを恐れたといわれる（Elliot, 1998）．この時期にクジラ研究者として科学委員会に派遣されていた故大村秀雄氏は，この状況を「科学には国境がないが，科学者には国籍がある」と表現していた．クジラ資源の管理は日本では水産庁の管轄であり，IWCに派遣する科学者の人選は水産庁が行うので，日本の捕鯨政策に合致する科学者が選択される．私が水産庁遠洋水産研究所に在職したのは1983-1997年で，1993年までは科学委員会に派遣されていたが，当時は科学委員会に提出する論文は業界や行政の関係者が出席する会議で事前にレビューされ，産業に不利な点を含む論文は慎重な推敲を求められたり，ときには提出の見送りを示唆されたりすることもあった．これを補うために科学委員会自身が専門家を選任して招待するということが近年行われている（本項前述）．

鯨類資源を管理する際に考慮すべき問題に立証責任を利用側に置くか，保全側に置くかという問題がある．たとえば，①「クジラ資源が許容レベル以下にある証拠」を得てから捕獲を禁止するか，②「クジラ資源が許容レベル以上にある証拠」を得てから捕獲を許すかの違いである．資源管理においてどちらの立場をとるかは，産業側と保護側の力関係によるところが大きい．かつてのIWCは①の方針に近かったために捕鯨規制は後手に回ったが，最近では②の方式に変化してきた．伊豆半島のスジイルカ漁のケースは，資源状態が悪化していることの証明を求められたがゆえに，対策が後手に回り資源管理に失敗した一例である（6.5.8項）．

1993年に水産庁が小型鯨類の鯨種別の捕獲枠を設定するに際して用いた手法は，目視調査で推定された生息頭数（表6.5，表6.6）に種類ごとに2, 3, 4%の増加率を乗じ，さらに特定の種には安全率として0.5を乗じたり，調整枠として50頭ほどを加算したりすることであった．コビレゴンドウの例を示すと生息頭数(2万300頭)× 増加率(2%)＋ 調整枠(50頭)＝456頭となり，450頭の捕獲枠が設定された．これらの基礎情報のなかで科学的根拠があるのは生息頭数だけで，それも個体群の分布範囲と操業海域との整合が図られていないという欠点があった．この計算の裏の目的は，科学的な手法を装いつつ，過去の捕獲実績に近くて漁業者に受け入れやすい捕獲枠をひねり出すことにあったと私は推測している（粕谷，2011：6.5節）．このようにして設定された鯨種別の捕獲枠は関係漁業者に配分され，幾度かの減枠を経て今日に至っている（表6.1）．

6.4.3　小型鯨類管理の現状

鯨類を捕獲して食用や採油の原料に用いることに反対する人たちがいる．鯨類を漁業資源と見る人たちは，これを非科学的といって非難することもある．このような議論はわれわれ日本人にはなじまないかもしれないが，「鯨類」を「ゴリラ」に置き換えてみれば反応が変わるかもしれない．クジラもゴリラもこの地球上の一部の地域では食用に消費されている（山極，2015）．自然物に対するこのような態度の違いは人々の好みや倫理観にかかわる問題であり，自然科学はその正邪を判断することには使えない．しかし，鯨類をどのように扱うかの態度決定がなされた後で，それが個体群に与える影響を評価したり，管理目標を達成するためには科学は助言することができる（ただし，その助言が誤る場合もある）．

IWCでは新管理方式の挫折に続いて，改定管理方式を科学委員会に開発させたが，IWCはそれを鯨類資源に適用することを政治的な判断で停止している（6.4.2項）．この改定管理方式に関して私が強調しておきたいのは，科学委員会はその対象からハクジラ類を除外した事実である．ハクジラ類として科学委員会の念頭にあったのは第一にマッコウクジラであったと思われるが，その複雑な社会構造に対処することは困難であるとして，適用対象をヒゲクジラ類に限定したのである．マッコウクジラに比べて，コビレゴンドウ（タッパナガとマゴンドウを含む）やシャチは体は小さいが，それに劣らず高度な社会構造を発達させ，群れのメンバーが協力して生活し，群れのなかでの役割を年齢や性別によって分担している．漁業によって間引かれた個体がだれであるかによって，残された個体が受ける不利益は同じではない．繁殖能力を失った高齢の雌が殺された場合にも，残された子どもたちの生活はマイナスの影響を受けるという観察が得られている（5.4.4項）．同居する孫たちも影響を受けるに違いない．さらに，アカボウクジラ類のなかのツチクジラでは雄が雌よりも長寿であり，その社会構造には未知の部分が多く，雄が育児に協力しているのではないかという仮説さえ提出されている（5.4.5項）．IWCがこれまでに開発してきた鯨類資源管理のための技術を小型鯨類に適用できるという保証はないのが現状である．

このような状況のもとで，イルカ類の置かれた状況の可否を判断する手がかりとして考え出されたのがPBR（Potential Biological Removal; 捕獲許容量予測）であるらしい．これはイルカ類について資源量が推定されており，漁獲や漁業による混獲などの人為的な死亡の統計が得られている場合に，それによって資源状態が悪化するおそれがあるか否かを判断する便法として，米国の研究者によって提案されたものである（Wade, 1998）．その指標PBRは次の式で計算する．

$$\mathrm{PBR}=[\text{最小資源量},\ N_{min}]\times R_{max}\times 0.5\times[\text{安全係数},\ F_r]$$

最小資源量としては95% 信頼限界ではなく，少し甘くして80% 信頼限界の下限値を採用しても安全な管理ができるとされている．かりに，資源量の推定値に正規分布が仮定されている場合には中央値よりも標準偏差×1.28だけ小さい値を資源量として採用することになる．安全係数は漁獲統計などの人為要因による死亡統計の精度によって0.5-1.0の間で任意に定めるものである（死亡統計が完全で，遺漏がなければ $F_r=1.0$ とする）．これは資源管理者が安全係数の操作を通して，PBR の値を任意に操作するという裁量の余地を残すものであり，本手法の欠点のひとつである．R_{max}（最大持続生産率）は最適の生息環境，いいかえれば資源量がゼロに近いときの増加率であり，イルカ類にはその実測例はないが，Wade（1998）は4% を仮定すればよいとしている．上の式にある0.5という数字の基礎は，R_{max} の半分量を捕獲していれば，いずれ資源は最大持続生産量を産出するレベルの付近に落ち着くだろうという，資源学の大方の理解にもとづくものと思われる．イシイルカやスナメリのように早熟・短命でほぼ毎年出産する種が，漁獲による密度変化に対していかに反応し，繁殖率をどの程度上げることができるかは答えが得られていない．また，コビレゴンドウやシャチは性成熟が遅く出産間隔も長いので，密度変化に反応する余地が大きいような印象を与えるが，その社会構造がその足かせになるのではないか，これについても答えが得られていない（5.5節）．改定管理方式の開発に際して，社会構造が複雑すぎるとして科学委員会が匙を投げたような鯨種も小型鯨類には含まれている．それらに対して，一様に $R_{max}=4\%$ を採用してよいものか．生活史の研究者として私は疑問に思うところである．

日本周辺のイルカ類の資源データにこの方式をあてはめるときわめて低いPBR 値が得られるのが通例であるが（6.5節），それは生息頭数の推定幅が大きいことに起因する．今，生息頭数が正確に数えられて標準偏差がゼロで，人為要因による死亡の統計も正確な場合を仮定すると，そのときのPBR は生息頭数の2% という値を与えることに注目したい．シャチやコビレゴンドウを含むすべての小型鯨類がこのレベルの捕獲に耐えられるかどうか，われわれは判断する根拠をもっていない．かりに，年2% の捕獲によって生息頭数が減少に向かったとしても，その減少率は年1% ないしはそれ以下かもしれない．そのようなわずかな生息頭数の変化を短期間に検出する能力もわれわれはもっていない．

上に紹介したPBRには，安全性に関していくつかの疑問が残るとしても，この手法は進行中の漁獲や混獲などに小型鯨類が耐えられると楽観的な判断を下してよいか，あるいは，そのような判断はできないかを知るための道具として，その限界を理解して使うには差し支えない．死亡事例がPBRの数値以下であれば個体群は「当面は安全であろう」と判断し，資源の動向を注目してゆく．逆に，現実の死亡事例がPBRより大きい場合には「安全であるとはいえない」とか「危険かもしれない」と判断して対応を急ぐ約束である．人為要因によるイルカ類の死亡をゼロに近づけようという合意ができている社会においては，この方式で漁業などを管理することは受け入れやすいと思われる．しかし，イルカ類の資源を産業的に利用して可能な限り大きな漁獲を得ようとする立場から見れば，この方式は安全側に偏っているという批判が出る可能性がある．産業側を満足させられ，かつ安全・持続的に小型鯨類の資源を管理する方式はできていないのが現状である．

このような状況のもとで，PBRに依存せずにイルカ漁業を続ける場合の管理方法として次のようなものが考えられる．すなわち，生息頭数推定値ないしはほかの資源量指標をモニターしながら操業を行い，それが事前に定めたある状況に達したら，たとえば資源量指標が漁獲開始時の半分まで低下したら，その原因や理由を問わず，捕獲を一切やめて回復を待つとするものである．その場合には，漁業側には投資の抑制と操業停止の覚悟が，また管理側には調査努力と漁業側の圧力に屈しない強固な意思が求められる．

本章の各項ではつねに捕獲頭数のことが議論されるが，それに関して留意すべき問題点をあげておこう．小型鯨類の死亡事例には捕獲統計に表れない要素があるということである．ICRWの付表ではクジラを「捕獲」するとは，銛などの捕鯨具を用いて殺した後，その「鯨体に所有者を示す旗や浮きをつけ，あるいは鯨体を船に固縛する」ことをいう．追い込み漁の操業では湾内に追い込まれた後で，なかでも幼い個体は，漁師に殺される前に死亡することがある．このような個体は洋上に投棄される．漁業者が全頭を処理できないときには，これも外洋に放流される（6.5.7項）．また，イシイルカの突きん棒漁では銛を撃って傷つけたものの捕獲に至らなかった例が北海道沿岸で10%前後，三陸沿岸で4%前後あると観察されている（全負傷個体数は水揚げ個体数の11.1-4.1%となる）（藤瀬ら，1992）．湾内で自然死（？）した個体は当然として，追い込まれた後で放流されたり，銛を撃たれつつも逃げたりした個体のなかには，その影響で死亡する個体もあるはずだが，これらは捕獲頭数には算入されていないのである．また，このようなイルカ漁業以外の操業中に，たとえば定置網，流し網，底刺し網などに罹網して小型鯨類が死亡することがある．このような死亡事例を捕獲として扱わないこと自体は，先に述べた捕獲の定義にも沿うものではあるが，資源管理の視点からは放置することは好ましくない．その他，漁業者が意図的に捕獲統計を操作する例が報告されており（粕谷，2011：2.5節，3.9.2項），資源管理においては留意すべき問題である．

6.5　個体群の動向

6.5.1　スナメリ――環境破壊と混獲で減少か

日本産スナメリの生息頭数に関しては多くの推定がされているが，そのなかで統一的な手法でなされた一連の調査による成果を表6.3に示す．これらは白木原国男氏らのグループが環境省から経費を得て2000年に行った航空機調査の成果であり，それぞれの研究分担者によって海域ごとの成果が公表されてきた．そこでは飛行コースから左右に隔たるにつれて発見数が低下することに対する補正がなされているが，飛行コース上の個体は100%発見されている，すなわち$g(0)=1$と仮定している．飛行機は高度150 mで分速2.8 km（約170 km/時）で飛行したので，スナメリが潜水しているうちに通過することもあろうし，浮上していても観察者が見落とすことがあるかもしれないので，実際には$g(0)$は1よりも小さいと思われる．その分だけ表6.3の値は過少推定の可能性がある．

日本のスナメリ個体群のなかで，生息密度の経年変化が検出されたのは，瀬戸内海の個体群のみである．その結論に至る過程を含めて，以下にこれを説明する．Shirakihara *et al.*（2007）は瀬戸内海のスナメリの生息頭数を次のようにして推定した．まず，小型機の左右に各1名の観察者を配置し，経

表 6.3 日本近海産スナメリの推定生息頭数．2000 年 4-5 月に同一手法で行われた航空機調査にもとづく．調査線上の発見率 $g(0)$ を 1 と仮定している分，過少推定の可能性がある．

海域・個体群	生息頭数	同・95% 信頼範囲	出典
大村湾	298	199-419	白木原・白木原，2002
有明海・橘湾	3807	2767-5237	白木原・白木原，2002
瀬戸内海1)	7572	5411-10596	Shirakihara *et al.*, 2007
うち，中・東部海域	1895	1326-2708	
周防灘	5569	3692-8398	
別府湾	108	32-362	
伊勢・三河湾2)	3743	2355-5949	吉岡，2002
うち，伊勢湾	3038	1766-5225	
三河湾	705	344-1445	
安房-仙台湾3)	3387	1778-6452	Amano *et al.*, 2003

1) 本個体群は大阪湾，紀伊水道，響灘にも分布するが，この海域はほとんど調査に含まれていない． 2) 本個体群は志摩半島南岸にも漂着があるが，この海域は未調査である． 3) 東京湾に生息する少数個体を含まない．東京湾の個体と近隣の個体群との関係は不明．

度 6 分間隔（約 6.1 km）で南北方向に飛行してデータを集めた．調査範囲は，東は明石海峡と鳴門海峡に接続する紀伊水道の一部海域から，西は関門海峡までであった．瀬戸内海個体群は大阪湾・紀伊水道と響灘にも分布するが，その大部分の海域はこの調査から除外されている．得られたデータを定法にしたがって解析し，約 7600 頭との推定値を得た（表 6.3）．スナメリの分布は瀬戸内海西部海域に濃く，中・東部海域に薄かった．別府湾と周防灘の合計面積は瀬戸内海全体の半分以下であるが，そこの生息頭数は 5677 頭で全体の 75% を占めていた．私どものグループが 1999-2000 年にフェリーボートから行った調査でも，柳井以西のスナメリの個体数は瀬戸内海全体の 81% を占めると推定されていた（本項後述）．すなわち，20 世紀末から今世紀初頭にかけて独立になされた 2 つの調査は，瀬戸内海におけるスナメリの分布は西部海域に偏っているという結果を得たのである．

上に見たようなスナメリの分布パターンは昔からあったわけではない．瀬戸内海のスナメリの分布パターンの変化と生息密度の動向は，フェリーボートを乗り継いで行った私どもの 2 つの調査で明らかにされた．使ったフェリーボートは瀬戸内海の島々を連絡する船なので，スナメリの分布の濃密な沿岸域に航路が偏る傾向があり，個体数推定のためには好ましい手法ではなかった．また，スナメリの観察のほかに船の位置や水温もひとりの観察者が記録したので，見落としも多かったに違いない．そこで，生息頭数そのものよりも，航走距離あたりの発見数の地理的分布と発見密度の経年変化に注目することにする．1回目の調査は，1976年4月から1978年10月までの2年半を費やして四季をカバーした（Kasuya and Kureha, 1979）．この調査では，4月ころにスナメリの発見がいくぶん多い傾向が認められたが，その理由は判然としなかった．2回目の調査は1999年と2000年に，初回の調査と同様の手法で行い，前回に発見の多かった4月を中心に行った（Kasuya *et al.*, 2002）．瀬戸内海の海洋汚染は1970年代に最悪の状態にあった．油の流出事故は1973年に874件，赤潮の発生は1976年に326件とピークを記録し，そのあと漸減に転じて1990年代半ばにはそれぞれ100件ないしそれ以下に減少し，以後は横ばいに転じた．このような海洋汚染が将来のスナメリの動向にどのような影響を与えるか，その変化を検出するための基礎情報を得ることが1回目の調査の目的であり，2回目の調査はその変化を検証することを目的とした．

一次調査と二次調査の間には22-23年の時間があり，その間にフェリー航路が廃止されたり，調査に向かない高速船に代わったりした航路があったが，そのような変化のない18本の航路について1航海あたりの平均発見頭数を一次調査と二次調査で比較した（各航路につき季節をそろえて複数回の観察を行った）．その結果，18本すべての航路で平均発見数は減少を示し，11本ではその違いが統計的に有意と判断された．これは瀬戸内海のスナメリの生息密度が低下したことを強く示唆するものである．次に，この18本のコースのほかに他コースで得られたデータも用いて，次のようなくわしい解析を試みた．

スナメリは水深50mを超える海域にはほとんど出現しない．瀬戸内海の水深は大部分が50m以下であるが，そのなかでもスナメリは岸寄りの海面に発見が多かったのである．航走100kmあたりの発見頭数を岸からの距離別に示したのが表6.4である．1970年代のデータでは，発見率は沖合に低く，岸から1カイリ（1852m）以内の海面で最高で，その傾向には中・東部瀬戸内海と西部瀬戸内海とで差は認められない．1-3カイリ域で西部海域がやや高い値を示しているのは，周防灘方面に遠浅の海面が広がっているた

表 6.4 瀬戸内海のスナメリの生息密度の経年変化. 粕谷 (2011) の表 8.8 より抽出.

距岸	調査年	発見頭数	発見密度[1]	生息頭数指数[2]
中・東部瀬戸内海[3]				
<1 カイリ	1976-1978	595	18.2	45.1
	1999-2000	15	0.6	1.5
1-3 カイリ	1976-1978	97	9.1	35.7
	1999-2000	16	1.8	7.1
>3 カイリ	1976-1978	3	2.6	3.4
	1999-2000	0	0	0
西部瀬戸内海[3]				
<1 カイリ	1976-1978	131	19.6	45.5
	1999-2000	86	11.2	26.1
1-3 カイリ	1976-1978	66	16.5	18.8
	1999-2000	28	8.1	9.3
>3 カイリ	1976-1978	2	0.5	1.6
	1999-2000	1	0.6	1.9

1) 航走 100 km あたりの発見頭数. 2) 発見密度×海面面積/1000.
3) 柳井港を境にして瀬戸内海を西部と中・東部に分けた.

めであり, スナメリの分布に東西で本質的な違いがあると見るべきではない. 次に, この距岸別の発見率を一次調査 (1976-1978 年) と二次調査 (1999-2000 年) とで比較すると, 二次調査では発見密度がすべての階層で低下しており, その傾向は中・東部瀬戸内海で著しく, なかでも中・東部海域の 1 カイリ以内のスナメリはほとんど壊滅状態にあることがわかる.

上に述べた発見密度に海面面積を乗ずれば距岸別の生息頭数指数が得られる (表 6.4 の右欄). 距岸別の生息頭数指数を合算すると, 一次調査では中・東部海域 84.2, 西部海域 65.9 で, 合計 150.1 となる. これに対して二次調査では中・東部海域 8.6, 西部海域 37.3 で, 合計 45.9 となる. 一次調査時の西部海域の比重は約 44% であったが, 二次調査時には 81% に上昇し, Shirakihara *et al.* (2007) が近年得た 75% とよい一致を示した. これは中・東部海域では一次調査時に比べて二次調査時の生息頭数指数が約 10% (84.2→ 8.6) に低下したのに対して, 西部海域では約 70% (65.9→45.9) のレベルに留まっていたことによる. 瀬戸内海全体で見ると, 一次調査から二次調査に至る 22-23 年の間に, スナメリの生息頭数が約 31% に低下した.

かりに定率の減少を仮定すると，おおよそ年率5%の減少に相当する．現在の調査技術ではこの程度の緩やかな密度変化を短期間の観察で検出することは困難である．

瀬戸内海のスナメリの生息数は1970年代から2000年にかけて30%前後まで低下したらしい．その原因としてなにがあるのか．これについては粕谷(2011：8.4.5項)が考察している．原因は単一とは限らないが，一番確からしい原因のひとつは埋め立てや土砂採取による浅海生態系の破壊である．これは海砂利採取が瀬戸内海の中部でさかんだったこと，採土が行われた海域のなかでも距岸1カイリ以内の海面で，スナメリの完全な消滅を含む極端な密度低下が起こっていることからの推測である．竹原沖はその好例である(7.2節)．第二は網漁業による混獲であるらしい．瀬戸内海各地では底刺し網漁が行われており，それによるスナメリの事故死が確認されているが，信頼できる死亡統計は得られていない．海洋汚染も可能性として考えられる．瀬戸内海のスナメリはPCB類，DDT類，船底塗料に使われた有機スズ，焼却炉などから排出されるダイオキシンなどを高濃度で蓄積している（粕谷，2011：表8.11)．その汚染濃度は高濃度汚染で世界的に知られているセントローレンス河のシロイルカのそれに近いものである．これら汚染物質は食物を通じて体内に取り込まれたものであり，哺乳類の繁殖や免疫に障害を起こすとされている．汚染物質の影響で繁殖率が低下し，死亡率が上昇した可能性がある．このほかに，船舶による轢断も可能性としては考えられる．少なくとも海洋汚染のレベルに関して見れば，現在の瀬戸内海はかつての1970年代のそれに比べて改善されていることは確かであり，これからのスナメリの個体群の動向が注目される．諸外国では赤潮毒による鯨類の中毒死が報告されているが，不思議なことに日本近海ではそのような事例は知られていない．

上にあげた，スナメリの減少要因はけっして瀬戸内海に限ったことではない．ほかの個体群においても生息数の変化が起こっているかもしれないが，われわれはそれに気づかないでいる可能性がある．とくに懸念されるのが，東京湾と大村湾の個体群である．東京湾のスナメリについては生息数が推定されていないが，それがきわめて低レベルにあることは疑いないし，埋め立てなどで生息環境の破壊が進んできたことも確かである．大村湾のスナメリも生息頭数は300頭前後にすぎない．いずれもなんらかの原因で個体数が減少に向かい，危機的なレベルに至る可能性が小さくない．とくに大村湾では網漁業による混獲が発生しているので，その動向が危惧される（Shirakihara *et al.*, 2008）．

6.5.2　イシイルカ——突きん棒漁業を支えてきた

イシイルカは単独ないしは数頭の小さな群れで生活するうえに，外洋性であるために，追い込み漁法の対象にはなりにくく，もっぱら突きん棒漁法で捕獲されてきた．本項では三陸・北海道方面で行われてきたイルカ突きん棒漁業について考える．突きん棒を使うこの漁業は1920年ころに岩手県漁業者によってリクゼンイルカ型をおもな対象として始まり，1930年代からはオホーツク海にも進出して日本海系のイシイルカに対象を拡大した．当時は散弾銃を併用することも行われており，回収されない死体も少なくなく，浪費的な漁法だったらしい（粕谷，2011：2.3節，2.4節）．第二次世界大戦後はこの漁業は縮小に向かい，1950年代から1970年代までは三陸沖での冬の閑漁期の漁として年間数千頭を捕獲してきた．1980年代に入ると周年操業の船が現れ道東・道西・オホーツク海への出漁が再開され，対象資源も日本海系個体群に再度拡大した．1980年代末期には商業捕鯨が縮小する段階で，鯨肉需要に励まされて就業隻数が増加して，漁獲量が爆発的に増加したらしい．1988年の夏にオホーツク海で小型捕鯨船がイシイルカの捕獲を始めたので，私はそれを調査するために北海道に出張した．その折に北海道各地の港でイシイルカ漁船を見て歩き30隻の操業を確認した．漁業者への聞き取りでもオホーツク海で操業するイルカ突きの船は40隻（1988年）とも64隻（1989年）ともいわれた．突きん棒漁業者から得た情報では，これらの周年操業船の年間捕獲頭数は1000-2000頭とのことであった．三陸沿岸には冬の季節操業だけの突きん棒船が多くあることを考慮すれば，水産庁の遠洋課が集計してIWCに報告していた1987年のイシイルカの捕獲頭数（突きん棒漁：1万3406頭，その他漁業：685頭）は少なすぎると感じた．この疑問が1989年のIWCの科学委員会で議論され，科学委員会は真相を解明するよう勧告した．それを受けて，私は岩手県下の漁協や魚市場の販売記録を点検した．当時はオホーツク海方面の漁獲物は船上で解体して肉とするか，あるいは内臓を抜いた丸のままで，大槌などの岩手県下の市場に陸送されていた．また，三陸沿岸で漁獲された個体は丸のままで，これもおもに岩手県下で水揚げされていたのである．その結果，イシイルカの捕獲統計には次のような問題があることが知られた（粕谷，2011：2.5節）．

① 魚市場を経ずに大手の加工業者に直接販売されたイルカは算入されていない．

② 漁獲量統計は漁業者の所属漁協ごとに集計するシステムになっているが，所属漁協以外への水揚げが算入されていない例がある．

③ 1頭あたりの平均肉量を80 kgとして換算している（53.4 kgが実態に近い）．

④ 県と漁協は意図的に1987年には過少申告をなし（漁獲急増の批判を避けるためか），1988年には過大申告をした例がある（翌年に予想された捕獲枠設定への布石か）．

⑤ 夏に北海道から大槌魚市場に陸送された漁獲物の販売記録の閲覧は口実を設けて拒否された（既報値の精度が疑われる）．

私は，上の③と④の要素だけを修正して，イシイルカの捕獲は1987年に3万7200頭，1988年に4万5600頭と推定して，これを1991年の科学委員会に報告した（Kasuya, 1992）．上の①と②の要素に配慮すれば真の捕獲頭数はこれよりも大きい可能性がある．このような動きとほぼ時期を合わせて，イルカの漁獲統計の集計作業が水産庁の遠洋課から沿岸課に移り，沿岸課は1986年までさかのぼって修正統計を科学委員会に報告した．それは私の推定値に近づいてはいたものの，5000-1万頭ほど少ないものだった．その後の沿岸課の統計を見る限り，イシイルカ漁のブームは沈静化に向かったように思われる．

東経165度以西の西部北太平洋には4つのイシイルカ個体群があるとされ（4.3.2項），そのうちの2つが日本のイルカ突きん棒漁業のおもな対象となっている．ひとつは日本海-南部オホーツク海系のイシイルカ型個体群であり，日本海，オホーツク海，太平洋に面する北海道沿岸で春から秋にかけて捕獲されるイシイルカ型の大部分がこれに属する．冬季に三陸沿岸で捕獲されるイシイルカの約95%はリクゼンイルカ型であるが，これは三陸-中部オホーツク海系の個体群に属する．三陸沿岸の漁場で冬季に捕獲されるイシイ

表 6.5 西部北太平洋のイシイルカの生息頭数．粕谷（2011）の表 9.9 による．

個体群	Miyashita (1991)[1]			宮下ら (2007)[2]		
	生息頭数（千頭）	変動係数	95% 信頼幅	生息頭数（千頭）	変動係数	95% 信頼幅
千島東方[3]	162					
北部オホーツク海[3]	111	0.29	49-173			
日本海-南部オホーツク海[3]	226	0.15	158-294	173	0.21	115-261
三陸-中部オホーツク海[4]	217	0.23	120-314	178	0.23	113-279

1）1989, 1990 両年の夏の調査による． 2）2003 年の夏の調査による． 3）イシイルカ型． 4）リクゼンイルカ型．

ルカのうちの約 5% を占めるイシイルカ型個体の帰属については，体側の白斑の大きさの違いから，そのおおよそ半分（冬季に三陸沖で捕獲されるイシイルカの 2.5% 前後）は日本海-南部オホーツク海系の個体であり，残りの半分はよその個体群に属するイシイルカ型であるらしい．よその個体群とは北部オホーツク海で繁殖する個体群かもしれないし，それ以外の個体群かもしれないが，数量的には少ないので，無視しても重大な問題はない．

日本のイシイルカ突きん棒漁業を支えるのはおもにこれら 2 つの個体群であるが，その大きさは，水産庁の遠洋水産研究所の宮下富夫氏らによって日本海-南部オホーツク海系が 22 万 6000 頭（1989, 1990 両年調査），三陸-中部オホーツク海系が 21 万 7000 頭（1989, 1990 両年調査），あるいは 17 万 3600 頭と 17 万 8100 頭（2003 年調査）と推定されている（表 6.5）．水産庁はイシイルカ漁業に対して 1991, 1992 年には各 1 万 7600 頭（体色型による区別なし）の捕獲枠を設定した後，翌 1993 年の捕獲枠を上に述べた 20 万頭前後の生息頭数に年率 4% の増加率を乗じて，イシイルカ型 9000 頭とリクゼンイルカ型 8700 頭と算出した．これが岩手，北海道，青森，宮城の道県の漁業協同組合を通じて過去の捕獲実績に応じて配分された．総数 200 隻を超える突きん棒漁船が競ってこれを捕獲し，各漁協は組合員の水揚げを集計して県に報告し，県は自県の配分枠に近づくのを見計らって操業をやめる仕組みになっている．この捕獲枠も 2007 年から毎年 4% 程度ずつ縮小され，2016 年秋に始まる漁期には両資源とも捕獲枠は 5900 頭となっている（表 6.1）．1993 年時点でのイシイルカ漁業の許可隻数は岩手県 263 隻，宮城県 31 隻，北海道 29 隻，青森県 12 隻であったが，実績のない船は免許が取り消され総数は漸減し，2009/10年漁期には227隻になっている（粕谷2011：表2.3）．

約13年を隔てた2組のイシイルカの資源量推定値がある（表6.5）．その差は日本海-南部オホーツク海個体群（イシイルカ型）で5万3000頭，三陸-中部オホーツク海個体群（リクゼンイルカ型）で3万9000頭と，いずれも見かけは減少を示している．この13漁期（1990-2002年）に日本の突きん棒漁業は9万3314頭のイシイルカ型と，10万9788頭のリクゼンイルカ型を捕獲した（型不明6506頭を両型に折半した）（粕谷，2011：表2.7，表2.8）．両個体群を合わせた平均捕獲頭数は年間約1万5600頭で，1989-1990年の生息頭数を基準にすると，年間捕獲率は約3.5%と計算される．この13年間の操業によって，両個体群を合わせた減少は年平均7000頭（年率1.6%）と計算される．イシイルカの2つの個体群は年率3.5%の漁獲に耐えられず，年々1.6%程度減少してきたという推論は魅力的ではある．しかしながら，表に示した2組の生息頭数推定値の違いは統計的に有意ではないので，そのような断定は警戒を要する．

次に，日本近海のイシイルカ資源にPBR（6.4.3項）をあてはめてみよう．資源量は1989-1990年時点の推定値に近い22万頭とし，変動係数は0.2と仮定する（表6.5）．安全係数は漁獲統計の精度に配慮して決める計数である．イシイルカの突きん棒漁業については，過去にごまかしがなされたことも知られているし，統計収集のシステムにも問題があることが指摘されているが，とりあえず統計は完全（$F_r=1.0$）であると甘く仮定すると，次のように計算される．

$$\mathrm{PBR}=[220000\times(1-0.2\times1.28)]\times0.04\times0.5\times1.0=3274$$

イシイルカの捕獲枠は，1993年にイシイルカ型9000頭，リクゼンイルカ型8700頭に設定された後，2007年からは毎年わずかずつ削減されて2016年度にはそれぞれ5900頭ずつとなっている．可能な限り楽観的な数値を入力したPBRが当面は安全だと判断する頭数の2倍ないしそれ以上の捕獲が許されてきたことがわかる．

水産庁の水産総合研究センター（2016）は「平成27年度国際漁業資源の現況」（2017年3月20日閲覧）において，「資源動向は依然横ばいと考えられる」と述べているが，そのような判断に至った根拠は示されていない．

6.5.3　カマイルカ――水族館需要に対応か

日本のイルカ漁業に鯨種別の捕獲枠が初めて設定されたのは1993年で，その枠は地域ごと漁業種ごとに割り振られた．このときの捕獲枠にはカマイルカは含まれておらず，本種を追い込み漁や突きん棒で捕獲することは1993年からは実質的に禁止されたことになる．その背景には当時の日本ではカマイルカを積極的に捕獲する漁業がなかったことがあげられる．なお，定置網で混獲されたイルカは生きている場合には海に戻すことが1991年3月28日の水産庁振興部長通達以来指示されているが（粕谷，2011：参考資料1），実際には生きて混獲されたカマイルカを水族館などに売却することが行われていたらしい．その後，2007/08年漁期の捕獲枠改定に際してカマイルカに捕獲枠が設定された．その枠は岩手県（突きん棒漁）154頭，静岡県（追い込み漁）36頭，和歌山県170頭（追い込み36，突きん棒134），合計360頭であり，この数字は2016年度漁期に至るも変更されていない．

いかなる理由でカマイルカの捕獲枠が新設されたのか．その答えは捕獲枠に対する漁業側の反応から推定できる．捕獲枠が設定されてからの8年間（2007-2014年）のカマイルカの捕獲は，岩手県の突きん棒漁と静岡県の追い込み漁ではゼロ，和歌山県の突きん棒漁で9頭，同追い込み漁で132頭であった（いずれも暦年統計）．和歌山県の追い込み漁で捕獲された個体の102頭（77%）は水族館に生体で販売されている．追い込み漁業にカマイルカの捕獲が許されるまでは，日本の水族館にとっては沿岸の定置網にときおり入網するカマイルカは貴重であった．おそらく水族館側からのカマイルカ捕獲の要求が高まったか，それとも太地の追い込み漁業者が水族館への売り込みを目指したか，あるいはその両方の要望に応えて2007年の捕獲枠新設がなされたものと思われる．

カマイルカ360頭の捕獲枠設定の科学的根拠を示す情報は発表されておらず，日本沿岸のカマイルカの個体群構造や生息頭数も知られていない現状では，上に述べた捕獲枠が日本近海のカマイルカ個体群に与える影響を評価することはできない．

6.5.4　タッパナガ——小型捕鯨を支えたことも

タッパナガは日本近海のコビレゴンドウに知られている2つの地方型のひとつであり，北緯35度から43度まで，東経150度以西の常磐から北海道南岸に至るわが国の太平洋沿岸域に生息する（4.3.4項）．コビレゴンドウの日本海・東シナ海への出現はきわめてまれであり，そこにまれに出現するのがいずれの型に属するかも明らかではない．三陸沿岸各地では1920年代までイルカ類の追い込み漁が行われていたが，その漁獲物5種のなかに後藤海豚と入道海豚の名称がある（川端，1986）．これらはこの地のコビレゴンドウ，すなわちタッパナガを指している可能性があるが，その捕獲統計は残されていない．この追い込み漁業による漁獲の可能性と突きん棒による若干の捕獲の可能性を除けば，タッパナガの捕獲はおもに小型捕鯨業によってなされたと考えられる．

わが国で小型捕鯨業と呼ばれている捕鯨形態は1910年ころの千葉県と和歌山県にさかのぼり（6.1.4項），まもなく三陸方面にも操業を広げた．1947年12月に大臣許可漁業に移行するまでは自由漁業であったため，それ以前の操業海域や捕獲統計はほとんどわかっていない．これまでに得られているタッパナガの捕獲統計の年次は，1939-1941年の3漁期，1948-1979年のうちの23漁期（1958-1964年，1966-1967年を除く），および1982年以降である．これらの年については海区別の捕獲統計が得られているので，タッパナガ漁の動向を以下のようにうかがうことができる（Kasuya, 2017：12.6.1項）．

これらの統計によれば，20世紀以降のタッパナガ漁には，戦中・戦後の大きなピークと1982年以降の小さいピークとがあったことがわかる．日本捕鯨業水産組合（1943）の統計から計算すると，タッパナガの捕獲は1939-1941年の3ヵ年の合計が710頭であり（単年統計はない），1941年の単年捕獲は少なくとも407頭あり，これに捕獲地未記載の82頭を含めると，この年のタッパナガ捕獲の上限は489頭となる．したがって，1939，1940両年のタッパナガの捕獲は合計221-303頭と算出される．戦中・戦後のタッパナガ捕獲の山は1939年よりも少し早く，おそらく1938年ころに始まったものと推定される．

政府は戦争に備えて皮革使用制限規則を1938年に公布し，皮革原料入手先としてイルカ漁を奨励した．これに応えて，太平洋漁業株式会社（未刊）は自社船のほかに小型捕鯨船と突きん棒船を用船して，1938年11月から翌年12月まで行ったイルカ試験操業の結果を記録している．そこでの捕獲はおもに小型種であり，「ゴンドウクジラ類」の捕獲は67頭であった（6.1.1項）．その後，1948年から1953年までの6年間について小型捕鯨船による捕獲統計が得られているが，この期間にタッパナガの年間捕獲頭数とそのなかの雄の比率には低下傾向がうかがわれた（1948年：捕獲321頭中雄は62%，1949年：415頭中57%，1950年：289頭中44%，1951年：264頭中57%，1952年：120頭中53%，1953年：224頭中43%）．その後の捕獲頭数を数年ごとにまとめると，1954-1957年は年平均50頭，1965-1969年は同54頭，1970-1974年は同17頭，1975年から1979年までの5年間には合計1頭となった．タッパナガ漁のブームは1950年代半ばで終わり，1970年代後半にはほとんど漁獲がなかったのである（Kasuya, 2017：Table 12.22）．

小型捕鯨業に比べて追い込み漁は年齢・性別による選択性が弱いと思われる．追い込み漁で捕獲されたマゴンドウの性比を見ると，雄200頭に対して雌は449頭で，雄の比率は約30%にすぎない．タッパナガは出生時には雌雄ほぼ同数であるが，雄の寿命は雌よりも17年も短命である（雄44歳，雌61歳）．この点ではマゴンドウもほぼ同様であるから，自然状態では2つの個体群の人口構成に大きな違いはないはずである．完全に成長したタッパナガの平均体長とそのときの推定体重は，雄は7.2 mで3.1トン，雌は4.7 mで1.2トンである．上に見たタッパナガの漁獲物の性比が雄に偏っているのは，捕鯨業者による選択捕獲の結果である．操業開始から年がたつにつれて，雄の数は減るであろうし，追い回されて警戒心が強くなり，逃げ足が速くなるかもしれない．このような反応は資源量が小さいほど迅速に表れるはずである．タッパナガを捕獲した小型捕鯨業者は，1940年代末から1950年代にかけて捕獲頭数を減らしつつも雄を選んで捕獲することがむずかしくなっていたことを，上の数字は示している．

この後，1970年ころからタッパナガの捕獲はほぼ停止し，約10年後の1982年に小さい第二の捕獲の山が始まり，捕鯨業者・水産庁の捕鯨班・遠洋水産研究所の担当者の協議によって1983年に捕獲枠が設けられた．捕獲枠は年間175頭（1983-1984年）で始まり，1986-2004年は50頭，2005年から36頭に減り現在（2015年）に至っている．1985年は捕獲枠が設定されなかった．これは，前年漁期に捕獲を隠して過少申告した業者がいたため，試験的に捕獲枠をなくして漁期規制だけの操業を試みたためである（Kasuya and Tai, 1993；粕谷，2011：12.6.3項；Kasuya, 2017：12.6節）．タッパナガの捕獲枠は小型捕鯨業以外には与えられていない．1982年から1984年にかけて合計457頭（年平均152頭）の捕獲が記録されている．この後，2002年までは年間50頭前後の捕獲を記録し，さらに2006年まで捕獲は低下を続け，2007年には捕獲を停止して2013年に至った（Kasuya, 2017：p. 113）．近年にタッパナガの捕獲が低迷している背景には，鯨肉単価の低下に加えて，沿岸で行われているミンククジラの調査捕獲に時間が割かれてタッパナガ操業が困難になっていることがあるらしい．捕獲頭数の過少申告には留意しなければならないが，第二の捕獲の山は戦中・戦後の第一のピークに比べて小さかったのである．

戦中・戦後の1回目のピークによってタッパナガ個体群がどう変化したか，それが次の10年間の実質的な休漁期間中にどれだけ回復したかについては解析がなされていない．しかし，本種の寿命や成熟年齢から推定する限り，最初の捕獲のピークの痕跡が年齢構成から消えないうちに，第二の山が始まったと見るのが自然である．タッパナガの生息数は1982年から1988年までの7年間の目視資料を用いて4239頭（CV＝0.61）と推定されている（IWC, 1992）．7年間のデータを合算することにより，推定値の精度を上げる効果があるが，この期間に漁獲が進行していたので，それによって生息頭数が変化した場合には，得られた推定値の評価がむずかしくなる．そこでKanaji *et al.* (2011）は1984-2006年に行われた目視調査のデータを用いて，年ごとの生息頭数を推定した．当然ながら得られた推定値はきわめて広い信頼限界をともない（CV＝0.49-0.80），推定値には1000頭前後から8000頭前後までの幅があり，経年変動を捕獲頭数と関連させて解釈することはできなかった．

IWC（1992）に記載された上記の推定値にPBR（6.4.3項）をあてはめると次のようになる．

$$\mathrm{PBR} = [4239 \times (1 - 0.61 \times 1.28)] \times 0.04 \times 0.5 \times 1.0 = 18.5$$

PBRが20頭足らずという小さい値を与えるのは，この計算が生息頭数推定値の精度に著しく影響されるためである．タッパナガとマゴンドウを含むコビレゴンドウという種は，イシイルカに比べて遅熟（雌の性成熟は9歳前後）であるし，数年おきに出産して，35歳までに更年期を迎え，成熟雌の25%以上が繁殖をやめた老齢雌である．早熟（3-4年）で短命（20年弱）で毎年出産するイシイルカに比べて，繁殖率が異なる可能性がある．それにもかかわらず，最大持続生産率（R_{max}）に4%という同一値を仮定してPBRを計算して差し支えないのかという問題は将来の検討課題である．複雑な社会構造に配慮した管理が求められることについてはすでに述べた．

6.5.5 マゴンドウ——太地の追い込み漁を支えた

マゴンドウはコビレゴンドウの地方型のひとつで，銚子以南の太平洋沿岸とその沖合に分布し，古くから各地で捕獲されてきた．そのひとつが古くからイルカ追い込み漁が行われた伊豆半島沿岸である（6.1.3項）．安良里には1882年に760頭の入道海豚を，1950-1957年に18回1891頭の大鯆（おおいるか）を追い込んだ記録がある．いずれもコビレゴンドウ（この場合はマゴンドウ型）と解釈されている．このほか，1958年と1959年にそれぞれ365頭，138頭のゴンドウの捕獲が記録されており，どちらもマゴンドウであろうとされている（粕谷，2011：3.8.2項，3.8.3項）．水産庁によって日本のイルカ漁業の統計の収集が組織化されたのは1972年からであるが，それ以降について見ると，伊豆半島沿岸におけるマゴンドウの捕獲は3回173頭にすぎない．その背景にはマゴンドウが地元消費者の嗜好に合わないことがあったらしい．私は刺身にせよ，タレ（塩干品）にせよ，マゴンドウはスジイルカよりも美味であると感じるが，少なくとも1960年代以降の伊豆周辺の人たちからはマゴンドウは「脂が強くて不味である」という評価を聞いている．1993年に水産庁の捕獲枠が導入された際に，伊豆の追い込み漁はマゴンドウの捕獲枠を得ておらず，2005年以降はイルカの追い込み漁は行われていない．

沖縄県名護の追い込み漁でもマゴンドウが好んで捕獲されてきたが，この操業は1970年代に廃絶して石弓漁がそれに代わった（6.1.2項）．名護の石弓漁が得ているマゴンドウの捕獲枠は，100頭（1993-2006年）に始まり，2007/08年漁期に92頭となり，以後しだいに縮小して2016/17年漁期には

34頭となった．これら捕獲枠の設定に関する科学的根拠が示されていない点は，ほかのイルカ漁業の場合と同様である（粕谷，2011：6.5節）．

和歌山県太地では，網取り捕鯨が衰微した江戸時代末期から捕鯨業者が副業としてマゴンドウを突いたといわれ，伝統的なマゴンドウの需要で知られている．太地の網取り捕鯨は1878年12月に発生した大きな遭難事故の後も，再興の試みが繰り返されたらしいが，本格的な捕鯨の再開は1900年にノルウェー式の捕鯨が始まるのを待たなければならなかった（太地，2001）．1903年にはテント船と呼ばれる小型漁船に小口径の捕鯨砲を載せてマゴンドウを捕獲することが太地で始まり，1913年にはこれに焼き玉エンジンを搭載して能率の向上が図られた（浜中，1979）．これが後に小型捕鯨と呼ばれる漁業形態の始まりである（6.1.4項）．

タッパナガの場合と同様に，マゴンドウにおいても戦中・戦後の一時期に各地で小型捕鯨船が操業し，捕獲が増加した時期があるらしい．その漁場は図6.1に示すように，宮崎県から千葉県に至る沿岸域である．日本捕鯨業水産組合（1943）によれば，小型捕鯨船による1939-1941年の3ヵ年のマゴンドウの捕獲は合計293頭であった．そこには別途1941年の統計があり，マゴンドウの捕獲は41-123頭と推定される（頭数の範囲は捕獲地が定かでない個体82頭に起因する）．いいかえれば，1939, 1940両年のマゴンドウの捕獲は合計170-252頭で，1941年の捕獲は41-123頭となる．これに続く小型捕鯨業による地域別のマゴンドウの捕獲統計は，欠測年があるものの1948年から得られている（Kasuya and Marsh, 1984；Kasuya, 2017：Table 12.22）．それによると1949年に最高の399頭を記録した後，1970年代にかけて漸減した（年平均捕獲頭数は，1949-1953年：299頭，1954-1957年：94頭，1965, 1968, 1969年：98頭，1970-1974年：80頭，1975-1979年：18頭）．1960年代以降の捕獲はおもに太地におけるものである．1971年に太地で始まったイルカ追い込み漁との競合を避けて，太地の小型捕鯨船は1980-1988年には操業の主体を千葉県方面のツチクジラに移した．小型捕鯨船に与えられたマゴンドウの捕獲枠は1989年に50頭で始まり，2006年に36頭に減枠され，2016年度漁期まで変更がない．近年の年間捕獲は20頭以下である．

和歌山県太地の追い込み漁はわが国最大のマゴンドウ操業である．「ごんどう立切網」と呼ばれた太地の伝統的な追い込み漁は1951年度の操業を最後とし，漁業権は1993年8月に消滅した（6.2.5項）．その後，沖に探索船を出してマゴンドウの群れを沖から追い込む試みが1969年に成功し，1971年には8名の漁業者がイルカ追い込み組を組織して今の追い込み漁が始まった．その後，第二組合の設立やそれとの合併などの曲折を経て現在に至っている（6.1.3項）．マゴンドウは太地の追い込み漁業者にとって重要鯨種であったためであろうか，1982年にこれが知事許可漁業になった際に，漁業者は自主規制として500頭の捕獲上限を設定した．1986年からはそれが漁業許可に付属する操業条件となり，1992年には300頭に減枠された．水産庁によるマゴンドウの捕獲枠は1993年に初めて設定され，太地の追い込み漁と名護の石弓漁（本項前述）にその枠が与えられてきた．太地の追い込み漁が得た捕獲枠は300頭（1993-2006年，暦年割り当て）に始まり，2007/08年漁期から277頭に減枠されるとともに漁期別の割り当てに変更された（経過措置がとられた）．その後も年々削減が続き，2016/17年漁期には101頭になった．

日本のおもなマゴンドウの漁業地は北から伊豆半島各地，和歌山県太地，沖縄県名護であった．これらの漁業を支えたマゴンドウは何個の個体群よりなるのか，その分布はどこまで広がっているのか，このような疑問に関しては十分な研究がなされていない．西部北太平洋におけるマゴンドウの密度分布（図4.11）をもとに，黒潮の流路をはさんで日本の沿岸水域と黒潮反流域とに異なるマゴンドウ個体群があることが示唆されており（4.3.5項），沿岸個体群の生息範囲は距岸350 kmを超えない可能性がある．過去に宮崎県沖から和歌山県にかけての沿岸で操業した小型捕鯨船や，太地や伊豆半島沿岸の追い込み漁が捕獲したマゴンドウは，黒潮と日本列島にはさまれた沿岸域をおもな生活圏とする個体群であると私は見ている．この沿岸域に生息するのは単一の個体群なのか，それとも複数なのかは判断に苦しむところであるが，黒潮の流路から見て沖縄の石弓漁が捕獲しているマゴンドウの個体群は太地の追い込み漁で捕獲される個体群とは異なる可能性がある（4.3.5項）．表6.6に示したマゴンドウの生息頭数は，北緯30度以北，東経145度以西の海域に対して算出されているため，沖合個体群が混入している可能性がある．したがって，上に述べた各種沿岸漁業の管理の基礎データとして使

表 6.6　北太平洋の日本沿岸域[1]における暖海性イルカ類の推定生息頭数. $g(0)=1$ と仮定. 1983-1991 年の 8-9 月の目視調査データにもとづく. Miyashita（1993a）の Tables 9-15 をもとに構成.

鯨種	調査距離[2]（km）	一次発見群数[3]	一次発見頭数[3]	生息頭数[4]		
				中央値	CV	95% 信頼幅
スジイルカ	27971	12	1392	19631	0.696	5727-67288
マダライルカ	31895	15	1401	15900	0.401	7459-33892
ハンドウイルカ	48396	62	3189	36791	0.250	22699-59630
ハナゴンドウ	36355	78	2979	31012	0.211	20600-46686
マゴンドウ[5]	24509	22	1111	14012	0.229	8996-21824
オキゴンドウ	35988	8	157	2029	0.429	907-4541

1）東経 127 度-145 度，北緯 30 度以北で，各鯨種の分布北限までを含む海域．ただし東シナ海は北緯 33 度以北を含む．図 4.11 参照．　2）当該種が発見された緯度・経度 5 度升目内の航走調査距離の合計．　3）一次発見（正規の航走調査中の発見）の群れ数とそれを構成していた頭数．　4）緯度・経度 5 度升目ごとに算出し，全対象水域を合計した．　5）コビレゴンドウの地方型で主として銚子以南に分布する．

用するには警戒が必要である．

上に述べたように，1960 年代以降にマゴンドウを積極的に捕獲してきたのは沖縄県の石弓漁と，和歌山県太地の小型捕鯨と追い込み漁であり，捕獲頭数においては太地の追い込み漁が主体をなしていたので，以下では太地の追い込み漁の動向を水産庁が収集した統計をもとに眺めてみる（表 6.8）．この捕獲統計はつねに暦年で集計されてきたが，2007/08 年漁期以来，捕獲枠は秋に始まり翌年の初夏に終わる漁期ごとの設定になった．このため，捕獲枠と捕獲実績の対比がややむずかしくなっている．この問題を緩和するために，表 6.8 では捕獲頭数と捕獲枠のどちらも 5 年ごとに集計した．これにより海洋条件に影響される漁獲量の年変動もマスクされて，長期的な動向が見やすくなる効果も期待される．

今，太地で行われているイルカ追い込み漁の開始は 1971 年で，水産庁の指導で捕獲枠が設定されたのが 1993 年であるが（本項前述），マゴンドウの捕獲がピークを記録したのは，捕獲枠設定より前の 1980 年代前半であった．ただし，このころの統計には若干の疑問点が見いだされる．1980-1984 年の 5 年間の合計捕獲頭数は水産庁の公式統計で 2188 頭（年平均 438 頭）であるのに対して，私が太地漁業協同組合に保存されていた販売資料から集計した値では 2537 頭（年平均 507 頭）である（粕谷，2011：表 3.17，表 3.18）．

この不一致は，おもに次の3ヵ年に起因しており，その他の年においては良好な一致を見せる．問題の3ヵ年について［水産庁統計］：［粕谷統計］を示すと次のようになる．

1980年は605頭：841頭；　1981年は476頭：820頭；
1983年は110頭：378頭

なぜ，このような不一致が3ヵ年に限り見られるのか明らかではない．なんらかの政治的配慮のもとに過少申告が行われたかもしれないが，表6.8では水産庁統計を採用している．その後，捕獲頭数は漸減を続けて，2010-2013年の4年間の年平均捕獲頭数は84頭に低下した．太地の追い込み漁の捕獲頭数が漸減するなかで，捕獲枠に対する達成率はつねに33-62%の範囲に留まっている．太地周辺の消費者はハナゴンドウよりもマゴンドウを好むにもかかわらず，マゴンドウの捕獲が低迷し，ハナゴンドウの捕獲が増加しているのである（表6.8）．このことは，マゴンドウの捕獲頭数の低下がイルカ肉の需要の低下によるものではないことを示している．

私は上のような太地の追い込み漁の漁況の変化を次のように解釈している．

①　マゴンドウの捕獲枠は漁獲能力に比べて過大であったため，捕獲を抑える機能を果たさず，資源減少を後追いしただけに終わった．
②　太地の追い込み漁によるマゴンドウの捕獲は低下を続けており，現在（2010-2014年）は1980年ころの20-25%の低レベルにある．
③　漁業者は資源減少に応じて操業努力を増加させる傾向があるので，真の資源状態は漁獲統計に使われたレベルよりも，悪化している可能性が高い．

漁獲枠に期待される重要な機能のひとつは，漁業者がもつ漁獲能力を抑制して，漁獲量を低く抑えることにあると考えるが，それが機能しなかったのである．ちなみに，1993年の水産庁の捕獲枠設定の基礎になった沿岸域マゴンドウの推定資源量は2万300頭である（CV＝0.3）．これは表6.6の約1万4000頭よりも大きめであるが，沖縄近海の推定分を含んでいるためであるらしい．そこで，沖縄近海を含まない表6.6の生息頭数をもとにもっとも緩い条件で，かつ資源量推定値に正規分布を仮定してPBR（6.4.3項）をあてはめると，1980年代後半に安全とされる捕獲頭数は次のようになる．

$$\mathrm{PBR} = 14012 \times (1 - 0.229 \times 1.28) \times 0.04 \times 0.5 \times 1 = 198$$

これは当時の自主規制枠の40%である．ただし，この手法が資源サイドから見た安全性を重視する傾向があることはすでに指摘したところである．

6.5.6　ミナミハンドウイルカ——今こそ研究のチャンス

日本のイルカ漁業にはミナミハンドウイルカの捕獲枠が設定されておらず，現在は漁獲対象となっていないが，西九州では刺し網による混獲が発生しており（Shirakihara and Shirakihara, 2012），沿岸性が強いので定置網による混獲も危惧される．本種がハンドウイルカから区別されたのは近年のことであり，それまでは両者は漁獲統計において区別されておらず，現在もその区別の正確さは疑わしい．本種の捕獲がかりにハンドウイルカとして記録されていても，生息頭数が比較的大きいハンドウイルカの管理には影響が少ないかもしれない．しかし，ミナミハンドイルカは生息頭数が少ないので，たとえ少数であっても捕獲されること自体がその個体群の動向に大きな影響を与える可能性がある．また，日本沿岸の本種の個体群構造は複合個体群として管理するのが適当であると考えているが（4.3.6項），そこには従来の鯨類資源の管理の手法が適用できるか否かも疑問とされるところである．

本種は近年生息域を拡大する傾向が見られる（4.3.6項）．それが海洋の温暖化にともなうものなのか，それとも漁業によって壊滅したかつての生息圏への回復の過程なのかは定かではないが，その経過を追跡するならば本種の個体群構造や保全に関する貴重な知見が得られるものと期待される．

6.5.7　ハンドウイルカ——ライオンの餌で大量捕獲が始まる

ハンドウイルカとミナミハンドウイルカの統計区別は現在でも不確かな点がある．過去にハンドウイルカを捕獲してきたおもな漁業地には北九州沿岸，壱岐，五島，伊豆半島などがある．能登半島の七尾湾周辺では第二次世界大戦前後まで追い込み漁が行われたといわれ，豊後水道の三浦西でもイルカの来遊を待って捕獲する追い込み漁が明治初年まで行われていたので，当時はこれらの種が捕獲された可能性があるが，現在はこれらの地でイルカ漁の許可は発給されていない．壱岐・対馬周辺ではブリの一本釣り漁業の被害対策として，1970年代から1990年代にかけて多数のイルカ類が捕獲されたなかで，ハンドウイルカは5181頭（44.4%）という大きな比重を占めていたが

(7.1節), そのなかにはミナミハンドウイルカは確認されていない.

かつて伊豆半島沿岸各地で行われたイルカの追い込み漁は若干のハンドウイルカを水族館の求めに応じて捕獲していた. 1993年には75頭の捕獲枠を得て, 以後2004年まで年間数十頭の捕獲をしてきた. 最後に残った富戸の追い込み組は現在も形式的に捕獲枠を得ているが (2016/2017年漁期のハンドウイルカの捕獲枠は34頭), 2005年以後は操業を停止している模様である (6.2.4項).

名護の追い込み漁はイルカの群れが接近したときに行う地域住民の共同行事であり, 少なくとも明治20年 (1887) まではさかのぼるらしい (6.2.6項). おもな捕獲対象はコビレゴンドウ (マゴンドウ型) であり, 1960-1977年の18年間に2653頭 (年変動の範囲は0-500頭) のコビレゴンドウを捕獲したとされている. そこにはハンドウイルカ (209頭以下), オキゴンドウ (19頭以下), その他 (23頭) の混入があるとの記述があり (粕谷, 2011: 表3.22), ハンドウイルカ単独の捕獲統計は得られておらず, ミナミハンドウイルカとの区別も疑わしい. 1975年から数隻の漁船が石弓漁を始めた. 水産庁はこれをイルカ突きん棒漁として規制し, 2016/17年漁期には, ハンドウイルカ5頭, マゴンドウ34頭, オキゴンドウ20頭の枠を与えている. 日本のハンドウイルカの捕獲において名護の占める比重はわずかである.

和歌山県太地の追い込み漁に与えられたハンドウイルカの捕獲枠は1993年に暦年で940頭と初設定され, 890頭 (1994-2006年) の枠が続いた後, 2007/08年漁期 (このときから漁期単位の捕獲枠となる) に842頭に減枠され, その後は漁期ごとに削減が続き2016/17年漁期には414頭となっている. 同県下の突きん棒漁に対する捕獲枠は1993年に50頭で始まり, 100頭 (1994-2006年) を経て, 2007/08年漁期の95頭から削減が始まり, 2016/17年漁期には47頭の枠が与えられている. このように, 今日の日本のハンドウイルカ漁の主体は太地の追い込み漁にある.

太地ではハンドウイルカ (現地ではクロと呼ばれる) は, マゴンドウに比べて脂の乗りが少なく肉や脂皮が硬くて不味であるとされ, 1971年に追い込み組が発足した当初は捕獲を回避する傾向があった. しかし, 1980年に動物園のライオンなどの飼料として販路が開けて, 年間捕獲頭数がそれまでの50頭以下から345頭に急増した. それにつられて, 人間の食用としての

表 6.7　和歌山県太地の追い込み漁で捕獲されたハンドウイルカの出荷形態の経年変化．水産庁統計による．

暦年	捕獲頭数	生体出荷		
		頭数	割合（%）	年変動幅（%）
1997-1999	1047	159	15.2	12.8-18.5
2000-2004	2997	263	8.8	5.1-16.7
2005-2009	1519	348	22.9	12.6-28.1
2010-2014	1019	486	47.7	32.9-70.4

消費も育ってきたらしい．ハンドウイルカの販路のもうひとつに生体出荷がある．これは水族館での飼育・展示用であり，かつては伊豆半島沿岸の追い込み漁からも供給されたが，それが廃絶した現在では太地が供給を独占している．飼育の専門家の話では，購入に際してもっとも望まれるのは体長 220-255 cm の雌で，雄は闘争が起きるので好まれないということである．このような事情を反映して，2017 年に太地漁協が設定したハンドウイルカの生体販売価格は，210-270 cm の雌が 110 万円，雄が 80 万円で，この体長範囲を外れた個体は 7 割前後に安くしている．近年はハンドウイルカを肉にして販売すると 1 頭あたり 2 万-4 万円とのことであり，好ましい体長の生体価格はその 20-55 倍である（6.2.5 項）．ハンドウイルカに関しては，太地の追い込み漁の主目的が生体販売に移っていると見られる．雌が性成熟するのは生後 5-9 年，体長 260-300 cm のときである．上の体長範囲 220-255 cm はおおよそ満 1 歳から 4 歳まで，すなわち離乳のころから子ども期までの個体である．ちなみに，壱岐，伊豆半島，太地などの追い込み漁で捕獲されて私が調査したハンドウイルカの雄 322 頭，雌 405 頭のなかで，この体長範囲に入る個体は雌雄ともそれぞれ 22-23% であった（粕谷ら，1997）．

太地における近年のハンドウイルカの生体販売の比率を水産庁の統計にもとづいて表 6.7 に示した．ここで注目すべき点は捕獲頭数が漸減するなかで，生体販売の頭数は着実に上昇を続け，2010 年以降は捕獲頭数に占める生体販売の比率が 47% と異常に高くなっていることである．この背景として 2 つの可能性が考えられる．ひとつは，供給不足で購入者が選択基準を甘くしている可能性である．2 つめは，ハンドウイルカの群れを湾内に追い込んでから適正サイズの個体を選別して，残りを海に戻している可能性である．ただし，両方が同時になされている可能性を否定するものではない．1975年のことであるが，マゴンドウとハンドウイルカの2種を含む大群を太地の港に追い込み，連日解体して肉の出荷を続けた結果，マーケットが飽和したため，一緒にとれたハンドウイルカの大部分と解体しきれなかったマゴンドウを海に追い戻した事例がある（Kasuya and Marsh, 1984）．資源管理上の問題は別として，海に戻した個体や囲いのなかで自然死した個体は捕獲頭数に算入されないので（6.4.3項），水族館用に選別した残りの個体を海に戻すならば，上に述べた異常に高い生体販売比率がもたらされることになる．今，太地のハンドウイルカ漁にこのようなことが起こっているか否かを判断する情報を私はもっていない．

そこで太地の追い込み漁の捕獲枠と漁獲量との関係を調べてみる（表6.8）．1000頭以上の大漁が1987年（1670頭），1990年（1286頭），2000年（1339頭）と散発的に記録されてはいるが（粕谷，2011：表3.18，表3.19），5年ごとの合計捕獲頭数には1980年代後半から漸減傾向が認められる．それはハンドウイルカの捕獲が急増した1980年からまもなくのことであり，生体出荷率が異常に上昇するよりも20年も前から捕獲頭数は漸減を見せているのである．1993年に鯨種別の捕獲枠が設定された後の達成率も2000-2004年に67%の最高値を記録したほかはつねに50%以下であり，最近10年間は30%台にある．このような状況においては，生体出荷用に選別した残りの個体を海に戻す必要性は捕獲規制の視点からは認められない．ただし，ハンドウイルカの肉の需要が近年は消滅しているのであれば状況は別である．ところが，食用としてあまり好まれないハナゴンドウの捕獲が1990年代から好調を続けているのを見ると（6.5.11項），イルカ類の肉の需要は依然としてある程度のレベルを維持していると判断される．それゆえに，生体販売用に選別した後の残りのハンドウイルカを海に放流する事例があったとしても，それだけで上に見たような捕獲頭数および捕獲枠達成率の長期的な低下傾向と近年の生体選別率の上昇を説明するのは困難に思われる．

上に述べた状況にもとづいて次のような判断が可能であろう．①近年の捕獲頭数は1980年代の30-50%程度にまで低下し，水族館用の生体需要を満たしにくくなっている．②1993年から設定されたハンドウイルカの捕獲枠は資源量や漁獲能力に比して過大であり，捕獲頭数を抑制するという機能を

表 6.8　和歌山県太地の追い込み漁[1]における 5 年ごとの合計捕獲頭数[2],
年には突きん棒漁による若干の捕獲が含まれる．捕獲頭数は暦年集計．
ったが，ここでは漁期開始年に算入．

期間	スジイルカ			マダライルカ			マ
	捕獲	捕獲枠	達成率	捕獲[2]	捕獲枠	達成率	捕獲
1970-1974	5303	—	—	0+	—	—	402
1975-1979	6276	—	—	70	—	—	1346
1980-1984	22476	—	—	1189	—	—	2188
1985-1989	8484	—	—	2943	—	—	1545
1990-1994	3588	1900+	—	1618	820+	—	736
1995-1999	2102	2250	93%	470	2000	24%	848
2000-2004	2154	2250	96%	529	2000	26%	493
2005-2009	2156	2250	96%	729	2000	36%	799
2010-2014	2237	2250	99%	600	2000	30%	375

1）イルカの接近を見て地域住民が協力して捕獲する伝統的な追い込み漁は
ウの追い込みに成功し，1971 年に 8 業者のグループがマゴンドウの追い込み
い込み漁は太地のイルカ漁の主体をなし，突きん棒漁は 1989 年まで行われな
めに 1972 年以降を水産庁統計（粕谷，2011：表 3.18，表 3.19; Kasuya, 2017：
1971 年）は粕谷（2011：表 3.17）によった．なお，2001 年のハンドウイルカ
元資料により 207 頭と訂正する．マダライルカの捕獲頭数は 1970 年と 1971 年
性がある（6.5.9 項）．3）捕獲枠は，1982 年に漁業者による自主規制枠（マ
となり，1992 年にはマゴンドウ 300 頭，スジイルカ 1000 頭となり，1993 年の
ま踏襲され，スジイルカは 450 頭に減枠された．水産庁は 2007/08 年漁期から
ルカ 134 頭の枠が新たに加わり，3 鯨種（ハンドウイルカ，ハナゴンドウ，マ
おむね銚子以南に生息する．

果たさなかった．③太地沖の漁場に来遊するハンドウイルカの個体数は 1993 年の捕獲枠設定の前から減少を続けており，資源状態は悪化している．

試みに，表 6.6 に示した 1983-1991 年当時のハンドウイルカの推定生息数を用い，安全係数としてもっとも楽観的な値を採用して，PBR（6.4.3 項）をあてはめると次のようになる．

$$\mathrm{PBR}=[36791\times(1-0.250\times1.28)]\times0.04\times0.5\times1.0=500$$

この値は，2016/17 年漁期の全国捕獲枠に等しく（表 6.1），1993 年の和歌山県（990 頭）と伊豆半島（75 頭）の合計捕獲枠の約半分である．

6.5.8　スジイルカ——伊豆沖の資源は壊滅

スジイルカは体長 2.1-2.5 m のイルカで，太平洋沿岸の暖水域では突きん棒漁や追い込み漁によって古くから漁獲されてきた．数十から数百頭，とき

合計捕獲枠[3]，捕獲枠に対する達成率．1970-1976 年と 1990-1992
捕獲枠は暦年設定（1993-2006 年）から漁期設定（2007 年-）とな

ゴンドウ[4]		ハンドウイルカ			ハナゴンドウ		
捕獲枠	達成率	捕獲	捕獲枠	達成率	捕獲	捕獲枠	達成率
—	—	123	—	—	58	—	—
—	—	124	—	—	9	—	—
1500＋	—	2001	—	—	57	—	—
2500	62%	3333	—	—	122	—	—
1900	39%	2223	1830＋	—	865	650＋	—
1500	57%	2042	4450	46%	729	1500	49%
1500	33%	2997	4450	67%	1573	1500	105%
1361	59%	1519	4165	36%	1436	1471	98%
849	44%	1019	3022	34%	1290	1351	95%

1950 年代に終わった．1969 年にイルカ突きん棒業者が沖合からマゴンド
操業開始，1973 年にスジイルカに対象を拡大し今日に至る．この間，追
かった．2）捕獲頭数はすべて暦年で集計．ここでは経年の傾向を示すた
Table 3.18, Table 3.19）に，それ以前の突きん棒からの移行期（1969-
の捕獲は粕谷（2011）あるいは Kasuya（2017）では 195 頭としているが，
については不明．本種の捕獲は操業初期にはスジイルカに算入された可能
ゴンドウ：毎漁期 500 頭）が始まり，1986 年からはそれが知事許可条件
水産庁による漁業種・鯨種別の捕獲枠設定においてマゴンドウ枠はそのま
は捕獲枠を漁期ごと（10 月-翌年 8 月）の設定に改め，そのときにカマイ
ゴンドウ）は以後順次減枠されてきた．4）コビレゴンドウの地方型でお

には 1000 頭以上の大きな群れをなすため，追い込み漁には好ましい対象であった．18 世紀の作といわれる『古座浦捕鯨絵巻』は，紀伊半島南端に近い古座浦の捕鯨の情景や漁獲対象の鯨種を描いたものであり，そこには「スジイルカ」の名称と図が描かれている．本種の名称が確認できる最古の例であり，本種が古くから捕獲されていたことをも示している．

近年のおもなスジイルカ漁業地は千葉，静岡，和歌山の 3 県であった．これらの漁獲統計には大きく分けて 3 種類がある．ひとつは農林省が都道府県別のイルカ類の捕獲頭数を集計したもので，1957 年から「漁業養殖業生産統計年報」として公表されているが，これには鯨種の区別がない．水産庁が都道府県を通じて，漁業種別・鯨種別の捕獲頭数を集計する作業を始めたのは 1972 年で，その要約は IWC に報告されてきた．それ以前の鯨種別統計は研究者が個人的に漁業協同組合から集めていたものがあり，いずれも粕谷

(2011）およびKasuya（2017）に収録されている.

千葉県のスジイルカ漁は突きん棒によるものであった. 粕谷（1976）は農林省統計にもとづいて1950年代末から1960年代初めにおける千葉県のスジイルカの捕獲規模を年間1500頭と推定している. 1972年以降の水産庁統計でも種不明が多いという問題があるが, イルカ類の捕獲が500頭を超えたのは1975年までで, 1972年に1169頭（うち, スジイルカ1, ほかは不明種), 1974年に1679頭（うち, スジイルカ117頭, その他と不明種1562頭), 1975年851頭（うち, スジイルカ756頭, その他と不明種95頭）である. 1977年以降は不明種をかりにスジイルカとして算入しても捕獲は100頭を超えず, 以後漸減して, 1996年以降は捕獲がないため2016年に始まる漁期からは捕獲枠が与えられていない. 千葉県におけるスジイルカの漁獲は少なく, 資源に与えた影響は次に述べる伊豆半島や太地でのそれに比べれば無視できる程度であったと思われる.

伊豆半島沿岸のイルカ追い込み漁は日本の代表的なイルカ漁業であったし, 漁業管理の失敗の好例でもある. そこでは17世紀初頭には追い込み漁が行われていた. 明治期には18組織を数えた追い込み組の数は減少に向かい, 第二次世界大戦のころに一時的に操業を再開したところがあるものの, 減少の傾向は止まらなかった. 安良里の定常的な操業は1961年が最後で（1973年まで散発的に操業), 以後は川奈と富戸の2組の操業が続いたが, 川奈の操業は1983年を最後とし, 富戸も2005年以来捕獲がなく実質的に廃業したものと見られる（6.2.4項). 伊豆半島沿岸のイルカ漁に対して与えられたスジイルカの捕獲枠は1993年に70頭で始まり, 2007/08年漁期に63頭に減じ, 以後は毎年削減されつつ2015/16年漁期には7頭となり, その翌漁期からは配分がない. 残る捕獲枠はカマイルカ36, ハンドウイルカ34, オキゴンドウ10, 合計80頭である.

伊豆半島のイルカ漁では第二次世界大戦中から戦後期にかけて捕獲が増加したことが記録から明らかである. 漁獲統計は1942–1953年については安良里と川奈, 1956年以降は安良里, 川奈, 富戸の統計が得られている（粕谷, 2011：表3.14, 表3.16). 1959年に静岡県がイルカ追い込み漁を知事許可漁業に指定したときに許可を得たのが上の3組であるから（6.2.4項), 伊豆半島沿岸のイルカ追い込み漁のすべての捕獲統計が把握できているのは

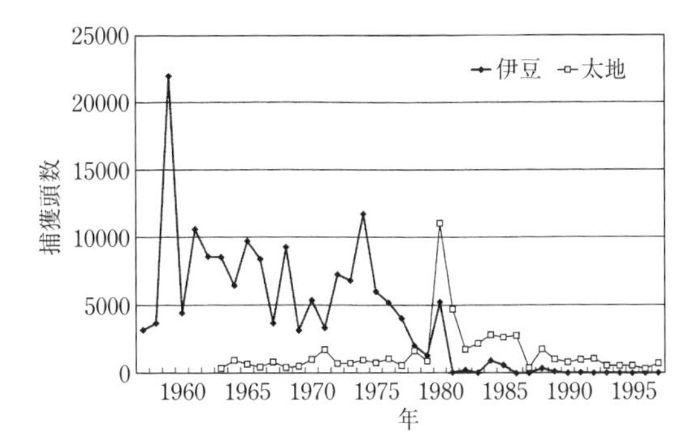

図 6.2　伊豆半島沿岸の追い込み漁と和歌山県太地の突きん棒漁（1972 年まで）と追い込み漁（1973 年以降）によるスジイルカの捕獲頭数の経年変化．1957 年までの伊豆半島沿岸の統計は，欠測経営体があり過少値の可能性がある．Kasuya（2008）の Fig. 1 にもとづく粕谷（2011）の図 15.1 による．

1959 年以降であると判断される．それ以前の統計には算入もれの可能性があり，鯨種の区別がない場合があるが，主体はスジイルカであると推定すると，そこでは 1942 年に 2 万 1591 頭を捕獲した後，1943-1948 年の 6 漁期には 395-8180 頭（年平均 6197 頭）と低迷した．なかでも 1947-1948 年の安良里の水揚げは異常に少ない（2 ヵ年の合計 976 頭）．そこには年変動の可能性を排除できないものの，多くの漁獲物が闇流通に流れた可能性も疑われる．Wilke *et al.*（1953）は三陸方面のイルカ漁を観察して，1948 年までは水揚げされたイルカの大部分は高値で闇市場に流れていたが，1949 年に水産物が統制から外されて闇流通が終わったと述べている．三陸のイルカ漁と同様に伊豆半島でもイルカ漁の漁獲物の多くが闇市場に流れた時期があるのではないだろうか．安良里の漁獲は 1949 年から再び増加して，1951 年までの 3 ヵ年間はスジイルカだけでも年間 1 万 1000 頭から 1 万 3000 頭の捕獲を記録している（他鯨種は各年とも 500 頭以下）．

伊豆半島沿岸におけるスジイルカの捕獲は 1960 年代以降は漸減して，1980 年代に入ってからは 1000 頭を超えることがなく，1993 年からスジイルカの捕獲はゼロとなった（図 6.2）．このような変化にともない，漁業者があまり好まなかったマダライルカの捕獲が増加し，1978 年にはマダライルカ（4184 頭）がスジイルカの捕獲（2028 頭）を上回るに至った．なお，

1987年に富戸で捕獲した1815頭は静岡県から遠洋課宛てに出された説明にはスジイルカとあるが，沿岸課が集計した統計にはマダライルカとなっている．私はこれをマダライルカであろうと見ている．

上に見た漁獲量の変化は次のような操業形態や漁獲物組成の変化をともなっていた．すなわち，1962年からは安良里が定常的な操業を停止して富戸と川奈の2組だけの操業となり，両者とも高速船を導入して，その性能を改善しつつ探索範囲を相模湾外に拡大した．次いで1967–1983年に両組織が共同操業を始め，1984年漁期からは川奈が休漁して富戸のみの単独操業となった．この間の漁獲物を見ると，雌には性成熟の早熟化と妊娠率の若干の上昇が観察されている．これはイルカの密度低下にともなう成長・繁殖の改善と思われるが，漁場の拡大の影響の評価がされていないという問題がある（かりに，新たな個体群が漁獲対象となったとすれば，その影響を評価する必要がある）．いずれにせよ，このような漁獲量の低下は，日本沿岸を季節にしたがって南北に移動して，千葉県や伊豆半島沿岸で捕獲され，あるいは和歌山県方面でも捕獲されていたかもしれないスジイルカの個体群が乱獲によりほとんど壊滅したことを示唆している．このような事態は，水産庁が鯨種別の捕獲枠を設定する1993年よりも10年以上も前に起きていたのである．

和歌山県の太地では地元のイルカ需要に応じて突きん棒漁船と小型捕鯨船がイルカを供給していた．1973年に追い込み漁によるスジイルカの大量捕獲が始まるまでは，スジイルカは主として突きん棒漁業が捕獲しており，小型捕鯨船はもっと大きいマゴンドウを狙うことが多かったのである．その後，1990年ころからは一時途絶えていた突きん棒によるイルカ漁が復活し，太地以外の和歌山県下の漁船もこれに参入して現在に至っている．この変化は商業捕鯨の廃止にともなうイルカ肉の需要の増加に刺激されたものである．1993年に水産庁の指導により県下の突きん棒業者に合計100頭のスジイルカの捕獲枠が設定された．これは現2016/17年漁期まで変更されていない．

太地で共同漁業権漁業として行われていた「ごんどう建切網漁」の操業は1951年を最後に廃絶した．現在の追い込み漁業は1971年に始まり，1973年からスジイルカに対象を広げ，順次ほかの鯨種も捕獲することとなり，1982年に知事許可漁業となって今日に至っている（6.2.5項）．太地におけるスジイルカの水揚げ統計のおもなものには，太地漁業協同組合の記録から構築した1963-1994年をカバーするものと（粕谷，2011：表3.17），水産庁が収集した1972年以降の統計とがある（粕谷，2011：表3.18，表3.19）．2つの統計が重複している1972-1994年においては，一部の年に不一致があるが，その他の年ではおおむね一致している（1975年は水産庁統計が2300頭ほど過大であり，1978，79両年は水産庁統計がそれぞれ1000-1500頭ほど過少である）．太地のイルカ追い込み漁に対しては1992年に1000頭のスジイルカの自主規制枠が設定され，1993年に水産庁が450頭の捕獲枠を設定し，これが2016/17年漁期まで維持されている．

太地におけるスジイルカの水揚げは1963年から1972年までは突きん棒漁によるもので，年間数百頭を維持してきたが，1973年からは追い込み漁の参入により増加を見せ，1990年ころまでは年間1000-2000頭の捕獲を記録した（図6.2）．捕獲枠が設定されてからは，その枠内で捕獲頭数が安定していると認められる（表6.8）．ただし，このような最近の捕獲の動向を見ても，捕獲頭数が急増する前の1960年代に比べて，今の資源がどのような状態にあるのかを知ることはできない．これらの疑問に答えるためには，新たな生息頭数の推定に加えて，漁業者が水産庁に提出している探索努力量や発見頭数などの操業記録の解析が望まれる．

Miyashita（1993a）は1983-1991年の9年間に行われた目視調査のデータを用いて，8-9月の西部北太平洋におけるスジイルカを含む6種の暖海性イルカ類について，それらの密度分布を解析し（図4.11），生息頭数の推定を行った（表6.6）．北太平洋の8-9月は天候もよく，暖海性イルカ類の分布がもっとも北に移る時期でもあり，生息頭数推定のためには望ましい季節である．ただし，関係するイルカ漁業はおもに冬季に操業されるので，これら暖海性イルカの越冬地はどこかという疑問は別途解決しなければならない．生息頭数の推定において9年間の目視調査のデータを合算してスジイルカの資源量を推定したのは，データを増やして推定値の精度を上げるためであったが，資源量の経年変化や海況の変動にともなうイルカの分布状況の変化を無視するという点で問題を残している．Miyashita（1993a）は西部北太平洋を3海区に分けて生息頭数を推定した．その3海区とは，①北緯30度以北で日本列島から沖合は東経145度までの沿岸海域（表6.6に推定値を示す），②北緯30度以北，東経145-180度の沖合海域，③北緯23-30度，東経127-

180度の南方海域である．第一の海域は和歌山県太地から南に約400 km，伊豆半島から東に約500 kmまで広がっている．伊豆と和歌山県のイルカ漁業者が操業する海面はそのなかの限られた一部分で，岸から数十km以内，最大でも100 km以内の水面である．第二の海域は日本のイルカ漁業の基地から500 kmも離れており，黒潮続流域を主体としているので，ここの資源が日本のイルカ漁業で利用されている可能性は少ない．沖縄の漁場は第三海区に含まれるが，スジイルカは沖縄近海から東シナ海・日本海方面にはほとんど分布しないことはすでに述べた（4.3.8項）．

表6.6に示したスジイルカの生息数は上に紹介したMiyashita（1993a）による第一の海域の推定値である．スジイルカ漁の操業範囲は資源量を推定した海面のごく一部であることは懸念材料であるが，対象海域の限界である北緯30度線と東経145度線は，夏のスジイルカの分布の空白域にほぼ一致しているので（図4.11，図4.15），沿岸個体群はこれらの緯度・経度線で囲まれた沿岸寄りの海面を生息圏としている可能性が高いように思う．このようなやや楽観的な仮定のもとでも，かつて伊豆半島のイルカ追い込み漁業が利用してきたスジイルカ資源は，1980年代には約1万9000頭（95%信頼範囲は5700-6万7000頭），すなわち漁業の最盛期における1-2年間の捕獲頭数に相当するまでに低下していたと判断されるのである．試みに，この推定生息数を用い，安全係数としてもっとも楽観的な値を採用してPBR（6.4.3項）をあてはめると，次のようになる．

$$PBR = [19631 \times (1 - 0.696 \times 1.28)] \times 0.04 \times 0.5 \times 1.0 = 43$$

この計算では，生息数の推定値に正規分布を仮定したが，そのCVが大きいことに影響されて，得られたPBRの値がきわめて小さくなっている．その信頼性には疑問があるとしても，2014年（暦年）のスジイルカの捕獲は和歌山県太地の追い込み漁の367頭と同県の突きん棒漁の63頭を合わせて430頭であり，2016/17年漁期の本種の全国枠は550頭であることから見て（表6.1），現在の漁業管理は日本沿岸のスジイルカ資源の回復を保証するものであるとはいえない．

IWCの科学委員会は，1975年にその下部組織として小型鯨類分科会を立ち上げて以来，日本のスジイルカ漁業の動向を注目してきたが，漁獲量の乱高下に妨げられて傾向がつかめず，捕獲頭数の減少傾向を初めて認めたのは

1982年のことであった．そのときの漁獲量は最盛期の10%にまで落ちており，対策が後手に回ったことは明らかである．1991年の会議では，「日本の漁業が利用してきたのは沿岸にいる2万頭ほど残っている資源であり，沖合にある50万頭近い大きな集団は漁獲対象ではない」とのわれわれの見解に対して，科学者として出席していた日本の行政官は，「なんらかの理由で沿岸の個体が沖合に移動したために，沿岸の漁況が悪化したのだろう」と発言した（4.3.8項）．根拠のないダミー仮説を提出して，それが否定されるまでは漁業を続けるという対応である．かりにこのような便宜的な仮説をとるとしても，日本のスジイルカ漁場に来遊しているスジイルカの個体数が減少した事実は否定できない．今，それに見合った資源管理が求められている．

スジイルカ資源の管理上の残された問題は，太地の和歌山県沿岸の漁業が利用しているスジイルカ個体群と伊豆半島の追い込み漁業が利用していたそれとの関係がまだ解明されていないことである．これまでに得られた情報にもとづけば，伊豆半島のイルカ漁も和歌山県のイルカ漁も，それぞれが複数の個体群を対象としてきており，そのうちのひとつは両漁場に共通しているという仮説も不可能ではない（4.3.8項）．

6.5.9　マダライルカ――スジイルカの二の舞いか

マダライルカが伊豆半島の追い込み漁で記録されたのは比較的新しい．科学者が記録した本種の最初の追い込み例は，西海岸の安良里では1959年，川奈と富戸が操業していた東海岸では1963年であった．当時の追い込み漁業者はマダライルカをそれまで捕獲したことがなかったと述べている．古い時代のことは別として，1960年ころから過去に20-30年さかのぼる期間には本種は捕獲されていなかったものと推察される．なお．伊豆半島の追い込み漁の統計に本種が記録されたのは1969年以後である．

伊豆半島の追い込み漁におけるマダライルカの捕獲のピークは1978-1983年にあった．この6年間に合計1万2437頭（年間捕獲：169-4184頭）を記録した．この時期はスジイルカの捕獲が急速に縮小した時期にあたり，スジイルカの減少を補う形でマダライルカの捕獲が増加したものと思われる．川奈の漁業者は，本種の漁獲をあまり喜ばなかった．その背景にはスジイルカに比べて体が小さく単価が低いことと，本種の皮（脂皮）が硬くて消費者に喜ばれなかったことがあると聞いた．そのため漁業者は本種を「かわこわ」と称していた．皮が硬いという意味である．伊豆半島の追い込み漁に対しては 1993 年にマダライルカ 455 頭の捕獲枠が設定され，2007/08 年漁期に 409 頭に減枠された後，年々漸減し，2015/16 年漁期には 45 頭，翌漁期からスジイルカとともにマダライルカもゼロとなった（表 6.1）．

このような伊豆のマダライルカ漁の衰退のプロセスにおいて，私は次の 2 点に注目している．すなわち 1978 年から 1983 年まで続いた好漁の後，マダライルカが捕獲されたのは 1988 年（191 頭）と 1993 年（95 頭）の 2 ヵ年で合計 286 頭にすぎないことと，1993 年から捕獲枠が与えられてもほとんど使われていないことである．伊豆半島沿岸の漁場に来遊するマダライルカの頭数がなんらかの原因で著しく低下したに違いない．伊豆半島の追い込み漁は 2005 年からは操業していないらしいことは前項で述べた．

太地では本種は「カスリイルカ」として知られ，突きん棒漁で捕獲されていたことがうかがえる．しかし，初期の統計ではイルカとして一括されており，スジイルカとの区別がなされていない．1973 年 2 月と 7 月に合計 200 頭ほどのマダライルカが太地の追い込み漁で捕獲され，科学者もそれを確認しているが（Kasuya *et al*., 1974），この捕獲はマダライルカとしては漁獲統計に記録されていない．太地の追い込み漁による本種の捕獲が水産庁の統計に表れたのは 1979 年が最初であり，1988 年に 1646 頭の最大の捕獲を記録した．捕獲枠は 1993 年に 420 頭に設定され，翌年に 400 頭に減枠され，現在（2016/17 年漁期）そのまま維持されている（表 6.1）．最近 5 年間（2010-2014 年）の捕獲頭数は 600 頭で合計捕獲枠 2000 頭の 30% にすぎない．

和歌山県下の突きん棒漁に対しては 1993 年に 50 頭の捕獲枠が設定され，これが翌 1994 年に 70 頭に増枠されて現在（2016/17 年漁期）まで維持されている．捕獲頭数は 1990 年代に 50 頭前後を記録したあと漸減し，2004 年から年間捕獲は 0-16 頭の範囲にある．現在マダライルカを捕獲している日本の漁業は和歌山県下の突きん棒漁と太地の追い込み漁のみであるが，捕獲枠の達成率は低く，伊豆の追い込み漁業の末期を思わせるものがある．

わが国の太平洋沿岸海域のマダライルカの生息数は 1 万 5900 頭と推定されているが（表 6.6），その分布のパターン（図 4.11）はスジイルカ，ハンドウイルカ，ハナゴンドウ，マゴンドウとは異なり，むしろオキゴンドウのそれに似るところがある．この分布図は1983-1991年の8年間の調査データにもとづいているため，海況変動によって黒潮との関係が不明瞭になっていると思われる．それでも想定される黒潮の流路の沖側の反流域には分布が比較的濃く，黒潮の流れのなかにも黒潮と日本列島にはさまれた水域にも分布が薄い．伊豆半島でのマダライルカの捕獲は1959年に始まったとされるが（本項前述），統計に記録されたのは1969年からで，それから1982年までの14年間に1万6659頭を捕獲し，翌年の1983年に2789頭を記録した後，伊豆半島では本種の捕獲がほとんど途絶した（ただし，1988年に191頭と1993年に95頭が捕獲された）．太地においても古い統計は不完全であるが，1973年から1982年までの10年間の捕獲は合計563頭（年平均56頭）と低レベルであった．1983年に本格的な捕獲が始まり，1983-2014年の32年間に合計7918頭が捕獲された（年平均247頭）（粕谷，2011：表3.16，表3.18，表3.19）．太地での漁獲のピークは伊豆半島よりも少し遅れて1980年代の後半に現れ，そのあと捕獲は漸減し，近年では捕獲枠に対する達成率は30%前後となっている（表6.8）．このような漁獲の動向は資源状態が悪化していることを示唆している．

このようなマダライルカの捕獲の歴史を，洋上における分布パターンと対比してみると，本種の個体群に関して次のような2つの可能性が考えられる．ひとつの可能性は黒潮流と日本列島にはさまれた沿岸水域には沖合個体群とは異なるマダライルカの小個体群があったが，それらは短期間の漁獲によって壊滅に近い状態に至ったという見方である．もうひとつの可能性は，本種には沿岸性の個体群は存在せず，沖合個体群の一部がたまたま沿岸水域に来遊したときに捕獲されていたものであり，なんらかの理由で近年はそのような沖合からの来遊量が低下したと見る解釈である

6.5.10 オキゴンドウ――小資源に要注意

東シナ海・日本海にはコビレゴンドウはほとんど出現せず，代わりにオキゴンドウが多い．北九州地方で「ゴンドウ」といえば，それはコビレゴンドウではなくオキゴンドウを指すのが普通であった．太平洋側では逆にコビレゴンドウがオキゴンドウよりも多いらしい．オキゴンドウは群集性のイルカであり，追い込み漁には好ましい種である．かつて五島列島，対馬，壱岐，

表 6.9　東部東シナ海における目視調査によるイルカ類の生息頭数推定値[1]．$g(0)=1$と仮定．宮下（1986）の表 VI-2-3 による．

鯨種	調査距離（km）	一次発見群数	一次発見頭数	生息頭数	
				平均値	CV
ハンドウイルカ[2]	8743	16	1064	35046	0.556
カマイルカ[3]	2939	19	1932	84561	0.676
オキゴンドウ[4]	9703	8	130	3259	0.808

1）当該鯨種の出現位置（原則として緯度・経度 1 度升目で認識）を結ぶ外側輪郭線で囲まれた海面を対象として生息数を推定．2）北緯 24-35 度，東経 125 度以東，南西諸島以西の緯度・経度 1 度区画 38 個が対象．3）北緯 33-36 度，東経 128 度 30 分-134 度 30 分の緯度・経度 1 度区画 11 個が対象．4）北緯 25-35 度，東経 125-133 度の緯度経度 1 度区画 34 個が対象．

北九州沿岸，能登半島沿岸などでは 15 世紀以来イルカの追い込み漁が行われており，オキゴンドウもその対象に含まれていたことが古記録で明らかであるが，その統計はほとんど残されていない．1970-1990 年代にかけて行われたブリ一本釣り漁業の被害対策として行われたイルカ駆除活動において，勝本漁協が捕殺したイルカ類のうち 1432 頭（12.3%）はオキゴンドウであった（7.1 節）．当時の東部東シナ海におけるオキゴンドウの推定生息頭数は約 3300 頭であった（表 6.9）．1982 年に日本のイルカ追い込み漁業が知事許可漁業に移行したとき，東シナ海・日本海方面には許可を受けた事業体はなく，それ以来この方面でのオキゴンドウの捕獲は行われていない．

大正期まで行われたといわれる岩手県の追い込み漁では本種の捕獲は確認されていないが，その可能性は否定できない（6.2.3 項）．伊豆半島沿岸の追い込み漁には 2007/08 年漁期以降 10 頭の捕獲枠が与えられているが，この漁業のオキゴンドウへの依存はわずかであり，1972 年から最後の操業を記録した 2004 年までの 33 年間に 2 回，合計 166 頭の捕獲があったにすぎない．沖縄県名護の追い込み漁は 1971 年に十数頭を捕獲したが，この漁業はすでに廃絶した．

オキゴンドウを対象とする現行の漁業における捕獲枠と捕獲実績は次のとおりである．今の太地の追い込み漁は 1971 年に発足し，本種の捕獲枠は 1993 年に始まり，40 頭（1993-2006 年）から 70 頭（2007/08-2016/17 漁期）へと変更された．この漁業は 1983 年に初めてオキゴンドウを捕獲し，2014 年までの 33 年間に年間 0-69 頭の捕獲を記録した．最近 5 年間（2010-2014

年）の捕獲は2011年に捕獲された17頭のみである．上の33年間にも捕獲ゼロの年が17年を数え，年変動が大きいことから，太地の追い込み漁業による本種の捕獲はまれな遭遇チャンスに依存していると理解される．沖縄の石弓漁は年間10頭（1993-2006年）と20頭（2007/08-2016/17年漁期）の捕獲枠を得ている．1980年から2014年まで35年間に154頭を捕獲している（年変動幅は0-25頭）．最近5年間（2010-2014年）の捕獲は4頭である．小型捕鯨業は2008年以降20頭のオキゴンドウの捕獲枠を得ているが，1991年以降にオキゴンドウを捕獲したのは2013年（1頭）と2014年（3頭）のみであり，本種への依存はゼロに近い．

図4.11に見るように，西部北太平洋におけるオキゴンドウの主たる分布域は黒潮反流域にあるが，黒潮流の西側の沿岸域にも密度は薄いながら本種の分布が認められる．両者の中間には広大な空白域が認められることから，これら2つの分布域は異なる個体群を構成する可能性があり，沿岸個体群のサイズは比較的小さいものと推定される．北緯30度以北，東経145度以西の海域がこの仮想の沿岸個体群の出現域にほぼ一致し，この海域におけるオキゴンドウの生息頭数は2029頭（CV＝0.429）と推定されている（表6.6）．試みに，この推定値に，もっとも楽観的な条件設定で，PBR（6.4.3項）をあてはめると，次のようになる．

$$\mathrm{PBR}=[2029\times(1-0.429\times1.28)]\times0.04\times0.5\times1.0=18.3$$

日本の漁業による最近5年間のオキゴンドウの捕獲は25頭（年平均5頭）であり，現在規模の漁獲は資源にとって許容できる範囲にあると推測される．ただし，水産庁は本種に対して年間120頭の捕獲枠を設定している（表6.1）．その科学的根拠は明らかではないが，日本沿岸の本種資源がそれに耐えるという結論はPBRからは導けない．

本種の雌はコビレゴンドウと同じく長い老齢期をもち，繁殖率が低く複雑な社会構造を有することが予測されている（5.4.4項）．本種を漁業対象として安全に管理するためには，彼らのこのような生態的特性に配慮する必要がある．

6.5.11　ハナゴンドウ——一時はミンククジラの代用に

北九州・日本海沿岸の各地ではイルカ追い込み漁が行われた歴史があり，

そこではハナゴンドウもオキゴンドウ，ハンドウイルカ，カマイルカなどとともに捕獲された．1960年代末から1970年代初めにかけて五島列島と対馬で散発的な本種の捕獲が記録されている（粕谷，2011：表3.4，表3.5，表3.6）．この漁業の末期に起きたのが水産庁の助成金を得て1976年に本格的に始まり1995年まで続いたイルカ駆除事業である（7.1節）．これは壱岐漁民の主導のもとに五島・対馬などの近隣諸島の協力のもとに行われたもので，壱岐漁協だけでも553頭（全鯨種の4.7%）のハナゴンドウが駆除された（7.1節）．全長崎県下における本種の駆除数はこの2倍近い数値になる．現在，東シナ海・日本海方面ではイルカ漁業は行われていない．

太平洋沿岸でハナゴンドウを捕獲した可能性のある漁業には，突きん棒漁業，追い込み漁業，小型捕鯨業がある．ハナゴンドウが生息するのは暖海である．そこにはハナゴンドウよりも接近しやすいイルカ種があるし，カジキなどの大型魚種を追ってもよいので，そこで操業する突きん棒船はあえてとりにくくて，消費者にも好まれないハナゴンドウを追わなかったものと思われる．西部北太平洋における調査船での経験では，ハナゴンドウの群れに接近するのはコビレゴンドウよりもむずかしい．彼らは船に対する警戒心が強く，船が近づくとしばらく潜水して船尾方向に浮上する．これを繰り返すうちに，船はイルカの群れを中心にして洋上で円を描くことになる．太地の捕鯨船はハナゴンドウをとったときに，肉はまずいので捨て，味のよい内臓だけをもち帰ることがあったと聞いている．これは勝丸の船長兼砲手の清水勝彦氏から1970年代に得た情報である．

イルカ類の種別の全国統計の収集は水産庁によって1972年に始められた．これは比較的信用できると考えられる．それ以前の統計は対象組織，地域，あるいは年度に関してしばしば遺漏がある．これらのことを念頭に置いて，太平洋沿岸におけるハナゴンドウの漁獲の歴史を眺めてみる．伊豆半島の土肥では，追い込み漁で1886年に「マツバイルカ」すなわちハナゴンドウ12-13頭の捕獲例があるが（川島，1894），1963-1968年の富戸と川奈の漁獲物6万4797頭のなかにハナゴンドウは出現していない（表6.10）．1993年に鯨種別の捕獲枠が設定されたとき，伊豆の追い込み漁に対してはハナゴンドウの捕獲枠が与えられなかったのは，おそらくこれらの実態を反映したものであるらしい．同様の理由で，名護の石弓漁業にもハナゴンドウの捕獲枠

表 6.10　伊豆半島沿岸のイルカ追い込み漁による漁獲物の組成．東海岸の川奈と富戸は鳥羽山（1969），西海岸の安良里は粕谷（2011：表 3.14）記載の水産庁沿岸課資料（1981 年 12 月 15 日付）による．カッコ内の捕獲頭数は年変動幅．コビレゴンドウはマゴンドウ型と推定される．

鯨種	富戸・川奈（1963-1968 年）		安良里（1950-1959 年）	
	捕獲頭数	%	捕獲頭数	%
スジイルカ	62655	96.7	48383（298-13,671）	92.4
マダライルカ	1202	1.8		
マイルカ	697	1.0		
ハンドウイルカ	201	0.3	818（0-293）	1.6
コビレゴンドウ	28	0.1	3143（31-866）	6.0
ユメゴンドウ	14	0.0		

は与えられていない．

和歌山県では太地の追い込み漁と小型捕鯨，それと県下各地の突きん棒漁によって各種イルカが捕獲されてきた．これら 3 漁業種の比重は時代により変化する．今太地で行われている追い込み漁は 1971 年にコビレゴンドウ（この場合マゴンドウ型）を対象に組織化され，1973 年以降スジイルカなどの他鯨種に操業を拡大した．太地で 1963 年から 1974 年までの 12 年間に捕獲されたハナゴンドウは合計 523 頭（年平均 44 頭）である．これらはおもに小型捕鯨によるものであるが，突きん棒による若干の捕獲を含むものと推定される（粕谷，2011：表 3.17）．その後，1975-1986 年の 12 年間にはハナゴンドウはほとんど捕獲されず（全漁業種合計 24 頭のみ），1988 年から追い込み漁による捕獲が急増して現在に至った（表 6.8）．この急増の背景には商業捕鯨停止によりミンククジラなどのヒゲクジラ類の肉の供給が低下し，これにともなって，それまで好まれなかったハナゴンドウの肉が見直されたことがあると聞いている．太地の追い込み漁に与えられた本種の捕獲枠は 350 頭（1993 年）に始まり，300 頭（1994-2006 年）を経て，2007/08 年漁期に 295 頭となり，以後年々削減されて現在に至っている（表 6.1）．太地の追い込み漁は操業隻数が比較的安定しており，しかも日本のハナゴンドウ捕獲枠の過半の配分を得て操業しているので，本種の資源の動向を見るのに適している．その経年変化を示したのが表 6.8 である．ここで 5 年ごとに集計したのは，暦年の漁獲統計と漁期（秋から翌年初夏まで）ごとの捕獲枠の不一致による齟齬を低減し，漁海況の年変動をならして経年変化を見やすくするためである．太地の追い込み漁業はハナゴンドウに関しては，捕獲枠いっぱいの漁獲を続けていることがわかるが，これだけの情報では資源状態を判断することはできない．

それまでは自由操業であった突きん棒漁業は 1989 年から規制されることとなり，和歌山県下では太地の 15 隻が海区漁業調整委員会の承認を得た（後に知事許可に移行した）．この隻数は当時イルカ追い込みに従事していた船の数に一致するので，そのような漁船であったかもしれない．当時は追い込み漁が太地のイルカ需要を満たしていたので，イルカ目的の突きん棒漁船も小型捕鯨船も太地ではほとんど操業していなかったのである．ところが，捕鯨業の衰退にともない 1988 年ころからイルカ肉の値が上がると，近隣の漁船が無許可でイルカ突きん棒操業を始めて問題となったが，けっきょくは 1991 年には 147 隻が承認を得た．それに与えられたハナゴンドウの捕獲枠は 200 頭（1993 年）に始まり，250 頭（1994-2006 年）を経て，2007/08 年漁期に 246 頭となり，以後徐々に減枠されて今日に至っている（表 6.1）．操業実績のない船は許可を更新されないことがあるので，許可隻数は年とともに減少し，2000/01-2007/08 年漁期には 100 隻に減少したといわれる．

1970 年代以降 1980 年までは太地の小型捕鯨船もハナゴンドウを捕獲していたが，追い込み漁に圧倒されたため 1981 年から操業を完全に太地以外に移して，他鯨種（ツチクジラ，タッパナガ，若干のマゴンドウ）を捕獲していた．その後，市況の好転にともない 1988 年から再び太地に戻りハナゴンドウやマゴンドウの捕獲を始めた．報告されたハナゴンドウの捕獲は年間 30 頭を上限に変動しているが，これは小型捕鯨船に与えられた捕獲枠が，30 頭（1992-1993 年）から始まり 1994-2007 年は 20 頭に維持されていることの影響である．2008 年からはハナゴンドウ 20 頭に代わってオキゴンドウ 20 頭の枠が小型捕鯨船に与えられた．

西部北太平洋におけるハナゴンドウの分布を見ると，本州南岸から 300-400 km 以内の沿岸水域にひとつの濃密域があり，それから 500-600 km 隔てた沖合にほかの濃密分布域がある（図 4.11）．沿岸水域と沖合には，それぞれ別の個体群があることを示唆するものである．この沿岸水域における本種の生息数は3万1012頭（CV＝0.211）と推定されている（表6.6）．水産庁がハナゴンドウの捕獲枠を設定した科学的根拠は明らかではない．試みに，この資源量推定値に，もっとも楽観的な条件設定のもとで，PBR（6.4.3項）をあてはめると，次のようになる．

$$PBR=[31012\times(1-0.211\times1.28)]\times0.04\times0.5\times1.0=452$$

2016/17年漁期のハナゴンドウの捕獲枠は460頭であり，ほぼPBRが示す安全域にある．

6.5.12　ツチクジラ——安房地方の伝統食

房総半島沿岸におけるツチクジラ漁は16世紀末から17世紀初頭のころに始まり，その技術や漁場を変化させつつ今日まで続いてきた．千葉県安房地方ではツチクジラの肉を薄切りにして，食塩を和し，乾燥させた「たれ」が好まれている．これは長い捕鯨の歴史によってはぐくまれた食習慣であると同時に，数世紀にわたって捕鯨を存続させてきた力でもあった．ちなみに，ツチクジラの脂皮にはワックス成分が多く食用には不向きなため，当時は脂皮から抽出された鯨油は主として灯火や水田のウンカ（稲虫）の防除に用いられていた．房総半島以外でツチクジラ漁が行われたのは，第二次世界大戦後，1945年ころから1971年ころまでの25年間ほどと，いわゆる商業捕鯨停止後の1988年から現在に至る期間である．以下ではおもに千葉県沿岸で操業した第二次世界大戦前と，日本各地で操業された戦中・戦後期と商業捕鯨停止後の3期に分けて本種の捕獲の動向を概観する．捕獲統計や捕鯨操業に関するくわしい記述は粕谷（2011）あるいはKasuya（2017）を参照されたい．

吉原（1976a）は永禄年間（1592-1596年）に尾張の人が三浦にきて突き取り捕鯨を始め，それが近隣に広まったという『慶長見聞集』の記事を，また竹中（1887）は『房南捕鯨史』において，慶長17年（1612）に当時の安房の領主から伊勢神宮の御師に宛てた捕鯨産物寄進の申し出の文書を引用している．これらは安房地方の捕鯨が1600年前後に始まったことを示唆するものである．また，その技術が三河湾の突き取り捕鯨に由来したことをも示唆している．しかし，その起源について小牧（1969）は，地元でカジキなどを捕獲していた突きん棒漁が発展したものであろうと述べている．これは漁具が似ていることからの推理である．竹中（1887）によれば，千葉県の加知山（勝山）と近くの岩井袋に古くから鯨組が置かれ，醍醐氏がその元締めをして，ツチクジラの突き取り捕鯨を行ってきたが，その古い記録は1703年の津波で失われたということである．当時は，初夏から盛夏にかけて伊豆大島方面から浦賀水道に入り込むツチクジラを狙って，勝山沖から布良沖で漁が行われた．秋になるとクジラは安房の東岸から九十九里を経て東方に去ると理解されていた．日本の太平洋沿岸のツチクジラは夏には水深1000-3000 mの大陸斜面域に分布するという今日の知識から見れば，この漁業は本種の生息域の南端にある浦賀水道の海谷にときおり入ってくるクジラを対象に行われたと理解される．この漁業は1850年以降にはしだいに不漁年が多くなり，1869年が醍醐組の最後の操業となった．竹中（1887）によれば，1815-1869年の55年間に醍醐組は504頭のツチクジラを捕獲している（年平均9.2頭，年変動0-25頭）．これを前半の27年間（1815-1841年）と後半の28年間（1842-1869年）で，15頭以上捕獲した好漁年と5頭以下の不漁年の比率を見ると，前半には7：8であったものが，後半には2：11へと不漁年が増加し，漁場に来遊するツチクジラが減少したことがうかがわれる．その原因として2つの可能性があると考えられる（粕谷，2011：13.7節）．ひとつは，ツチクジラ資源が減少して浦賀水道に入ってくる個体が少なくなった可能性である．動物の個体数が減少した場合に，密度低下が分布域全体で均一に進行するとは限らない．むしろ，分布の縁辺ほど密度低下が著しく表れ，分布域の縮小にもつながるものである．資源減少の背景には欧米の捕鯨船による捕獲の影響も疑われる．ただし，彼らが銚子周辺で夏に捕鯨をした記録はあるが，ツチクジラを捕獲したという確証はない．第二の可能性はツチクジラの行動の変化である．ザトウクジラの子どもは母親にともなわれて夏の摂餌海域に行き回遊路を学習すると信じられている．すなわちザトウクジラの回遊路は彼らにとってひとつの文化である．ツチクジラの群れの構成や社会構造には不明の点が多いが，もしも彼らの夏の餌場への回遊が学習によって維持されているのであれば，浦賀水道に入ってくる個体が選択的に殺され続けることによって，その餌場を利用する個体の数がしだいに低下することになる．

ツチクジラの突き取り漁が衰退するなかで，醍醐家ではカラフトや北海道方面での捕鯨の可能性を追求したり（1802-1863年），関沢明清に協力して洋式の帆船捕鯨船が使用した火器の導入を試みたりしたが（1887年-），ついには捕鯨から撤退したもようである．安房のツチクジラ漁の再興には，汽船に搭載した小口径の捕鯨砲を用いる，ノルウェー式捕鯨と総称される漁法の導入を待たなければならなかった．この操業は日本水産会社（1888年-）による試みに続いて，東海漁業株式会社がその企業化に成功したのが1907年とも1908年ともいわれている（6.1.4項）．この手法は1947年施行の汽船捕鯨業取締規則で定義されたところの小型捕鯨業に相当する．この成功を受けて新規参入が急増し，1920年に県が独自の規制を導入したときには26隻が許可を受けたが，そのあと隻数は減少に向かい，1973年からは千葉県下で小型捕鯨を営む者は和田浦に事業所を置く外房捕鯨株式会社（1948年設立の千葉漁業株式会社の後身）のみとなった．なお，日本全体で見ると小型捕鯨船の数は敗戦後に急増し，1950年には80隻を数えた後，縮小に向かっている．戦前のツチクジラの捕獲統計は1932-1942年の千葉県の記録しか残されていない．この11年間の捕獲は合計382頭（年間23-50頭，平均35頭）であった．次に述べる1948年の全国統計から見て，千葉県以外でのツチクジラの捕獲は少なかったものと推定される．

ツチクジラの捕獲が全国規模に拡大したのは，おそらく1945年ころであろうと推量される（図6.3）．1943-1946年の統計は失われているが，1947年には千葉県で60頭を記録し（全国値は欠落），翌1948年には千葉43，三陸0，釧路2，網走24，日本海4，その他・不明3，合計76頭が捕獲された．当時の海区別の統計は1948-1952年と1965-1969年がある（粕谷，2011：表13.14）．これをもとにして，年間10頭以上の捕獲をもって本格的なツチクジラ漁の操業とすると，千葉県外に展開した時期が次のように推定される．三陸は1950年（18頭）から1971年（20頭前後）まで，釧路は1951年（11頭）から1967年（14頭）まで，網走は1948年以前に始まり1966年（15頭）まで，日本海は1949年（14頭）に始まり1965年（0頭）以前に終わったらしい．全国統計を見ると，ツチクジラの捕獲は1949年の95頭から急増し，1952年には最高322頭を記録し，1950-1971年の22年間はつねに100頭以上を維持した後，1973-1981年には全国で13-44頭（うち，千葉県11-39頭）と膨張前のレベルに戻った．1948年から1972年までの25年間の捕

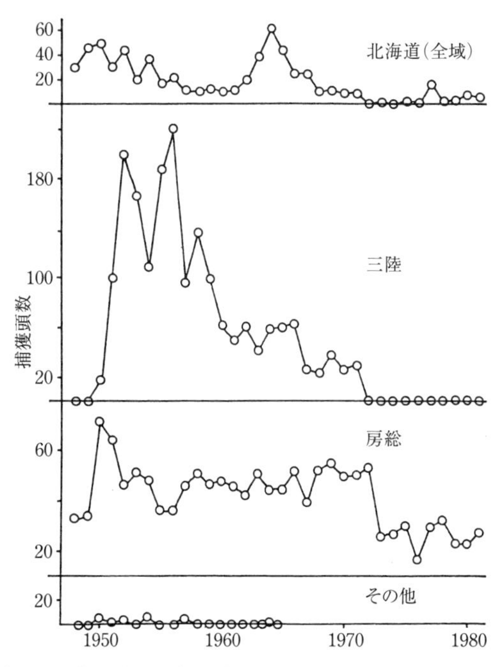

図 6.3　公式統計に見る第二次世界大戦後のツチクジラ漁の推移．Ohsumi（1983a）の Fig. 3 にもとづく粕谷（2011）の図 13.15 による．

獲頭数は 4384 頭（年平均 175 頭）である．

日本沿岸のツチクジラ漁は 25 年間の高レベルの捕獲に続いて捕獲が減少しつつあるのを見て，IWC はこの資源が壊滅したのではないかと危惧した．日本政府はこれに対処するため，1983 年漁期から自主規制枠を設定して，捕獲を年間 40 頭に抑えると表明した．この数字は「1972 年以降の 10 年間の年平均捕獲頭数 38.7 頭」にもとづくと聞いている．この捕獲枠は，それに続いて得られた太平洋沿岸の推定資源量 4000 頭前後の約 1% であったため，当面は問題がなかろうとされて，IWC での議論は沈静化した．その後，数度にわたり太平洋沿岸の増枠と日本海（1999 年-）への捕獲枠付与が行われた結果，2016 年漁期の捕獲枠は合計 66 頭となった．その内訳は，千葉県・三陸沿岸（和田浦と鮎川基地）に 52 頭，日本海（函館基地）に 10 頭，オホーツク海（網走基地）に 4 頭である．生息頭数の推定値を表 6.11 に示

表 6.11　目視調査による日本周辺のツチクジラの生息頭数推定．$g(0)$ の補正済み．カッコ内は変動係数ないしは95% 信頼限界．

調査年	太平洋沿岸	日本海東部	オホーツク海南部	出典
1984	4220（0.295）			Miyashita, 1986
	2500	1000（右を含む）	（左に含まれる）	Anon., 1990
1983-1989	3948（0.276）	1468（0.389）	663（0.270）	Miyashita, 1990; IWC, 1991
1991-1992	5029 (1801-14085)			Miyashita and Kato, 1993; IWC, 1994

す．太平洋側にはいくつもの推定値が得られているが，統計的には有意な違いではない．

近年のツチクジラ漁は現在の捕獲規制のもとで安定した操業を続けているように認められる．しかし，現在の資源状態を正しく理解するためには，上に述べた戦後の大量の捕獲がツチクジラ資源にどのような影響を与えたか，そして現在の資源は戦前に比べてどのレベルにあるのかを知る必要がある．これは資源学的に興味ある問題であるし，今後の資源管理のためにも望ましい作業であるが，そのためには次に述べる3点を解明する必要がある．

①　個体群認識の問題：日本海に生息する個体と千葉県-三陸沖に出現する個体は，それぞれ異なる個体群を代表するとされているが，網走と釧路沖で捕獲された個体の所属が明らかではない．

②　不完全な捕鯨統計：千葉県については1943-1946年を除き1932年以降の捕獲統計があるが，その他の海区の数値は図6.3以外には部分的なものしか残されていない．

③　統計の不正操作：太平洋沿岸でツチクジラとして集計された捕獲統計には密漁されたマッコウクジラが混入していることが知られているので（粕谷，2011：13.7.2項），その修正が求められる．

試みにMiyashita（1990）の生息数推定値を用いて，すでに他種で試みたとおりの手順で，もっとも楽観的な条件設定でツチクジラに対してPBR（6.4.3項）を求めると，次のようになる．

太平洋　$PBR=[3948\times(1-0.276\times1.28)]\times0.04\times0.5\times1.0=51$

日本海　$PBR=[1486\times(1-0.389\times1.28)]\times0.04\times0.5\times1.0=15$

オホーツク海　$PBR=[663\times(1-0.270\times1.28)]\times0.04\times0.5\times1.0=9$

現在の捕獲枠はほぼPBRが与える安全圏内にあると認められる．ただし，千葉県沖から釧路沖までの個体は便宜上同一資源と仮定したことは不安材料である．また，本種の社会構造には未知の部分があることにも留意することが望まれる．

6.5.13　その他の小型鯨類

水産庁は2017/18年漁期のイルカ漁業にシワハイルカ33頭とカズハゴンドウ190頭の捕獲枠を設定した．対象は和歌山県太地の追い込み漁業，同県下の突きん棒漁業，沖縄県名護の石弓漁業（行政的には突きん棒漁業扱い）である（表6.1）．このアクションには新たなイルカ漁業の拡大の意図が感じられ，既存のイルカ漁業の拡大を抑制するというこれまでの政策とは異質に感じられる．その点は2007/08年漁期になされたカマイルカの捕獲枠設定に似ている．これら2種のイルカ類の個体群構造や生息頭数に関する知見は報告されておらず，この捕獲枠が個体群に与える影響を科学的に評価することはできない．

これら2種は生物学的にも知見の少ない種であるから，もしも漁獲物を調査研究する機会が科学者に開放されるならば，少なくとも短期的にはクジラ学の進歩に貢献する面があると思われる．ただし，漁獲の存在自体が鯨類の生態研究を阻害する要素もあるので警戒が必要である．漁業的には生体販売用の商品の増加につながるので，イルカ追い込み業者はこの捕獲枠を歓迎すると思われる．

日本沿岸におけるシャチの捕獲は1990年以来停止しているが，かつて日本の小型捕鯨業が大量のシャチを捕獲した時代があった．粕谷（2011：表4.2）によれば1948–1972年の24年間に日本全国で合計1483頭（年変動：9–169頭）が捕獲され，その後は1987年まで年間0–3頭の低レベルの捕獲が続いた．この大量捕獲期のなかの10年間（1948–1957年）についてはNishiwaki and Handa（1958）が漁場別の捕獲頭数を示している．それによると日本海は13頭（2.3%）とわずかであり，オホーツク海224頭（39.5%）と釧路沖174頭（30.7%）が過半を占め，三陸沖110頭（19.4%）と千葉・太地・備後水道46頭（8.1%）がこれに続いた．なお，この10年間の各年の捕獲の動向は粕谷（2011：表4.2）が示した水産庁統計のそれに類似するが，その合計 567 頭は水産庁統計の同期間の合計 607 頭よりも若干少ない．この違いは Nishiwaki and Handa（1958）が鯨漁月報の原票から独自に集計した際に発生したものと思われる．著者のひとり西脇昌治氏が生前に語ったところによれば，解析した鯨漁月報には体長が大きくてマッコウクジラの誤記載ないしは虚偽報告を疑わせる記録があり，明らかに不審な記録は集計から除外したとのことである．かりにこのような大量のシャチの捕獲が事実であったとすれば，それは日本沿岸のシャチの個体群に大きな影響を与えたものと推察される．

7　イルカとヒト

7.1　壱岐のイルカ騒動

日本近海における漁業者とイルカ類との衝突例としては，いわゆる壱岐のイルカ騒動が知られている．これは1960年代後半と1970年代後半の2回の話題となったが，一連の出来事と見ることができる．私は1967年に始まった水産庁の対策班のひとりとして，漁場に来遊するイルカの種判定に参加した．また1977年に大量駆除が始まったときには，自然保護団体の助成金と学生ボランティアの助力を得て，捕獲されたイルカの生物調査を行った．その過程で得た私なりの理解を紹介する（Kasuya, 1985b；粕谷，2011：3.4節）．

壱岐の勝本の主たる漁業は時代とともに変化した．吉田（1979）によれば，網取り捕鯨は1880年代に終息し，それに続くイワシ漁は資源の枯渇で1942年ころに終わった．これに代わったのがブリの一本釣りとイカ釣りであった．ブリ漁の初期には飼い付け漁が行われた．壱岐と対馬の中間域には「七里が曽根」と呼ばれる浅場があり，そこには湧昇流ができてよい漁場が形成される．勝本の漁民はここで1930年にブリの飼い付け漁を始めた．これはブリ釣りの始まる数ヵ月前から撒き餌をしてブリを誘い，ブリが集まったところでそれを釣るものである．大きな投資を必要としたが，漁業権漁業として漁場の独占利用が許されたし，漁獲が多いというメリットがあった．この飼い付け漁は撒き餌に使うイワシ資源の枯渇で1940年ころに終わり，七里が曽根の漁場は勝本以外の一本釣り漁業者にも開放されて現在に至っている．私がこの一本釣り漁に乗船したのは1967年ころであった．そのころには3-4トンの小舟に1-2人の釣り手が乗り，早朝に出漁し，夕方までに帰港する．

漁場では，ブリの群れの浮上を待つ時間が長いが，運よくブリが浮上すると，多くの釣り船がそこに突進し，各人が1本ずつの釣り糸を下ろしてブリを釣る．1本の道糸には数十本の釣り針がついている．魚群浮上の機会は1日に1-2回しかなく，1回は長くても2時間前後しか続かない．

勝本のある漁業者が1960年代から1970年代にかけて克明に記録した操業日誌があったので，それを解析したことがある．当時の漁業者には，イルカが現れると浮上していた魚群が沈下して釣れなくなるという認識があり，イルカが漁場に現れると一本釣り漁師は別の漁場に移動したり，あきらめて帰港したりしていたのである．ブリが多かった時代にはそれで済んだかもしれないが，きわめて不都合なことではある．その対策として，勝本漁協は戦後の早い時期からイルカを駆逐する試みをしていたが，効果がなかったらしい．1964年には県に対策を要望し，1966年から駆除のための助成金が県から支出され，1976年には国からの助成も始まった．駆除のための捕獲方法として，手投げ銛，もやい銃，散弾銃，小型捕鯨船，流し網などを試みたが効果がなかった．さらに，伊豆でイルカの追い込み漁に使われていた発音器で威嚇することもなされたが，これも反復するうちに効果がなくなったといわれる．脅しにすぎないことをイルカが学習したものと思われる．1972年には種不明も含めて8頭の捕獲に成功したが，大量の捕獲が始まったのは1976年のことで，太地のイルカ追い込み漁業者の協力を得て行った．翌1977年から継続的な大量駆除が始まり，1972-1995年の24年間に壱岐だけでもハンドウイルカ5181頭（44.4%），カマイルカ4514（38.6%），オキゴンドウ1432頭（12.3%），ハナゴンドウ553頭（4.7%），合計1万1680頭が駆除された．このような駆除活動は国際的に大きな批判を浴びたため，1986年以降は規模を縮小しつつ1995年まで有害動物駆除の名目で低レベルの捕獲が続いた．

なぜ，イルカと漁業との間にこのような紛争が発生したのか．ブリ一本釣り漁はもともとイルカの影響を受けやすい漁法であったらしいが，被害が顕在化した，あるいは漁業者がそれを耐え難く感じ始めた要因として私は2つを考えている．第一は一本釣り漁場へのイルカの集中であると思われる．勝本漁協が記録した1973-1981年の漁期に漁場にイルカが出現した日の割合を見ると1979年に向けて急増した後，1981年に向けて減少している．なんらかの摂餌環境の変化ないしはイルカの学習により，イルカがブリ一本釣り漁場に集中して被害を増幅した可能性がある．第二の要因は勝本漁業の比重低下と相対的な収益の低下であると私は見ている．勝本漁協は乱獲を招くとして巻き網や定置網のような効率的な漁法を避けて一本釣りに限って操業していたなかで，島内の他漁協はこれらの効率的な漁法に転換していったのである．勝本漁協の一本釣りの操業隻数は413隻（1964年）から485隻（1977年）に増加し，平均トン数は2.68トン（1964年，無動力船を除く）から3.72トン（1977年，すべて動力船）に大型化するなかで，それによるブリの年間水揚げは2500トン前後（1965-1970年）から500トン前後（1971年以後）に減少した．これに対して壱岐島内における一本釣り以外の漁法によるブリの水揚げは200-300トン（1965-1967年）から600-800トン（1973-1977年）へと2-3倍に増加し，勝本漁協の水揚げを追い越したのである．勝本の漁業者あたりの収益の低下や壱岐島内での勝本の比重の低下は明らかである．このような情勢のなかで，勝本の漁民はイルカに対する寛容さをしだいに失っていったのではないだろうか．

勝本の漁業者の訴えた被害の内容には次のようなものがあった：①釣り針にかかったブリをイルカが盗む，②イルカが漁場に現れるとブリ群が沈下して釣れなくなる，③イルカが漁師の取り分を横取りしている．第一の被害は漁場で漁業者が確認できる被害であり，同様の被害は世界各地で発生している．この場合に，イルカの食性との関係で，特定の漁業に特定の種類のイルカが関係していると考えられる．たとえばハナゴンドウはイカ食に特化しているので釣り針にかかったブリを盗む可能性は低い．日本のマグロ延縄の釣り針にかかったマグロが盗まれる「シャチ食い」と呼ばれた被害は，オキゴンドウによる食害である．アラスカ湾のギンダラ漁では底延縄漁船が縄を揚げ始めると，その音を聞いてシャチやマッコウクジラが寄ってきて獲物をとるという報告があるし，ハンドウイルカが水底に設置された筌に入った魚とか，養殖生け簀に飼われている魚を盗む例なども知られている．このような現象は多分にイルカ側の学習によるものであるから，威嚇を試みても逆効果になるおそれもある．水産庁の研究班が壱岐のブリ漁場からイルカを駆逐する方法を研究したが，見るべき成果は得られなかった．対策としてはイルカが盗みにくい漁具や漁法に転換するとか，問題のイルカの行動圏外で操業して被害を減らすなどしかないらしい．このような知恵のついたイルカやクジラを皆殺しにすることは技術的にもむずかしいし，社会的にも非難を受けがちである．

第二の被害，すなわちイルカが出るとブリが沈下して釣れなくなるという問題については，そのような現象があったのは事実だったと思われるが，その仕組みはまだ解明されていない．操業妨害の仕組みやその有無はイルカの種類によって異なる可能性がある．また，ブリの資源が多い時代には，よその釣り場に移れば済んだかもしれないが（本節前述），資源状態が悪くなった場合には，移動先がなくなるので，イルカ被害がめだつことになる．勝本では4種のイルカが駆除されてきたが，どの種も同じように操業妨害をするのか否かも明らかではない．ブリが浮上する理由は，おそらく表層に群らがっている小魚を食べるためであろうと思われる．そこにやってくるイルカは，同じ小魚を狙ってブリと餌の奪い合いをしているのか，それとも浮上したブリを攻撃しようとしているのか，どちらであるのか明らかではない．ただし，壱岐周辺でブリを捕食したことが確認されたイルカは上にあげた4種のうちのカマイルカとオキゴンドウだけである．イルカの存在がなんらかのプロセスでブリ一本釣り漁業者から釣りの機会を奪っているとしても，これをイルカの立場に立てば，「昔からこのようにしてブリと付き合ってきたところに，後から割り込んできて，イルカを非難する人間は身勝手だ」ということになる．自然を収奪する産業の開発において配慮を求められる課題である．

7.2　広い世界では

そこで，イルカと魚と漁業の関係について，これに似た話題をいくつか拾ってみる（Gerrodette, 2009; Fertl, 2009）．そのひとつは東部熱帯太平洋のキハダマグロ漁である．この海域でもかつては日本のカツオ釣りのような一本釣り漁をしていたが，1950年代に合成繊維の網を使う大規模巻き網漁を米国の漁業者が始めた．この海域は水温躍層が浅い，つまりマグロの好む暖かい表層水が薄いので巻き網操業に適しているといわれる．キハダマグロの群れは単独でいることも，流木についていることもあるが，多くの場合はイルカの群れの下について，イルカの群れと一緒に行動している．巻き網業者はイルカの群れを発見するとモーターボートを降ろして，イルカの群れを小さくまとめる．その間もマグロの群れはイルカから離れない．漁業者はこれを巻き網で巻いてマグロとイルカを一緒にとらえるのである（イルカ巻きと呼ばれる）．

その結果，1970年代前半までは，年間30万-70万頭のイルカが殺されて廃棄されていると推定され，大きな漁業問題となった．その後，巻き網の改良と網を閉める前にイルカだけを逃がす手法が開発され，それが義務化された結果，1980年ころには混獲が2万頭程度まで低下した．ところが，このような米国の規制を逃れて，ラテンアメリカ諸国に船籍を置く船が増えるという問題が発生した．その対策として，国際監視員制度を導入したことと，主要な消費国である米国がイルカ巻きでとれたマグロの輸入をやめたことの効果で，最近の混獲数は1万3000頭程度に低下したと推定されている．この漁業で被害を受けたイルカはマダライルカ，ハシナガイルカ，マイルカ，ハセイルカの4種であり，なかでも初めの2種は被害が大きく，それらの現在の生息頭数は75万頭（マダライルカ）ないし50万頭（ハシナガイルカ）で，巻き網漁業が始まったころのそれぞれ19%ないし29%に低下していると推定されている．キハダマグロが漁獲されたことによりイルカ類の餌の供給が増えたのかどうか，生態系を通じてのイルカとマグロの関係については研究がない．しかし，これらイルカ類から見れば，「イルカ巻き」による死亡のほうが被害としては大きかったことはまちがいないように思われる．

鯨類の利用のひとつにホエール・ウオッチングがある．これはコククジラを対象に1955年に米国西岸で始まったといわれるが，今では世界各地で行われ，対象はイルカ類にも拡大している．鯨類にとっては殺されるよりはましではあろうが，観光船に包囲されたり，追跡されたりすることは迷惑に違いない．さまざまな鯨種で観光船の接近にともない潜水パターンなどの行動が変化することが観察されているし，観光地のザトウクジラで副腎皮質ホルモンの1種コルチゾルのレベルが高いのは観光船によるストレスが原因らしいともされている（Teerlink *et al.*, 2018）．イルカでは生活場所の変更，繁殖成功度の低下，個体数の減少などが観光船の影響ではないかと疑われた例もある（Hoyt, 2018）．日本では観光船業者の自主規制によって鯨類への接近方法や距離などが規制されている．ただし，そのような規制の生物学的根拠や効果は必ずしも明確でない点は日本だけの問題ではないらしい (Higham *et al*., 2014). ホエール・ウオッチングの現状についてはIWCによる電子本 Whale Watching Handbook (https://wwhandbook.iwc.int/en/) が参考になる.

イルカが漁業者の操業を積極的に助けると信じられている例もある. 私がかつて文献で集めたところでは, その漁法には銛突き漁 (ブラジルのアマゾン河), 地引き網 (オーストラリアのモアトンベイ, モーリタニア), 投網 (イラワジ河, ブラジルのラグナ), 捕鯨 (オーストラリアのトゥフォルドベイ) などがある (粕谷, 1997a).

モーリタニアのイムラゲンと呼ばれる人々は沖合にボラの群れを見つけると海面をたたいてイルカを呼ぶ. するとハンドウイルカやウスイロイルカが沖から岸近くまでボラを追ってきてさかんに食べる. 人々はそこに地引き網を入れてボラをとるという. この漁法は1980年ころに巻き網漁が始まるまで行われていたらしい. 同様の地引き網はオーストラリアのモアトンベイでも行われていたが, ここでは十分食べられなかったイルカには, 後から漁師が魚を投げ与えたということである.

ミャンマーのマンダレー北方のイラワジ河ではカワゴンドウと投網漁師の協力関係が信じられている (図7.1). そこでは乾季になって水量が下がると漁師はイルカの助けを借りて投網漁をやる. 漁師は手ごろな深さの岸辺に行って, 船べりをたたいてカワゴンドウを呼び寄せる. ここでは水が濁っていて魚は見えない. イルカはときおり背鰭を見せるが, 水面下のイルカの動きはよくわからない. 漁師は寄ってきたカワゴンドウの動きと水紋から魚の所在の見当をつけて投網を投げるのである. 私はこの漁業を2007年12月に見たが, イルカと漁師のそれぞれがどのような利益を得ているのか判断できなかった. ただし, イルカがいなければ漁師はどこに網を投げたらよいか見当がつかないのも事実である.

オーストラリアのトゥフォルドベイでは20世紀の初めまで手投げ銛を使うザトウクジラ漁が行われていた. そこでは捕鯨漁期になると20頭以上のシャチの一群がやってきて, クジラの発見, 追尾, 銛打ちまでの過程で捕鯨業者に協力したそうである. 捕鯨業者はクジラの死体を解体場に曳航した後, それをしばらく放置してシャチが舌や唇をついばむのに任せたのである. 不

図 7.1　マンダレーの北約 30 km のイラワジ河畔のイルカ保護区で乾季に行われる投網漁．漁師は船べりをたたいてカワゴンドウを呼び，イルカの動きや水紋から魚の所在を推定して投網を投げる．2007 年 12 月 8 日粕谷俊雄撮影．

思議なことに，ここの捕鯨業者は鮮度を重視することなく，腐敗臭が始まるまで放置したそうである．

これらの例から次のようなことが考えられる．すなわち，イルカのほうでは漁のおこぼれがもらえるとか盗めるというメリットを学習しているらしいことであり，漁業者の側ではそれをマイナスとは思わず，事実はともかくとして，イルカがいると具合がよいと認識していることである．日本にも「イルカがいると魚が釣れる」といわれた漁業があった（粕谷，2011：8.4.6 項）．広島県竹原の阿波島の先で行われていた「スナメリ網代漁業」である．忠海の一本釣り漁師はここにスナメリが群がっているのを見ると，そこに釣り糸を下ろしてタイやスズキを釣っていた．漁業者の理解では，スナメリは水面近くにいるイカナゴのような小魚を攻撃する，小魚はそれを避けて沈下する，沈下してきた小魚を狙って底層近くからタイが浮上してくるので，漁師の釣り針にかかりやすくなるということであった．この漁業は 18 世紀中ごろから行われており，阿波島の南端から半径 1500 m の海面は「スナメリクジラ回遊海面」として 1930 年に天然記念物に指定され，そこでのスナメリの捕獲が禁止されてきた．1970 年代末に忠海漁協で聞いた話では，この漁業は 1960 年代に廃絶したそうである．スナメリの餌になるイカナゴがこのあたりから消え，タイなども釣れなくなったためだと聞いた．

広島県における海砂利の採取は1960年ころに始まり1999年に全面的に禁止されたが，阿波島周辺は海砂利採取がさかんに行われて，水深の増大など海底地形が大きく変化した海域のひとつである．私は1976-1978年と1999-2000年の2回，瀬戸内海でスナメリの分布を調査した．最初のときには阿波島の西方の生野島との中間域では海砂利の採取が進行しており，阿波島の周辺ではスナメリをたくさん見たが，2回目には海砂利の採取は停止され，スナメリはまったく見えなくなっていた．スナメリの好む浅海の生態系が海砂利採取で破壊されたためであるらしい（6.5.1項）．将来，これが回復するものかどうか経過観察が望まれる．なお，各種の海中工事，ソナー，航行船舶のエンジンなどによる水中騒音も鯨類の生活環境の劣化要因として懸念されている。

壱岐のイルカ騒動における漁業者の第三の主張は「イルカが漁師の取り分を横取りしている」というものであった（7.1節）．時間の経過につれて「イルカがブリを食う」という単純な食害意識から，「イルカがいなければ，さまざまな魚がもっと増えるはずだ」という生態系被害へと主張が変化していったのである．これはイルカ被害を勝本漁協の問題から長崎県下の全漁民の問題に拡大して，対策を県漁民の事業とするプロセスと並行していたように私には思われた．この主張は2つの解決困難な問題を含んでいる．ひとつは海洋生態系におけるイルカの役割が現在の海洋生態学のレベルでは解明できていないことである．いいかえれば，壱岐周辺からイルカがいなくなれば漁師のブリの取り分が増えるのか，あるいは減るのか，という疑問には答えが出ていないのである．ブリ以外の水産資源についても同様である（3.1節）．もうひとつの困難な問題は，かりにイルカの個体数を減らせば漁業者の利益が増すということが確からしいとわかったときに，われわれはどう行動するべきかという問題である．日本にも世界にもこれについて合意された基準はない．イルカの駆除を始めたときの壱岐の漁民の心情には，海の生きものはだれのものでもないから，好きなように処理するという考えがあったかもしれない．壱岐の漁民が初めてイルカの追い込みに成功してハナゴンドウを捕獲したのが1976年である．その3年目の1978年2月にはハンドウイルカとオキゴンドウを合わせて1000頭以上を捕獲して，壱岐の漁民は歓声をあげていた．だが，それに対しては国際的な批判が寄せられて，日本の在外公館に抗議が殺到した（原田・塚本，1980）．壱岐の漁民にとってはまったく予期しない反応であったらしい．イルカに対する思い入れは駆除を批判した人々の間でも一様ではなかったと想像されるが，その根底には壱岐周辺のイルカといえども全人類の共有財産だという認識があったと私は見ている．これからの自然保護や漁業資源の管理においては，この認識を共有することが必要である．現行の国際捕鯨取締条約もこのような理念にもとづいている[1]．

1）新聞報道によれば，日本政府は商業捕鯨再開を認めない国際捕鯨委員会の態度を不満として，国際捕鯨取締条約を脱退する方針を 2018 年 12 月 26 日に発表した．これを 1 月 1 日までに通告すれば，規定により 6 月 30 日に脱退が発効する．日本は南極海と北太平洋で行ってきた調査捕鯨に代えて，2019 年 7 月に自国の 200 カイリ以内の水域で商業捕鯨を再開する方針とされる．これに対する国際的な反応が注目される．

おわりに

私が初めて小型鯨類の研究に関係したのは，大学の卒業研究のテーマにマッコウクジラの年齢査定を選び，当時の（財）日本捕鯨協会鯨類研究所（鯨研）にお世話になった1960年であった．その年の秋に西脇昌治・大隅清治両氏の手伝いでスジイルカ調査のために静岡県川奈漁港に同行した．当時の伊豆半島では西海岸の安良里，東海岸の富戸と川奈の３つの漁業協同組合が競ってスジイルカを湾内に追い込んで捕獲していた．その漁獲物を調査してイルカ類の成長や繁殖を明らかにし，資源管理に役立てようというのが，この調査の目的であった．これが縁で卒業と同時に鯨研に就職した．当時はヒゲクジラ類では耳垢栓を用いる年齢査定がナガスクジラで実用化され始め，ハクジラ類では歯を用いてマッコウクジラやヒレナガゴンドウなどの年齢査定が始まり，鯨類の生活史の解明が進みつつあったが，スジイルカについては寿命すら知られていなかったのである．

鯨学の書籍や論文があふれる今と違い，当時はこの分野の入門書は，洋書ではBeddard（1900）の“A Book of Whales”やNorman and Fraser（1937）の“Giant Fishes, Whales and Dolphins”，和書では松浦（1943）の『海獣』や前田・寺岡（1952）の『捕鯨——附日本の遠洋漁業』などに限られていた．専門的な書籍としては英国のDiscovery Reportsや，それを手本にした鯨研のScientific Reportsのシリーズがあり，これらで勉強した．その後まもなくSlijper（1962）の“Whales”や西脇（1965）の『鯨類・鰭脚類』が出て鯨類研究の指針となった．

当時の鯨学は漁獲物や漂着死体に大きく依存していた．日本では南氷洋や北太平洋の母船式捕鯨業と沿岸捕鯨（大型捕鯨業と小型捕鯨業）で多数のクジラが捕獲されていたので，クジラ研究の場として恵まれていたようにも見える．しかし，これらの操業には漁期，下限体長，子連れ雌の保護などの厳しい規制があったため，漁獲物の組成には著しい偏りが予測された．そのうえ，当時の沿岸捕鯨では漁獲データの変造も横行していたので，このような操業から得られた情報や試料を研究に用いるには警戒が必要と感じられた．一方，イルカ類やツチクジラなどの小型鯨類を捕獲する漁業では，規制はないか，あっても緩やかで，いわば手当たり次第にとる操業だったので，その漁獲物は生活史の研究には使いやすかった．私はいくつかの職場を移りながらも，日本周辺で漁獲された小型鯨類の死体を調査して，その生活史の解明を試みるという仕事を続けることができた．本書で扱った生物学的情報の多くは，このようにして漁業に依存する手法で得られたものであるが，今ではその研究手法にも限界が見えてきた．

日本の小型鯨類を捕獲する漁業の動向を見てみよう．伊豆半島のスジイルカ漁は漁業管理の失敗から資源が壊滅した好例である．ハンドウイルカやコビレゴンドウの資源についても，1970 年代以来の漁獲の動向にはけっして楽観が許されない変化が認められている．イシイルカの資源も，今のままの操業を長期に継続できるという証拠はない．スジイルカの失敗を繰り返さないためにも，日本の小型鯨類の管理には慎重な対応が望まれる．近年は野生の鯨類を継続して観察することによって，彼らの生態に関する貴重な情報が得られつつある．それは社会行動や繁殖などにおける個体差という漁獲物の解析では得られないものであり，鯨類の保全や管理に貢献すると予測され，次世代の科学者の努力に期待するところが大きい．本書の読者は気づかれたかもしれないが，これらの成果の多くはイルカ漁が行われていない諸外国で得られたものである．このような研究手法は鯨類を対象とする漁業とは共存できない．資源管理のための研究の進展が漁業の存在によって妨げられるという皮肉な事態に至っている．

私はこれまでの研究生活において多くの人たちのお世話になった．第一は漁業者の皆さんである．北海道から三陸・房総半島・伊豆半島・和歌山県を経て長崎県に至る各地の漁業地で，水揚げされた小型鯨類の死体を自由に調査させていただいた．水揚げの現場で研究者がイルカの体長を測り，生殖腺や歯を集めて作業の妨げをしたに違いないが，漁業者の皆さんは研究者を快く受け入れてくれた．第二は私の活動を支援してくださった方々である．そこには研究を指導してくださった先達の方々，研究費や研究環境を整えてくれた組織の方，現場で血にまみれつつ標本採取を手伝ってくれた方，研究室で標本やデータを整理してくれた方などがある．私の研究成果はこれら各位の理解と協力の賜物である．これらの研究に用いた原資料は，研究者による将来の再利用に備えて国立科学博物館動物研究部に寄託してある．

本書の出版に際しては天野雅男氏には草稿の校閲を賜り，白木原美紀氏，R.L. ブラウネル氏，辺見栄氏，山田格氏，N.A. ローズ氏の各位には参照文献の検索でお世話になった．また，東京大学出版会編集部の光明義文氏には本書の企画・編集においてお世話いただいた．これら諸氏に感謝する．

2018 年 12 月 25 日

粕谷俊雄

引用文献

[50 音順]
石川創　1994. 日本沿岸のストランディングレコード（1901-1993）. 日本鯨類研究所, 東京. 94 頁.
石川創　2017. 山口県長門市大日比地区のイルカ追い込み漁――昭和期の捕獲を中心にして. 下関鯨類研究室報告 5: 1-17.
板橋守邦　1987. 南氷洋捕鯨史. 中央公論社, 東京. 233 頁.
伊藤春香　2008. 鯨の形態. pp. 78-132. *In*: 村山司（編）鯨類学. 東海大学出版会, 秦野市. 402 頁.
伊藤正利　1986. 西日本海域でのイルカ類の捕獲. pp. 25-42. *In*: 田村保・大隅清治・荒井修亮（編）漁業公害（有害生物駆除）対策調査委託事業調査報告書（昭和 56-60 年度）. 水産庁, 同検討委員会. 284 頁.
井上顕　1996. 南西諸島近海に生息するゴンドウクジラ類の餌動物をめぐる関係について. 琉球大学卒業論文. 31 頁.
王愈超（Wang, J. Y.）・楊世主（Yang, S.）2007. 台湾鯨類図鑑. 人人出版・国立海洋生物博物館, 台湾. 207 頁.
大泉宏　2008. 日本近海における鯨類の餌生物. pp. 197-237. *In*: 村山司（編）鯨類学. 東海大学出版会, 秦野市. 402 頁.
大蔵常永　1826. 除蝗録. 京都書林, 京都. 28 丁.
大隅清治　1957. 鯨の双生児 1, 2. 鯨研通信 68: 1-4, 69: 13-16.
大隅清治　1963. マッコウクジラの歯の話. 鯨研通信 141: 1-16.
大村秀雄・松浦義雄・宮崎一老　1942. 鯨――その科学と捕鯨の実際. 水産社, 東京. 319 頁.
沖縄海洋生物飼育技術センター　1982. 水族館等展示用小型歯鯨類調査報告書. 沖縄海洋生物飼育技術センター, 名護. 43 頁.
海洋博記念公園管理財団　1985. 水族館等展示用小型歯鯨類調査報告書（II）. 海洋博記念公園管理財団, 名護. 36 頁.
影崇洋　1999. DNA 多型によるコビレゴンドウ（*Globicephala macrorhynchus*）の群構造の解析に関する研究. 三重大学生物資源学部博士号審査論文. 141 頁.
粕谷俊雄　1976. スジイルカの資源. 鯨研通信 295: 19-23, 296: 29-35.
粕谷俊雄　1980. イルカの生活史――日本近海の種類・分布・生長・繁殖・社会行動. アニマ 8(9): 13-23.
粕谷俊雄　1986. オキゴンドウ. pp. 178-187. *In*: 田村保・大隅清治・荒井修亮（編）漁業公害（有害生物駆除）対策調査委託事業調査報告書（昭和 56-60 年度）. 水産庁, 同検討委員会. 285 頁.
粕谷俊雄　1990. 歯鯨類の生活史. pp. 80-127. *In*: 宮崎信之・粕谷俊雄（編）海

の哺乳類――その過去・現在・未来．サイエンティスト社，東京．300 頁．
粕谷俊雄　1995．コビレゴンドウ．pp. 542-551. *In*: 小達繁（編）　日本の希少な野生生物に関する基礎資料（II）．日本水産資源保護協会，東京．751 頁．
粕谷俊雄　1996．ザトウクジラ．pp. 312-318. *In*: 小達繁（編）　日本の希少な野生生物に関する基礎資料（III）．日本水産資源保護協会，東京．582 頁．
粕谷俊雄　1997a．イルカはなぜ青年を救ったか．勇魚 27: 37-53.
粕谷俊雄　1997b．カワイルカの生物学．pp. 11-57. *In*: 粕谷俊雄（編）カワイルカの話――その過去・現在・未来．鳥海書房，東京．92 頁．
粕谷俊雄　2011．イルカ――小型鯨類の保全生物学．東京大学出版会，東京．640 頁．（Kasuya 2017 は本書の増補・改訂・英語版で 2013 年までの捕獲統計を掲載する）
粕谷俊雄・泉沢康晴・光明義文・石野泰治・前島依子　1997．日本近海産ハンドウイルカの生活史特性値．国際海洋生物研究所報告（鴨川）7: 71-107.
粕谷俊雄・山田格　1995．日本鯨類目録．日本鯨類研究所，東京．90 頁．
片岡照夫・北村秀策・関戸勝・山本清　1976．スナメリの食性について．三重生物 24/25: 29-36.
加藤秀弘　1990．ヒゲクジラ類の生活史――特に南半球産ミンククジラについて．pp. 128-150. *In*: 宮崎信之・粕谷俊雄（編）　海の哺乳類――その過去・現在・未来．サイエンティスト社，東京．300 頁．
金成秀雄　1983．房総の捕鯨．崙書房，流山市．154 頁．
金田帰逸・丹羽平太郎　1899．第二回水産博覧会審査報告，第 1 巻第 2 冊．農商務省水産局，東京．219 頁．
神山峻　1943．水産皮革．水産経済研究所，東京．356 頁．
川島瀧蔵　1894．静岡県水産誌．静岡県漁業組合取締所，静岡市．巻 1：144 丁，巻 2：91 丁，巻 3：203 丁，巻 4：181 丁．（1984 年に静岡県図書館協会により復刻された）
川端弘行　1986．鯆漁［イルカ漁］．pp. 636-664. *In*: 山田町史編纂委員会（編）　山田町史　上巻．山田町教育委員会，山田町．10＋1095 頁．
河村章人・中野秀樹・田中博之・佐藤理夫・藤瀬良弘・西田清徳　1983．青函連絡船による津軽海峡のイルカ類目視観察（結果）．鯨研通信 351/352: 29-52.
木崎盛標　1773．江猪漁事［イルカ漁のこと］．Hawley（1958-1960）中の影印による．
北原武（編）　1996．鯨に学ぶ――水産資源を巡る国際情勢．成山堂書店，東京．233 頁．
北村穀実　1995．能登国採魚図絵．pp. 117-239. 日本農書全集，第 58 巻．農山漁村文化協会，東京．406＋I-XIII 頁．
小牧恭子　1969．房州の捕鯨．史論（東京女子大学歴史学研究室）6: 413-416.
佐久間淳子　2015．いま，鯨肉は「品薄」で「お高い」か？　イルカ＆クジラ・アクション・ネットワークニュース 60: 13-14.
桜本和美　1991．モデル依存型鯨類資源管理方式．pp. 173-183. *In*: 桜本和美・加藤秀弘・田中昌一（編）　鯨類資源の研究と管理．恒星社厚生閣，東京．273 頁．

佐野蘊　1998. 北洋サケ・マス沖取り漁業の軌跡. 成山堂書店, 東京. 188 頁.
静岡県教育委員会　1986. 伊豆における漁労習俗調査 I, 静岡県文化財調査報告書 33. 静岡県文化財保護協会, 静岡. 211 頁.
静岡県教育委員会　1987. 伊豆における漁労習俗調査 II, 静岡県文化財調査報告書 39. 静岡県文化財保護協会, 静岡. 193 頁.
渋沢敬三（日本学士院編）1982. 明治前日本漁業技術史. 野間科学医学研究資料館, 東京. 701 頁.
白木原国雄・岡村寛・笠松不二男（訳）2002. 海産哺乳類の調査と評価, 鯨研叢書 No. 9. 日本鯨類研究所, 東京. 169 頁.
白木原国男・白木原美紀　2002. 有明海・橘湾, 大村湾, 瀬戸内海調査. pp. 27-52. *In*: 生物多様性センター（編）海域自然環境保全基礎調査——海棲動物調査（スナメリ生息調査）報告書. 海中公園センター, 東京. 136 頁.
水産総合研究センター　2016. 平成 27 年度国際漁業資源の現況. http://www.kokushi.fra.go.jp/genkyo-H27（2017 年 3 月 20 日閲覧）
関沢明清　1892a. 捕鯨銃の実験. 大日本水産会報告 117: 4-25.
関沢明清　1892b. 大島及び房州海の捕鯨. 大日本水産会報告 123: 606-607.
太地町立くじらの博物館　1982. 和歌山県太地で捕獲されたサカマタの飼育について. 太地町立くじらの博物館, 太地. 27 頁.
太地亮　2001. 太地角右衛門と鯨方. 太地亮, 新宮市三輪崎. 159 頁.
大日本水産会　1896. 捕鯨志. 嵩山房, 東京. 298＋10 頁.
太平洋漁業株式会社（未刊）. 自昭和 13 年 10 月至昭和 14 年 12 月　海豚漁業操業実績. 太平洋漁業株式会, 気仙沼出張員事務所. 113 頁.
竹中邦香　1887（序）. 房南捕鯨史（上・下）. 未刊. 吉原（1976a）の pp. 98-135 に収録されている.
竹中邦香　1890. 海豚捕獲の統計及び利用上の調査. 大日本水産会報告 98: 241-249.
竹村暘　1986. イルカ類の生物学的特性値——A. カマイルカ, ハンドウイルカ. pp. 161-177. *In*: 田村保・大隅清治・荒井修亮（編）漁業公害（有害生物駆除）対策調査委託事業調査報告書（昭和 56-60 年度）. 水産庁, 同検討委員会. 285 頁.
田中彰　1986. 放流結果. pp. 127-149. *In*: 田村保・大隅清治・荒井修亮（編）漁業公害（有害生物駆除）対策調査委託事業調査報告書（昭和 56-60 年度）. 水産庁, 同検討委員会. 285 頁.
田中昌一　1985. 水産資源学総論. 恒星社厚生閣, 東京. 381 頁.
田村保・大隅清治・荒井修亮（編）1986. 漁業公害（有害生物駆除）対策調査委託事業調査報告書（昭和 56-60 年度）. 水産庁, 同検討委員会. 285 頁.
鳥羽山照夫　1969. 漁獲資料よりみた相模湾産スジイルカの群構成頭数とその変化. 鯨研通信 217: 109-119.
鳥羽山照夫　1974. 小型歯鯨類の摂餌生態に関する研究. 東京大学学位審査論文. 231 頁.（未見, 大泉 2002 による）.
鳥羽山照夫・清水宏　1973. 飼育下におけるハンドウイルカ, *Tursiops gilli* の摂餌量と体重との関係（維持体重について）. 日本動物園水族館協会誌 15(2):

37-39.
中村羊一郎　1988．イルカ漁をめぐって．pp. 492-136. *In*: 静岡県民俗芸能研究会（編）静岡県・海の民俗誌――黒潮文化論．静岡新聞社，静岡．379 頁．
中村羊一郎　2005．玄界灘におけるイルカ漁と漁業組織．静岡産業大学国際情報学紀要 7 号: 1-46.
中村羊一郎　2017．イルカと日本人――追い込み漁の歴史と民俗．吉川弘文館，東京．264＋viii 頁．
名護博物館　1994．ピトゥと名護人――沖縄県名護のイルカ漁．名護博物館，名護．154 頁
日本捕鯨業水産組合（編）1943（序）．捕鯨便覧，3 編．日本捕鯨業水産組合，東京．203 頁
農商務省　1890-1893．水産調査予察報告．捕鯨船（竹内賢士私家版）30 号（1999）1-41 の復刻による．
農商務省水産局　1911．水産捕採誌，1 巻．水産書院，東京．424 頁
野口栄三郎　1946．海豚とその利用．pp. 3-36. *In*: 野口栄三郎・中村了　海豚の利用と鯖漁業．霞ヶ関書房，東京．70 頁．
橋浦泰雄　1969．熊野太地浦捕鯨史．平凡社，東京．662 頁．
馬場徳寿・加藤秀弘・田中彰　1994．人工衛星によるハンドウイルカ（*Tursiops truncatus*）の追跡結果，1994 年．pp. 1-21. *In*: 粕谷俊雄（編）「人工衛星を利用した海豚類の行動研究」成果報告書．34 頁．水産庁・国際資源班宛．
浜中栄吉　1979．太地町史．太地役場，太地．952 頁．
原田賀一・塚本義男　1980．イルカと漁業．pp. 411-436. *In*: 熊本平助（編）勝本漁業史．勝本漁業協同組合，勝本．576 頁．
平口哲夫　1986．動物遺体の概要．pp. 346-365. *In*: 山田芳和（編）石川県能都町真脇遺跡．能都教育委員会真脇遺跡発掘調査団，石川県能都町．482 頁．
藤瀬良弘・石川創・斎野重雄・川崎真弘　1992．突きん棒漁業におけるイシイルカの捕獲とストラック・アンド・ロスト率について．pp. 82-93. *In*: 平成 3 年度日本周辺イルカ生物調査報告書（水産庁委託研究報告結果）．（財）日本鯨類研究所，東京．101 頁．
古田正美・赤木太・小松由章・吉田英可　2007．スナメリ特別採捕の実施と研究の進捗状況．発行者・発行地記載なし．127 頁．
古田正美・塚田修・片岡照夫　1977．スナメリ・メリー誕生の記録．pp. 1-12. *In*: スナメリの飼育と生態．鳥羽水族館，鳥羽．58 頁．
松浦義雄　1942．海豚の話．海洋漁業 71: 53-109.
松浦義雄　1943．海獣．天然社，東京．298 頁．
水口博也（編）2015．シャチ　生態ビジュアル百科――世界の海洋に知られざるオルカの素顔を追う．誠文堂新光社，東京．191 頁．
宮下富夫　1986．調査船による調査．pp. 78-82. *In*: 田村保・大隅清治・荒井修亮（編）漁業公害（有害生物駆除）対策調査委託事業調査報告書（昭和 56-60 年度）．水産庁，同検討委員会．285 頁．
宮下富夫　1994．北太平洋の流し網漁業で混獲されるいるかの分布と資源量．北太平洋漁業委員会研究報告（バンクーバー）53(III): 347-359.

宮下富夫　1997. 鯨類の資源量推定——現状と問題点. pp. 167-185. *In*: 宮崎信之・粕谷俊雄（編）海の哺乳類——その過去・現在・未来. サイエンティスト社, 東京. 311頁. 1990年初版.

宮下富夫・岩崎英俊・諸貫秀樹　2007. 北太平洋におけるイシイルカの資源量推定. 平成19年度（2007）日本水産学会秋季大会講演要旨集. 第164頁.

村山司（編）2008. 鯨類学. 東海大学出版会, 秦野市. 402頁.

矢田部明子　2015. 日本近海のシャチは何を食べているか. pp. 106-109. *In*: 水口博也（編）シャチ　生態ビジュアル百科——世界の海洋に知られざるオルカの素顔を追う. 誠文堂新光社, 東京. 191頁.

山極寿一　2015. ゴリラ（第2版）. 東京大学出版会, 東京. 248+38頁.

山瀬春政　1760. 鯨志. 大阪書林, 大阪. 27丁.

山田文雄　2017. ウサギ学——隠れることと逃げることの生物学. 東京大学出版会, 東京. 275頁.

山田芳和　1995. 図説真脇遺跡. 能都町教育委員会, 能都町. 41頁.

吉岡基　2002. 伊勢湾・三河湾調査. pp. 53-89. *In*: 生物多様性センター（編）海域自然環境保全基礎調査——海棲動物調査（スナメリ生息調査）報告書. 海中公園センター, 東京. 136頁.

吉岡基・粕谷俊雄　1991. 生態・分布分析による鯨類の系群判別. pp. 53-63. *In*: 桜本和美・田中昌一・加藤秀弘（編）鯨類資源の研究と管理. 恒星社厚生閣, 東京. 273頁.

吉田禎吾　1979. 漁村の社会人類学的研究——壱岐勝本浦の変容. 東京大学出版会, 東京. 251+4頁.

吉原友吉　1976a. 房南捕鯨. 東京水産大学論集 11: 15-144.

吉原友吉　1976b. 丹後国伊根浦の捕鯨. 東京水産大学論集 11：145-184.

和久田幹夫　1989. 舟屋むかしいま——丹後伊根浦の漁業小史. あまのはしだて出版, 京都府. 88頁.

[アルファベット順]

Amano, M. and Hayano, A. 2007. Intermingling of *dalli*-type Dall's porpoises into a wintering *truei*-type population off Japan: implication from color patterns. *Marine Mammal Sci.* 23(1): 1-14.

Amano, M. and Kuramochi, T. 1992. Segregative migration of Dall's porpoise (*Phocoenoides dalli*) in the Sea of Japan and Sea of Okhotsk. *Marine Mammal Sci.* 8(2): 143-151.

Amano, M., Kusumoto, M., Abe, M. and Akamatsu, T. 2017. Long-term effectiveness of pingers on a small population of finless porpoises in Japan. *Endeng. Species Res.* 32: 35-40.

Amano, M., Nakahara, F., Hayano, A. and Shirakihara, K. 2003. Abundance estimate of finless porpoise off the Pacific coast of eastern Japan based on aerial surveys. *Mammal Study* 28: 103-110.

Amano, M., Yoshioka, M., Kuramochi, T. and Mori, K. 1998. Diurnal feeding by Dall's porpoise, *Phocoenoides dalli*. *Marine Mammal Sci.* 14(1): 130-135.

Amos, B., Bloch, D., Desportes, G., Majerus, T.M.O., Bancroft, D. R., Barrett, L. A. and Dover, G. A. 1993. A review of molecular evidence relating to social organization and breeding system in the long-finned pilot whale. *Rep. int. Whal. Commn.* Special Issue 14 (Biology of Northern Hemisphere Pilot Whales): 210–217.

Andersen, L. W. 1993. Further studies on the population structure of the long-finned pilot whale, *Globicephala melas*, off the Faroe Islands. *Rep. int. Whal. Commn.* Special Issue 14 (Biology of Northern Hemisphere Pilot Whales): 219–231.

Andrews, R. C. 1914. *The California Gray Whale* (Rhachianectes glaucus *Cope*). Monograph of Pacific Cetacea I. American Museum of Natural History. 287pp.

Andrews, R. C. 1916. Rediscovering a supposedly extinct whale. pp. 186–196. *In*: Andrews, R. C. Whale Hunting with Gun and Camera. Appleton and Co., New York and London. 333pp.

Anon. 1993. Progress Report-Japan. *Rep. int. Whal. Commn.* 40: 198–205.

Anon. 2002. Report of the Standing Sub-Committee on Small Cetaceans. *J. Cetacean Res. Manage.* 4 (Supplement): 325–338.

Au, W. W. L. 1993. *Sonar of Dolphins*. Springer-Verlag, New York. 277pp.

Bannister, J. L., Josephson, E. A., Reeves, R. R. and Smith, T. D. 2008. There she blew! Yankee sperm whaling grounds, 1760–1920. pp. 109–132. *In*: Starkey, D. J., Holm, D. J. and Barnard, M. (eds.). Oceans Past: Management Insight from the History of Marine Animal Populations. Earthscan, London. 223pp.

Berta, A., Sumich, J. L. and Kovacs, K. M. 2006. *Marine Mammals: Evolutionary Biology* (Second Edition). Academic Press, San Diego, USA. 547pp. +16 plates.

Best, P. B. 1979. Social organization in sperm whales, *Physeter macrocephalus*. pp. 227–289. *In*: Winn, H. E. and Olla, B. L. (eds.) Behavior of Marine Mammals: Current Perspectives in Research, Vol. 3 (Cetaceans). Plenum Press, New York. 438pp.

Best, P. B. 1980. Pregnancy rate in sperm whales off Durban. *Rep. int. Whal. Commn.* Special Issue 2 (Sperm Whales): 93–97.

Best, P. B. 2007. *Whales and Dolphins of the Southern African Subregion*. Cambridge University Press, Cape Town. 338pp.

Best, P. B., Canham, P. A. S. and Macleod, N. 1984. Patterns of reproduction of sperm whales, *Physeter macrocephalus*. *Rep. int. Whal. Commn.* Special Issue 6 (Reproduction in Whales, Dolphins and Porpoises): 51–79.

Best, P. B. and Kato, H. 1992. Possible evidence from foetal length distribution of the mixing of different component of the Yellow Sea-East China Sea-Sea of Japan-Okhotsk Sea minke whale population(s). *Rep. int. Whal. Commn.* 42: 166.

Bigg, M. A. 1982. An assessment of killer whale (*Orcinus orca*) stocks off Vancou-

ver Island, British Columbia. *Rep. int. Whal. Commn.* 32: 655–666.
Bloch, D., Lockyer, C. and Zachariassen, M. 1993. Age and growth parameters of the long-finned pilot whales off the Faroe Islands. *Rep. int. Whal. Commn.* Special Issue 14 (Biology of Northern Hemisphere Pilot Whales): 163–207.
Braham, H. W. 1984. Review of reproduction in the white whale, *Delphinapterus leucas*, narwhal, *Monodon monoceros*, and Irrawaddy dolphin, *Orcera brevirostris*, with comments on stock assessment. *Rep. int. Whal. Commn.* Special Issue 6 (Reproduction in Whales, Dolphins and Porpoises): 81–89.
Brent, L. J. N., Franks, D. W., Foster, E. A., Balcomb, K. C., Cant, M. A. and Croft, D. P. 2015. Ecological knowledge, leadership, and the evolution of menopause in killer whale. *Current Biology* 25: 1–5.
Brodie, P. F. 1969. Duration of lactation in cetacean: an indicator of required learning? *Amer. Naturalist* 82(1): 312–314.
Brody, S. 1968. *Bioenergetics and Growth*. Hafner Publ., New York. 1023pp.
Brook, F. M., Kinoshita, R. and Benirschke, K. 2002. Histology of ovaries of a bottlenose dolphin, *Tursiops aduncus*, of known reproductive activity. *Marine Mammal Sci.* 18(2): 540–544.
Brownell, R. L. Jr. 1989. Franciscana, *Pontoporia blainvillei* (Gervais and d'Orbigny, 1844). pp. 45–67. *In*: Ridgway, S. H. and Harrisn, S. R. (eds.) *Handbook of Marine Mammals*, Vol. 4 (River Dolphins and Larger Toothed Whales). Academic Press, London. 442pp.
Brownell, R. L. Jr. and Ralls, K. 1986. Potential for sperm competition in baleen whales. *Rep. int. Whal. Commn.* Special Issue 8 (Behavior of Whales in Relation to Management): 97–112.
Bryden, M. M. 1986. Age and growth. pp. 212–224. *In*: Bryden, M. M. and Harrison, R. (eds.) Research on Dolphins. Clarendon Press, Oxford. 478pp.
Calambokidis, J., Steiger, G. H., —20名省略— and Quinn, T. J. II. 2001. Movement and population structure of humpback whales in the North Pacific. *Marine Mammal Sci.* 17(4): 769–794.
Charlton-Ross, K., Gershwin, L., Thompson, R., Austin, J., Owen, K. and McKechnie, S. W. 2011. A new dolphin species, the Burrunan dolphin *Tursiops australis* sp. nov., endemic to southern Australian coastal waters. *PLoS One* 6: 1–17.
Chivers, S. J., Perryman, W. L., Lynn, M. S., West, K. and Brownell, R. L. Jr. (in press). 'Northern' form short-finned pilot whales (*Globicephala macrorhynchus*) inhabit the eastern tropical Pacific Ocean. *Aquatic Mammals.*
Clapham, P. J. 2009. Humpback whale, *Megaptera novaeangliae*. pp. 582–585. *In*: Perrin, W. F., Würsig, B. and Thewissen, J. G. M. (eds.) Encyclopedia of Maine Mammals, Second Edition. Academic Press, Amsterdam. 1316pp.
Cockroft, V. G. and Ross, G. J. B. 1990. Observation on the early development of a captive bottlenose dolphin calf. pp. 461–78. *In*: Leatherwood, S. and Reeves, R. R. (eds.) The Bottlenose Dolphin. Academic Press, New York. 653pp.
Connor, R. C., Read, A. J. and Wrangham, R. 2000a. Male reproductive strategies

and social bonds. pp. 247–269. *In*: Mann, J., Connor, R. C., Tyack, P. L. and Whitehead, H. (eds.) Cetacean Societies: Field Studies of Dolphins and Whales. The University of Chicago Press, Chicago. 433pp.

Connor, R. C., Wells, R. S., Mann, J. and Read, A. J. 2000b. The bottlenose dolphin: social relationship in a fission-fusion society. pp. 91–126. *In*: Mann, J., Connor, R. C., Tyack, P. L. and Whitehead, H. (eds.) Cetacean Societies: Field Studies of Dolphins and Whales. The University of Chicago Press, Chicago. 433pp.

Cornell, L. H., Asper, E. D., Antrim, J. E., Searles, S. S., Young, W. G. and Goff, T. 1987. Progress report: results of a long-range captive breeding program for the bottlenose dolphin, *Tursiops truncates gilli*. *Zoo Biology* 6(1): 41–53.

Cozzi, B., Huggenberger, S. and Oelschläger, H. 2017. *Anatomy of Dolphins: Insight into Body Structure and Function*. Elsvier, Amsterdam. 438pp.

Crespo, E.A. 2009. Franciscana Dolphin *Pontoporia blainvillei*. pp. 466–469. *In*: Perrin, W. F., Würsig, B. and Thewissen, J. G. M. (eds.) Encyclopedia of Maine Mammals, Second Edition. Academic Press, San Diego. 1316pp.

Croft, D. P., Brent, L. J. N., Franks, D. W. and Cant, M. A. 2015. The evolution of prolonged life after reproduction. *Trends in Ecology and Evolution* 30(7): 407–416.

Dabin, W., Cossais, F., Pierce, G. J. and Ridoux, V. 2008. Do ovarian scars persist with age in all cetaceans: new insight from the short-beaked common dolphin (*Delphinus delphis* Linnaeus, 1758). *Marine Biology* 156: 127–139.

Dahlheim, M. E. and Heyning, J.E. 1999. Killer whale, *Orcinus orca* (Linnaeus, 1758). pp. 281–322. *In*: Ridgway, S. H. and Harrison, S. R. (eds.) Handbook of Marine Mammals, Vol. 6 (The Second Book of Dolphins and the Porpoises). Academic Press, London. 486pp.

Desportes, G. and Mouritsen, R. 1993. Preliminary results on the diet of long-finned pilot whales off the Faroe Islands. *Rep. int. Whal. Commn.* Special Issue 14 (Biology of Northern Hemisphere Pilot Whales): 305–324.

Desportes, G., Saboureau, M. and Lacroix, A. 1993. Reproductive maturity and seasonality of male long-finned pilot whales, off the Faroe Islands. *Rep. int. Whal. Commn*. Special Issue 14 (Biology of Northern Hemisphere Pilot Whales): 233–262.

Dines, J. P., Mesnick, S.L., Rall's K., Collado-May, L., Agnarsson, I. and Dean, M. 2015. A trade-off between precopulatory and postcopulatory trait investment in male cetaceans. *Evolution* 69–6: 1560–1572.

Elliot, G. 1998. *A Whaling Enterprise: Salvesen in the Antarctic*. Michael Russel, Norwich. 190pp.

Ellis, S., Franks, D. W., Nattrass, S., Curie, T. E., Cant, M. A., Giles, D., Balcomb, K. C. and Croft, D. P. 2018. Analyses of ovarian activity reveal repeated evolution of post-reproductive lifespan in toothed whales. *Scientific Reports* 8: Article No. 12833(2018).

Ermak, J., Brightwell, K. and Gibson, Q. 2017. Multi-level dolphin alliance in northeastern Florida offer comparative insight into pressures shaping alliance formation. *J. Mammalogy* 98(4): 1096–1104.

Escorza-Trevino, S. and Dizon, S. 2000. Phylogeography, intraspecific structure, and sex-biased dispersal of Dall's porpoise, *Phocoenoides dalli*, revealed by mitochondrial and microsatellite DNA analysis. *Molecular Ecology* 9: 1046–1060.

Evans, W. E. 1974. Radio-telemetric studies of two species of small odontocete cetaceans. pp. 385–395. *In*: Scheville, W. E. (ed.) The Whale Problem: A Status Report. Harvard University Press, Cambridge, Massachusetts. 419pp.

Fairley, J. 1981. *Irish Whales and Whaling*. Blackstaff Press, Belfast. 218pp.

Ferreira, I. M., Kasuya, T., Marsh, H. and Best, P. 2014. False killer whales (*Pseudorca crassidens*) from Japan and South Africa: differences in growth and reproduction. *Marine Mammal Sci.* 30(1): 64–84.

Ferrero, R. C. and Walker, W. A. 1993. Growth and reproduction of the northern right whale dolphin, *Lissodelphis borealis*, in the offshore waters of the North Pacific Ocean. *Can. J. Zool.* 71(12): 2335–2344.

Ferrero, R. C. and Walker, W. A. 1999. Age, growth, and reproductive patterns of Dall's porpoise (*Phocoenoides dalli*) in the central North Pacific Ocean. *Marine Mammal Sci.* 15(2): 273–313.

Fertl, D. 2009. Fisheries, Interference with. pp. 439–443. *In*: Perrin, W. F., Würsig, B. and Thewissen, J. G. M. (eds.) Encyclopedia of Maine Mammals, Second Edition. Academic Press, San Diego. 1316pp.

Ford, J. K. B. 2009. Killer whale *Orcinus orca*. pp. 650–656. *In*: Perrin, W. F., Würsig, B. and Thewissen, J. G. M. (eds.) Encyclopedia of Maine Mammals, Second Edition. Academic Press, San Diego. 1316pp.

Foster, E. A., Franks, D. W., Mazzi, S., Darden, S. K., Balcomb, K. C., Ford, J. K. B. and Croft, D. P. 2012. Adaptive prolonged postreproductive life span in killer whales. *Science* 337: 1313.

Francis, D. 1990. *A History of World Whaling*. Viking, Markham. 288pp.

Fruet, P., Daura-Jorge, F. G., Möller, L. M., Gwnovs, R. C. and Secchi, E. R. 2015. Abundance and demography of bottlenose dolphins inhabiting a subtropical estuary in the southwestern Atlantic Ocean. *J. Mammalogy* 96(2): 332–343.

Funasaka, N., Yoshioka, M., Ishibashi, T., Tatsukawa, T., Shindo, H., Takada, K., Nakamura, M., Iwata, T., Fujimaru, K. and Tanaka, T. 2018. Seasonal change in circulating gonadal steroid levels and physiological cycles in captive finless porpoises *Neophocaena asiaeorientalis* from the western Inland Sea, Japan. *Journal of Reproduction and Development* 64(2): 145–152.

Garde, E., Hansen, S. H., Ditlevsen, S., Tvermosegaard, K. B., Hansen, J., Harding, K. C. and Heide-Jorgensen, M. P. 2015. Life history parameters of narwhals (*Monodon monoceros*) from Greenland. *J. Mammalogy* 96(4): 866–879.

Gaskin, D. E., Smith, G. J. D., Watson, A. P., Yasui, W. Y. and Yurick, D. B. 1984. Reproduction in the porpoises (Phocoenidae): implication for management.

Rep. int. Whal. Commn. Special Issue 6 (Reproduction in Whales, Dolphins and Porpoises): 135–148.

Gerrodette, T. 2009. The tuna-dolphin issue. pp. 92–1195. *In*: Perrin, W.F., Würsig, B. and Thewissen, J. G. M. (eds.) Encyclopedia of Maine Mammals, Second Edition. Academic Press, San Diego. 1316pp.

Hawley, F. 1958–1960. *Miscellanea Japonica, II. Whales and Whaling in Japan.* Published by the author. 354＋X pp.

Hayano, A., Amano, M. and Miyazaki, N. 2003. Phylogeography and population structure of the Dall's porpoise, *Phocoenoides dalli*, in the Japanese waters revealed by mitochondrial DNA. *Genes Genet. Syst.* 78: 81–91.

Hayano, A., Yoshioka, M., Tanaka, M. and Amano, M. 2004. Population differentiation in the Pacific white-sided dolphins inferred from mitochondrial DNA and microsatellite analyses. *Zoological Science* (Japan) 21: 989–999.

Heimlich-Boran, J. R. 1993. *Social organization of the short-finned pilot whale*, Globicephala macrorhynchus, *with special reference to the comparative social ecology of Delphinids.* Ph. D. Thesis, University of Cambridge. 132pp.

Herzing, D. L. and Johnson, C. M. (eds.) 2015. *Dolphin Communication and Cognition.* MIT Press, Cambridge. 310pp.

Higham, J., Bejder, L. and Williams, R. (eds.) 2014. *Whale Watching: Sustainable Tourism and Management.* Cambridge University Press, Cambridge. 401pp.

Hoyt, E. 2018. Tourism. pp. 1010–1014. *In*: Würsig, B., Thewissen, J. G. M. and Kovacs, K. M. (eds.) Encyclopedia of Marine Mammals, Third Edition. Academic Press, London. 1157pp.

Huggett, A. St. G. and Widdas, W. F. 1951. The relationship between mammalian foetal weight and conception age. *J. Phisiol.* 114: 306–317.

Inoue, K., Terashima, Y., Shirakihara, M. and Shirakihara, K. 2017. Habitat use by Indo-Pacific bottlenose dolphins (*Tursiops aduncus*) in Amakusa, Japan. *Aquatic Mammals* 43(2): 127–138.

Iwasaki, T. and Goto, M. 1997. Composition of driving samples of striped dolphins collected in Taiji during 1991/1992 to 1994/95 fishing season. Paper IWC/SC/49/SM15, presented to the IWC Scientific Committee in 1997 (unpublished). 20pp. (IWC 事務局から入手可能)

Iwasaki, T. and Kasuya, T. 1997. Life history and catch bias of Pacific white-sided (*Lagenorhynchus obliquidens*) and northern right whale dolphin (*Lissodelphis borealis*) incidentally taken by the Japanese high seas squid drift net fishery. *Rep. int. Whal. Commn.* 47: 683–692.

IWC (International Whaling Commission) 1964. Special committee of three scientists final report. pp. 39–105. *In*: Fourteenth Report of the Commission. International Commission on Whaling, London. 122pp.

IWC 1991. Report of the Sub-Committee on Small Cetaceans. *Rep. int. Whal. Commn.* 41:172–190.

IWC 1992. Report of the Sub-Committee on Small Cetaceans. *Rep. int. Whal.*

Commn. 42: 178–228.

IWC 1994. Report of the Sub-Committee on Small Cetaceans. *Rep. int. Whal. Commn*. 44 : 108–119.

Jones, M. L. and Swartz, S. L. 2009. Gray whale *Eschrichtius robustus*. pp. 524–536. *In*: Perrin, W. F., Würsig, B. and Thewissen, J. G. M. (eds.) Encyclopedia of Maine Mammals, Second Edition. Academic Press, Amsterdam. 1316pp.

Kanaji, Y., Okamura, H. and Miyashita, T. 2011. Long-term abundance trends of the northern-form of the short-finned pilot whales (*Globicephala macrorhynchus*) along the Pacific coast of Japan. *Marine Mammal Sci*. 27(3): 477–492.

Kasamatsu, F. and Tanaka, E. 1992. Annual change in prey species of minke whales taken off Japan in 1948–87. *Nippon Suisan Gakkaishi* 58: 637–651.

Kasuya, T. 1972a. Growth and reproduction of *Stenella caeruleoalba* based on age determination by means of dentinal growth layers. *Sci. Rep. Whales Res. Inst*. (Tokyo) 24: 57–79.

Kasuya, T. 1972b. Some information on the growth of the Ganges dolphin with a comment on the Indus dolphin. *Sci. Rep. Whales Res. Inst*. (Tokyo) 24: 87–108.

Kasuya, T. 1975. Past occurrence of *Globicephala melaena* in the western North Pacific. *Sci. Rep. Whales Res. Inst*. (Tokyo) 27: 95–110.

Kasuya, T. 1976. Reconsideration of life history parameters of the spotted and striped dolphins based on cemental layers. *Sci. Rep. Whales Res. Inst*. (Tokyo) 28: 73–106.

Kasuya, T. 1977. Age determination and growth of the Baird's beaked whale with a comment on the fetal growth rate. *Sci. Rep. Whales Res. Inst*. (Tokyo) 29: 1–20.

Kasuya, T. 1985a. Effect of exploitation on reproductive parameters of the spotted and striped dolphins off the Pacific coast of Japan. *Sci. Rep. Whales Res. Inst*. (Tokyo) 36: 107–138.

Kasuya, T. 1985b. Fishery-dolphin conflict in the Iki Island area of Japan. pp. 253–272. *In*: Beddington, J. R., Bverton, R. J. H. and Lavigne, D. M. (eds.) Marine Mammals and Fisheries. George Allen and Unwin, London. 354pp.

Kasuya, T. 1986. Distribution and behavior of Baird's beaked whales off the Pacific coast of Japan. *Sci. Rep. Whales Res. Inst*. (Tokyo) 37: 61–83.

Kasuya, T. 1991. Density dependent growth in North Pacific sperm whales. *Marine Mammal Sci*. 7(3): 230–257.

Kasuya, T. 1992. Examination of Japanese statistics for the Dall's porpoise hand harpoon fishery. *Rep. int. Whal. Commn*. 42: 521–528.

Kasuya, T. 1995. Overview of cetacean life histories: an essay in their evolution. pp. 481–497. *In*: Blix, A. S., Walloe, L. and Ultang, O. (eds.) Whales, Seals, Fish and Man. Elsevier, Amsterdam. 720pp.

Kasuya, T. 1999. Review of the biology and exploitation of striped dolphins in Japan. *J. Cetacean Res. Manage*. 1(1): 81–100.

Kasuya, T. 2008. Cetacean biology and conservation: a Japanese scientist's perspective spanning 46 years. *Marine Mammal Sci.* 24(4): 749-773.

Kasuya, T. 2017. *Small Cetaceans of Japan: Exploitation and Biology*. CRC Press, Boca Raton, Florida. 476pp.（粕谷 2011 を増補・改訂し，2013 年までの捕獲統計を掲載）

Kasuya, T. and Brownell, R. L. Jr. 1979. Age determination, reproduction, and growth of the Franciscana dolphin, *Pontoporia blainvillei*. *Sci. Rep. Whales Res. Inst.* (Tokyo) 31: 45-67.

Kasuya, T., Brownell, R. L. Jr. and Balcomb, K. C. III 1997. Life history of Baird's beaked whales off the Pacific coast of Japan. *Rep. int. Whal. Commn.* 47: 969-979.

Kasuya, T. and Jones, L. L. 1984. Behavior and segregation of the Dall's porpoise in the northwestern North Pacific. *Sci. Rep. Whales Res. Inst.* (Tokyo) 35: 107-128.

Kasuya, T. and Kureha, K. 1979. The population of finless porpoise in the Inland Sea of Japan. *Sci. Rep. Whales Res. Inst.* (Tokyo) 31: 1-44.

Kasuya, T. and Marsh, H. 1984. Life history and reproductive biology of short-finned pilot whale, *Globicephala macrorhynchus*, off the Pacific coast of Japan. *Rep. int. Whal. Commn.* Special Issues 6 (Reproduction in Whales, Dolphins and Porpoises): 259-310.

Kasuya, T., Marsh, H. and Amino, A. 1993. Non-reproductive matings in short-finned pilot whales. *Rep. int. Whal. Commn.* Special Issue 14 (Biology of Northern Hemisphere Pilot Whales): 425-437.

Kasuya, T. and Matsui, S. 1984. Age determination and growth of the short-finned pilot whale off the Pacific coast of Japan. *Sci. Rep. Whales Res. Inst.* (Tokyo) 35: 57-103.

Kasuya, T. and Miyashita, T. 1997. Distribution of sperm whale stocks off Japan. *Sci. Rep. Whales Res. Inst.* (Tokyo) 39: 31-75.

Kasuya, T., Miyashita, T. and Kasamatsu, F. 1988. Segregation of two forms of short-finned pilot whales off the Pacific coast of Japan. *Sci. Rep. Whales Res. Inst.* (Tokyo) 39: 77-90.

Kasuya, T., Miyazaki, N. and Dawbin, W. F. 1974. Growth and reproduction of *Stenella attenuata* in the Pacific coast of Japan. *Sci. Rep. Whales Res. Inst.* (Tokyo) 26: 157-226.

Kasuya, T. and Ogi, H. 1987. Distribution of mother-calf Dall's porpoise pairs as an indication of calving grounds and stock identity. *Sci. Rep. Whales Res. Inst.* (Tokyo) 38: 125-140.

Kasuya, T. and Shiraga, S. 1985. Growth of Dall's porpoises in the western North Pacific and suggested geographical growth differentiation. *Sci. Rep. Whales Res. Inst.* (Tokyo) 36: 139-152.

Kasuya, T. and Tai, S. 1993. Life history of short-finned pilot whale stock off Japan and description of the fishery. *Rep. int. Whal. Commn.* Special Issue 14 (Biology of Northern Hemisphere Pilot Whales): 339-473.

Kasuya, T., Yamamoto, Y. and Iwatsuki, T. 2002. Abundance decline in the finless porpoise population in the Inland Sea of Japan. *Raffles Bull. Zool.* Supplement 10: 57-65.

Kato, H. 1984. Observation of tooth scars on the head of male sperm whales, as an indication of intra-sexual fighting. *Sci. Rep. Whales Res. Inst.* (Tokyo) 35: 39-46.

Kellogg, R. 1936. *A Review of the Archaeoceti.* Carnegie Institution of Washington, Washington. 366pp. + Plates.

Kenney, R. D. 2002. North Atlantic, North Pacific, and southern right whales. pp. 806-813. *In*: Perrin, W. F., Würsig, B. and Thewissen, J. G. M. (eds.) Encyclopedia of Marine Mammals. Academic Press, San Diego. 1414pp.

Kishiro, T. 2007. Geographical variation in the external body proportions of the Baird's beaked whales (*Berardius bairdii*) off Japan. *J. Cetacean Res. Manage.* 9(2): 89-93.

Kishiro, T. and Kasuya, T. 1993. Review of Japanese dolphin drive fisheries and their status. *Rep. int. Whal. Commn.* 43: 493-452.

Kitamura, S., Matsuishi, T. —6名省略—, and Abe, S. 2013. Two geographically distinct stocks in Baird's beaked whale (Cetacea: Zhiphiidae). *Marine Mammal Sci.* 29(4): 755-766.

Kogi, K., Hishii, T., Imamura, A., Iwatani, T. and Dudzinski, K. M. 2004. Demographic parameters of Indo-Pacific bottlenose dolphins (*Tursiops aduncus*) around Mikura Island, Japan. *Maine Mammal Sci.* 20(3): 510-526.

Kubodera, T. and Miyazaki, N. 1993. Cephalopod eaten by short-finned pilot whales, *Globicephala macrorhynchus*, caught off Ayukawa, Ojika (*sic*) Peninsula, in Japan, in 1982 and 1983. pp. 215-227. *In*: Okutani, R. K. O'Dor and Kubodera, T. (eds.) Recent Advances in Fisheries Biology. Tokai University Press, Tokyo. 752pp.

Kuznetzov, V. B. 1990. Chemical sense of dolphins. pp. 481-503. In: Thomas, J. A. and Kastelein, R. A. (eds.) Sensory Abilities of Cetaceans: Laboratory and Field Evidence. Plenum Press, New York and London. 710pp.

Laws, R. M. 1959. The foetal growth rate of whales with special reference to the fin whale, *Balaenoptera physalus* Linn. *Discovery Rep.* 29: 281-308.

Lindquist, O. 2000. The *North Atlantic Gray Whale* (Eschrichtius robustus): *a Historical Outline based on Icelandic, Danish-Icelandic, English and Swedish Sources Dating from ca1000 AD to 1792.* Occasional Paper 1. University of St. Andrews and Stirling, Scotland. 53pp.

Lockyer, C. 1981a. Growth and energy budgets of large baleen whales from the southern hemisphere. pp. 379-487. *In*: Clarke, J. G. *et al.* (eds.) Mammals in the Sea. Vol. 3. FAO, Rome. 504pp.

Lockyer, C. 1981b. Estimates of growth and energy budget for the sperm whale, *Physeter catodon*. pp. 489-504. *In*: Clarke, J. G. *et al.* (eds.) Mammals in the

Sea. Vol. 3. FAO, Rome. 504pp.

Lockyer, C. 1993a. A report of patterns of deposition of dentine and cement in teeth of pilot whales, genus *Globicephala*. *Rep. int. Whal. Commn.* Special Issue 14 (Biology of Northern Hemisphere Pilot Whales): 137-161.

Lockyer, C. 1993b. Seasonal changes in body fat condition of northeast Atlantic pilot whales, and biological significance. *Rep. int. Whal. Commn.* Special Issue 14 (Biology of Northern Hemisphere Pilot Whales): 325-350.

Magnusson, K. G. and Kasuya, T. 1997. Mating strategies in whale populations: searching strategy vs. harem strategy. *Ecological Modelling* 102: 225-242.

Mann, J., Connor, R. C., Tyack, P. L. and Whitehead, H. (eds.) 2000. *Cetacean Societies: Field Studies of Dolphins and Whales*. The University of Chicago Press, Chicago. 433pp.

Marsh, H. and Kasuya, H. 1984. Change in the ovaries of the shot-finned pilot whale, *Globicephala macrorhynchus*, with age and reproductive activity. *Rep. int. Whal. Commn.* Special Issues 6 (Reproduction in Whales, Dolphins and Porpoises): 311-335.

Marshall, C. D. 2009. Feeding morphology. pp. 406-414. *In*: Perrin, W. F., Würsig, B. and Thewissen, J. G. M. (eds.) Encyclopedia of Maine Mammals, Second Edition. Academic Press, Amsterdam. 1316pp.

Martin, A. R. and Rothery, P. 1993. Reproductive parameters of female long-finned pilot whales (*Globocephala melas*) around the Faroe Islands. *Rep. int. Whal. Commn.* Special Issue 14 (Biology of Northern Hemisphere Pilot Whales): 263-304.

Marx, F. G., Lambert, O. and Uhen, M. D. (eds.) 2016. *Cetacean Paleobiology*. Wiley Blackwell, Chichester, UK. 318pp.

Matthews, C. J. D. and Ferguson, S. H. 2015. Weaning age variation in beluga whales (*Delphinapterus leucas*). *J. Mammalogy* 96(2): 425-437.

Mead, J. G. 1984. Survey of reproductive data for the beaked whales (Ziphiidae). *Rep. int. Whal. Commn.* Special Issue 6 (Reproduction in Whales, Dolphins and Porpoises): 91-96.

Mead, J. G. 2009. Gastrointestinal tract. pp. 472-477. *In*: Perrin, W. F., Würsig, B. and Thewissen, J. G. M. (eds.) Encyclopedia of Maine Mammals, Second Edition. Academic Press, Amsterdam. 1316pp.

Mikami, T. 1996. Long term variations of summer temperatures in Tokyo since 1721. *Geographical Rep. Tokyo Metropolitan University* 31: 157-165.

Minamikawa, S., Iwasaki, T. and Kishiro, T. 2007. Diving behavior of a Baird's beaked whale, *Berardius bairdii*, in the slope water region of the western North Pacific: first dive record using a data logger. *Fish. Oceanography* 16(6): 573-577.

Mitchell, E. D. (ed.) 1975a. Special Issue on Review of Biology and Fisheries for Smaller Cetaceans. *J. Fish. Res. Bd. Canada* 32(7): 889-1240.

Mitchell, E. D. 1975b. *Porpoise, Dolphin and Small Whale Fisheries of the World,*

Status and Problems. IUCN Monograph No. 3. Morges, Switzerland. 129pp.
Miyashita, T. 1986. Abundance of Baird's beaked whales off the Pacific coast of Japan. *Rep. int. Whal. Commn.* 36: 383-386.
Miyashita, T. 1990. Population estimate of Baird's beaked whale off Japan. Paper IWC/SC/42/SM28 presented to the IWC Scientific Committee in 1990. 12pp. (IWC 事務局から入手可能)
Miyashita, T. 1991. Stocks and abundance of Dall's porpoise in the Okhotsk Sea and adjacent waters. Paper IWC/SC/43/SM7 presented to the IWC Scientific Committee in 1991. 24pp. (IWC 事務局より入手可能)
Miyashita, T. 1993a. Abundance of dolphin stocks in the western North Pacific taken by Japanese drive fishery. *Rep. int. Whal. Commn.* 43: 417-437.
Miyashita, T. 1993b. Distribution and abundance of some dolphins taken in the North Pacific driftnet fisheries. *International North Pacific Fish. Commn. Bull.* 53(III): 435-449.
Miyashita, T. and Kato, H. 1993. Population estimate of Baird's beaked whales off the Pacific coasts of Japan using sighting data collected by R/V *Shunyo Maru*, 1991 and 1992. Paper IWC/SC/45/SM6 presented to the IWC Scientific Committee in 1993. 12pp. (IWC 事務局より入手可能)
Miyazaki, N. 1977. Growth and reproduction of *Stenella coeruleoalba* off the Pacific coast of Japan. *Sci. Rep. Whales Res. Inst.* (Tokyo) 29: 21-48.
Miyazaki, N. 1984. Further analysis of reproduction in the striped dolphin, *Stenella coeruleoalba*, off the Pacific coast of Japan. *Rep. int. Whal. Commn.* Special Issue 6 (Reproduction in Whales, Dolphins and Porpoises): 343-353.
Miyazaki, N. and Amano, M. 1994. Skull morphology of two forms of short-finned pilot whales off the Pacific coast of Japan. *Rep. int. Whal. Commn.* 44: 499-507.
Miyazaki, N., Kasuya, T. and Nishiwaki, M. 1974. Distribution and migration of two species of *Stenella* in the Pacific coast of Japan. *Sci. Rep. Whales Res. Inst.* (Tokyo) 26: 227-243.
Miyazaki, N. and Nishiwaki, M. 1978. School structure of striped dolphins off the Pacific coast of Japan. *Sci. Rep. Whales Res. Inst.* (Tokyo) 30: 65-115.
Morin, P. A., Baker, C. S. —13 名省略— and Wade, P. R. 2016. Genetic structure of the beaked whale genus *Berardius* in the North Pacific, with genetic evidence for a new species. *Marine Mammal Sci.* 33(1): 96-111.
Murphy, S., Collet, A. and Rogan, E. 2005. Mating strategy in the male common dolphin (*Delphinus delphis*): what gonadal analysis tells us. *J. Mammalogy* 86 (6): 1247-1258.
Myrick, A. C. Jr. 1991. Some new and potential use of dental layers in studying delphinid populations. pp. 251-279. *In*: Karen, P. and Norris, K. S. (eds.) Dolphin Societies, Discoveries and Puzzles. University of California Press, Berkeley. 397pp.
Nakamura, T., Kimura, O., Matsuda, A., Matsuishi, T., Kobayashi, M. and Endo, T.

2015. Radiocesium contamination of cetaceans stranded along the coast of Hokkaido, Japan, and an estimation of their travel routes. *Marine Ecology Progress Series* 535: 1–9.

Newby, T. C. 1982. Life history of Dall's porpoise (*Phocoenoides dalli*, True 1885) incidentally taken by the Japanese high seas salmon mothership fishery in the northwestern North Pacific and western Bering Sea, 1978 and 1980. Doctoral Thesis, University of Washington. 157pp.

Nishiwaki, M. 1953. Hermophroditism in a dolphin (*Prodelphinus caeruleo-albus*). *Sci. Rep. Whales Res. Inst.* (Tokyo) 8: 215–218.

Nishiwaki, M. and Handa, C. 1958. Killer whales caught in the coastal waters off Japan for recent 10 years. *Sci. Rep. Whales Res. Inst.* (Tokyo) 13: 85–96.

Nishiwaki, M., Nakajima, M. and Kamiya, T. 1965. A rare species of dolphin (*Stenella attenuata*) from Arari, Japan. *Sci. Rep. Whales Res. Inst.* (Tokyo) 19: 53–84.

Nishiwaki, M. and Yagi, T. 1953. On the age and growth of teeth in a dolphin (*Prodelphinus caeruleo-albus*),(I). *Sci. Rep. Whales Res. Inst.* (Tokyo) 8: 133–146.

Ohizumi, H., Isoda, T., Kishiro, T. and Kato, H. 2003. Feeding habit of Baird's beaked whales, *Berardius bairdii*, caught in the western North Pacific and Sea of Okhotsk off Japan. *Fisheries Science* 69: 11–20.

Ohizumi, H., Kuramochi, T., Amano, M. and Miyazaki, M. 2000. Prey switching of Dall's porpoise *Phocoenoides dalli* with population decline of Japanese pilchard *Sardinops melanosticus* around Hokkaido, Japan. *Marine Ecology Progress Series* 200: 265–275.

Ohizumi, H. and Miyazaki, N. 1998. Feeding rate and daily energy intake of Dall's porpoise in the northeastern Sea of Japan. *Proc. National Inst. Polar Res. Symposium on Polar Biology* 11: 74–81.

Ohsumi, S. 1964. Comparison of maturity and accumulation rate of corpora albicantia between left and right ovaries in cetacean. *Sci. Rep. Whales Res. Inst.* (Tokyo) 18: 123–153.

Ohsumi, S. 1966a. Allomorphosis between body length at sexual maturity and body length at birth in the cetacean. *J. Mammal. Soc. Japan* 3(1): 3–7.

Ohsumi, S. 1966b. Sexual segregation of the sperm whale in the North Pacific. *Sci. Rep. Whales Res. Inst.* (Tokyo) 20: 1–16.

Ohsumi, S. 1975. Review of Japanese small-type whaling. *J. Fish. Res. Bd. Canada* 32(7): 1111–1121.

Ohsumi, S. 1977. Age-length key of male sperm whale in the North Pacific and comparison of growth curves. *Rep. int. Whal. Commn.* 27: 295–300.

Ohsumi, S. 1983a. Population assessment of Baird's beaked whales in the waters adjacent to Japan. *Rep. int. Whal. Commn.* 33: 633–641.

Ohsumi, S. 1983b. Yearly change in age and body length at sexual maturity of the fin whale stock in the eastern North Pacific. Paper IWC/SC/A83/AW7 presented to the IWC Scientific Committee in 1983. 19pp.（IWC 事務局から入手可能）

Ohsumi, S., Kasuya, T. and Nishiwaki, M. 1963. The accumulation rate of dentinal growth layers in the maxillary tooth of the sperm whale. *Sci. Rep. Whales Res. Inst.* (Tokyo) 17: 15–35+7 plates.

Ohsumi, S. and Satake, Y. 1977. Provisional report on investigation of sperm whales off the coast of Japan under a special permit. *Rep. int. Whal. Commn.* 27: 324–332.

Olesiuk, P. F., Bigg, M. A. and Ellis, G. M. 1990. Life history and population dynamics of resident killer whales (*Orcinus orca*) in the coastal waters of British Columbia and Washington States. *Rep. int. Whal. Commn.* Special Issue 12 (Individual Recognition of Cetaceans): 209–243.

Omura, H., Fujino, K. and Kimura, S. 1955. Beaked whale *Berardius bairdi* of Japan, with notes on *Ziphius cavirostris. Sci. Rep. Whales Res. Inst.* (Tokyo) 10: 89–132.

Omura, H., Ohsumi, S., Nemoto, T., Nasu, K. and Kasuya, T. 1969. Black right whales in the North Pacific. *Sci. Rep. Whales Res. Inst.* (Tokyo). 21: 1–78, Pls. 1–18.

Oremus, M., Gales, R., Dalebout, M. L., Funahashi, N., Endo, T., Kage, T., Steel, D. and Baker, S.C. 2009. Worldwide mitochondrial DNA diversity and phylogeography of pilot whales (*Globicephala* spp.). *Biological J. of the Linnean Society* 98: 729–744.

Perrin, W. F. and Myrick, A. C. Jr. (eds.) 1980. Age Determination of Toothed Whales and Sirenians: Problems in Age Determination. *Rep. int. Whal. Commn.* Special Issue 3. 229pp.

Peters, R. H. 1983. *The Ecological Implications of Body Size.* Cambridge University Press, Cambridge. 329pp.

Photopoulou, T., Ferreira, I. M., Best., P. B., Kasuya, T. and Marsh, H. 2017. Evidence for a postreproductive phase in female false killer whale *Pseudorca crassidens. Frontiers in Zoology* 14: 30. 14 pp.

Pitcher, K. W. and Calkins, D. G. 1981. Reproductive biology of Steller sea lions in the Gulf of Alaska. *J. Mammalogy* 62(3): 599–605.

Reeves, R. R., Stewart, B. S., Clapham, P. J. and Powell, J. A. 2002. *Guide to Marine Mammals of the World.* National Audubon Soc., New York. 527pp.

Rice, D. W. 1989. Sperm whale, *Physeter macrocephalus* Linnaeus, 1758. pp. 177–233. *In*: Ridgway, S. H. and Harrison, S. R. (eds.) Handbook of Marine Mammals, Vol. 4 (River Dolphins and the Larger Toothed Whales). Academic Press, London. 441pp.

Rice, D. W. and Wolman, A. A. 1971. *The Life History and Ecology of the Gray Whale* (Eschrichtius robustus). Special Publication No. 3 of American Soc. Mammalogists. 142pp.

Ridgway, S. H. and Johnston, D. G. 1966. Blood oxygen and ecology of porpoises of three genera. *Science* 151: 456–458.

Ridgway, S. H., Kamolnick, T., Reddy, M., Curry, C. and Tarpley, R. 1995. Orphan-induced lactation in *Tursiops* and analysis of collected milk. *Marine Mammal Sci.* 11(2): 172–182.

Ridgway, S. H. and Kohn, S. 1995. The relationship between heart mass and body mass for three cetacean genera: narrow allometry demonstrates interspecific differences. *Marine Mammal Sci.* 11(1): 72–80.

Robeck, T. R., Schneiyer, A. L., McBain, J. F., Dalton, M. L., Walsh, M. T., Czekala, N. M. and Kraemer, D. C. 1993. Analyses of urinary immunoreactive steroid metabolites and gonadotropins for characterization of the estrus cycle, breeding period, and seasonal estrous activity of captive killer whales (*Orcinus orca*). *Zoo. Biol.* 12: 173–187.

Robson, D. C. and Chapman, D. G. 1961. Catch curves and mortality rates. *Trans. Am. Fish. Soc.* 90: 181–189.

Roe, H. S. J. 1967. Rate of lamina formationin in the ear plug of the fin whale. *Norsk Hvalfangst-Tidende* 56: 41–45.

Sacher, G. A. 1980. The constitutional basis for longevity in the cetacean: do the whales and the terrestrial mammals obey the same laws? *Rep. int. Whal. Commn.* Special Issue 3 (Age Determination of Toothed Whales and Sirenians): 209–213.

Sakai, M., Kita, Y., Kogi, K., Shinohara, M., Morisaka, T., Shiina, T. and Murayama-Inoue, M. 2016. A wild Indo-Pacific bottlenose dolphin adopts a socially and genetically distant neonate. *Scientific Rep.* 6: 23902. 7pp.

Scammon, C. M. 1874. *The Marine Mammals of the Northwestern Coast of North America together with an Account of the American Whale Fishery.* Carmany in San Francisco and Putman's Sons in New York. 319+Vpp. Reprinted in 1968 by Dover Publications in New York.

Schroeder, J. P. and Keller, K. V. 1990. Artificial insemination of bottlenose dolphin. pp. 447–460. *In*: Leatherwood, S. and Reeves, R. R. (eds.) The Bottlenose Dolphin. Academic Press, New York. 653pp.

Scot, E. O. G. 1949. Neonatal length as a linear function of adult length. *Rap. and Proc. Roy. Soc. Tasmania,* 1948: 75–93.

Scott, M. D., Wells, R. S. and Irvin, A. B. 1996. Long-term studies of bottlenose dolphins in Florida. *IBI Rep.* (国際海洋生物研究所，鴨川市) 6: 73–81.

Sergeant, D. E. 1962. The biology of the pilot or pothead whale, *Globicephala melaena* (Traill), in Newfoundland waters. *Bull. Fish. Res. Bd. Canada* 132: 1–84.

Sergeant, D. E. 1969. Feeding rates of cetacean. *Fiskeridirektoratets Skrifter,* Serie Havunderskoleser 15: 246–258.

Shirakihara, M., Seki, K., Takemura, A., Shirakihara, K., Yoshida, H. and Yamazaki, T. 2008. Food habits of finless porpoise *Neophocaena phocaenoides* in western Kyushu, Japan. *J. Mammalogy* 89(5): 1248–1256.

Shirakihara, M. and Shirakihara, K. 2012. Bycatch of the Indo-Pacific bottlenose dolphin (*Tursiops aduncus*) in gillnet fisheries off Amakusa-Shimoshima Island, Japan. *J. Cetacean Res. and Manag.* 12(3): 345-341.

Shirakihara, K., Shirakihara, M. and Yamamoto, Y. 2007. Distribution and abundance of finless porpoise in the Inland Sea of Japan. *Marine Bio.* 150: 1025-1032.

Shirakihara, M., Takemura, A. and Shirakihara, K. 1993. Age, growth and reproduction of the finless porpoise, *Neophocaena phocaenoides*, in the coastal waters of western Kyushu, Japan. *Marine Mammal Sci.* 9: 392-406.

Shulezhko, T. S., Permyakov, P. A., Ryazanov, S. D. and Burkanov, V. N. 2018. Bigg's killer whales (*Orcinus orca*) in the Kuril Islands. *Aquatic Mammals* 44 (3): 267-278.

Springer, A. M., Estes, J. A., van Vliet, G. B., Williams, T. M., Doak, D. F., Danner, E. M., Forney, K. A. and Pfister, B. 2003. Sequential megafaunal collapse in the North Pacific Ocean: an ongoing legacy of industrial whaling? *PNAS* 100 (21): 12223-12228.

Steiner, A. and Bossley, M. 2008. Some reproductive parameters of an estuarine population of Indo-Pacific dolphins (*Tursiops aduncus*). *Aquatic Mammals* 34 (1): 84-92.

Subramanian, A., Tanabe, S., Fujise, Y. and Tatsukawa, R. 1986. Organochlorine residues in Dall's and True's porpoises collected from northwestern Pacific and adjacent waters. *Mem. National Inst. Polar Res.* Spec. Issue 44: 167-173.

Taguchi, M., Ishikawa, H. and Matsuishi, T. 2010. Seasonal distribution of harbour porpoise (*Phocoena phocoena*) in Japanese waters inferred from stranding and bycatch records. *Mammal Study* 35: 133-138.

Teerlink, S., Horstmann, L. and Witteveen, B. 2018. Humpback whale (*Megaptera novaeangliae*) blubber steroid hormone concentration to evaluate chronic stress response from whale-watching vessels. *Aquatic Mammals* 44(4): 411-425.

Thewissen, J. G. M. (ed.) 1998. *The Emergence of Whales*. Plenum Press, New York and London. 477pp.

Tonnessen, J. N. and Johnsen, A. O. 1982. *The History of Modern Whaling*. University of California Press, Berkeley and Los Angeles. 978pp.

Tsuji, K., Kogi, K., Sakai, M. and Morisaka, T. 2017. Emigration of Indo-Pacific bottlenose dolphins (*Tursiops aduncus*) from Mikura Island, Japan. *Aquatic Mammals* 43(6): 585-593.

Tudor, J. R. 1883. *The Orkneys and Shetland: Their Past and Present State*. Edward Stanford, London. 703pp.

Twiss, J. R. Jr. and Reeves, R. R. (eds.) 1999. *Conservation and Management of Marine Mammals*. Smithsonian Institution Press, Washington. 471pp.

Van Cise, A. M., Morin, P. A., Baird, R. W., Lang, A. R., Robertson, K. M., Chivers, S. J., Brownell, R. L. and Martien, K. K. 2016. Redrawing the map: mtDNA provides new insight into the distribution and diversity of short-finned pilot whales in the Pacific Ocean. *Marine Mammal Sci.* 32(4): 1177–1199. doi:10.111/mms12315.

Wada, S. 1988. Genetic differentiation between two forms of short-finned pilot whales off the Pacific coast of Japan. *Sci. Rep. Whales Res.* (Tokyo) 39: 91–101.

Wade, P. R. 1998. Calculating limits to the allowable human-caused mortality of cetaceans and pinnipeds. *Marine Mammal Sci.* 14(1): 1–37.

Walker, W. A. 1996. Summer feeding habits of Dall's porpoise, *Phocoenoides dalli*, in the southern Sea of Okhotsk. *Marine Mammal Sci.* 12(2): 167–181.

Walker, W. A., Mead, J. G. and Brownell, R. L. Jr. 2002. Diet of Baird's beaked whales, *Berardius bairdii*, in the southern Sea of Okhotsk and off the Pacific coasts of Honsyu, Japan. *Marine Mammal Sci.* 18(4): 902–919.

Whitehead, H. 2003. *Sperm Whales: Social Evolution in the Ocean.* The University of Chicago Press, Chicago. 431pp.

Whitehead, H. and Mann, J. 2000. Female reproductive strategies of cetaceans: life histories and calf care. pp. 219–246. *In*: Mann, J., Connor, R. C., Tyack, P. L. and Whitehead, H. (eds.) Cetacean Societies: Field Studies of Dolphins and Whales. The University of Chicago Press, Chicago. 433pp.

Whitehead, H. and Rendell, L. 2015. *The Cultural Lives of Whales and Dolphins.* The University of Chicago Press, Chicago. 417pp.

Wickert, J. C., von Eye, S. M., Oliveira, L. R. and Moreno, I. B. 2016. Revalidation of *Tursiops gephyreus* Lahille, 1908 (Cetoartiodactyla: Delphinidae) from the southwestern Atlantic Ocean. *J. Mammalogy* 97(6): 1728–1737.

Wilke, F. and Nicholson, A. J. 1958. Food of porpoises in waters off Japan. *J. Mammalogy* 39: 441–443.（未見，大泉 2008 による）

Wilke, F., Taniwaki, T. and Kuroda, N. 1953. *Phocaenoides* and *Lagenorhynchus* in Japan, with notes on hunting. *J. Mammalogy* 34(4): 488–497.

Wiszniewski, J., Corrigan, S., Beheregaray, L. B. and Moller, L. M., 2011. Male reproductive success increases with alliance size in Indo-Pacific bottlenose dolphins (*Tursiops aduncus*). *J. Animal Ecology* 81: 423–431.

Yablokov, A. V. and Zemsky, V. A. (eds.) 2000. *Soviet Whaling Data (1949–1979)*. Moscow. 408pp.

Yamada, T. K., Uni, I. —36 名省略— and Tanabe, S. 2007. Biological indices obtained from a pod of killer whales entrapped by sea ice off northern Japan. Paper IWC/SC/59/SM12 presented to the IWC Scientific Committee in 2007. 15pp.（IWC 事務局から入手可能）

Yoshida, H. 2002. Population structure of finless porpoise (*Neophocaena phocaenoides*) in coastal water of Japan. *Raffles Bull. Zoology* Supplement 10: 35–42.

Yoshida, H., Shirakihara, K., Kishiro, H. and Shirakihara, M. 1997. A population size of the finless porpoise, *Neophocaena phocaenoides*, from aerial sighting surveys in Ariake Sound and Tachibana Bay. *Res. Popul. Ecol.* 39(2): 239–

247.
Yoshida, H., Yoshioka, M., Chow, S. and Shirakihara, M. 2001. Population structure of finless porpoise (*Neophocaena phocaeoides*) in coastal water of Japan based on mitochondrial DNA sequences. *J. Mammalogy* 82: 123–130.
Yoshioka, M., Kasuya, T. and Aoki, M. 1990. Identity of *dalli*-type Dall's porpoise stocks in the northern North Pacific and adjacent seas. Paper IWC/SC/42/SM31 presented to the IWC Scientific Committee in 1990. 20pp. (IWC事務局から入手可能)
Yoshioka, M., Tobayama, T., Ohara, S. and Aida, K. 1993. Ejaculation pattern of bottlenose dolphin. *Abstract of Tenth Biwnnial Conf. Biol. Marine Mammals.* 11–15, Nov. p. 115.
Zachariassen, P. 1993. Pilot whale catches in the Faroe Islands, 1709–1992. *Rep. int. Whal. Commn.* Special Issue 14 (Biology of Northern Hemisphere Pilot Whales): 69–88.

事項索引

アルファベット

ア　行

カ　行

サ　行

タ　行

ナ　行

ハ　行

マ　行

ヤ　行

ラ　行

動物名索引

動物名索引のサブ項目は50音順ではなく，生物学的な内容に配慮して配列した.

ア 行

カ　行

サ 行

タ　行

ナ　行

ハ　行

マ　行

ヤ　行

ラ　行

著者略歴

粕谷俊雄（かすや・としお）

1937 年　埼玉県に生まれる.
1961 年　東京大学農学部水産学科卒業.
　　　　（財）日本捕鯨協会鯨類研究所研究員，東京大学海洋研究所助手，水産庁遠洋水産研究所鯨類資源研究室長，同外洋資源部長，三重大学生物資源学部教授，帝京科学大学理工学部教授などを経て，
現　在　フリーの鯨類研究者.
受　賞　Distinguished Achievement Award, The Society for Conservation Biology（1994 年），Kenneth S.Norris Lifetime Achievement Award, The Society for Marine Mammalogy（2007 年），日本哺乳類学会賞（2013 年）.
主　著　『海の哺乳類――その過去・現在・未来』（共編，1990 年，サイエンティスト社），『日本鯨類目録』（共著，1995 年，日本鯨類研究所），『カワイルカの話――その過去・現在・未来』（編，1997 年，鳥海書房），『哺乳類の生物学［全 5 巻］』（共編，1998 年，東京大学出版会），『南氷洋捕鯨航海記――1937/38 年揺籃期捕鯨の記録』（編，2000 年，鳥海書房），“Biology and Conservation of Freshwater Cetaceans in Asia”（共編，2000 年，IUCN），『イルカ――小型鯨類の保全生物学』（2011 年，東京大学出版会），“Small Cetaceans of Japan：Exploitation and Biology”（2017 年，CRC Press）ほか.

イルカ概論――日本近海産小型鯨類の生態と保全

2019 年 2 月 15 日　初　版

［検印廃止］

著　者　粕谷俊雄

発行所　一般財団法人　東京大学出版会

代表者　吉見俊哉

153-0041 東京都目黒区駒場 4-5-29
電話 03-6407-1069　Fax 03-6407-1991
振替 00160-6-59964

印刷所　株式会社三秀舎
製本所　牧製本印刷株式会社

ISBN 978-4-13-060238-9 Printed in Japan